高等职业教育轻化工类新形态一体化教材

植物纤维化学

王宝玉　编著

中国轻工业出版社

图书在版编目（CIP）数据

植物纤维化学/王宝玉编著. --北京：中国轻工业出版社，2024. 9. --ISBN 978-7-5184-5006-0

Ⅰ. TQ35

中国国家版本馆 CIP 数据核字第 202454VF20 号

责任编辑：杜宇芳
策划编辑：杜宇芳　　责任终审：滕炎福　　封面设计：锋尚设计
版式设计：致诚图文　　责任校对：吴大朋　　责任监印：张　可

出版发行：中国轻工业出版社（北京鲁谷东街 5 号，邮编：100040）
印　　刷：三河市万龙印装有限公司
经　　销：各地新华书店
版　　次：2024 年 9 月第 1 版第 1 次印刷
开　　本：787×1092　1/16　印张：16
字　　数：399 千字
书　　号：ISBN 978-7-5184-5006-0　定价：59. 80 元
邮购电话：010-85119873
发行电话：010-85119832　010-85119912
网　　址：http://www. chlip. com. cn
Email：club@ chlip. com. cn

231319J2X101ZBW

前　言

“植物纤维化学”是高职高专现代造纸技术专业的专业基础课，前续课程有造纸基础化学、分析化学和分析化学实训，后续课程有制浆技术、造纸技术、造纸化学品、纸加工技术等。本课程主要介绍植物与造纸植物纤维原料、植物纤维原料中的抽提物、木质素、碳水化合物、纤维素和半纤维素，以及制浆造纸生物技术。

本教材根据高职现代造纸技术专业“植物纤维化学”课程标准编写，是在《植物纤维化学（第五版）》和 *Pulp and Paper Chemistry and Technology Volume 1 Wood Chemistry and Wood Biotechnology* 的基础上编写的，共分九个项目，每个项目包含若干模块，主要的内容如下。

项目一“植物与植物纤维原料”主要介绍了植物的类群、植物的进化、树木及造纸植物纤维原料。

项目二“植物纤维原料的生物结构与细胞形态”主要介绍了木材的宏观结构、针叶木的生物结构与细胞类型、阔叶木的生物结构与细胞类型及非木材纤维原料的生物结构和细胞形态。

项目三“植物纤维原料的化学组成、纤维形态与细胞壁结构”主要介绍了植物纤维原料的化学组成、纤维形态与纸浆和纸张质量的关系，以及植物纤维细胞壁的结构与超结构。

项目四“抽提物”主要介绍了抽提物及分类、抽提物在植物纤维原料中的分布、抽提物与制浆、抽提物对纸浆和纸张质量的影响。

项目五“木质素”主要介绍木质素的化学结构、木质素的生物合成及其在细胞壁中的分布、木质素的分离与物理性质、木质素在碱法、酸法和有机溶剂制浆中的反应、木质素在漂白过程的氧化反应和还原反应以及木质素的颜色反应、木质素的改性与应用。

项目六“碳水化合物”主要介绍糖类化合物、单糖的开链式与异构体、单糖的哈沃斯式和构象、糖苷键、二糖、低聚糖和多糖、与纤维素和半纤维素相关的概念。

项目七“纤维素”介绍了纤维素的化学结构与生物合成、纤维素的聚集态结构、纤维素的表征、纤维素纤维的物理性质与纤维素溶剂、纤维素在制浆过程中的反应以及纤维素纤维的化学改性和纤维素功能材料。

项目八“半纤维素”主要介绍了半纤维素的生物合成、生物功能与分布，半纤维素的分离与物理性质，半纤维素的化学结构与化学性质以及半纤维素的化学改性与应用。

项目九“生物技术”介绍了白腐菌分泌的3种酶（木质素过氧化物酶、锰过氧化物酶和漆酶）、纤维素酶和半纤维素酶，及其在制浆造纸工业中的应用。

本教材以项目和模块化的结构形式编写，每个项目分为若干个模块，模块由教学目标、教学内容、小结和课后练习四部分构成。教学目标使读者明确学习所要达到的效果，教学内容以教学目标为导向，小结能帮助读者总结重点和巩固知识，课后练习有助于读者回顾和巩固重要的知识点。

本教材注重后续课程的需要和实际应用，未将一些理论研究内容如木质素结构的研究方法等编入教材。

本教材对一些难点进行深入分析，如碱纤维素Ⅱ的形成机理、各种碳水化合物的哈沃斯式和构象、磨木木质素制备过程中溶剂的选择等，培养读者分析问题的能力。

本教材尽可能地反映植物纤维化学领域的新技术，如木质素碳纤维、纤维素的溶剂、纳米纤维素、液晶纤维素、细菌纤维素等，拓宽读者的知识面。

本教材可作为“现代造纸技术专业”教材，也可作为林产化工、天然产物、生物资源科学与工程教学参考书，还可供相关行业的技术人员参考。

由于编者水平有限，书中内容难免有误，恳请读者批评指正！

编著者

2024年5月

目　录

项目四 抽提物

项目五 木质素

项目六 碳水化合物

项目七 纤维素

项目八 半纤维素

项目九 生物技术

项目一 植物与植物纤维原料

模块一 植 物 类 群

1-1

教学目标

1. 了解低等植物的概念、特点及其分类。
2. 熟悉维管植物、种子植物和孢子植物的概念。
3. 熟悉植物的分类等级。
4. 熟悉高等植物的概念、特点及其分类。
5. 熟悉针叶木和阔叶木的概念。

教学内容

全球已知的植物有近 50 万种，我国约有 5 万种。对种类繁多的植物进行分类对于人们认识和利用植物具有重要的意义。

植物学家按植物自然进化过程和亲缘关系，将植物分为七个等级，即界、门、纲、目、科、属和种，如图 1-1 所示。种是植物的基本分类单位，同种个体间有正常生育的能力，种间存在生殖隔离。种的特性具有稳定性，但也会不断产生新种。相近的种集合为属，相近的属集合为科，以此类推。例如，马尾松、山杨和小麦的等级分类如下：

植物界→裸子植物门→松柏纲→松柏目→松科→松亚科→松属→双维管束松亚属→马尾松

植物界→被子植物门→双子叶植物纲→杨柳目→杨柳科→杨属→山杨

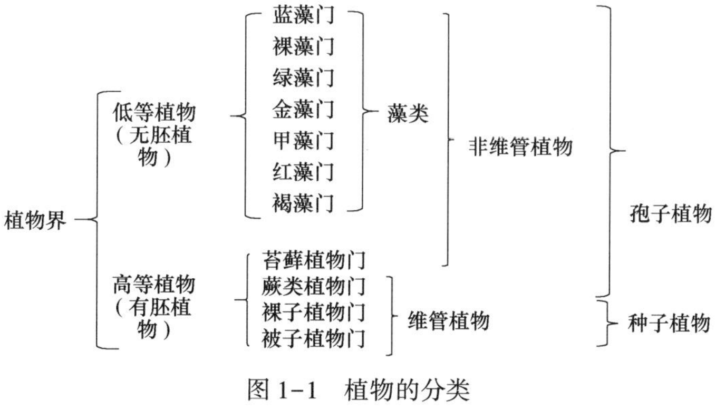

图 1-1 植物的分类

植物界→被子植物门→单子叶植物纲→禾本目→禾本科→小麦属→小麦

一、低等植物

低等植物是指形态上没有明显的根、茎、叶分化的植物，包括藻类植物，如海带、紫菜等；以及地衣植物，如松萝、石耳等。

藻类植物含具有光合作用的色素，其营养方式为自养，多生活在水中。藻类植物约有25000种，广泛分布在热带、温带和寒带。

地衣植物是藻类和真菌共生的植物。藻类为植物体制造养分，菌类吸收水分和无机盐，为藻类制造养分提供原料，并保持植物体的湿度。地衣植物生长在裸露的岩石、土壤或树干上，能够促进岩石风化和土壤的形成，地衣植物松萝和石耳如图1-2所示。

(a)

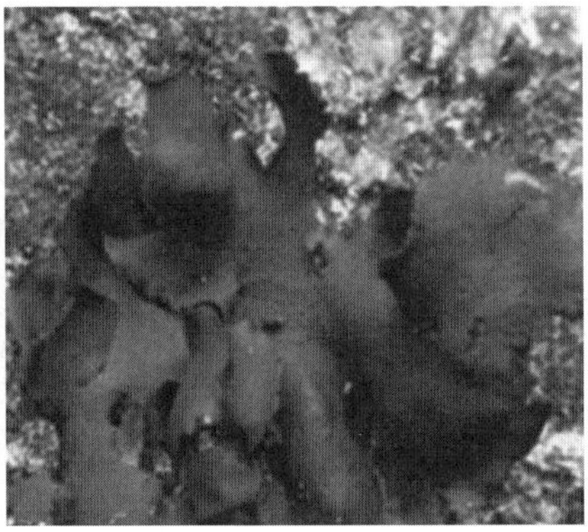

(b)

图1-2 地衣植物

（a）松萝 （b）石耳

菌类不能进行光合作用，因此有学者将菌类从植物中分离出来，称为真菌界。

二、高等植物

高等植物是指形态上有明显的根、茎、叶分化的植物，包括苔藓植物（如葫芦藓）、蕨类植物（如狗脊蕨）、种子植物（裸子植物和被子植物）等。

苔藓植物是高等植物中最原始的陆生类群，也是从水生到陆生的过渡类群。苔藓植物约有4万种，我国约有2100种，如地钱和葫芦藓，如图1-3所示。

蕨类植物是进化水平最高的孢子植物，也是最原始的维管植物，如石松和木贼，如图1-4所示。

裸子植物是指种子裸露，种子不形成果实，外层没有果皮包被的植物，是最原始的种子植物。由于多数裸子植物的叶形较小，如针形，且是木本植物，裸子植物也常被称为针叶木，如马尾松。绝大多数裸子植物是多年生木本植物，有形成层和次生生长，木质部只有管胞，无导管和木纤维；韧皮部只有筛胞，无筛管和伴胞，是介于蕨类植物和被子植物间的维管植物。裸子植物分为苏铁纲、银杏纲、松柏纲、红豆杉纲和买麻藤纲五个纲。裸子植物材质优良，大多数是常绿树，是造纸所用的主要树种。

(a) (b)

图 1-3 苔藓植物

（a）地钱 （b）葫芦藓

(a) (b)

图 1-4 蕨类植物

（a）石松 （b）木贼

被子植物的种子外层有果皮包被，也称显花植物。有花是被子植物区别于裸子植物和其他植物的显著特征。其叶形较大，被称为阔叶木。根据种子内子叶数量的不同可将被子植物分为单子叶植物和双子叶植物。双子叶植物是指种子内有两片子叶的被子植物，单子叶植物是种子内只有一片子叶的被子植物。

维管植物是指植物体内具有维管束结构的高等植物。维管束由木质部和韧皮部组成，木质部有输导水分和无机盐的管胞或导管分子，韧皮部中含有运输糖类的筛胞或筛管。它们大多为陆生植物，包括蕨类植物、裸子植物和被子植物。

三、种子植物与孢子植物

种子植物是有复杂的根、茎、叶分化，有复杂构造的花，利用种子繁殖的植物。植物体内具有维管束结构。种子植物是最高级、最完善和最先进的植物类群，包括裸子植物和被子植物，按习性可分为木本植物和草本植物。

孢子植物是指能产生孢子，用孢子繁殖的植物，也称隐花植物，包括藻类植物、地衣植物、苔藓植物和蕨类植物。孢子植物一般喜欢在阴暗、潮湿的地方生长。

小 结

1. 植物分为七个等级，即界、门、纲、目、科、属和种。种是植物的基本分类单位，同种个体间有正常生育的能力，种间存在生殖隔离。

2. 低等植物是指形态上没有明显的根、茎、叶分化的植物，包括藻类植物和地衣植物。藻类植物含具有光合作用的色素，其营养方式为自养，地衣植物是藻类和真菌共生的植物。

3. 高等植物是指形态上有明显的根、茎、叶分化的植物，包括苔藓植物、蕨类植物、种子植物（裸子植物和被子植物）等。苔藓植物是高等植物中最原始的陆生类群，也是从水生到陆生的过渡类群。蕨类植物是进化水平最高的孢子植物，也是最原始的维管植物。裸子植物是指种子裸露没有果皮包被的植物，是最原始的种子植物，由于多数裸子植物的叶形较小，如针形，也常被称为针叶木。被子植物的种子外层有果皮包被，其叶形较大，被称为阔叶木。被子植物分为单子叶植物和双子叶植物。双子叶植物是指种子内有两片子叶的被子植物，单子叶植物是种子内只有一片子叶的被子植物。

4. 维管植物是指植物体内具有维管束结构的高等植物，包括蕨类植物、裸子植物和被子植物。种子植物是利用种子繁殖的植物，是最高级、最完善和最先进的植物类群，包括裸子植物和被子植物。孢子植物是指能产生孢子，用孢子繁殖的植物，也称隐花植物，包括藻类植物、地衣植物、苔藓植物和蕨类植物。

课后练习

一、名词解释

1. 裸子植物
2. 被子植物
3. 维管植物

二、填空题

1. 植物分为七个等级，即（　　）、（　　）、（　　）、（　　）、（　　）、（　　）和（　　），（　　）是植物的基本分类单位。

2. 低等植物包括（　　）和（　　）。

3. 高等植物包括（　　）、（　　）、（　　）和（　　）。

4. 高等植物中进化水平最高的孢子植物、最原始的维管植物是（　　）。

5. 被子植物分为（　　）和（　　）。

模块二 植物的进化

1-2

教学目标

1. 了解植物的进化历程。
2. 了解蕨类植物的特点。

3. 熟悉被子植物的先进性。

教学内容

植物有一个共同的祖先，最早的植物是生活在海洋中的绿藻，绿藻具有光合色素，色素分布在质体中，细胞壁由两层纤维素和果胶质组成。图 1-5 表示了植物界主要门的进化树。

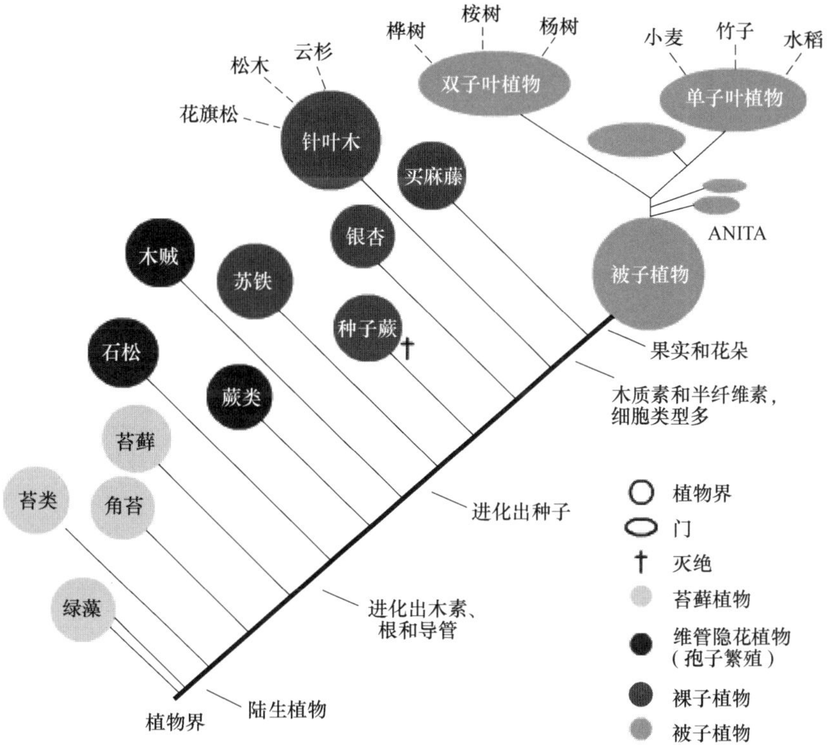

图 1-5　植物进化树

注：“ANITA” 是原始被子植物的第一个开花植物分支

大约 4.7 亿年前，淡水中的绿藻进化为苔藓植物，苔藓植物生长在陆地上，喜欢阴湿的环境，它们全身吸收水分，没有输导水分和营养的系统，所以苔藓植物通常较小。

大约 4.4 亿年前，苔藓植物进化为更为先进的维管植物。维管植物中有一种新细胞，即管胞。管胞细长，其细胞壁中含有疏水性木质素，有助于液体输送并赋予植物强度。维管植物根系发育，形体更大，能够在干燥的环境中生长。

蕨类植物是现存最原始的维管植物，用孢子繁殖，如石松、蕨类和木贼，见图 1-6。在泥盆纪时代（4 亿~3.5 亿年前的 “两栖动物时代”），它们都是大树，如今幸存下来的大多是草本蕨类植物。问荆，木贼属，具有一年生的地上部分和永久的根，是现存最古老的植物物种，在系统发育上最接近种子植物。如今约有 650 种蕨类植物生长在热带和亚热带地区的潮湿山区，最大的可高达 30m。蕨树在三叠纪时期（2.5 亿~2 亿年前）占据重要地位，是现存最古老的树木。

3.6 亿年前种子的发育是植物进化的重要节点。与维管隐花植物相比，种子植物的种子能够储存营养，可以在干燥环境生长。种子植物在二叠纪（开始于距今约 2.99 亿年）迅速

(a) 石松

(b) 蕨草

(c) 问荆

(d) 蕨树

图 1-6 维管隐花植物

繁殖扩张，草本蕨类植物在灌木丛中仍然占主导地位。

2 亿年前的“恐龙时代”，苏铁植物、银杏植物（图 1-7）和现已灭绝的种子蕨类植物占主导地位。银杏树也称少女树，是银杏植物门中唯一剩下的物种，它的发现可以与发现活恐龙相提并论。在中国，自古以来少女树就被用作寺庙树木，在东亚地区，银杏果可用于烹饪。苏铁是裸子植物门中最原始的种子植物，是植物界的活化石，也是最原始的“橡树型”树，分为雄性树和雌性树。由于苏铁具有装饰性的外观且易于在受污染的大气中生长，它经常被种植在公园。目前，约有 100 种外形类似低矮棕榈树的苏铁生长在热带和亚热带地区。苏铁的雄性和雌性树都带有特征性球果，球果是苏铁的繁殖器官。

(a) 银杏树

(b) 苏铁

图 1-7 原始的裸子植物门

针叶木在二叠纪已经存在，但很长一段时间内苏铁仍占主导地位。尽管这些树木很原始，但如今针叶木在寒冷和温带地区的森林中仍占主导地位。松科和柏科植物是经济上重要的植物，大约 30%的针叶木为松科。柏科大约有 130 种，生长在温带地区；还有杉科（如落羽杉）和其他一些古老的树种，如生长在美国西部的巨大红杉和中国的活化石红杉树，以及生长在南半球的罗汉松和南洋杉。

针叶木的针叶数年不落（落叶松除外，每年冬天针叶会落），有些松针 45 年不落。针叶木约有 600 种树木和灌木。云杉和赤松属于松科，是优良的造纸原料。红杉和花旗松高 100 多米，是世界上最高的树木之一，也是重要的造纸和木材加工原料。常见针叶木如图 1-8 所示。

在白垩纪时期（开始于约 1.45 亿年前），一个新的被子植物门出现，逐渐取代了蕨类

(a) 云杉 (b) 赤松 (c) 红杉 (d) 花旗松

图 1-8 针叶木

植物，抑制裸子植物的生长，成为占主导地位的种群。今天超过 90%的陆地植物是被子植物。被子植物进化出更为先进的叶子。导管和木纤维取代了管胞，其中导管输导液体和养分，木纤维提供机械支持。被子植物的木质素和半纤维素的组成与裸子植物有所不同。

被子植物分为单子叶和双子叶两大类，单子叶和双子叶植物占被子植物种类约 97%。单子叶植物如禾本科中的竹子和兰科中棕榈树如图 1-9 所示。竹子是最重要的单子叶经济植物。它是一种快速生长的禾本科植物，不仅用作制浆造纸工业原料和建筑材料，还可用来制作筷子和家具。棕榈树是木本单子叶植物，有 2000 多种。棕榈树主要生长在热带和亚热带地区。最高的棕榈树可以超过 50m。在植物界中，棕榈树的叶子和种子最大。叶子可用于制造特殊纸张，但树干并不是造纸工业好原料。

(a) 竹子 (b) 棕榈树

图 1-9 单子叶植物

双子叶植物包括桦树、橡树、桉树等树种以及许多灌木和草本植物，其中木本双子叶植物被称为阔叶木，如图 1-10 所示。阔叶木有 25000 多种，阔叶木材通常比针叶木材坚硬。阔叶木是热带、亚热带和一些温带森林主要树种，是最发达的树木。白杨树属杨树科，是一种速生材。它们从亚热带到北美和东半球的冻土地带都有生长，是制浆造纸工业的重要原材料。桦树主要分布于北温带，少数种类分布至寒带。中国分布最广的是白桦。桦树是北亚森林中最常见的阔叶木，也是瑞典制浆和造纸工业中使用最多的阔叶木。桉树是桉树属，原产地是澳大利亚。桉树生长速度快，速生期持续 10 年，纤维特性好，是国际上纸浆和造纸工业最重要的阔叶木树种。该属中的几个树种在热带、亚热带、温带地区和苏格兰都有种植，

(a) 杨树 (b) 桦树

(c) 杨树叶 (d) 桦树叶 (e) 桉树叶 (f) 枫树叶

(g) 桉树 (h) 枫树

图 1-10 阔叶木

有些桉树高度超过 100m。枫树是加拿大和美国北部制浆造纸工业的重要原料。

买麻藤门是一种过渡形式。它没有花朵和果实，属于裸子植物，但具有与被子植物相似的细胞类型和木质素结构。

小 结

1. 植物从绿藻开始漫长的进化，绿藻进化为苔藓植物，后者没有输导水分和营养的系统，体型小。苔藓植物进化为蕨类植物，蕨类植物是最原始的维管植物，根系发达，有管胞，其细胞壁有木质素，可以在干燥环境中生长，如问荆。

2. 种子植物是植物进化的重要节点，种子存储营养，可以在干燥环境中生长，银杏树是银杏植物门中唯一剩下的物种，苏铁是裸子植物门中最原始的种子植物。

3. 针叶木也是古老的种群，有裸露的种子，种子呈锥状，称为裸子植物。针叶木在寒冷和温带地区的森林中占主导地位，主要有松科、柏科和杉科，赤松、花旗松、云杉、红杉是重要的造纸用针叶材。

4. 被子植物抑制裸子植物的生长，前者更为先进，成为占主导地位的种群。导管和木纤维取代了管胞，其中导管输导液体和养分，木纤维提供机械支持。超过 90% 的陆地植物是被子植物，分为单子叶和双子叶两大类。双子叶植物也称阔叶木，白杨、白桦、桉树和枫树是重要的造纸用阔叶材。

课后练习

一、填空题

1. 种子植物包括（ ）和（ ）。
2. 银杏植物门中唯一剩下的物种是（ ）。
3. 裸子植物门中最原始的种子植物是（ ）。

二、多选题

1. 与苔藓植物相比，蕨类植物的先进性表现在（ ）。

（A）蕨类植物根系发育　　（B）蕨类植物是维管植物

（C）蕨类植物细胞壁中有木质素　　（D）木质素疏水且赋予植物强度

2. 关于被子植物以下表述正确的是（ ）。

（A）超过 90%的陆地植物是被子植物　　（B）阔叶木是双子叶木本植物

（C）禾本科是双子叶草本植物　　（D）被子植物比裸子植物先进

三、简答题

1. 简述植物的进化过程。
2. 为什么被子植物比裸子植物先进?

模块三　树　　木

1-3

教学目标

1. 了解树木的形状分类。
2. 熟悉树木养分、水分和矿物质的输送路径。
3. 理解初生生长和次生生长的概念。
4. 理解偏心材、应力木、应拉木和应压木的概念。
5. 熟悉树木细胞生长发育的五个阶段。

教学内容

一、树木的形状

树木的形状有棕榈型、云杉型和橡树型三种主要形式，如图 1-11 所示。这种分类方法是按功能分类，而不是根据演化进行分类的。

棕榈型的树顶叶子较大，叶子长在树干上，不长树枝。棕榈树、蕨类树、苏铁和单子叶植物（澳大利亚草树、百合树、竹子等）都属于棕榈型，棕榈型与其他两种树型的区别在

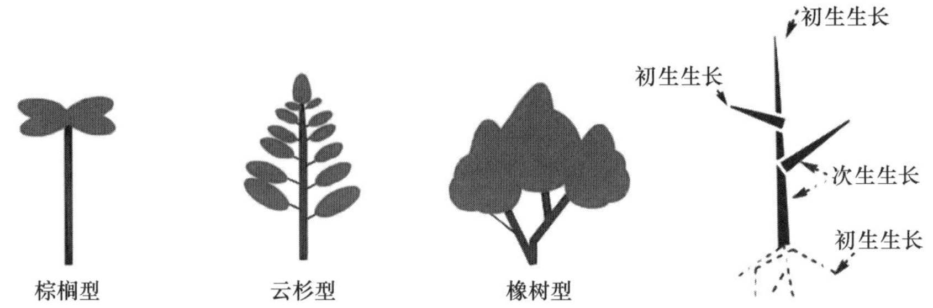

图 1-11 树木的形状

于其没有二次生长。除了竹子之外，棕榈型植物对制浆造纸工业并不重要。

云杉型为瓶刷结构，树枝较短，大多为一个树干，多见于针叶木，如云杉、花旗松、红杉树等。但松树和铁杉有树枝和树冠，其树冠比橡树型的树冠小。

橡树型有较大的树冠，树枝较多。这种树型多见于阔叶木，如橡树和枫树的树冠都较大，但桦树除外，它的形状类似于云杉树。从运输、锯树、去皮等方面来看，云杉型树木更为经济。

树木的生长环境影响树的形状，树林稀疏，树冠则较大，如图 1-10 中的枫树；如果树林较密，阔叶木易长成云杉形，如图 1-10 中的桉树。

二、应力木

树木在生长过程中，当树干、树枝和细枝偏离垂直方向发生倾斜或弯曲时，树的髓心会偏离茎的中心，形成偏心材，这种木材也称为应力木。应力木抵抗重力影响，维持树木直立生长，如图 1-12 所示。

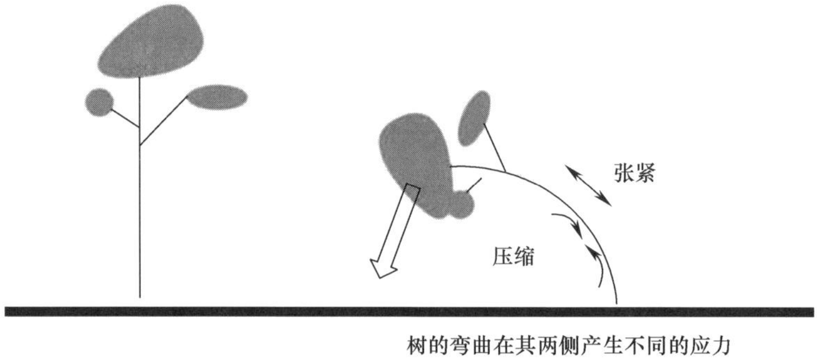

图 1-12 处于压力下的植物产生两种力

针叶木和阔叶木形成应力木的情况有所不同。针叶木的偏心增大在下侧，以将树木“推”回原位，称为应压木。阔叶木的偏心增大在上侧，以将树木“拉”回原位，称为应拉木，如图 1-13 所示。应力木的细胞与普通木材相同，但细胞壁结构和化学组成不同。

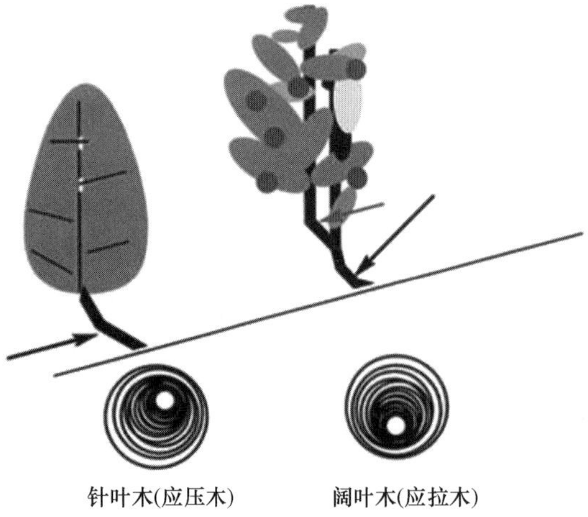

图 1-13 针叶木中的应压木和阔叶木中的应拉木

三、营养与输导

植物是光自养生物，在光合作用下能够将无机物合成为生物体所需的有机物。植物所需的碳元素来自叶子固定的 CO_2，所需的矿物质来自根系吸收。大多数维管植物都有菌根。菌根与丝状真菌共生，植物为真菌提供糖分，真菌为植物提供矿物质和水。因此，真菌菌丝体可看作是根系的延伸。植物所需的最重要的矿物质包括氮（如硝酸盐或铵）、磷（如磷酸盐）、硫和金属盐（如铁、锰、钾和铜）等。

不同的树木对营养和水的需求各不相同，因此不同环境中占主导地位的植物物种不同。例如，松树根系发达，其要求比云杉低，在贫瘠的土壤中占主导地位，而云杉在营养丰富的土壤中占主导地位。

树中营养物质（糖和其他有机分子）是从叶子向下运输的，而氮、磷、金属盐和水一起从根部沿边材向上输送。营养物质的输送通过韧皮部进行，这就解释了为什么树皮的大面积损伤会对树木产生危害。树中物质的流动如图 1-14 所示，植物的光合作用要消耗水，所以水的输导对植物来说至关重要。水从根部被输送到叶子，光合作用消耗的水仅占很少一部分，大部分水分从叶子蒸发。树叶蒸发水分能够控制树叶的温度，如果树叶过热，则会破坏光合作用和其他反应所需的蛋白质。

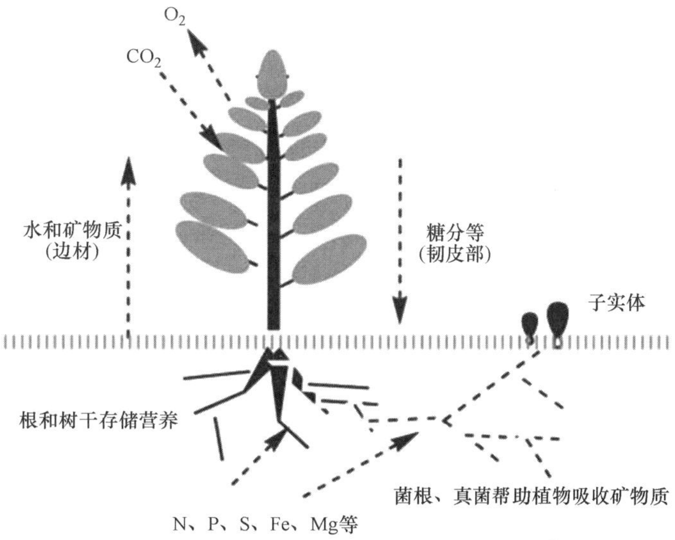

图 1-14 树木中的液体流动示意图

四、树的生长

分生组织细胞的分裂使树长粗长高。分生组织是由未分化的细胞组成的，未分化的细胞终生具有分裂和产生新细胞的能力。细胞分裂为两个细胞后，一个细胞继续保持分生能力，另一个则分化为成熟细胞。位于主茎和树枝的顶端、树根尖端的分生组织细胞分裂，使主树干长高，使树枝和树根长长，称为初生生长。在顶端分生组织下方，一些细胞分化并形成横向分生组织，称为形成层。形成层位于木质部和树皮之间，形成层的细胞分裂产生新的木质部和树皮细胞，增加了茎、枝和根的直径，称为次生生长。

1 棵树每年形成木材层，经过 6 年生长后树干直径变化如图 1-15 所示。每个锥体的末端表示了顶端分生组织上一个生长季节生长的位置，树枝的生长与主茎相同。

树木细胞的生长和发育分为 5 个阶段，包括细胞分裂、细胞生长、细胞壁增厚、木质化和死亡。在初始阶段细胞分裂，形成两个细胞，如果外层（与树皮相邻）的细胞是分生的，内层的细胞会在经过生长、壁增厚、木质化和死亡四个阶段后发育为成熟的细胞。如果内层的细胞是分生的，那么外层的细胞会分化成树皮细胞。细胞的分裂、生长和发育使形成层逐渐远离树的中心，如图 1-16 所示。

最初，细胞的原生质被非常薄且可塑的细胞壁包裹，这时的细胞壁被称为初生壁，在细胞壁增厚阶段，形成次生壁，细胞壁一旦增厚，细胞就不再生长。

木质化是指细胞之间和细胞壁中产生木质素的过程。其中，胞间层和初生壁先木质化，

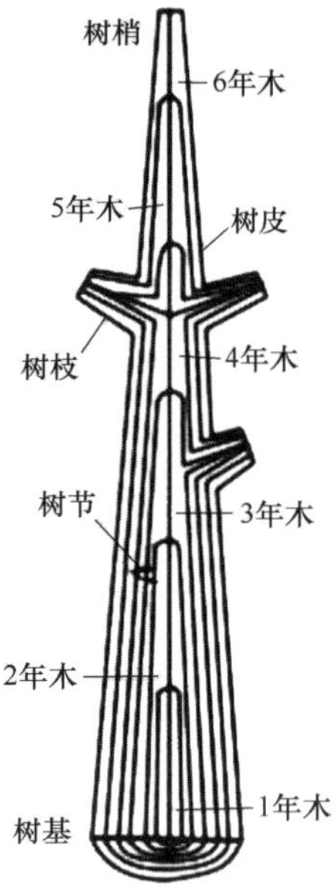

图 1-15 树的生长

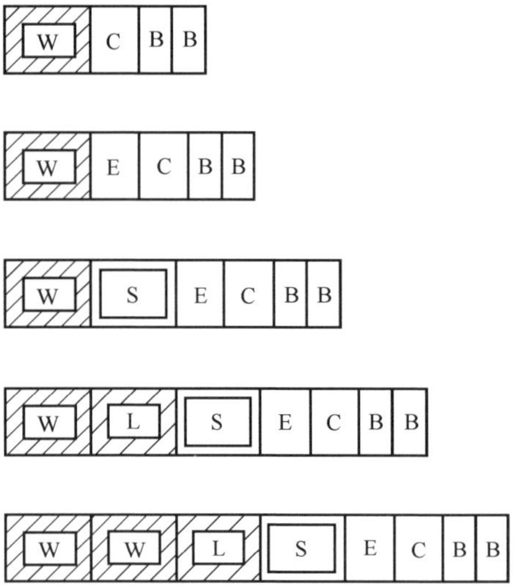

图 1-16 树木的细胞发育

B—树皮细胞；C—形成层分生细胞；E—生长的木细胞；
S—细胞壁增厚；L—细胞壁木质化；W—成熟细胞。

且木质化速度较快。次生壁木质化是一个渐进过程，当胞间层木质素浓度约为最大值的50%时，次生壁开始木质化，木质化滞后于次生壁形成。

大多数树木细胞木质化后会立即死亡（具有储存功能的薄壁细胞除外），这种死亡后的植物细胞称为植物纤维。具有支持和输导作用的细胞通常在 14 到 21 天内完成细胞发育的 5 个阶段。

在细胞生长阶段，细胞的长度和直径增加。针叶木细胞仅在径向增加直径，它的切向直径与形成层初始细胞基本相当。所以细胞在径向排列均匀，如图 1-17（a）所示。阔叶木的导管直径沿径向和切向都增加，切线方向的生长挤压相邻的细胞，使细胞沿径向排列不均匀，如图 1-17（b）所示。

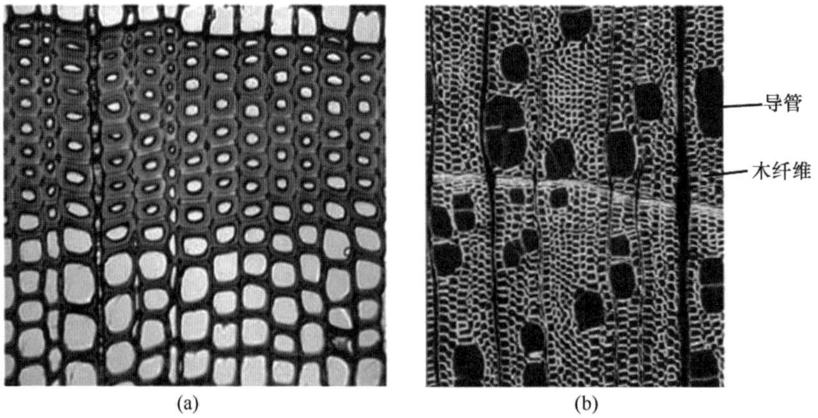

图 1-17 木材横切面微观结构

（a）松木管胞分布均匀，排列整齐 （b）桦木的木纤维和导管发育中断，其结构复杂，导管是阔叶木的典型特征之一木质部细胞和树皮细胞的增殖增加了茎的直径。显然，随着茎直径的增加，茎的周长随之增加。相应的，形成层需适应茎的直径和周长的增加。当纺锤初始细胞产生新木质部细胞或树皮细胞时，如果细胞分裂过程中形成的新细胞壁位于切线平面，此面与树皮平行，即平周分裂。为了增加周长，纺锤初始细胞将在径向平面上产生一个新细胞壁进行分裂，垂直于树皮，即垂周分裂，形成两个纺锤初始细胞，如图 1-18 所示。

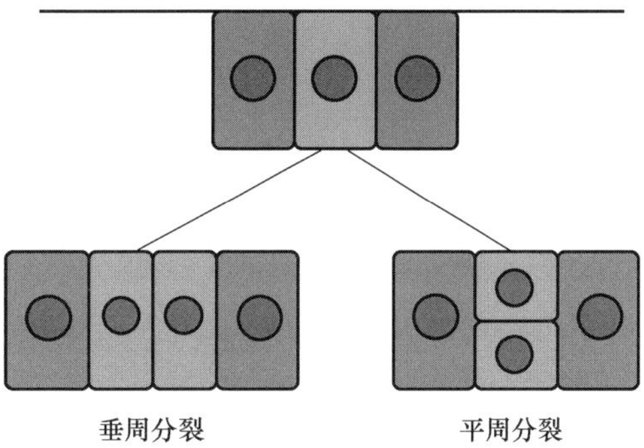

图 1-18　平周分裂与垂周分裂

小　　结

1. 树木有棕榈型、云杉型和橡树型三种形状。

2. 当树木生长发生倾斜或弯曲时，树的髓心会偏离茎的中心，称为应力木。针叶木的偏心增大在下侧，称为应压木。阔叶木的偏心增大在上侧，称为应拉木。应力木的细胞与普通木材相同，但细胞壁结构和化学组成不同。

3. 树中营养物质是从叶子沿韧皮部向下运输，而水和矿物质从根部沿边材向上输送。

4. 位于主茎和树枝顶端、树根尖端的分生组织细胞的分裂，使主树干长高，使树枝和树根长长，称为初生生长。形成层的细胞分裂产生新的木质部和树皮细胞，增加了茎、枝和根的直径，称为次生生长。

5. 树木细胞的生长和发育分为五个阶段，包括细胞分裂、细胞生长、细胞壁增厚、木质化和死亡。最初形成的细胞壁为初生壁。细胞壁增厚形成次生壁，细胞不再生长。细胞之间和细胞壁中产生木质素也称为木质化。胞间层和初生壁先木质化，当胞间层木质素浓度约为最大值的 50%时，次生壁开始木质化。大多数树木细胞木质化后会立即死亡，这种死亡后的植物细胞称为植物纤维。

6. 木质部细胞和树皮细胞的增殖增加了茎的直径。细胞分裂过程中形成的新细胞壁若位于切线平面，称为平周分裂；若壁垂直于树皮，称为垂周分裂。

课后练习

一、名词解释

1. 应压木和应拉木
2. 初生生长
3. 次生生长
4. 植物纤维
5. 细胞壁木质化

二、填空题

1. 树木的形状分为（　　）、（　　）和（　　）三种。

2. 植物细胞生长发育经历（　　）、（　　）、（　　）、（　　）和（　　）五个阶段。

三、判断题

1. 竹子有次生生长。(　　)
2. 次生生长细胞的产生分为平周分裂和垂周分裂两种方式。(　　)
3. 树中营养物质从叶子沿韧皮部向下运输。(　　)
4. 水分和矿物质从根部沿心材向上输送。(　　)

模块四　造纸植物纤维原料

1-4

教学目标

1. 了解我国造纸原料的现状。
2. 掌握造纸植物纤维原料的分类。

教学内容

制浆和造纸工业原料主要分为裸子植物、双子叶植物和单子叶植物。根据我国的习惯，制浆造纸工业原料可分为木材纤维原料和非木材纤维原料。

一、木材纤维原料

1. 针叶材

针叶材的材质一般比较松软，故又称为软木，如云杉、冷杉、马尾松、落叶松、红松、白松、湿地松、火炬松等。

云杉纤维长，木质部呈白色，是机械和化学浆最常用的原料。加拿大西部的道格拉斯冷杉管胞很长，可以生产高质量的纸张。

松属树木的抽提物含量高于云杉，管胞也略短，广泛用于硫酸盐制浆。苏格兰松是欧洲最重要的树种；落叶松在中欧和西伯利亚地区较为常见，落叶松的心材多，抽提物含量高，管胞比云杉长，不是制浆的主要原料。

北美森林的树种比欧洲森林丰富，松树对制浆造纸工业较为重要。其他重要的北美树种有铁杉、云杉及一些其他科的软木，如西部红杉（一种柏树）和红杉树（一种落羽杉）。一些北美针叶木已经移植到世界各地，如温带地区的扭叶松、地中海和亚热带的蒙特利松等。

2. 阔叶材

阔叶材的材质比较坚硬，故又称为硬木。但实际上，造纸工业使用的仅是阔叶材中材质较松软的材种，如杨木、桦木、枫木、桉木、榉木、槭木、相思木等。

热带和亚热带国家的软木较少。热带雨林可产生数百种硬木的混合物，称为混合热带硬木（MTH），混合热带硬木用于制浆存在与抽提物有关的问题。因此人们种植桉树和金合欢以取代混合热带硬木。欧洲大陆用山毛榉或橡树制短纤维纸浆。在斯堪的纳维亚，桦树是首选的硬木原料，人们将其与白杨和其他硬木混合制浆。俄罗斯使用白杨制浆，北美使用白杨和枫木制浆。

二、非木材纤维原料

1. 禾本科纤维原料

禾本科植物的分类等级为植物界→被子植物门→单子叶植物纲→百合亚纲→禾本目→禾本科。禾本科已知约有700属，近10000种。我国有200余属，1500种以上。这类原料主要有麦草、稻草、芦苇、荻、蔗渣、高粱秆、玉米秆、毛竹、慈竹、白夹竹、楠竹等，在我国制浆造纸工业中应用较为广泛。

2. 韧皮纤维原料

韧皮纤维原料包括树皮类和麻类。树皮类主要有桑皮、檀皮、构皮、雁皮、棉秆皮等。树皮类纤维较长，具有较高的制浆造纸应用价值。东汉年间，造纸鼻祖蔡伦就是用构树树皮来制造纸张。麻类有红麻、大麻、黄麻、青麻、苎麻、亚麻、罗布麻等，是造纸的好原料。

3. 叶部纤维原料

叶部纤维原料的叶子中含有丰富的纤维，适于造纸，如香蕉叶、龙舌兰麻、甘蔗叶、龙须草等。

4. 种毛纤维原料

种毛纤维原料包括棉花、棉短绒等，但棉花是纺织工业的主要原料。

三、废纸

欧美森林资源丰富，造纸原料中木浆占比为90%。我国森林资源匮乏，木材主要用于生产家具，可用于造纸的成熟木材较少，制浆造纸原料中木浆占总原料的比例不高。2018年我国造纸原料中木浆占比30%，废纸浆占比58%，非木浆占比7%。2019年，国产废纸的回收量为5244万吨，废纸回收率从2011年的44.6%增加到2019年的49%。由于废纸循环利用至少两次，纸浆质量整体不高。利用废纸作为造纸原料，减少了国内森林砍伐，节约了大量的森林资源，同时减少了木材制浆过程中的碳排放量。

小　结

1. 造纸植物纤维原料分为木材纤维原料和非木材纤维原料。木材纤维原料包括针叶材和阔叶材。针叶材的材质一般比较松软，故又称为软木。造纸用的针叶材有云杉、冷杉、马尾松、落叶松、红松、白松、湿地松、火炬松等。

2. 阔叶材的材质比较坚硬，故又称为硬木。造纸用阔叶材有杨木、桦木、枫木、桉木、榉木、槭木、相思木等。

3. 非木材纤维原料包括禾本科纤维原料、韧皮纤维原料、叶部纤维原料和种毛纤维原料。废纸是我国造纸工业重要的植物纤维原料。

课后练习

一、名词解释

1. 软木

2. 硬木

二、填空题

1. 木材纤维原料分为（　　）和（　　）。

2. 非木材纤维原料包括（　　）、（　　）、（　　）和（　　）。

三、简答题

1. 列出造纸工业常用的针叶材、阔叶材和禾本科原料。

2. 为什么说废纸是我国制浆造纸的主要原料之一？

参考文献

[1] EK M，GELLERSTEDT G，HENRIKSSON G. Pulp and paper chemistry and technology volume 1，"wood chemistry and wood biotechnology"［M］. Berlin：De Gruyter，2009.

[2] 强胜. 植物学［M］. 北京：高等教育出版社，2017.

[3] 裴继诚. 植物纤维化学［M］. 北京：中国轻工业出版社，2020.

[4] 丁霞. 废纸：中国造纸业不可或缺的原料［EB/OL］.［2023-05-21］. https：//zhuanlan. zhihu. com/p/369766772.

[5] 徐有明. 木材学［M］. 北京：中国林业出版社，2006.

项目二 植物纤维原料的生物结构与细胞形态

模块一　木材的宏观结构

2-1

教学目标

1. 了解木质部边材转变为心材的过程。
2. 熟悉木材的宏观结构。
3. 熟悉年轮、早材、晚材和晚材率的概念。
4. 熟悉韧皮部、形成层、边材和心材的概念和功能。
5. 理解木材纹孔的概念、功能和纹孔对的种类。

教学内容

木材分为针叶木和阔叶木。锯断木材的主干，观察其横切面，由外及里分别是外皮、内皮（韧皮部）、形成层、木质部（包括边材和心材）和髓心，如图 2-1 所示。边材和心材构成了木材的木质部。即木质部位于形成层和髓心之间。

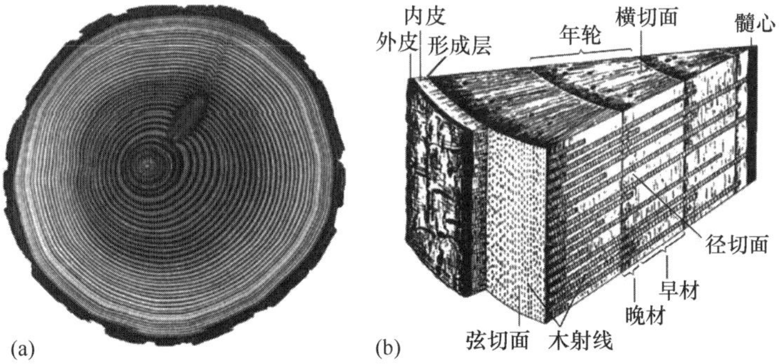

图 2-1　木材的结构

（a）木质部颜色深的部分为心材，颜色浅的部分为边材　（b）横切面是垂直于树干的切面，弦切面是垂直于树干直径的切面，径切面是沿树干直径的切面

一、外皮、内皮和形成层

外皮位于树干的最外层，是树干的保护层，抵御机械伤害和外界环境温度和湿度变化对

树木产生的影响。

内皮也称为韧皮部，位于外皮内侧，主要功能是将植物光合作用产生的营养从树叶经过树枝向下输送。有些阔叶树，如椴树，韧皮部有长而结实的韧皮细胞，可用于制造绳索。

形成层位于韧皮部和木质部之间，形成层是分生组织，由 6~8 层分生细胞组成，其向外分裂形成韧皮部，向内分裂形成木质部，使树木增粗、发育和生长。外皮是死组织，而形成层和韧皮部由活细胞组成。

二、木质部

1. 边材和心材

木质部颜色较浅的部分为边材，颜色较深的部分为心材。当新的边材形成时，与心材相邻的边材中的细胞死亡，伴随细胞死亡，细胞分泌酚类、色素等抽提物，颜色加深，成为心材。

边材具有支持作用和输导水分、矿物质的功能，占木材总体积的 10%~40%，制浆蒸煮时易成浆。边材中的大部分由死细胞组成。由此可见，树木绝大部分细胞都是死细胞。

心材是死组织，具有支持作用。针叶树心材中管胞的具缘纹孔封闭，而阔叶树心材中的导管会被侵填体阻塞，这些变化阻碍了心材输导水分，从而防止微生物的侵蚀，防止木材腐朽，增加心材耐久性。同时心材的渗透性也随之降低，制浆蒸煮时，药液不易渗透。

2. 年轮、早材和晚材

在木质部，可以看到很多同心层，这就是年轮。在温带和寒带，春季或夏季树木生长迅速，秋季生长慢，冬季休眠，形成明显的年轮。热带或亚热带四季温差小，树木生长基本上没有休止期，所以树木的年轮不明显。

年轮一般由两层构成，如图 2-2 所示。向着形成层的一层是外层，向着髓心的一层是

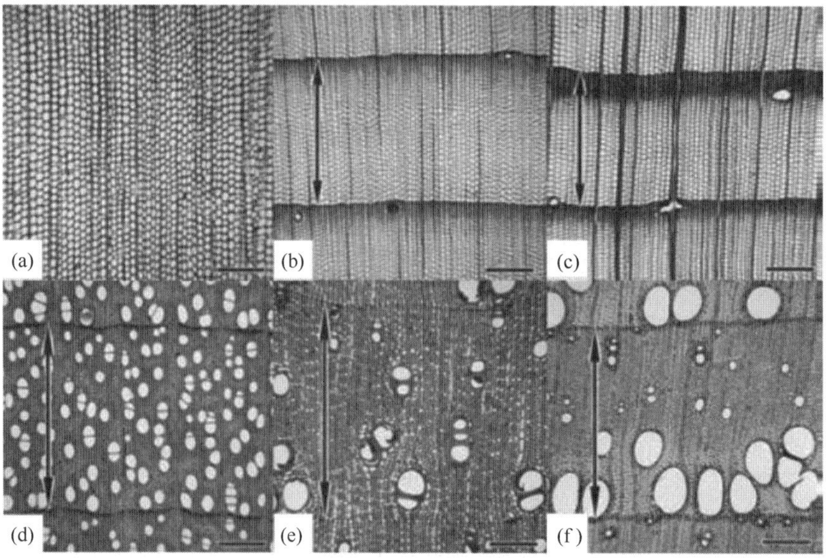

图 2-2 木材横切面

箭头表示年轮界限。(a)(b)(c)为针叶树：(a)没有年轮，(b)云杉的早材到晚材逐渐过渡，(c)黄杉的早材到晚材突然过渡，(d)为阔叶树散孔材，(e)为阔叶树半环孔材，(f)为阔叶树环孔材

内层。内层是在每年春季和夏季形成的，称为早材或春材，由于养分、水分充足，生长迅速，内层细胞腔大壁薄，质松色浅。外层是在秋季形成的，称为晚材或秋材，秋季的树木已接近生长末期，细胞分裂及生长速度较慢，生长的细胞细长，即腔小壁厚，形成质密色深的窄层。年轮中早材与晚材的比例可用晚材率表示：

$$晚材率=(年轮中晚材的宽度/年轮总宽度)\times 100\%$$

早材纤维细胞壁薄腔大、柔软、易打浆、成纸强度好；晚材细胞壁较厚，纤维硬挺，打浆比较困难，强度不及早材纤维。所以，晚材率低的木材造纸性能优于晚材率高的木材。造纸常用材种的晚材率约为：红松 10%～20%、落叶松 25%～40%、马尾松 25%～40%、云南松 20%～40%。

三、木射线

木材横切面上的径向条纹称为木射线，如图 2-3 所示。由外皮到髓心的木射线称为初生木射线，由外皮到某年轮的称为次生木射线，木射线由活的薄壁细胞组成，其功能是储存和输送营养物质。

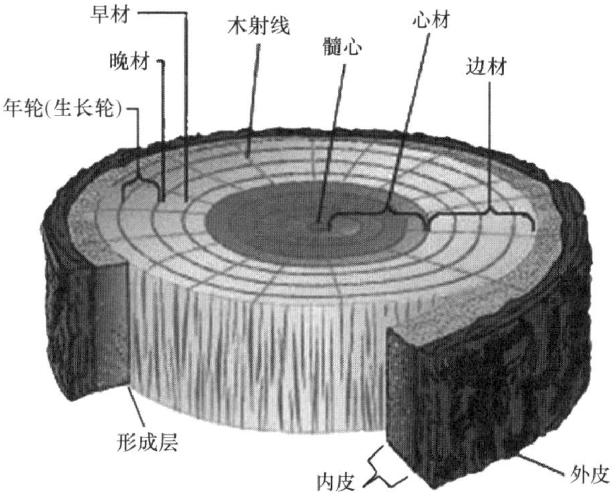

图 2-3　木材的横切面

四、髓心

髓心位于树干和树枝的中心，色深，如图 2-3 所示。当髓心偏离树干中心时，称为偏心材。髓心主要由薄壁细胞组成，对制浆的意义不大。

五、纹孔

在细胞生长阶段，原生质被非常薄的细胞壁包裹，这时的细胞壁为初生壁，在细胞壁增厚阶段，形成次生壁。在次生壁形成过程中，有些区域没有发生次生壁增厚，细胞壁薄，显微镜下呈圆形小孔状，如图 2-4（b）所示。但其并不是真正的孔，而是细胞壁的薄壁区域，称为纹孔。

纹孔是细胞壁上的通道，使水分和物质横向和垂直流动。纹孔由纹孔口、纹孔腔和纹孔膜组成，如图 2-4 所示。纹孔膜由初生壁和胞间层组成。相邻细胞的纹孔成对出现，形成纹孔对。纹孔对分为单纹孔对、具缘纹孔对和半具缘纹孔对。由于纹孔是成对出现的，所以纹孔膜由两个初生壁和一个胞间层组成。

具缘纹孔的次生壁隆起，隆起的部分称为纹孔缘。从细胞壁外侧观察具缘纹孔呈圆形。具缘纹孔对通常存在于两个厚壁细胞间，如导管和木纤维之间，具缘纹孔对的结构能够有效地输送液体。

当具缘纹孔形成时，先在初生壁上形成纤维素环，纤维素环决定了纹孔的外边界。随着次生壁的形成，纹孔膜的中心堆积微纤丝，微纤丝逐渐变厚，变厚的部分称为纹孔塞。纹孔塞

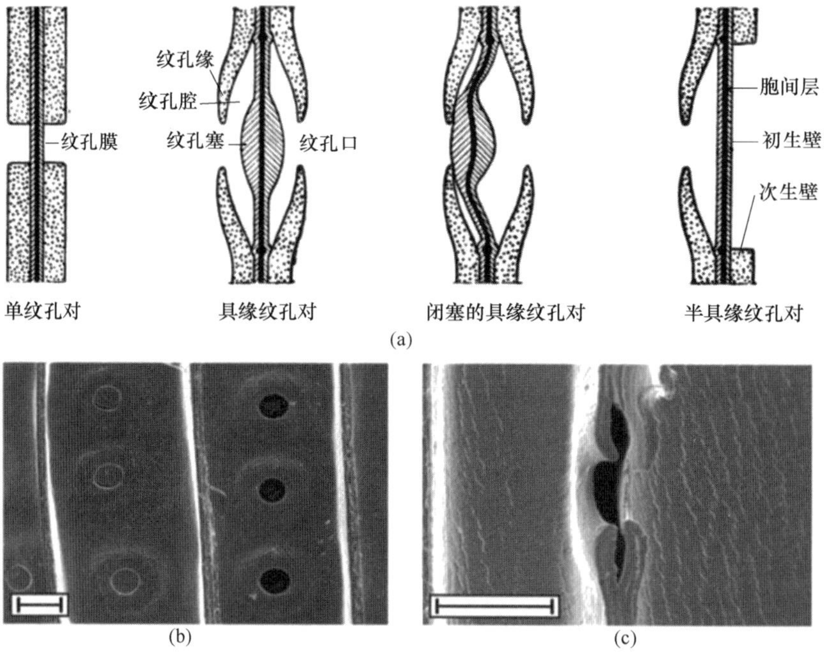

图 2-4 木材的纹孔

（a）三种纹孔对示意图 （b）松木管胞细胞壁 （c）松木管胞细胞壁横切面

周围的区域称为塞缘，塞缘由径向排列的微纤丝构成。此外，复合胞间层中的果胶质受到酶解，纹孔膜呈开放网络结构，如图 2-5 所示。最后，次生壁增厚，形成纹孔缘。阔叶树和针叶树具缘纹孔结构上相似，但纹孔膜完全不同。阔叶树的纹孔对没有纹孔塞，初生壁的果胶质不会被溶解。而针叶树纹孔膜上分布有大小约 0.2μm 的空隙，如图 2-5 所示。

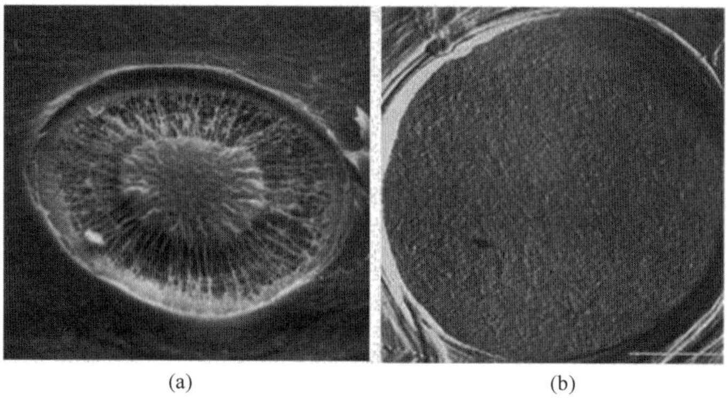

图 2-5 纹孔膜结构

（a）红松的管胞具缘纹孔的纹孔膜 （b）导管中具缘纹孔的纹孔膜

单纹孔没有纹孔缘，纹孔室是直壁的。薄壁细胞之间的纹孔对是典型的单纹孔对。半具缘纹孔对出现在相邻的厚壁细胞和薄壁细胞之间，厚壁细胞为具缘纹孔，薄壁细胞为单纹孔。

小　结

1. 木材由外及里分别是外皮、内皮（韧皮部）、形成层、木质部（包括边材和心材）和髓心。

2. 韧皮部将植物光合作用产生的营养从树叶经过树枝向下输送。形成层细胞分裂形成韧皮部和木质部，使树木增粗、发育和生长。

3. 木质部颜色较浅的部分为边材，具有支持作用和输导水分、矿物质的功能。颜色较深的部分为心材，心材具有支持作用。木质部的同心层称为年轮。在春季和夏季形成的木材称为早材或春材，细胞腔大壁薄，质松色浅，柔软、易打浆，成纸强度好。在秋季形成的木材称为晚材或秋材，其腔小壁厚，质密色深，纤维硬挺，打浆比较困难，强度不及早材纤维，早材与晚材的比例用晚材率表示。

4. 木材横切面上的径向条纹称为木射线，射线由活的薄壁细胞组成，其功能是储存和输送营养物质。髓心偏离树干中心，称为偏心材。髓心主要由薄壁细胞组成，对制浆的意义不大。

5. 在次生壁形成过程中，没有发生次生壁增厚的薄壁区域，称为纹孔。纹孔是水分和物质横向和垂直流动的通道。纹孔成对出现形成纹孔对，纹孔对分为单纹孔对、具缘纹孔对和半具缘纹孔对。具缘纹孔对存在于两个厚壁细胞间，单纹孔对存在于两个薄壁细胞之间，半具缘纹孔对出现在厚壁细胞和薄壁细胞之间。

课后练习

一、名词解释

1. 纹孔
2. 早材和晚材
3. 年轮

二、判断题

1. 树木都有年轮。（　　）
2. 早材制浆较晚材质量好。（　　）
3. 心材中的抽提物较边材少。（　　）
4. 纹孔是细胞壁次生壁没有增厚的部分。（　　）

三、单选题

1. 厚壁细胞间的纹孔对是（　　）。

（A）单纹孔对　　（B）具缘纹孔对　　（C）半具缘纹孔对

2. 下列关于死细胞和活细胞的说法，正确的是（　　）。

（A）形成层和韧皮部细胞是活细胞。　　（B）边材的细胞是活细胞。

（C）心材的细胞是活细胞。　　（D）木射线薄壁细胞是死细胞。

四、简答题

1. 简述木材的宏观结构。
2. 形成层细胞分裂形成木质部和树皮，为什么木质部较树皮多？

模块二　针叶木的生物结构与细胞类型

2-2

教学目标

1. 了解树脂道的概念。

2. 了解针叶木的水分输导途径。
3. 熟悉木射线薄壁细胞、木射线管胞的形态特征与功能。
4. 熟悉针叶木的生物结构特点和细胞种类及其功能。
5. 熟悉管胞的形态特征。

教学内容

针叶木结构相对简单，横切面外观均一。针叶木主要的纤维细胞是管胞，径向分布有木射线，木射线主要由木射线薄壁细胞组成，其横切面、径切面和弦切面的结构如图 2-6 所示。

针叶木的细胞类型和功能见表 2-1，所有细胞都来自纺锤初始细胞和木射线初始细胞两种分生细胞的分裂。

表 2-1 针叶木的细胞类型和功能

细胞类型	功能
1. 轴向管胞	
早材	输导和支持
晚材	支持
2. 薄壁组织	
木射线薄壁细胞	存储
轴向薄壁细胞	存储
泌脂薄壁细胞	存储
3. 木射线管胞	输导

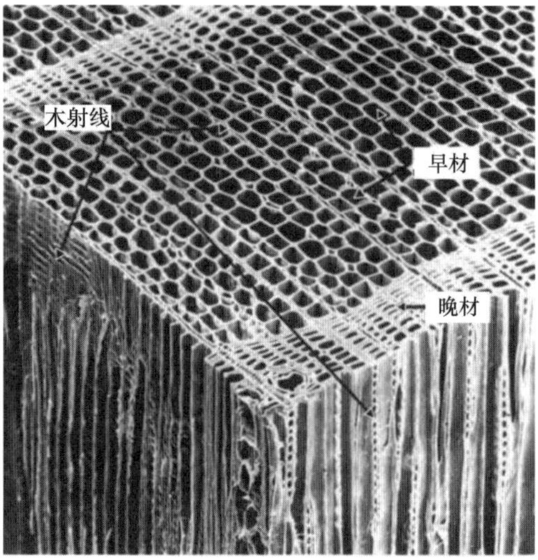

图 2-6 针叶木的横切面、径切面和弦切面

根据针叶木横切面上管胞形成的年轮，针叶木木质部分为早材和晚材。早材在春季和夏季生成，细胞尺寸大，细胞壁薄；晚材的细胞尺寸较小，细胞壁较厚，如图 2-7 所示。这种特征在温带和北极地区的针叶木中较为明显。热带地区四季不分明，年轮边界模糊，早材和晚材细胞不易区分。

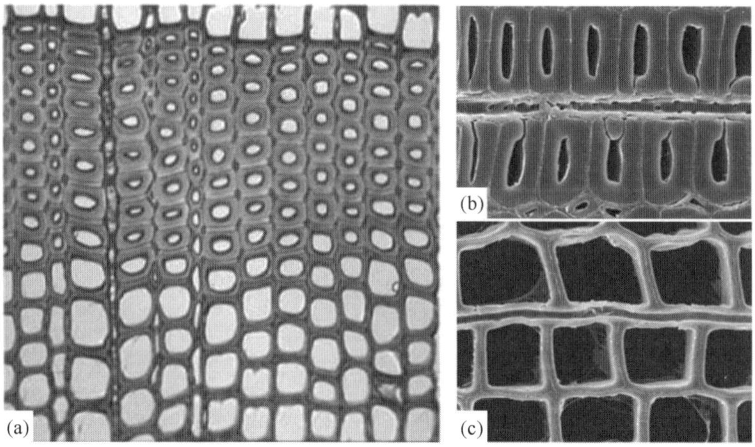

图 2-7 早材和晚材管胞
(a) 松木横切面 (b) 云杉晚材管胞 (c) 云杉早材管胞

一、针叶木管胞

针叶木的木质部由管胞、薄壁细胞、泌脂薄壁细胞等组成。管胞占细胞总体积的 90%～95%，构成了针叶木的轴向系统，其两端封闭，形态细长，呈纺锤状，如图 2-8 所示，其横切面为方形或矩形。晚材管胞具有支持作用，早

材管胞具有支持和输导作用（表2-1）。管胞长度为3~5mm，直径为30~50μm，是长纤维造纸原料，见表2-2。

二、木射线

针叶的木射线由木射线薄壁细胞和木射线管胞组成。也有一些树种的木射线完全由木射线薄壁细胞组成，或完全由木射线管胞组成。木射线薄壁细胞占木材体积的5%~10%。

1. 木射线薄壁细胞

针叶木都有薄壁细胞，大部分薄壁细胞位于木射线内，称为木射线薄壁细胞。木射线薄壁细胞是活细胞，细胞腔内充满深色物质，其主要功能是合成、储存和横向输送生物化学物质。木射线薄壁细胞占木材体积5%~10%，呈矩形或不规则砖形，形态较短，在制浆过程中易流失，如图2-8所示。

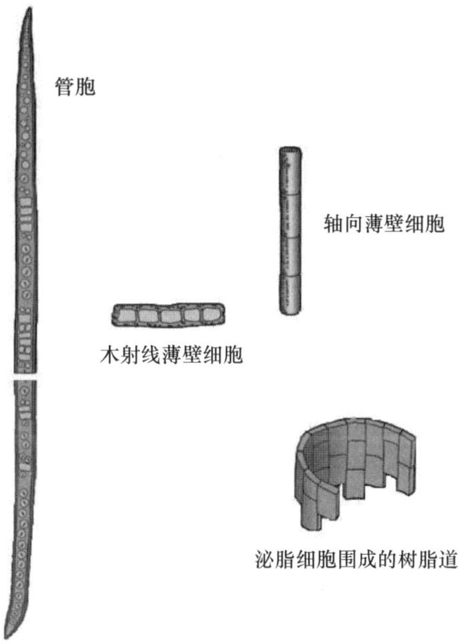

图2-8 针叶木细胞类型

表2-2 针叶木管胞的长度和直径

木材种类	管胞长度(mm)		管胞直径(μm)	
	平均	范围	平均	范围
挪威云杉	3.4	1.1~6.0	31	21~40
苏格兰冷杉	3.1	1.8~4.5	35	14~46
红杉	7.0	2.9~9.3	—	50~65

弦切面中的木射线薄壁细胞堆叠，仅为1个细胞宽度的称为单列木射线（图2-9），也有多列木射线，在弦切面中为纺锤状，木射线内有树脂道（图2-9）。

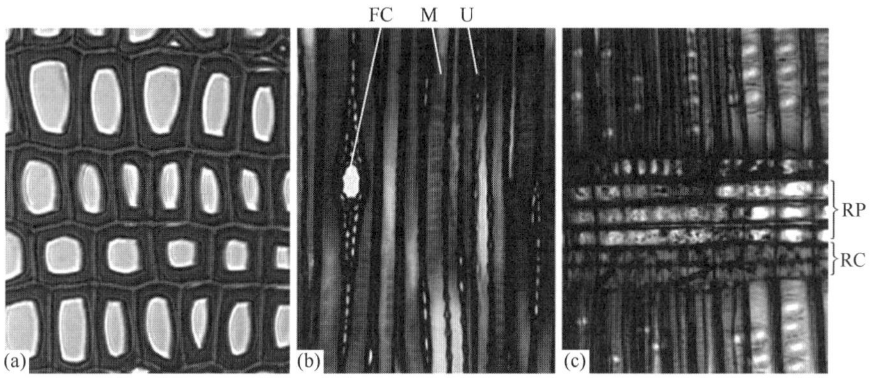

图2-9 云杉和松木

（a）云杉横切面 （b）松木弦切面和（c）松木径切面。松木的弦切面可见单列（U）和多列（M）射线，多列射线中心有纺锤树脂道（FC）。弦切面和径切面可见木射线薄壁细胞（RP）和木射线管胞（RC）。

2. 木射线管胞

木射线管胞位于木射线边缘（图2-9）。木射线管胞形态与木射线薄壁细胞相似，但木射线管胞为死细胞，相比之下更短更窄，能够沿树的径向输送液体。

三、轴向薄壁细胞

只有少数树种具有轴向薄壁细胞，轴向薄壁细胞的细胞壁薄，较短，细胞腔中含有深色树脂，其纹孔为单纹孔。罗汉松的轴向薄壁细胞如图 2-10 所示。横切面中的轴向薄壁细胞类似管胞，径切面中的轴向薄壁细胞垂直定向，相互堆叠。大多数针叶木没有轴向薄壁细胞，少部分有的其含量也小于 1%。

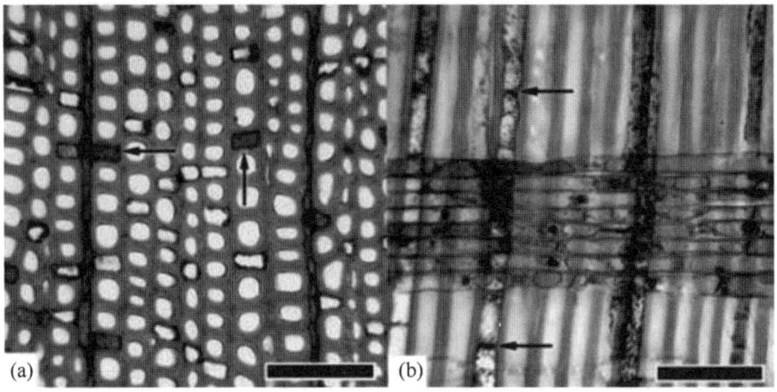

图 2-10 罗汉松轴向薄壁细胞

（a）箭头所指的深色矩形细胞是轴向薄壁细胞 （b）径切面中的轴向薄壁组织。与管胞不同，轴向薄壁细胞除了颜色较深外，还有末端直壁（箭头所指）。

四、泌脂薄壁细胞

泌脂薄壁细胞是排列在树脂道周围的活的薄壁细胞（图 2-11）。泌脂薄壁细胞的功能是将树脂分泌到树脂道中。松树的泌脂薄壁细胞壁薄，云杉和落叶松的细胞壁厚。

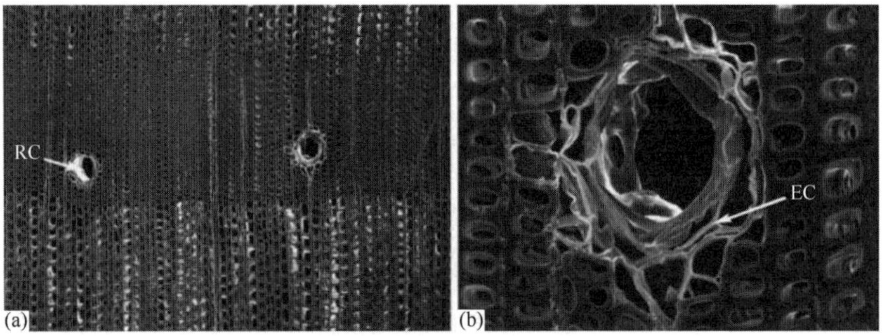

图 2-11 松木的横切面

（a）晚材中的树脂道（RC） （b）树脂道被泌脂薄壁细胞（EC）包围

五、树脂道

树脂道不是细胞，树脂道是由边材中活的泌脂薄壁细胞围成的通道（图 2-11 和图 2-12）。树脂道仅存在于松木、云杉等针叶木中，阔叶木中没有树脂道。泌脂薄壁细胞将树脂分泌到树脂道中，树脂中的萜类化合物能够抵抗食草动物、害虫和病原菌的伤害。

松树、云杉、花旗松和落叶松有轴向和径向树脂道。松树轴向树脂道肉眼可见，而云杉、落叶松和花旗松的树脂道要小得多，需要借助放大镜才能看到。其他针叶木虽然没有树脂道。但受到损伤后，会形成创伤性树脂道。

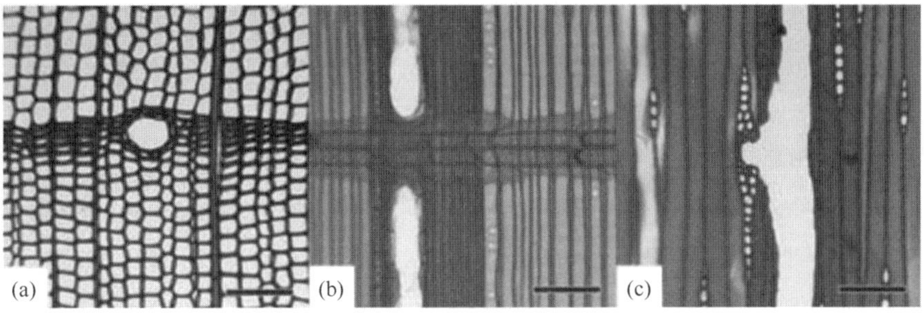

图 2-12　花旗松的树脂道

（a）横切面上的轴向树脂道　（b）晚材径切面上的轴向树脂道。木射线穿过晚材及晚材两侧的早材，与树脂道相交　（c）弦切面中轴向和径向树脂道贯通，径向树脂道的纺锤木射线与轴向树脂道相接。

六、针叶木纹孔

针叶木中薄壁组织细胞壁上的纹孔为单纹孔，管胞细胞壁上的纹孔为具缘纹孔。连通薄壁组织细胞的为单纹孔对，连通管胞的为具缘纹孔对，连通薄壁组织细胞和管胞的是半具缘纹孔对。

与阔叶木的导管相比，管胞的两端是封闭的，因此纹孔是液体渗透的主要途径。水必须通过具缘纹孔对才能在管胞之间流动，这些纹孔集中分布在细胞的末端。管胞在其顶部和底部 20%~30%的长度方向上与相邻管胞重叠（图 2-13）。

因此，水通过纹孔从一个管胞流到下一个管胞，水流的路径曲折。另外，纹孔有纹孔膜，水的流动阻力很大（图 2-14）。因此，与阔叶木的导管细胞相比，纹孔膜的阻力加上管腔的狭窄直径使得针叶木管胞的导水效率相对较低。

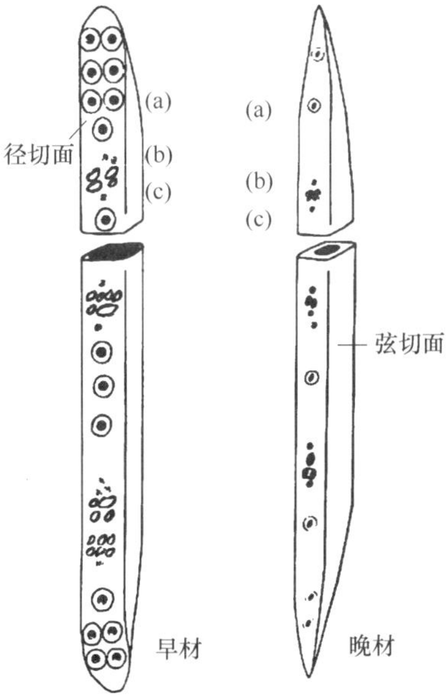

图 2-13　早材和晚材管胞

（a）与相邻管胞的具缘纹孔　（b）和（c）与相邻木射线细胞的具缘纹孔

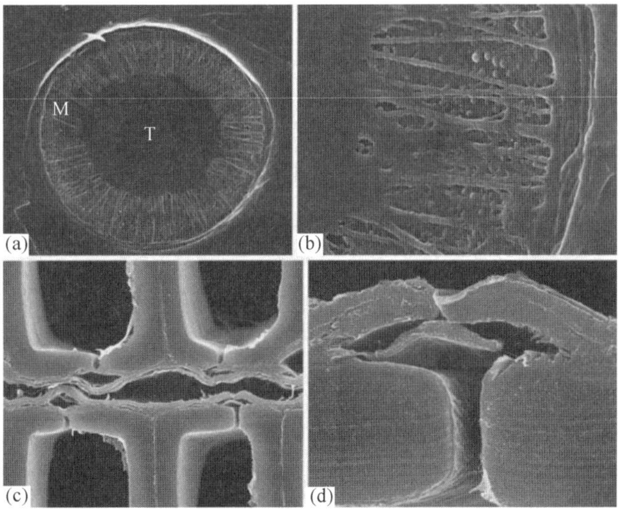

图 2-14　苏格兰松的具缘纹孔

（a）纹孔塞（T）周围是塞缘（M）。（b）塞缘是由微纤丝构成的网络。（c）（d）当细胞受到应力时，纹孔塞被压向纹孔对的任一侧纹孔室，使细胞闭塞。这一过程发生在心材形成过程，是心材难以吸收液体的原因之一。

小　结

1. 针叶木结构相对简单，横切面外观均一。相对阔叶木，其细胞种类少。

2. 管胞占细胞总体积的90%~95%，管胞两端封闭，形态细长，呈纺锤状，晚材管胞具有支持作用，早材管胞的功能是支持和输导。管胞长度为3~5mm，直径为30~50μm。

3. 木射线薄壁细胞是活细胞，其主要功能是合成、储存和横向输送生物化学物质。木射线薄壁细胞占木材体积5%~10%，呈矩形或不规则砖形，形态较短，在制浆过程中易流失。木射线管胞为死细胞，更短更窄，能够沿树的径向输送液体。

4. 只有少数树种具有轴向薄壁细胞，轴向薄壁细胞的细胞壁薄，较短。分泌薄壁细胞是排列在树脂道周围的活薄壁细胞，其功能是将树脂分泌到树脂道中。

5. 树脂道是由边材中分泌薄壁细胞围成的通道，树脂道仅存在于松木和云杉等针叶木中，阔叶木中没有树脂道。分泌薄壁细胞分泌的树脂含萜类化合物，能够抵抗食草动物、害虫和病原菌的伤害。一些针叶木受损伤后会形成创伤性树脂道。

6. 纹孔是针叶木液体渗透的主要途径，水流的路径曲折，且由于纹孔有纹孔膜，水的流动阻力很大，导致针叶木管胞的导水效率相对阔叶木较低。

课后练习

一、单选题

1. 以下有关管胞说法错误的是（　　）。

（A）管胞是阔叶木主要的纤维细胞。

（B）管胞占木材总体积的90%~95%。

（C）管胞长3~5mm。

（D）管胞于末端20%~30%的位置相互重叠。

2. 以下关于木射线薄壁细胞说法错误的是（　　）。

（A）木射线薄壁细胞是死细胞。

（B）主要功能是合成、储存和横向输送生物化学物质。

（C）木射线薄壁细胞占木材体积5%~10%。

（D）形态较短，制浆过程易流失。

二、判断题

1. 针叶木和阔叶木都有树脂道。(　　)

2. 木射线薄壁细胞在制浆过程中易流失。(　　)

三、问答题

1. 针叶木生物结构特点是什么？

2. 针叶木有哪些细胞？

3. 为什么说针叶木的导水效率较低？

模块三　阔叶木的生物结构与细胞类型

2-3

教学目标

1. 了解阔叶木生物结构特点和细胞种类。
2. 了解阔叶木侵填体的产生过程及作用。
3. 熟悉环孔材、散孔材和半环孔材的概念。
4. 熟悉木纤维、导管和木射线薄壁细胞的形态和功能。

教学内容

阔叶木比针叶木高级，结构复杂，细胞种类多。阔叶木的主要细胞类型有木纤维、导管、管胞和薄壁细胞，见表 2-3。阔叶木的横切面如图 2-15 所示，从横切面上可见早材和晚材导管、木纤维、木射线。导管和管胞具有输导作用，木纤维具有支持作用，薄壁细胞具有储存功能。

表 2-3　　阔叶木主要的细胞类型和功能

细胞类型			功能
1	木纤维	韧性纤维 纤维管胞	支持
2	导管		输导
3	管胞	维管管胞 环管管胞	输导
4	薄壁细胞	木射线薄壁细胞 轴向薄壁细胞	储存

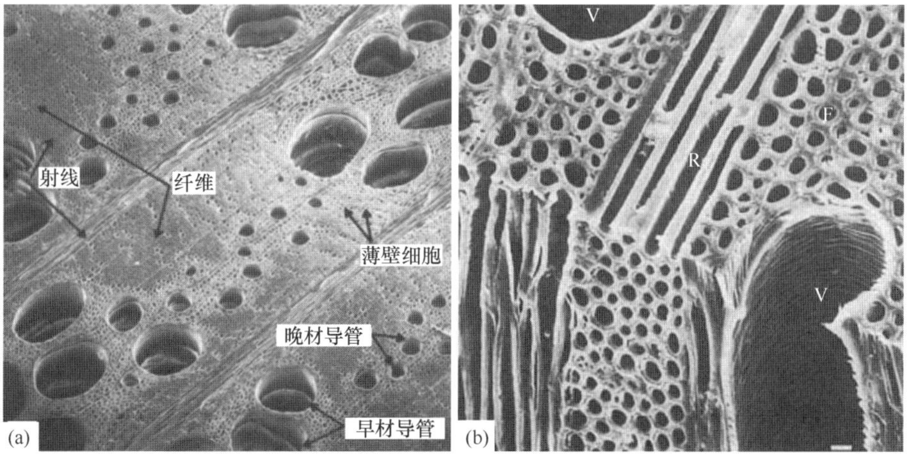

图 2-15　阔叶木的生物结构

（a）红橡木横切面　（b）阔叶木中的导管（V）、木纤维（F）和木射线细胞（R）比例尺 = 10μm

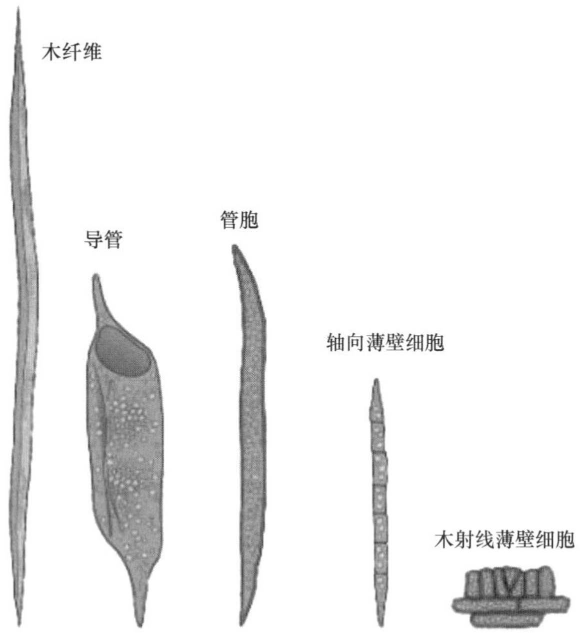

图 2-16　阔叶木细胞类型

一、木纤维

木纤维与导管共同形成阔叶木的基本组织。木纤维占阔叶木体积的 30%~75%，见表 2-4。阔叶木木纤维比针叶木管胞短，平均长度为 1.0mm，平均宽度约 20μm，约为针叶木管胞宽度的一半，阔叶木是短纤维造纸原料。木纤维两端尖锐，呈长纺锤形，壁厚腔小（图 2-16）。早材纤维和晚材纤维间的差异并不十分显著。木纤维的主要功能是为树木提供机械支持，有些阔叶木中的木纤维也具有输送水分的功能。阔叶木纤维分为韧性纤维和纤维管胞，韧性纤维的纹孔为单纹孔，纤维管胞的纹孔为具缘纹孔。

纤维细胞壁的厚度是决定木材密度的主要因素。如三叶杨的纤维壁薄，其密度低。硬枫木的纤维壁厚，其密度和强度都很高。含水量为 12%的阔叶木密度为 1000~1400kg/m^3，针叶木的密度为 300~800kg/m^3。

表 2-4　　阔叶木的不同细胞体积占比

木材种类	占总体积/%			
	木纤维	导管	木射线	轴向薄壁细胞
桦木	64.8	24.7	8.5	2.0
欧洲白蜡树	62.4	12.1	14.9	10.6
山毛榉	37.4	31.0	27.0	4.6

二、导管

导管是单个细胞，它们首尾相连，在树中形成长度从几厘米到几米的纵向管道。导管形态多样，有鼓形、纺锤形、矩形、柱形等（图 2-17）。导管的长度为 0.1~1.2mm，比管胞短得多，直径介于 50~200μm。与木纤维和针叶木管胞相比，导管的细胞壁较薄，纹孔较多。

阔叶木中有导管，也称为多孔材。根据其年轮可分为环孔材、半环孔材和散孔材三种（图 2-18）。环孔材早材的导管直径较大，晚材的导管直径较小，通常小一个数量级或更多；年轮从早材到晚材的过渡突然，早材、晚材导管交替分布，形成环形图案，如红橡木和白桦。散孔材中，早材和晚材的导管大小和分布没有明显差异，如黄桦、糖槭等。半环孔材的导管大小和分布介于散孔材和环孔材之间，如黑胡桃木和柿木。

大多数热带阔叶木是散孔材。热带地区没有环孔材，仅在南半球有少量的环孔材。有趣的是，在温带和热带的过渡区域，环孔材分布在温带地区，而散孔材则分布在热带地区。原产于热带地区的橡树、灰树和朴树是散孔材，而在温带相近的树种则是环孔材。造纸常用的阔叶木为散孔材。

导管是阔叶木的主要输导组织细胞，其两端开孔或穿孔，称为穿孔板（图 2-19）。穿孔板有利于水分输导，从进化角度看，末端开孔或穿孔的导管较针叶木管胞导水更为先进。穿孔板分为单穿孔、梯状穿孔、筛状穿孔等（图 2-19）。

阔叶木的导管之间由具缘纹孔连通，纹孔排列紧密，形式多样，有三种排列方式（图 2-20）。最常见是互列纹孔，两排纹孔相错排列，如图 2-20（a）所示。纹孔对称排列的称为对列纹孔，如图 2-20（b）所示。在梯状纹孔中，纹孔的宽度大于高度，如图 2-20（c）所示。导管与木射线薄壁细胞间的纹孔为单纹孔或半具缘纹孔。

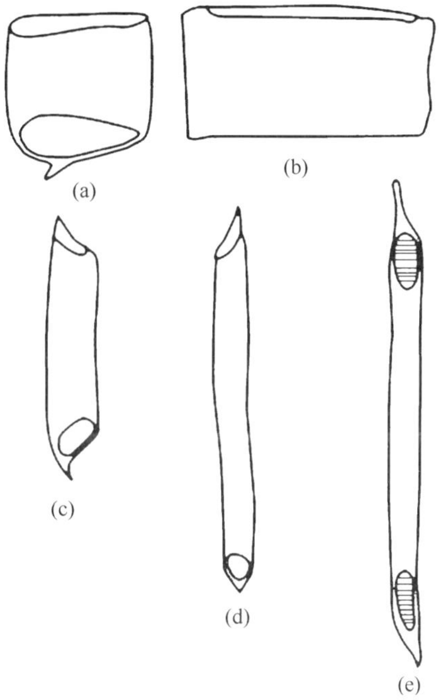

图 2-17 阔叶木中的导管
（a）和（b）环孔材早材的导管（长度小于直径）；（c）和（d）散孔材导管及穿孔板；（e）散孔材导管的梯状穿孔板

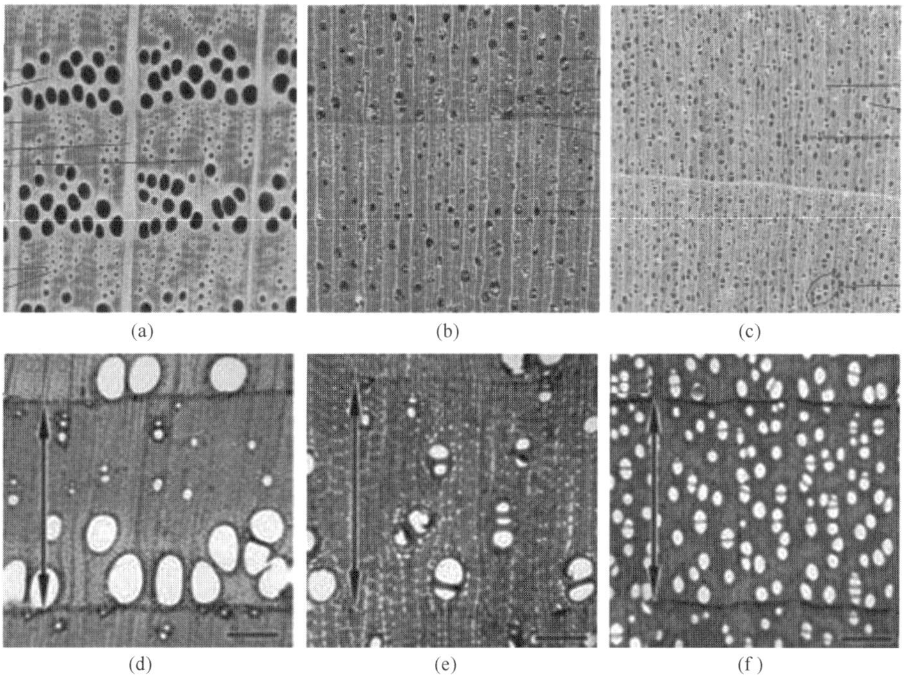

图 2-18 阔叶木的环孔材、半环孔材和散孔材
（a）红橡木环孔材 （b）黑胡桃木半环孔材 （c）黄桦散孔材 （d）美国白桦环孔材
（e）美洲柿半环孔材 （f）糖槭的散孔材

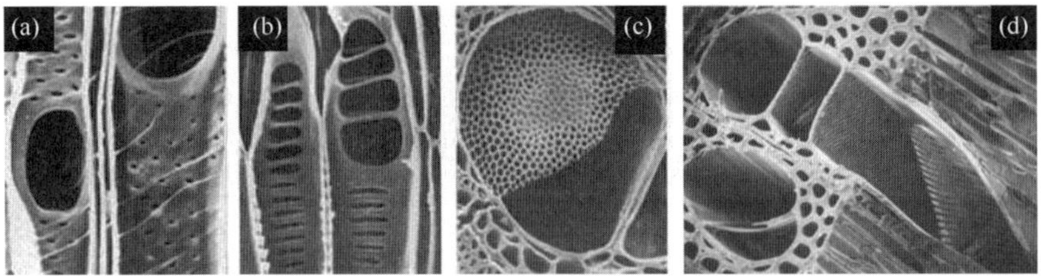

图 2-19 导管的穿孔板

（a）单穿孔 （b）梯状穿孔 （c）筛状穿孔 （d）白桦导管梯状穿孔

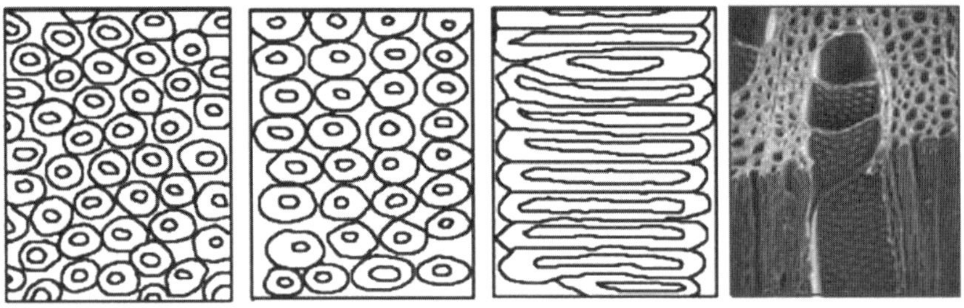

(a) (b) (c) (d)

图 2-20 阔叶木纹孔的排列方式示意图

（a）互列纹孔 （b）对列纹孔 （c）梯状纹孔 （d）白桦导管的对列纹孔

三、管胞

管胞也称纤维管胞，数量很少。在橡木、柳桉等一些木材的导管附近或周围存在维管管胞或环管管胞。管胞壁薄，有具缘纹孔，长度比纤维短，具有支持和输导作用。

四、薄壁细胞

薄壁细胞在阔叶木中的体积占比远大于针叶木，阔叶木中位于边材的薄壁细胞是活细胞，其功能是储存营养物如淀粉。

1. 木射线薄壁细胞

阔叶木中的木射线完全由薄壁细胞组成，占木材总体积的 7%～30%。阔叶木的木射线薄壁组织如图 2-21 所示，薄壁细胞的宽度和高度不均一。大多数树种的木射线是一列至五列，如图 2-21 中的（a）和（b）所示。阔叶木射线由横卧或直立的薄壁细胞组成。横卧木射线细胞水平排列，直立木射线细胞较短，垂直长轴排列。只有一种类型细胞的射线被称为同型木射线，这类射线通常只有横卧细胞，如图 2-21（c）所示。具有平卧和直立两种类型细胞的射线被称为异型木射线，如图 2-21（d）所示。

2. 轴向薄壁细胞

阔叶木中的轴向薄壁细胞占木材体积的 5%以上。热带和亚热带地区的树木轴向薄壁组织丰富，与导管相接的轴向薄壁细胞称傍管薄壁组织，而不相接的称为离管薄壁组织（图 2-22）。阔叶木的薄壁细胞数量多，形成特定的图案。每种木材都有特定的轴向薄壁组织图案。

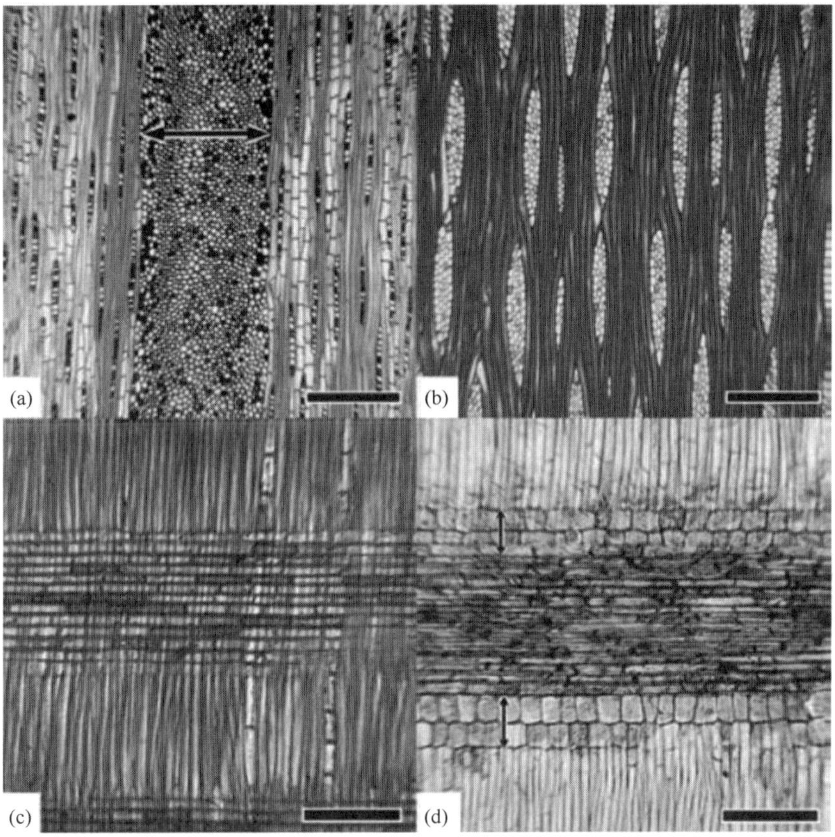

图 2-21　阔叶木的木射线薄壁组织

（a）和（b）为弦切面，比例尺＝300μm。（a）为红栎的多列木射线（箭头）和单列木射线。（B）为大叶红木的1~4个细胞宽的木射线。（c）和（d）为径切面，比例尺＝200μm。（c）为白蜡树木射线，木射线细胞横卧，径向长度大于高度。（d）为桃花心木的异型木射线，木射线中央为横卧细胞，而射线边缘（顶部和底部）为两排直立的细胞（箭头），其长度与宽度相同或长度大于宽度。

五、侵填体

阔叶木心材的导管中具有被称为侵填体的结构。侵填体是相邻的活薄壁细胞（木射线或轴向薄壁组织）的原生质通过半具缘纹孔对进入导管的产物。随着纹孔的部分溶解，侵填体像气球一样从相邻的薄壁细胞侵入导管，如图 2-23 所示。当导管中无水时，会诱发相邻的薄壁细胞在导管中形成侵填体。

侵填体是一种自然的生理结构，通常与心材形成有关。木材侵填体阻碍液体的渗透（如橡木），是保水的优良材料（如威士忌酒桶）。可防止水分、空气、菌类等侵入木材。

小　　结

1. 阔叶木比针叶木高级，结构复杂，细胞种类多。阔叶木的主要细胞包括木纤维、导管、管胞、木射线薄壁细胞和轴向薄壁细胞。

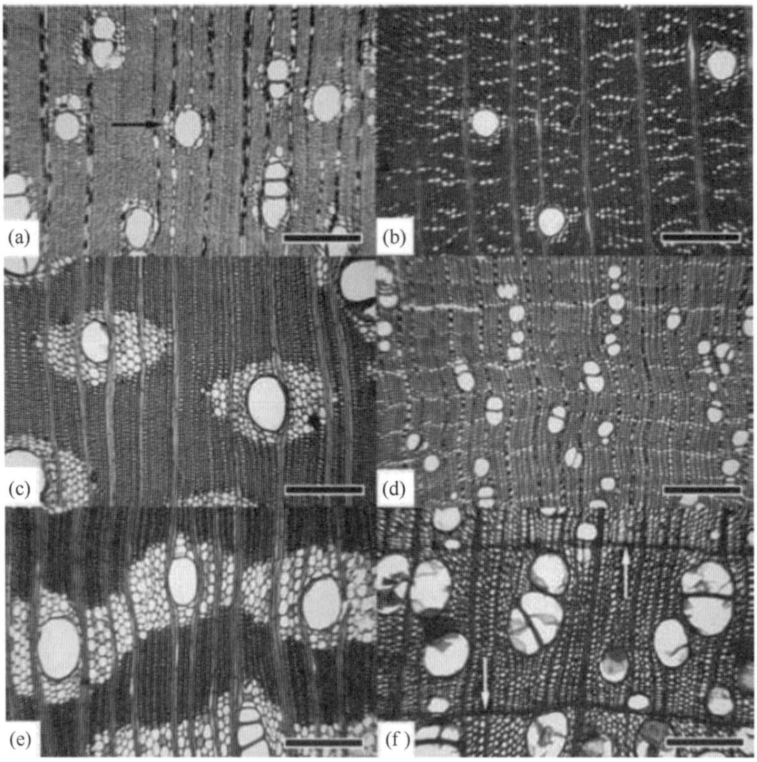

图 2-22 阔叶木横切面中的轴向薄壁组织

（a）、（c）和（e）是具有傍管薄壁组织的木材，（b）、（d）和（f）是木材的离管薄壁组织。

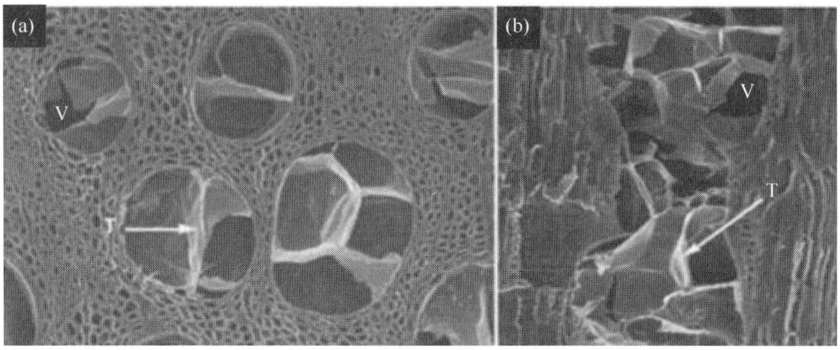

图 2-23 侵填体形态

（a）橡木的横切面 （b）橡木纵切面，可见侵填体（T）阻塞导管（V），与导管相邻的活薄壁细胞通过纹孔将侵填体挤压到导管中。

2. 木纤维占阔叶木体积的 30%~75%。木纤维两端尖锐，呈长纺锤形，壁厚腔小。木纤维比针叶木管胞短，平均长度为 1.0mm，平均宽度约为 20μm，是短纤维造纸原料。其功能是为树木提供机械支持，木纤维分为韧性纤维和纤维管胞。早材纤维和晚材纤维间的差异并不十分显著。

3. 阔叶木也称为多孔材，分为环孔材、半环孔材和散孔材三种，造纸常用阔叶木的散孔材。导管是输导组织细胞，长度为 0.1~1.2mm，直径介于 50~200μm。其两端开孔或穿孔，有利于水分输导，从进化角度看，末端开孔或穿孔较针叶木管胞导水更为先进。阔叶木的导管之间由具缘纹孔连通，纹孔有互列纹孔、对列纹孔和梯状纹孔三种类型。

4. 薄壁细胞在阔叶木中的体积占比远大于针叶木，其功能是储存营养物，分为木射线薄壁细胞和轴向薄壁细胞，木射线薄壁细胞占木材总体积的 7%~30%，轴向薄壁细胞占木材体积的 5%以上。

5. 阔叶木心材的导管中具有称为侵填体的结构，侵填体是相邻的薄壁细胞的原生质通过半具缘纹孔对进入导管的产物，木材侵填体阻碍液体的渗透，防止水分、空气、菌类等侵入木材。

课 后 练 习

一、填空题

阔叶木也称为（　　），分为（　　）、（　　）和（　　）。

二、判断题

1. 造纸常用的阔叶木为散孔材。（　　）
2. 薄壁细胞在阔叶木中的体积占比远大于针叶木。（　　）

三、多选题

以下有关木纤维的说法正确的是（　　）。

（A）木纤维占阔叶木体积的 30%~75%。

（B）木纤维两端尖锐，壁厚腔小。

（C）木纤维平均长度约为 1.0mm，是短纤维造纸原料。

（D）早材中的木纤维壁薄腔大。

四、简答题

1. 阔叶木的生物结构特征是什么？
2. 阔叶木有哪些细胞？
3. 阔叶木中的侵填体是如何形成的，对阔叶木的利用有什么影响？
4. 为什么阔叶木输导水分的效率高于针叶木？

模块四　非木材纤维原料的生物结构和细胞形态

2-4

教学目标

1. 了解禾本科植物茎秆的结构和细胞种类。
2. 了解韧皮纤维和叶部纤维的形态特征。
3. 熟悉禾本科纤维细胞、薄壁细胞的形态特征。
4. 熟悉竹子、蔗渣和棉纤维的形态特征。

教学内容

禾本科有 620 多个属，10000 多种。中国有 190 余属，1200 多种。须指出的是不是所有的“草”都是禾本科植物，也不是所有禾本科植物都是“草”，如竹子就属于禾本科。

一、禾本科

1. 禾秆的构造

禾秆是由若干个节组成的，每一个节又由节部和节间构成，如图 2-24 所示。节间和节部是通过生长带来联系的。在禾秆的节部，具有侧芽、根原、叶痕等器官。

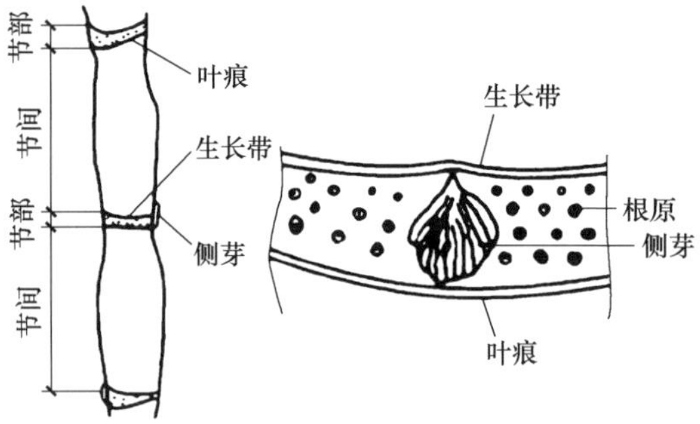

图 2-24 禾秆的构造

(1) 禾秆的横切面。大多数禾本科植物的茎秆为中空结构，茎秆有表皮组织、纤维组织、基本薄壁组织和维管束 4 种组织结构（图 2-25 和图 2-26）。

(2) 表皮组织。表皮组织中一个长细胞与两个短细胞交替排列，长细胞边缘多呈锯齿状，故称锯齿细胞；短细胞分为两种，一种几乎充满 SiO_2，称为硅细胞，另一种则具有栓质化的细胞壁，称为木栓细胞。表皮层能防止茎秆内部水分过度蒸发和病菌的侵入。

(3) 纤维组织。在外表皮层下是纤维组织带，由纤维细胞组成，其中分布有维管束（图 2-25 和图 2-26）。造纸所用的纤维多在这个区域。

(4) 基本薄壁组织。基本薄壁组织由薄壁细胞组成，其功能是储存养料。

2. 维管束

维管束散布在基本薄壁组织中。禾本科的维管束是外韧的，即韧皮部在外，木质部在内，木质部在横切面上呈现“V”字形结构。“V”字形的下部有空腔。在木质部内有成束的纤维组织，木质部外为韧皮部，由筛管和伴胞构成（图 2-25）。由于木质部和韧皮部没有形成层，因此，禾本科没有二次生长。

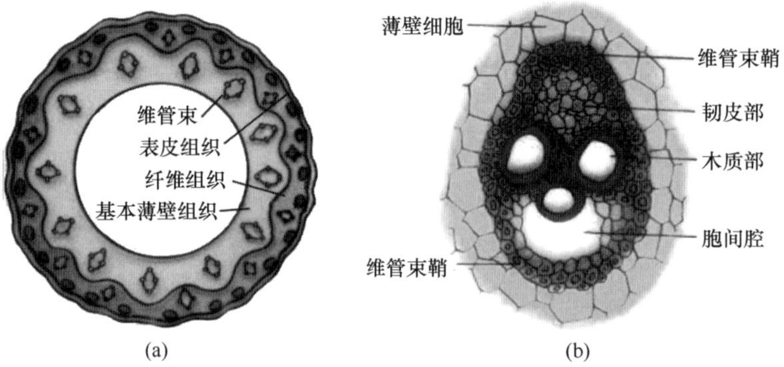

图 2-25 小麦茎秆的横切面（a）和稻草维管束（b）

3. 禾本科植物的细胞类型

(1) 纤维细胞。纤维细胞两端尖削，胞腔较小。除竹子、龙须草和甘蔗的纤维比较细长外，其他禾本科植物的纤维都比较短小，平均纤维长度为 1.0~1.5mm，平均宽度为 10~20μm。纤维细胞占细胞总量的 40%~70%。

(2) 薄壁细胞。草类原料薄壁细胞含量较高，如稻草中薄壁细胞的含量高达 46%。薄壁细胞壁薄，在制浆过程中容易破碎，部分在洗浆时流失。薄壁细胞滤水性差，抄纸时纸页易断头。

（3）导管。导管是输导组织，禾本科原料的导管细胞含量较高，其直径比纤维细胞大得多。

（4）表皮细胞。表皮细胞位于禾秆的外表面，分为长细胞与短细胞。长细胞多呈锯齿状。硅细胞和木栓细胞密度较大，经锥形除渣器时大多数会被除去。

（5）筛管、伴胞。每个筛管有一个或几个伴胞，其作用是将植物光合作用的产物自上而下输送到植物各有关部位中。这两种细胞强度差，在干燥过程中就会被破坏。

（6）石细胞。禾本科植物的石细胞主要存在于竹子中。石细胞易于在制浆洗涤过程中流失。

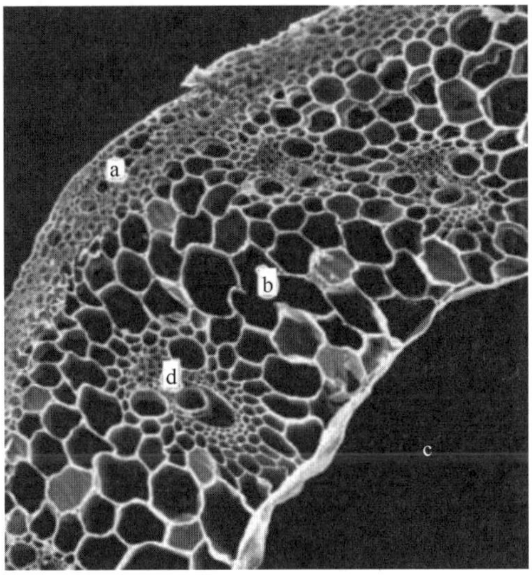

a—表皮组织　b—基本薄壁组织　c—胞间腔　d—维管束

图 2-26　麦秆部分茎秆横切面的 SEM 图像

导管、薄壁细胞、表皮细胞、石细胞等非纤维状细胞统称为杂细胞。杂细胞对生产过程及产品质量的危害较大。

4. 禾本科的竹子和蔗渣

（1）竹子。竹子为禾本科植物，有 70 属和 1450 多种，中国有 400 多种竹子。竹子的生长周期短（3~5 年），含有 57%~65%的纤维素、27%~30%的半纤维素和 4.9%~5.0%的木质素。竹子的纤维长度、长宽比和壁腔比与阔叶木相当，但竹子的密度大，影响蒸煮时药液的渗透，且苯醇抽提物含量较高。

竹子的茎为圆柱形，中空，分为竹节和节间，维管束嵌入薄壁组织中，维管束密度沿径向增大（图 2-27）。维管束由木质部和韧皮部组成，韧皮部将营养物质和水分输送到竹子中。厚壁纤维包裹木质部和韧皮部，具有机械支持作用。

竹纤维细胞壁厚腔小，如图 2-28 所示。薄壁细胞壁薄，呈多面体几何形状，内部充满了水和原生质，如图 2-29 所示。

（2）蔗渣。蔗渣是甘蔗榨糖后的剩余物。在糖厂附近建纸厂，能够避免原料分散、不易收购、运输成本高等问题。蔗渣纤维具有宽度较大、长度中等、壁腔比小等特点。蔗渣木

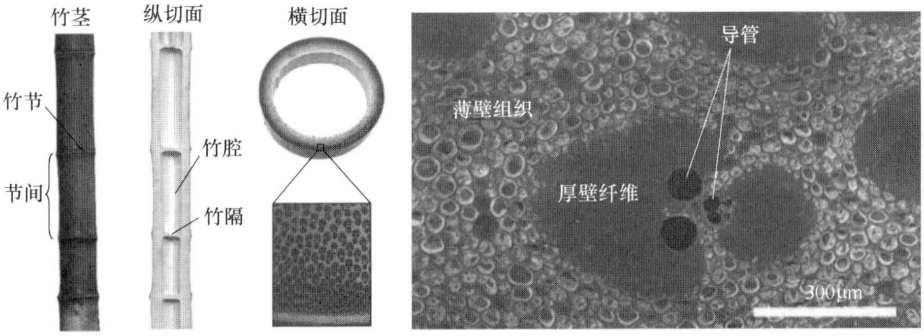

图 2-27　竹茎的宏观解剖图和维管束的微结构

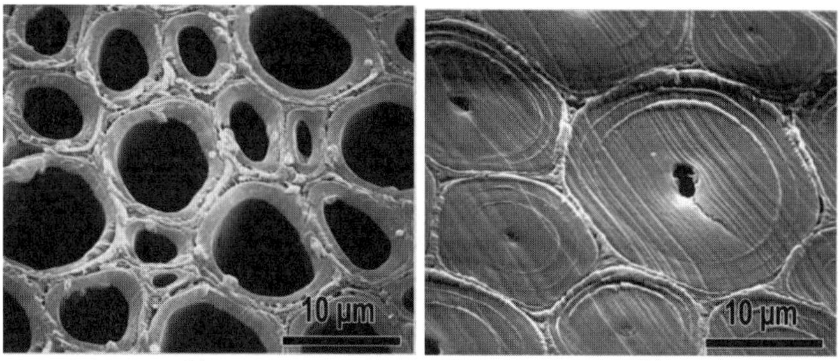

(a) (b)

图 2-28 竹纤维的细胞壁

(a) 生长一年的竹纤维 (b) 生长 12 年的竹纤维

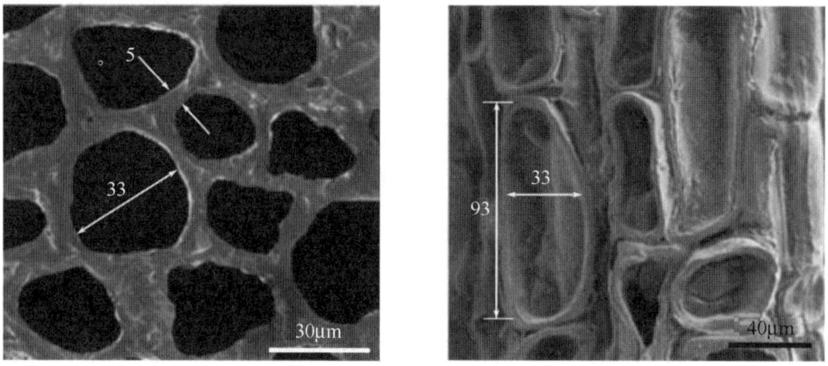

图 2-29 薄壁细胞横切面（左）和纵切面（右）

质素含量低，综纤维素含量高，抽提物含量相对较低，灰分含量仅为麦草的 18%。蔗渣中约含有 35%~40%的蔗髓，蔗髓呈海绵状，由薄壁细胞组成。蔗髓不但消耗化学品，而且使成纸发脆、纸张强度差、不透明度低。因此用蔗渣造纸的关键在于除髓。

二、其他非木材纤维原料

1. 麻类

造纸用麻类属于韧皮类纤维原料，主要有苎麻、黄麻、青麻、大麻、亚麻、罗布麻等。其中大麻、亚麻、罗布麻的细胞壁木质化，可用作纺织原料。造纸工业一般用麻废料。麻类纤维的长度、宽度和长宽比见表 2-5。

表 2-5 麻类纤维的长度、宽度及长宽比

	平均长度/mm	平均宽度/μm	长宽比
亚麻	18	16	>1000
苎麻	120~180	20~50	>2000
黄麻	2~3	15~25	>100
红麻	2.6~2.9	17~19	—

2. 树皮类

树皮也属于韧皮纤维原料。桑皮纤维长度为 3.86~10.80mm，长宽比为 463，是优良的造纸原料。构皮纤维的平均长度为 6.07mm，宽度为 20.9μm，构皮造纸由来已久。檀皮纤维平均长度为 3.5mm，宽度为 12.9μm，是细而柔软的韧皮纤维，是制造宣纸的优质原料。

3. 叶部纤维原料

叶纤维种类很多，常见的有剑麻（龙舌兰麻）、龙须草（蓑衣草）、香蕉叶、菠萝叶（凤梨叶）等。剑麻为热带多年生植物，剑麻纤维细胞壁较厚，胞腔较大。龙须草纤维细长，平均长度为 2mm，宽度为 10μm 左右，长宽比超过 200，杂细胞比其他草类原料少。菠萝叶纤维细长，纤维平均长度为 3.97mm，平均宽度为 7μm，长宽比为 567，是造纸原料中细长的纤维。

4. 棉纤维

棉花是种毛类纤维原料，是一年生草本植物，棉纤维长度约 18mm，宽度为 12~38μm，细胞腔较大。棉花中纤维素的含量在天然纤维中最高，纤维纯净，无非纤维细胞，纤维柔韧、细长、弹性好。棉短绒、破布等可用于造纸行业抄造证券纸及高档生活用纸。

小　结

1. 大多数禾本科植物茎秆有表皮组织、纤维组织、基本薄壁组织和维管束 4 种组织结构。纤维组织由纤维细胞组成，造纸所用的纤维多在这个区城。维管束是外韧的，即韧皮部在外，木质部在内。

2. 纤维细胞两端尖削，胞腔较小。禾本科植物的纤维大多比较短小，平均长度为 1.0~1.5mm，平均宽度为 10~20μm。纤维细胞占细胞总量的 40%~70%。草类原料薄壁细胞含量较高，制浆过程中易破碎，滤水性差，抄纸时纸页易断头，部分在洗浆时流失。

3. 竹子的生长周期短（3~5 年），纤维素含量为 57%~65%，半纤维素含量为 27%~30%，木质素含量为 4.9%~5.0%。竹子的纤维长度、长宽比和壁腔比与阔叶木相当。但竹子的密度大，影响蒸煮时药液的渗透。

4. 蔗渣的木质素、抽提物和灰分含量低，有蔗髓（薄壁细胞），用蔗渣造纸的关键在于除髓。

5. 棉纤维纤维素含量高，纤维长约 18mm，胞腔大，无非纤维细胞，纤维柔韧、细长，棉短绒和破布可用来制造高档纸。麻纤维、树皮纤维及叶部纤维是优良的造纸原料。

课后练习

一、填空题

1. 禾本科的茎秆有（　　）、（　　）、（　　）和（　　）4 种组织。

2. 其他非木材纤维原料包括（　　）、（　　）、（　　）和（　　）。

二、判断题

1. 竹纤维形态与阔叶木相当，竹子蒸煮时药液易浸透。（　　）

2. 蔗渣制浆的关键是除髓。（　　）

3. 麻纤维和树皮纤维是优质的造纸纤维。（　　）

三、多选题

1. 有关禾本科植物细胞的说法正确的是（　　）。

（A）纤维细胞平均长度为 3.0mm （B）纤维细胞占细胞总量的 40%~70%
（C）薄壁细胞含量较高 （D）薄壁细胞滤水性差，洗浆时流失

2. 棉纤维的特点有（ ）。
（A）纤维素含量高 （B）纤维长约 18mm
（C）胞腔大，纤维柔韧、细长 （D）是优质纤维原料

四、问答题

简述竹子和蔗渣的细胞形态。

参考文献

［1］ EK M，GELLERSTEDT G，HENRIKSSON G. Pulp and paper chemistry and technology volume 1，“wood chemistry and wood biotechnology”［M］. Berlin：De Gruyter，2009.

［2］ 裴继诚. 植物纤维化学［M］. 北京：中国轻工业出版，2020.

［3］ LEWIN M，GOLDSTEIN I S. Wood structure and composition［M］. New York：CRC Press，1991.

［4］ ROGER M R. Handbook of wood chemistry and wood composites［M］. Boca Raton：CRC press. 2005.

［5］ KLAUSLER O，REHM K，ELSTERMANN F，et al. Influence of wood machining on tensile shear strength and wood failure percentage of one-component polyurethane bonded wooden joints after wetting［J］. International wood products journal，2014，5（1）：18-26.

［6］ MESSIRY E，DEEB E. Analysis of the wheat straw/flax fiber reinforced polymer Hybrid Composites［J］. Journal of applied mechanical engineering，2016，5：1-5.

［7］ CHEN Z，ZHANG H，HE Z，et al. Bamboo as an emerging resource for worldwide pulping and papermaking［M］. BioResources，2019，14（1）：3-5.

［8］ 杜莹莹，容贤健，王汉成，等. 不同含髓率蔗渣蒸煮实验研究［J］. 造纸科学与技术，2016，35（02）：13-15，83.

项目三 植物纤维原料的化学组成、纤维形态与细胞壁结构

模块一　植物纤维原料的化学组成

3-1

教学目标

1. 熟悉植物纤维原料的化学组成。
2. 熟悉纤维素、半纤维素和木质素。
3. 熟悉抽提物和灰分。

教学内容

植物纤维原料的主要化学组成为纤维素、半纤维素和木质素，还含有其他少量组分，少量组分包括抽提物和灰分。

一、纤维素

纤维素是不溶于水的均一聚糖。它是由β-D-葡萄糖基以β-1，4 糖苷键连接而成的线型高分子化合物。木材纤维素分子链长度约为 5000nm，葡萄糖基的长度为 0.5nm（5Å），可算得该纤维素分子链含有 10000 葡萄糖基，即该纤维素分子的聚合度约为 10000。木材经过蒸煮和漂白得到化学浆，其纤维素的聚合度只有 1000 左右，棉花纤维素的聚合度约为 15000，草类纤维素的聚合度较低。

二、半纤维素

半纤维素是指除纤维素、淀粉和果胶质以外的植物细胞壁中的聚糖。与纤维素不同，半纤维素是由两种或两种以上单糖构成的不均一聚糖，大多带有短枝链。

三、木质素

木质素是由苯基丙烷结构单元通过醚键和碳—碳键连接而成的具有三维结构的天然高分

子化合物。木质素是细胞之间的黏结物质，要分离纤维就必须溶解木质素。所以，木质素是化学制浆中需要除去的组分，蒸煮和漂白过程中要尽可能在少损失纤维素与半纤维素的情况下除去木质素。而机械法制浆是利用机械作用将纤维分离，在机械法制浆过程中，木质素几乎不被溶出，制浆得率高。

四、抽提物

抽提物是植物纤维原料中的少量成分，约有数千种。抽提物大多数为低分子物质，可溶于中性有机溶剂、稀碱液或水中。抽提物可以分为亲脂性和亲水性两类物质。

五、无机物

除碳、氢和氧元素形成的有机物以外，无机物是植物细胞生命活动中不可缺少的物质。无机物通过植物的根从土壤或水中被吸收，一般是以离子形式存在于植物中。造纸植物纤维原料中无机物的总量以灰分含量表示。

温带树木的无机物含量一般为0.1%~1.0%，热带树木无机物含量高达5%。从木材中能够检测到70种无机物，其中钾、钙、锰占总无机物含量的80%以上。铁、铝和钛的氧化物和氢氧化物是土壤中典型的矿物质，但由于其水溶性差，这三种元素在木材中的含量相对较低。另外，木材中的树叶、树枝和树根比木质部的无机物含量高，树皮和树叶中灰分的浓度是木质部的5~10倍，树皮灰分中的钙、硅含量较高。

禾本科的无机物含量比木材高，除少数如竹子在1%左右外，一般多为2%以上。稻草中无机物含量超过10%，甚至达到17%。稻草与麦草的无机物中60%以上为SiO_2。SiO_2在碱法制浆中形成硅酸钠，将使黑液黏度升高，洗涤时黑液提取率低，不利于黑液回收，也称为硅干扰。

植物吸收土壤溶液中的硅酸，形成二氧化硅水合物，如麦秸中存在粒径1~2μm的纯二氧化硅颗粒。硅在细胞壁中的分布与植物的生长特性有关，如麦草和稻草含二氧化硅较多，以获得保持生长姿势的硬度。木材中的二氧化硅主要存在于树皮等支持组织中，以形成刚性微结构，使植物结构稳定。

小　　结

1. 植物纤维原料的主要化学组成为纤维素、半纤维素和木质素，还含有其他少量组分，少量组分包括抽提物和灰分。

2. 纤维素是β-D-葡萄糖基以β-1,4糖苷键连接而成的线型高分子化合物。木材纤维素、化学浆纤维素、棉花纤维素的聚合度分别约为10000、1000和15000，草类纤维素的聚合度较低。

3. 半纤维素是由两种或两种以上单糖构成的不均一聚糖，大多带有短枝链。

4. 木质素是由苯基丙烷结构单元连接的三维结构的天然高分子化合物。木质素是细胞之间的黏结物质。化学法分离纤维，必须溶解木质素。

5. 温带树木的无机物含量一般为0.1%~1.0%，热带树木无机物含量高达5%。木材中有 70 种无机物。禾本科的无机物含量比木材高，一般多为 2%以上，稻草中无机物含量超过 10%，甚至达到 17%。稻草与麦草的无机物中 60%以上为 SiO_2。

课后练习

一、名词解释

1. 纤维素
2. 半纤维素
3. 木质素

二、填空题

植物纤维原料的主要化学组成为（　　）、（　　）和（　　），少量组分包括（　　）和（　　）。

三、单选题

1. 以下纤维素聚合度最高的是（　　）。

（A）木材纤维素　（B）化学浆纤维素

（C）棉花纤维素　（D）麦草纤维素

2. 以下关于植物中无机物含量的说法错误的是（　　）。

（A）热带树木的无机物含量一般为 0.1%~1.0%。

（B）禾本科的无机物含量一般多为 2%以上。

（C）稻草的无机物含量超过 10%。

（D）稻草与麦草的无机物中多数为 SiO_2。

模块二　纤维形态与纸张（浆）强度

3-2

教学目标

1. 熟悉纤维的长度、宽度和长宽比，及其与纸张强度的关系。
2. 熟悉纤维的壁厚、胞腔直径与壁腔比，及其与纸张强度的关系。
3. 熟悉纤维粗度、卷曲指数、扭结指数和细小纤维的概念。

教学内容

纤维形态可以用于评价纤维的造纸性能。纤维形态除了包括纤维长度、宽度、细胞壁厚度、细胞腔直径等基本形态指标外，还包括纤维长宽比、壁腔比、纤维粗度、卷曲和扭结指数等。在制浆造纸过程中，对纤维形态的测定是非常重要的。

一、纤维长度和宽度

纤维长度和宽度是影响纸张强度的重要指标之一，如纸张的撕裂强度与纤维长度成正比。纤维的长度和宽度通常是指纤维长度和宽度的统计值，分为数均和质均长度和宽度。数均和质均宽度的计算方法与长度相同。

1. 数均长度

数均长度（L_n）是指纤维长度总和除以纤维总根数，如式（3-1）所示。式中 n_i 是第 i 级分中纤维根数，L_i 是第 i 级分中纤维平均长度。数均长度受短纤维的影响较大，并不是最有意义的纤维长度指标。

$$L_n=\frac{\sum n_iL_i}{\sum n_i} \tag{3-1}$$

2. 质均长度

质均长度（L_m）是指纤维各级分的平均纤维长度与相应级分质量乘积的总和再除以纤维质量之和。假设某根纤维的单位长度质量（粗度）为 C（g/m），纤维长度为 L（m），则纤维质量 W（g）为 $C\times L$。如果纸浆纤维有 i 个级分，各级分纤维的数量和长度分别为 n_i 和 L_i，则纤维的质均长度可表示为式（3-2）。

$$L_m=\frac{W_1L_1+W_2L_2+\cdots+W_iL_i}{W_1+W_2+\cdots+W_i}=\frac{n_1CL_1^2+n_2CL_2^2+\cdots+n_iCL_i^2}{n_1CL_1+n_2CL_2+\cdots+n_iCL_i}=\frac{\sum n_iL_i^2}{\sum n_iL_i} \tag{3-2}$$

质均长度大于或等于数均长度，证明如（式 3-3）所示。质均长度受短纤维的影响较小，其与纸张的物理强度关系密切。

$$\frac{L_m}{L_n}=\frac{\dfrac{\sum n_iL_i^2}{\sum n_iL_i}}{\dfrac{\sum n_iL_i}{\sum n_i}}=\frac{\sum n_iL_i^2\times\sum n_i}{(\sum n_iL_i)^2}=\frac{\sum(\sqrt{n_i}L_i)^2\times\sum\sqrt{n_i})^2}{(\sum n_iL_i)^2}\geqslant\frac{n_1L_1^2+n_2L_2^2+\cdots+n_iL_i^2}{(\sum n_iL_i)^2}=\frac{\sum n_iL_i^2}{\sum n_iL_i^2}=1 \tag{3-3}$$

3. 分布频率

测量纤维长度时，将纤维按不同长度分级，计算每一级分纤维根数，并按式（3-4）和式（3-5）分别计算得到纤维的数量分布频率和质量分布频率。式中 n_i 为第 i 级分中纤维根数，l_i 为第 i 级分中纤维平均长度。将数量分布频率 f_i 和质量分布频率 f_i' 对纤维级分 i 绘图，即得到纤维的数量分布频率图和质量分布频率图。

$$f_i=\frac{n_i}{\sum n_i}\times100\% \tag{3-4}$$

$$f_i'=\frac{n_il_i}{\sum n_il_i}\times100\% \tag{3-5}$$

4. 纤维的长宽比

纤维的长宽比是指纤维长度与纤维宽度的比值，如式（3-6）所示。一般来说，如果纤维的长宽比小于 70，成纸的撕裂强度低；长宽比小于 45，用作造纸原料的价值很低。

$$长宽比=\frac{纤维长度}{纤维宽度}\times100\% \tag{3-6}$$

二、细胞壁厚度和细胞腔直径

细胞壁的厚度随着树龄的增加而增加，细胞壁厚度与树木的密度关系密切，两者呈正相关。大多数非木材纤维的细胞壁较薄，纤维的粗度低。胞腔直径大有利于液体渗透，花旗松的胞腔平均直径范围为 40±0.4μm～41.3±4.7μm，细胞平均壁厚范围为 2.2±0.2μm～4.7±

0.5μm。花旗松横切面的激光共聚焦图像如图 3-1 所示。

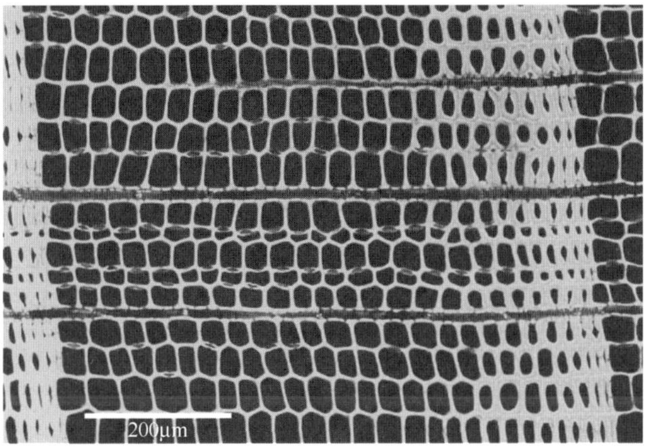

图 3-1　花旗松横切面的激光共聚焦图像

注：细胞壁为白色，胞腔为黑色；早材（中间区域）壁薄腔厚，晚材（两侧）壁厚腔薄

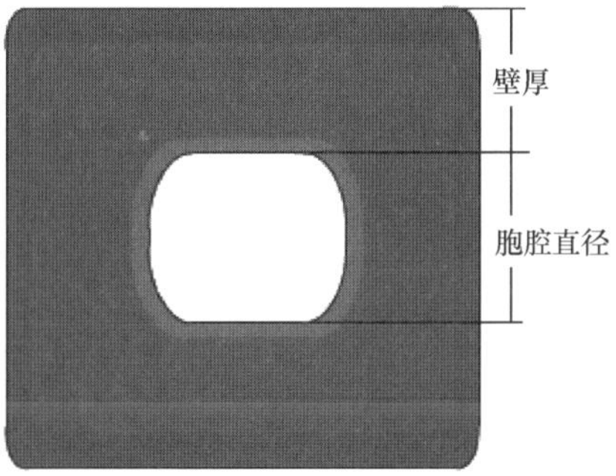

图 3-2　胞腔直径和细胞壁厚

三、壁腔比与柔性系数

壁腔比是指纤维细胞壁厚与胞腔直径之比的 2 倍，如式（3-7）和图 3-2 所示。壁腔比是纤维影响纸张性能的重要参数之一。纤维的壁腔比大，如晚材，纤维较挺硬，柔韧性不好，纤维间结合较弱，纤维成纸松厚。壁腔比小的纤维，如早材，纤维柔韧，纤维间结合良好，成纸结构紧密，强度好。具有良好成纸性能的纤维，其壁腔比应小于或等于 1。

$$壁腔比=\frac{2\times 细胞壁厚}{胞腔直径}\times 100\% \tag{3-7}$$

柔性系数是指细胞腔直径与纤维直径之比。柔性系数与壁腔比相关，如式（3-8）所示。柔性系数显著影响纸张的破裂强度和抗张强度。当柔性系数大于 75%时，称为高弹性纤维，这类纤维的木材密度低，通常小于 0.45g/cm^3，壁薄腔大，纤维易塌陷，纤维间接触面积大，纤维间的结合力大。柔性系数介于 50%~75%的纤维为弹性纤维，这类纤维的木材密度中等，细胞壁和内腔尺寸相当，纤维部分塌陷，见图 3-3（c）。柔性系数介于 30%~50%的纤维为刚性纤维，其细胞壁较厚，木材密度中等或较高，纤维不易塌陷，纤维与纤维的结合不良，见图 3-3（b）。纤维柔韧性低于 30%的为高刚性纤维。这类纤维细胞壁非常

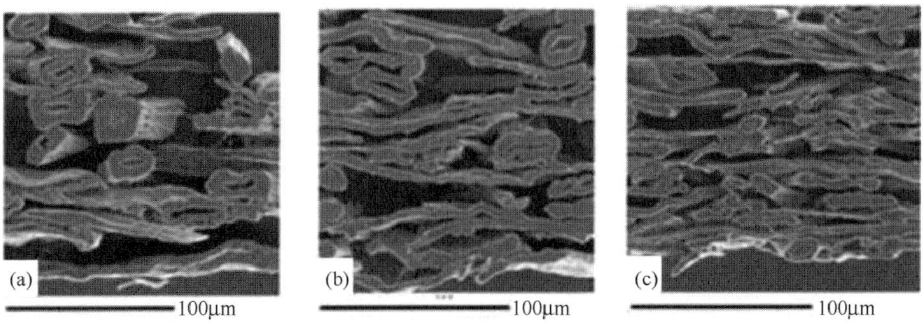

图 3-3　纤维的壁厚和胞腔直径与成纸结合性能

（a）高刚性纤维　（b）刚性纤维　（c）弹性纤维

厚，胞腔窄，纤维间的接触面积小，纤维与纤维结合力非常低，见图 3-3（a）。

$$柔性系数=\frac{细胞腔直径}{纤维直径}\times 100\% \quad (3-8)$$

我国部分植物纤维原料的纤维形态见表 3-1。

表 3-1　我国部分植物原料的纤维形态

	平均长度/mm	平均宽度/mm	长宽比	壁厚/μm	腔径/μm	壁腔比	杂细胞含量/%
稻草	0.92	8.1	114	3.30	1.50	4.40	54.0
麦草	1.32	12.9	102	5.20	2.50	4.16	37.9
芦苇	1.12	9.7	115	3.00	3.40	1.77	35.5
甘蔗渣	1.73	22.5	77	3.28	17.90	0.36	35.7
毛竹	2.00	16.2	123	6.60	2.90	4.55	31.2
慈竹	1.99	15.0	133	—	—	—	16.2
云杉	3.06	51.9	59	—	—	—	—
马尾松	3.61	50.0	72	3.8/8.7*	33.1/16.6*	0.23/1.05*	1.5
红松	3.62	54.3	67	3.5/4.3*	27.7/14.0*	0.25/0.61*	1.8
落叶松	3.41	44.4	77	3.5/9.3*	33.6/12.6*	0.21/1.48*	1.5
山杨	0.86	17.4	50	—	—	—	23.3
白桦	1.21	18.7	65	—	—	—	26.7
桉木	0.68	16.8	43	—	—	—	17.6

注：* 表示早材/晚材

四、纤维的粗度

粗度是指纤维单位长度的质量（mg/100m），单位用 decigrex（dg）表示，1dg = 1mg/100m。针叶木硫酸盐浆的粗度约为阔叶木硫酸盐浆的 2 倍。例如，桉木硫酸盐浆和针叶木硫酸盐浆的粗度分别为 6.71~9.56dg 和 16.77~19.66dg。

粗度可以表示为纤维的横截面面积与细胞壁的密度之积，因此，粗度的大小取决于纤维的直径、细胞壁厚和密度，主要与细胞壁厚有关。细胞壁厚，粗度大，纸页成形过程不易压溃（图 3-4）。粗度大的纤维成纸多孔、松厚度好、吸水性好，但柔软度差，纤维间结合面积小，影响成纸强度。一般来说，粗度大于 30dg 的纸浆，成纸粗糙，平滑度低；粗度小于 10dg 的纸浆，成纸细腻，平滑度好。

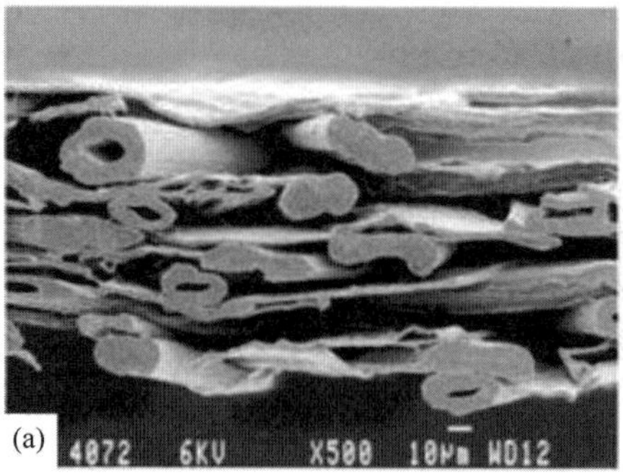

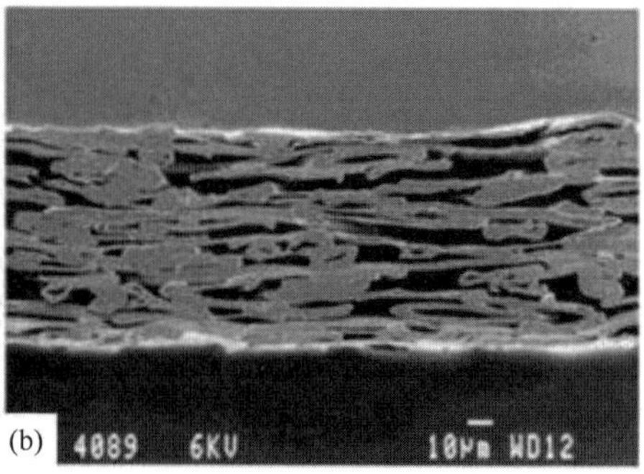

图 3-4　粗度与纸张结构

（a）粗度大　（b）粗度小

五、卷曲指数

纤维的弯曲程度由卷曲指数和扭结指数来表示。卷曲指数是指纤维真实长度与投影长度（通常是纤维末端间的距离）之比与 1 的差值，如式（3-9）和图 3-5 所示。式中 L 是投影长度，l 为真实长度。

$$Curl=\left(\frac{l}{L}\right)-1 \tag{3-9}$$

卷曲指数越小表示纤维越直。制浆过程中，纤维受到机械和化学作用，纤维通常不是直的，如图 3-6 所示。纤维直，承载能力高，改善纤维网络中的应力分布，纸的弹性模量和抗张强度增加。纤维卷曲为可逆变形，打浆会降低卷曲指数，使纤维更直，研究表明，Valley 打浆机初始磨浆时纤维卷曲量急剧减少。

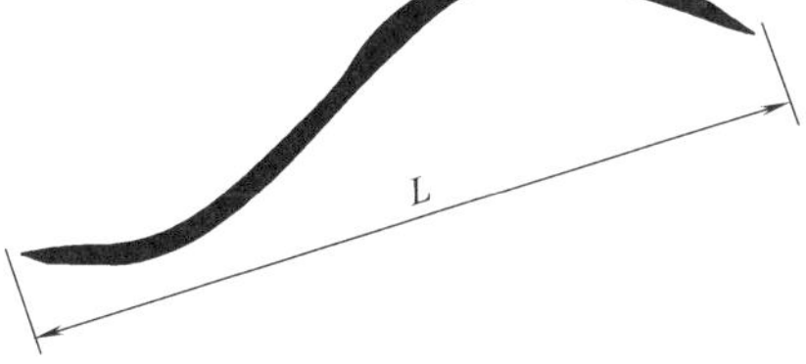

图 3-5 纤维的卷曲（示意图）

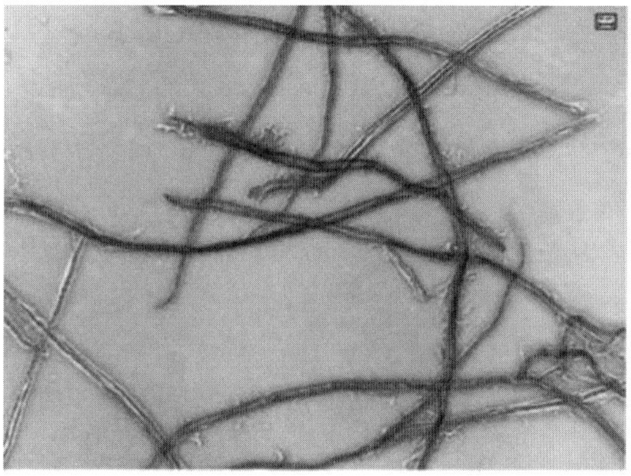

图 3-6 纤维的卷曲

六、扭结指数

卷曲指数虽然能够表示纤维的弯曲程度，但并不能表示纤维是逐渐弯曲还是急剧弯曲。纤维是逐渐弯曲还是急剧弯曲可用扭结指数来表示。图 3-7 中左右两纤维的卷曲指数相同，但右侧的纤维扭结指数更高。

图 3-7 卷曲指数相同但扭结指数不同的两根纤维

扭结是指纤维细胞壁受损导致轴向产生突变（图 3-8）。相对于卷曲指数，扭结指数更为重要。扭结的大小用扭结指数（kink index）表示，是指纤维单位长度扭结的数量（个/mm），如式（3-10）所示。其中 L 为纤维长度，N（10°～20°）表示扭结角度介于 10°～20°的扭结的个数，其他类同。角度范围越大，对扭结指数的贡献越大，所乘的系数越大，扭结指数增加会降低成纸强度。

$$\text{kink index}=\frac{N_{(10°\sim20°)}+2N_{(21°\sim45°)}+3N_{(46°\sim90°)}+4N_{(90°\sim180°)}}{L} \tag{3-10}$$

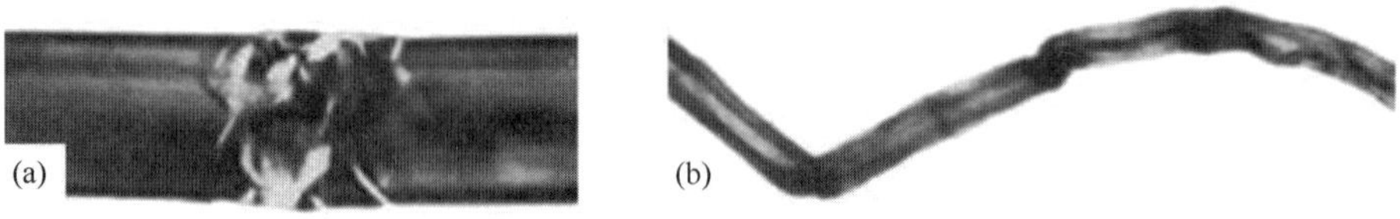

图 3-8 纤维中的扭结

（a）纤维受损 （b）扭结

七、细小纤维

纸浆悬浮液中能够通过纤维筛分仪 200 目筛网（每英寸有 200 个筛孔）的纤维组分称为细小纤维。纸浆中的细小纤维包括短纤维、纤维细胞壁碎片、薄壁细胞等，如图 3-9 所示。薄壁细胞密度低，降低蒸煮的堆积密度，消耗化学品，会引起纸浆滤水困难等问题。机械浆的细小纤维含量为 20%~40%，化学浆的细小纤维含量为 10%~15%。细小纤维影响纸浆的漂白、填料的留着、网部的脱水和纸张强度等性能。

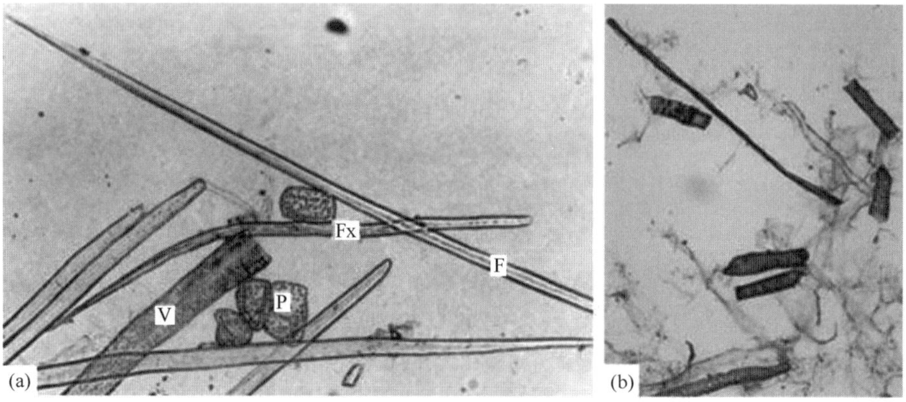

图 3-9 细小纤维

（a）薄壁细胞（P） （b）木射线薄壁细胞（矩形）

小 结

1. 纤维的质均长度大于或等于数均长度，质均长度与纸张的物理强度关系密切。如果纤维的长宽比小于 45，用作造纸原料的价值很低。

2. 壁腔比是壁厚与胞腔直径之比的 2 倍，壁腔比大，纤维成纸松厚。壁腔比大于 1 时，用作造纸原料的价值很低。柔性系数是指细胞腔直径与纤维直径之比，柔性系数与壁腔比有关。

3. 粗度是指纤维单位长度的质量（mg/100m），单位用 decigrex（dg）表示，1dg = 1mg/100m。粗度的大小取决于纤维的直径、细胞壁厚和密度，主要与细胞壁厚有关。粗度小于 10dg 的纸浆，成纸细腻，平滑度好。

4. 纤维的弯曲程度由扭结指数和卷曲指数来表示，卷曲指数越小表示纤维越直。纤维受到机械和化学作用，通常不是直的。扭结是指纤维细胞壁受损导致轴向产生突变，用扭结指数（kink index）表示，扭结指数比卷曲指数更重要。

5. 纸浆悬浮液中能够通过纤维筛分仪 200 目筛网（每英寸有 200 个筛孔）的纤维组分称为细小纤维。细小纤维影响纸浆的漂白、填料的留着、网部的脱水、纸张强度等性能。

课 后 练 习

一、名词解释

1. 细小纤维
2. 粗度
3. 壁腔比
4. 扭结指数
5. 卷曲指数

二、判断题

1. 纤维的壁腔比小，纤维的柔性系数大，纸张强度好。(　　)
2. 卷曲指数比扭结指数更重要。(　　)
3. 制浆后的纤维是直的。(　　)
4. 粗度小，成纸性能好。(　　)
5. 数均长度与纸张强度关系更为密切。(　　)

三、多选题

1. 纤维的粗度取决于（　　）。

（A）纤维的直径　　（B）细胞壁的壁厚
（C）细胞壁的密度　　（D）纤维的长度

2. 纤维的弯曲程度用（　　）来表示。

（A）扭结指数　　（B）弯曲指数
（C）柔性指数　　（D）粗度

四、计算题

假设有 10 根纤维，其中 6 根纤维长 3mm，2 根长 2.5mm，2 根长 3.2mm。计算纤维的数均长度和质均长度，并比较两者的大小。

模块三　细胞壁的结构

3-3

教学目标

1. 熟悉木材纤维细胞壁的结构。
2. 熟悉细胞壁的 Kerr-Goring 模型和 Salmén 模型。
3. 了解草类原料细胞壁结构与木材细胞壁结构的区别。

教学内容

植物纤维的形态，如长度、宽度等，可借助光学显微镜观察，但如果要了解纤维细胞壁的超微结构，则需要借助扫描电子显微镜和原子力显微镜等，利用扫描电子显微镜，可以获得细胞壁的分层结构和微细纤维的角度等超微结构信息。

一、木材纤维细胞壁超微结构

1. 木材细胞壁的层结构

木材纤维细胞壁由外向内由胞间层（ML）、初生壁（P）、次生壁外层（S_1）、次生壁中层（S_2）和次生壁内层（S_3）组成。针叶木管胞的细胞壁结构如图 3-10 所示。

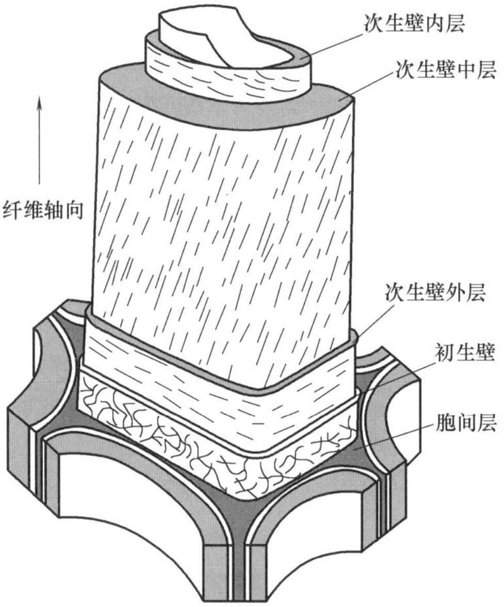

图 3-10 针叶木管胞细胞壁结构示意图

（1）胞间层。胞间层（Middle Lamella，ML）是两相邻细胞间的黏结层，如图 3-11 所示，其中 MLCC（Middle Lamella Cell Corner）表示细胞角隅。胞间层的主要化学成分为木质素和果胶质，其厚度为 0.2~1.0μm（表 3-2）。制浆过程中胞间层溶解或部分溶解，使纤维细胞分离成单根纤维。

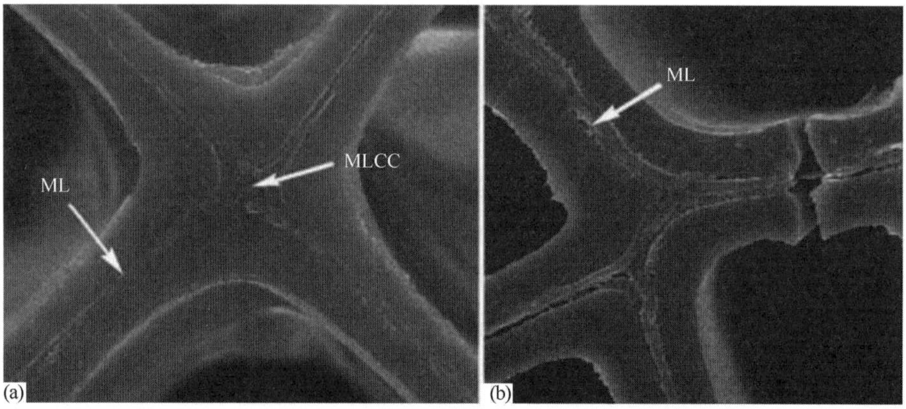

图 3-11 管胞细胞间富含木质素的胞间层（ML）和细胞角隅（MLCC）
松树（a）和桦树（b）的 S_1 和 S_3 层不是很明显

表 3-2 细胞壁各层的厚度、微细纤维层数和微细纤维角度

细胞壁各层	厚度/μm	微细纤维层数	微细纤维与纤维轴的夹角/°
P	0.05~0.1	网状结构	网状结构
S_1	0.1~0.3	3~6	50~70
S_2	1~8	30~150	3~50
S_3	<0.1	<6	60~90
ML	0.2~1.0	—	—

（2）初生壁。初生壁的厚度为 0.05~0.10μm，含有较多的半纤维素和木质素，微细纤维呈网状排列。由于胞间层与初生壁很难分开，胞间层和两个相邻细胞的初生壁合称为复合

胞间层（Compound Middle Lamella，CML）。

（3）次生壁。细胞停止生长后，细胞壁物质沉积在初生壁内侧形成次生壁。次生壁分3层，各层微细纤维的排列方向不相同，使细胞具有较高的强度。

次生壁外层厚度为0.1~0.3μm，微细纤维以几乎垂直于纤维轴的方向（50°~70°或70°~90°）规则、交错地缠绕在纤维细胞壁上，形成交叉螺旋，即一层S螺旋，一层Z螺旋，相互盘绕，如图3-12所示。

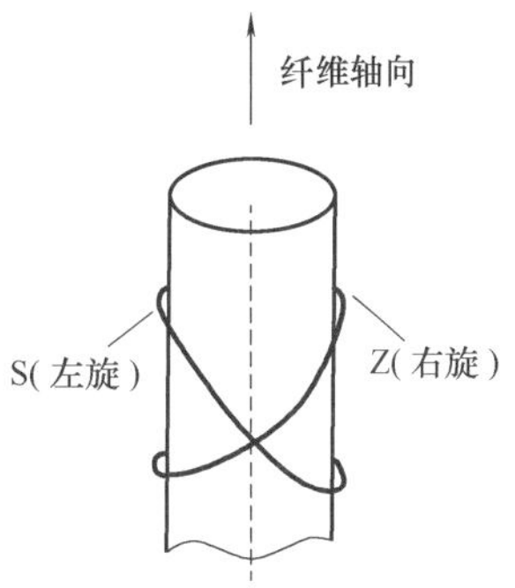

图3-12 微细纤维的取向，Z螺旋和S螺旋

次生壁中层是纤维细胞壁的主体，厚度为1~8μm，占细胞壁厚度的70%~80%，微细纤维平行螺旋排列，几乎与纤维轴平行，夹角为5°~30°，角度由外到内渐变。

次生壁内层壁厚为0.1μm，微细纤维的盘绕与S_1相似，微细纤维角度在60°~90°范围内渐变。细胞壁各层的厚度、微细纤维层数和微细纤维角度见表3-2。

微细纤维角度（Microfibril Angle，MFA）是指微细纤维与纤维轴向的夹角，微细纤维角度是决定木材和纤维强度的主要因素。另外，S_2层占细胞壁体积最大，微细纤维几乎垂直的取向赋予木材和纤维机械和物理性能，因此S_2层是十分重要的。细胞壁各层微细纤维角度如图3-13所示。

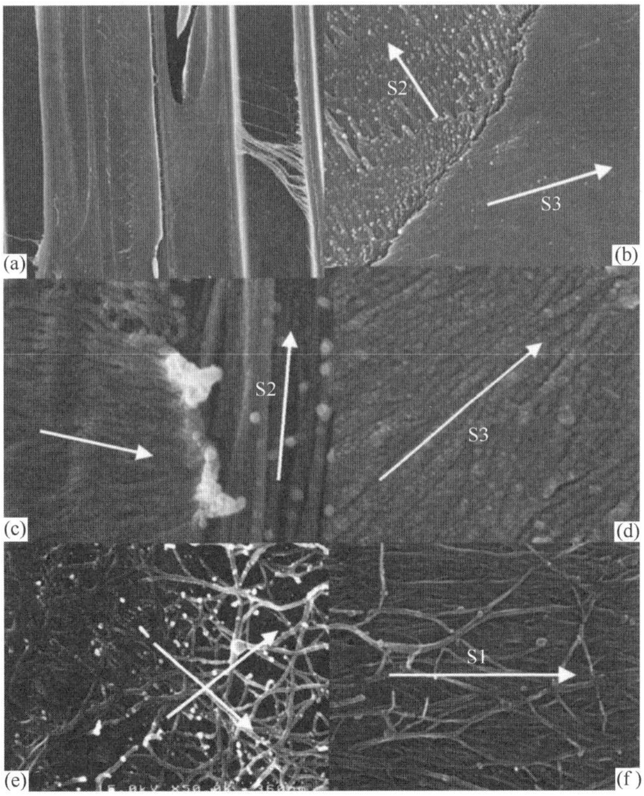

图3-13 云杉管胞的初生壁和次生层扫描电镜照片

（a）管胞的轴向；（b）（c）S_3和S_2层微细纤维的取向；（b）中S_3的取向几乎垂直于纤维轴；（c）中S_2微细纤维几乎沿轴向取向；（d）S_3层微细纤维取向；（e）初生壁微细纤维随机取向；（f）S_1层微细纤维几乎垂直于纤维轴。箭头表示细胞壁层的MFA

(4) 瘤层和 HT 层。马尾松和云南松在细胞腔的腔壁上有一层瘤状结构，称为瘤层。该层木质素含量较高，与 S_3 层有明显的界限。花旗松和紫杉的纤维在细胞腔的腔壁上有螺旋状增厚层，称为 HT 层（Helical Thickening），HT 层对细胞壁具有附加支撑作用。

Wardrop 认为细胞壁各层还可分成更薄的层次，细胞壁是由许多同心的薄层组成。次生壁的微细纤维角度连续变化。在 S_1 层和 S_2 层之间，微细纤维角度连续变化，到 S_2 层时这种变化趋于停止，接近 S_3 层时变化又重新开始，如图 3-14 所示。

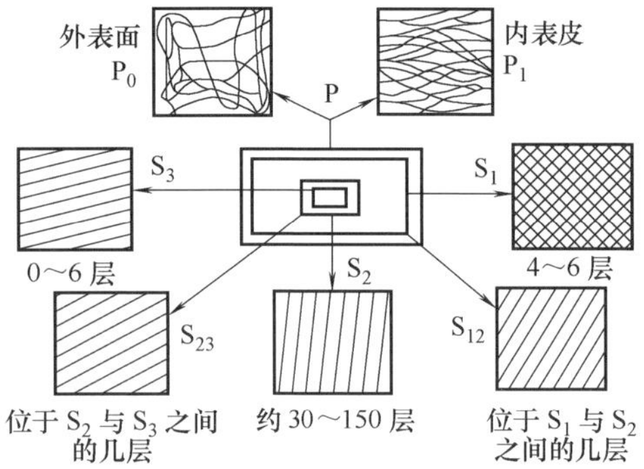

图 3-14 细胞壁的 Wardrop 模型

2. 木材细胞壁的超微结构模型

细胞壁的主要化学成分为纤维素、半纤维素和木质素。那么，纤维素、半纤维素和木质素在细胞壁中是如何分布的？由于不同细胞的细胞壁的化学组成差异很大，如阔叶木木纤维的木质素主要是紫丁香基结构，而针叶木中管胞和阔叶木导管的木质素主要是愈创木基结构，针叶木中的木射线薄壁细胞果胶质含量较高。因此，目前细胞壁的超微结构还没有公认的模型。有证据表明纤维素分子链构成原细纤维，若干原细纤维组成微细纤维，若干微细纤维构成纤维的同心层，这些层具相似或可变的微细纤维角度。

Dietrich Fengel 认为原细纤维是纤维素最基本的形态单元。40 个纤维素分子链构成原细纤维（直径为 3~3.5nm），16 个（4×4）原细纤维构成亚微细纤维（直径为 12nm），4 个（2×2）亚微细纤维构成微细纤维（直径为 25nm）。原细纤维间是单分子层的木聚糖分子，亚微细纤维间是数层的木聚糖分子，而微细纤维与木聚糖和木质素紧密结合（图 3-15）。

Kerr 和 Goring 提出的超微模型如图 3-16 所示，他们认为微细纤维为束状结构，由 2~4 个原细纤维（径向 3.5nm×切向 2nm）形成，微细纤维的切向表面与胞间层平行，碳水化合物和木质素嵌入微细纤维之间。

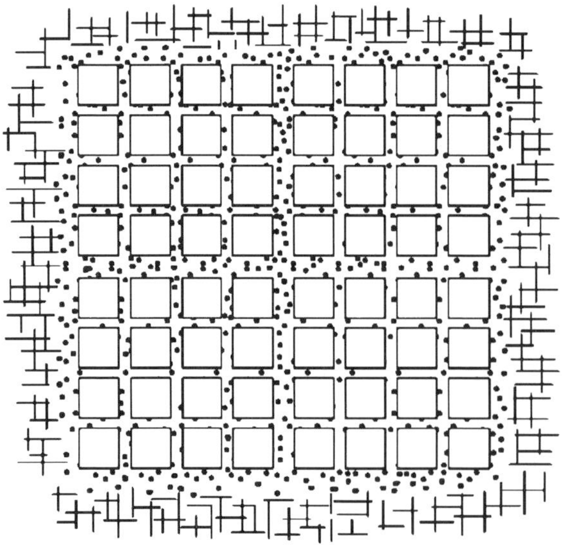
图 3-15 木材细胞壁超微结构的 Fengel 模型

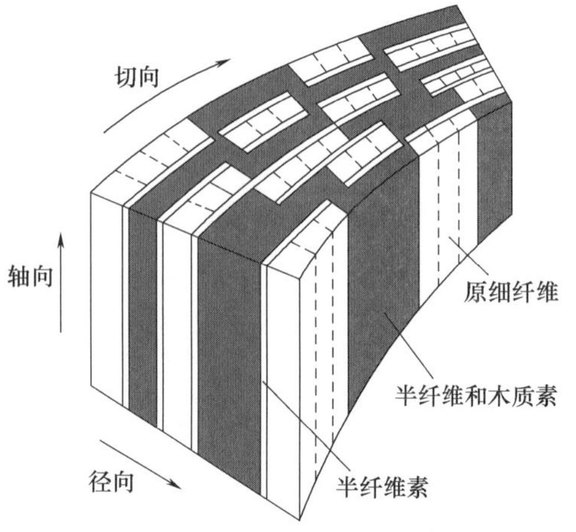

图 3-16 木材细胞壁超微结构的 Kerr-Goring 模型

Salmén 等认为在云杉管胞的细胞壁中，与木质素相比，半纤维素更靠近纤维素。聚木糖与木质素结合，聚葡萄糖甘露糖更多地与纤维素结合。聚葡萄糖甘露糖包裹纤维素微细纤维，而聚木糖与木质素形成微细纤维的骨架，如图 3-17 所示。

化学制浆过程中，胞间层溶出，大部分木质素被去除，木材离解为纤维，管胞或木纤维暴露出 P 层或 S_1 层，如图 3-18（a）所示。相比之下，机械制浆纤维暴露的外表面可能是 ML 层、P 层、S_1 层或 S_2 层，如图 3-18（b）所示。在化学浆打浆期间，P 层破除，S_1 层分丝帚化（细纤维化），如图 3-19（a）所示，当打浆条件剧烈时，S_2 层也分丝帚化，促进纤维间的结合，如图 3-19（b）所示。

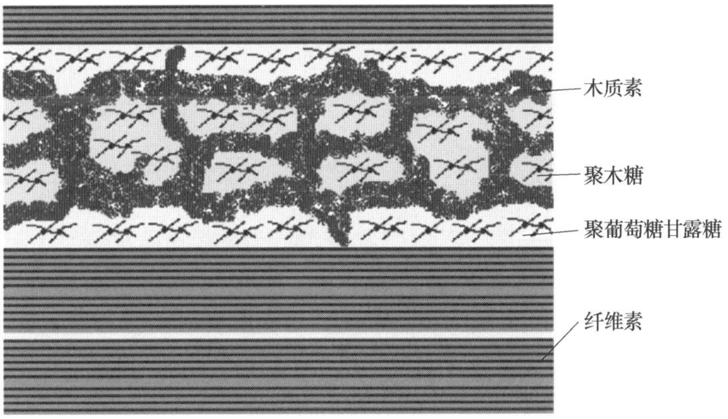

图 3-17　木材细胞壁超微结构的 Salmén 模型

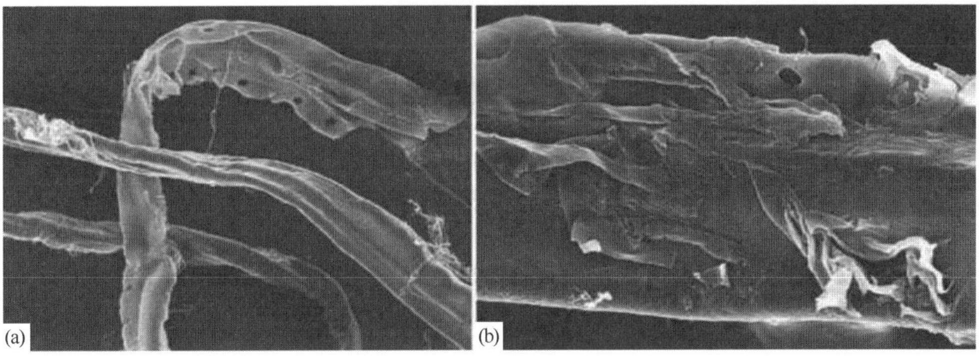

图 3-18　木材纤维的结构

（a）化学法制浆，胞间层溶出，纤维彼此分离，纤维的外表面为 P 层或 S_1 层

（b）机械法制浆，纤维表面为 ML 层、P 层、S_1 层或 S_2 层

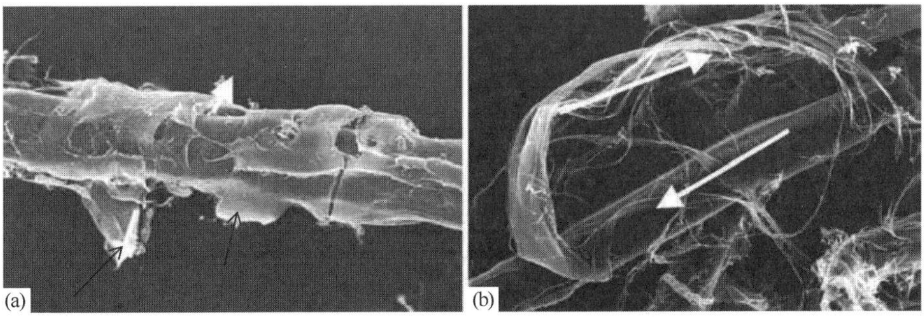

图 3-19　纤维细胞壁各层在制浆中的重要性

（a）打浆时，P 层破除，S_1 层分丝帚化（箭头处）（b）打浆条件剧烈时，S_2 层也分丝帚化

3. 应力木细胞壁的超微结构

从解剖学来看，应力木的细胞类型与正常木材相似，但微细纤维角度（MFA）和化学组成方面与正常木材差异较大。

应压木管胞的轮廓通常比正常管胞更圆，管胞的角隅处存在间隙（图3-20）。此外，应压木管胞没有 S_3 层，细胞壁的 S_2 层具有螺旋腔，其沿纤维轴盘绕，类似微细纤维角，与纤维轴夹角为45°~60°（图3-21）。在化学组成上，应压木管胞的木质素含量略高于正常管胞，半乳糖的含量也更高。

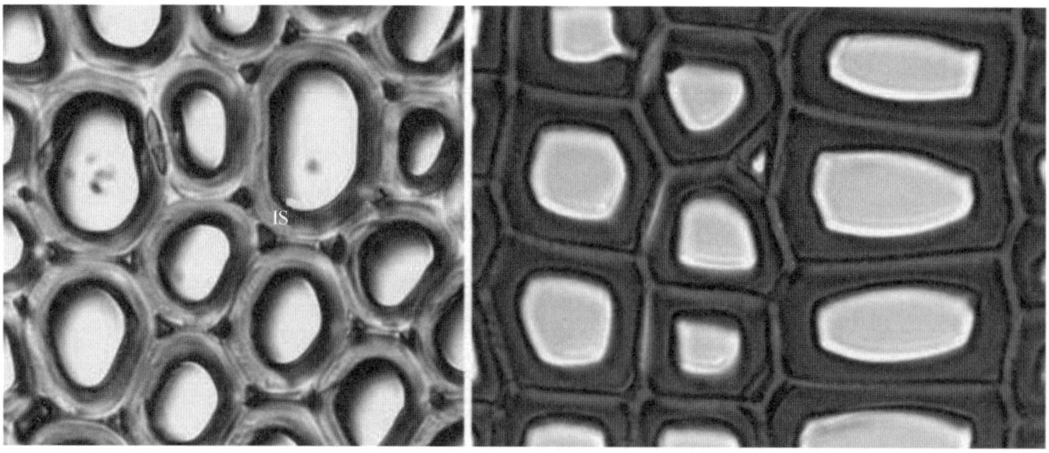

图3-20 云杉晚材应压木管胞（左）和普通木材管胞（右）

注：应压木管胞呈圆形，在细胞角隅有间隙（IS）；正常管胞呈矩形，没有细胞间隙。

应拉木的导管比普通阔叶木少，导管尺寸也更小。应拉木木纤维的 S_3 层内侧具有凝胶层（称为G层，图3-22）。化学组成上，凝胶层几乎由纯纤维素组成，纤维素高度结晶，排列成同心薄层，微细纤维几乎与纤维轴平行（图3-23）。近年来的研究还表明，人工林木材（如蒙特雷松、辐射松）中出现了温和的应力木，应力木甚至存在于直立的树干中。

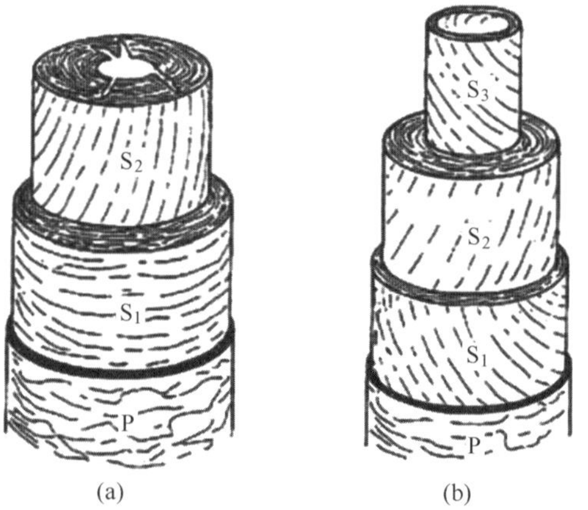

图3-21 应压木与正常木材细胞壁结构的比较

（a）针叶木应压木 （b）正常针叶木

注：P为初生壁，S_1、S_2、S_3 为细胞壁的次生壁，应压木没有 S_3；图中线条表示微细纤维，其与纤维轴的夹角为微细纤维的角度MFA。

二、草类纤维细胞壁的超微结构

草类纤维细胞壁也分为ML、P、S_1、S_2、S_3 等层。但草类（如麦草、稻草）纤维的P层和 S_1 层较厚，且 S_1 层和 S_2 层结合紧密，因此打浆时难于分丝帚化。除稻草、麦草外，其他草类原料部分纤维的次生壁是多层结构，有的3~4层，有的可达8~9层。竹子的部分纤维的细胞壁较厚，这些纤维的次生壁由宽层和窄层交替排列而成，宽层色浅，微细纤维角度为2°~20°。窄层的色深，微细纤维角度为85°~90°，如图3-24所示。

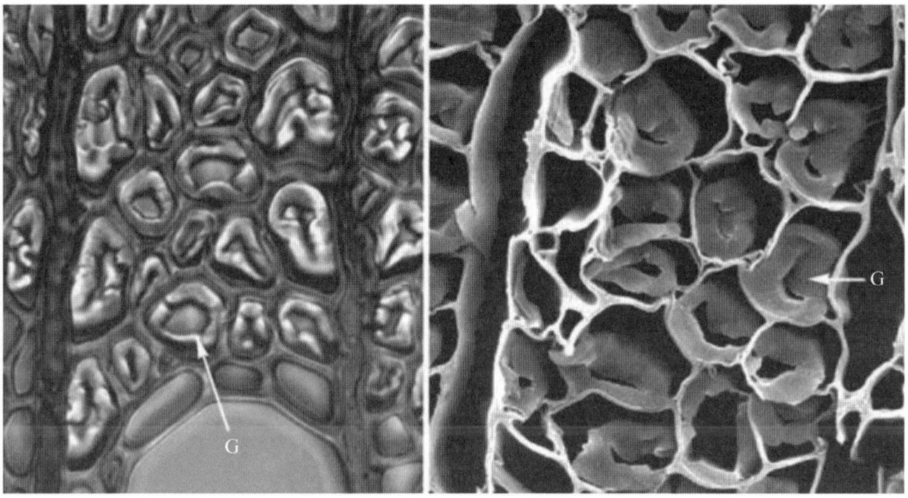

图 3-22 应拉木山杨的木纤维

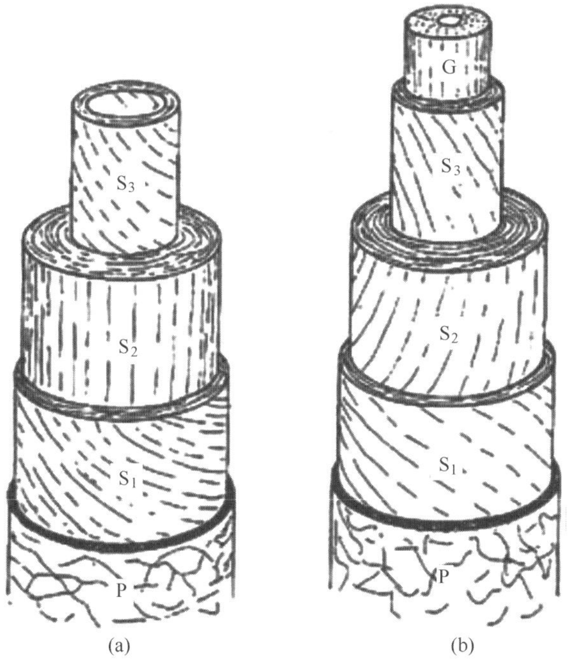

图 3-23 应拉木与正常木材细胞壁结构的比较

（a）阔叶木应拉木 （b）正常阔叶木

注：P 为初生壁，S_1、S_2、S_3 为细胞壁的次生壁，G 为凝胶层。应拉木具有 G 层，S2 层内部为凝胶层（G 层）。图中线条表示微细纤维，其与纤维轴的夹角为微细纤维的角度 MFA。

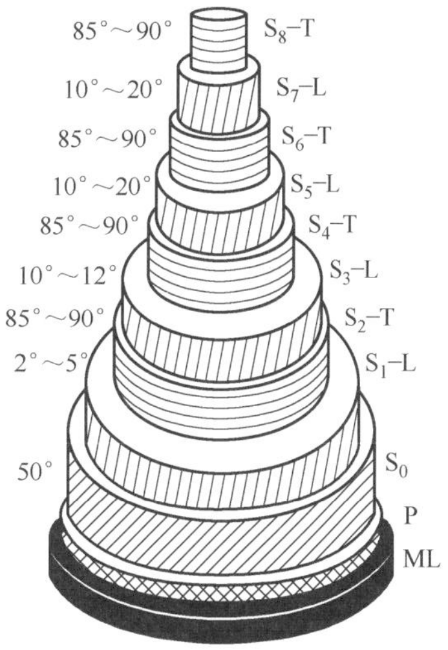

图 3-24 竹子厚壁纤维细胞壁的超微结构

注：T 表示微细纤维近水平，L 表示微细纤维方向近垂直。

小 结

1. 纤维细胞壁由外向内由胞间层（ML）、初生壁（P）、次生壁外层（S_1）、次生壁中层（S_2）和次生壁内层（S_3）组成。胞间层的主要化学成分为木质素和果胶质，制浆过程中胞间层溶解或部分溶解，使纤维细胞分离成单根纤维。初生壁的微细纤维呈网状排列。胞间层和两个相邻细胞的初生壁合称为复合胞间层。次生壁外层的微细纤维角度大，呈交叉螺旋状排列。次生壁中层占细胞壁厚度的70%~80%，微细纤维角度小。次生壁内层微细纤维角度大。

2. 细胞壁各层分为更薄的层，各层之间微细纤维角度是连续变化的。微细纤维角度是影响纤维强度的主要因素。S_2层是纤维的主体，是十分重要的。

3. 纤维素、半纤维素和木质素在细胞壁中的分布模型有Fengel模型、Kerr-Goring模型和Salmén模型。

4. 草类纤维细胞壁的P层和S_1层较厚，且S_1和S_2层结合紧密，打浆难于分丝帚化。多数草类纤维的次生壁有更多层。竹子次生壁的宽层和窄层交替排列，微细纤维角度也交替排列。

课后练习

一、填空题

1. 植物细胞壁分为（　　）、（　　）、（　　）、（　　）、（　　）五层。
2. 胞间层和两个相邻细胞的初生壁合称为（　　）层。
3. 胞间层主要的化学成分是（　　）和（　　）。

二、判断题

1. 微细纤维角度是影响纤维强度的主要因素。（　　）
2. 次生壁中层是植物纤维细胞壁的主体。（　　）

三、多选题

1. 草类纤维细胞壁与木材纤维细胞壁的不同之处有（　　）。

（A）草类纤维细胞壁的P层和S_1层较厚。

（B）草类纤维细胞壁S_1和S_2层结合紧密。

（C）多数草类纤维的次生壁有更多层。

（D）竹纤维的次生壁宽窄交替排列。

2. 有关微细纤维角度，以下说法正确的是（　　）。

（A）初生壁的微细纤维呈网状排列。

（B）次生壁内层和外层微细纤维角度大。

（C）次生壁中层的微细纤维角度小。

（D）次生壁各层间微细纤维角度的大小是突然过渡的。

四、问答题

1. 解释木片分离为纤维的机理。
2. 解释纤维细胞壁的Kerr-Goring模型和Salmén模型。

参考文献

[1] EK M, GELLERSTEDT G, HENRIKSSON G. Pulp and paper chemistry and technology volume 1," wood chemistry and wood biotechnology" [M]. Berlin: De Gruyter, 2009.

[2] 裴继诚. 植物纤维化学[M]. 北京：中国轻工业出版社，2020.

[3] LEWIN M, Goldstein I S. Wood structure and composition [M]. New York: CRC Press, 1991.

[4] ROGER M R. Handbook of wood chemistry and wood composites [M]. Boca Raton: CRC press, 2005.

[5] PITMAN R M. Wood ash use in forestry-a review of the environmental impacts [J]. Forestry: an international journal of forest research, 2006, 79 (5): 563-588.

[6] VASSILEV S V, BAXTER D, ANDERSEN L K, et al. An overview of the composition and application of biomass ash. Part 1. Phase-mineral and chemical composition and classification [J]. Fuel, 105, 40-76.

[7] MORAIS F P, BÉRTOLO R A, CURTO J M. Comparative characterization of eucalyptus fibers and softwood fibers for tissue papers applications [J]. Materials Letters: X, 4, 100028.

[8] REBOLA S M, FERREIRA J, EVTUGUIN D V. Potential of bleached eucalyptus kraft pulp for applications in nonwoven fibrous fabrics [J]. Journal of Engineered Fibers and Fabrics, 15 (11): 110-115.

[9] GHAREHKHANI S, SADEGHINEZHAD E, KAZI S N, et al. Basic effects of pulp refining on fiber properties—A review [J]. Carbohydrate polymers, 115, 785-803.

[10] WANG X, PAULAPURO H, MALONEY T C. Chemical pulp refining for optimum combination of dewatering and tensile strength. Nordic Pulp & Paper Research Journal [J]. 20 (4), 442-447.

[11] HIRN U, BAUER W. A review of image analysis based methods to evaluate fiber properties [J]. Lenzinger Berichte, 86 (1), 96-105.

项目四　抽　提　物

抽提是指用溶剂从植物中将能够溶于溶剂的组分分离出来的操作方法。分离出来的化合物被称为抽提物。抽提物种类繁多，多达数千种。抽提物（如脂肪）为细胞生命活动提供能量，保护树木免受真菌和昆虫的侵害（如萜烯）。

模块一　抽提物及分类

4-1

教学目标

1. 熟悉抽提物的分类。
2. 熟悉树脂、脂肪酸、脂肪、脂肪醇和蜡。
3. 了解萜烯及萜烯类化合物的概念。
4. 了解酚类化合物的分类和作用。
5. 了解木栓质、果胶质和阿拉伯树脂。

教学内容

根据抽提所用溶剂的不同可将抽提物分为有机溶剂抽提物、稀碱抽提物和水抽提物。根据“相似相溶”原理，不同的溶剂极性不同，所分离的抽提物的组成和数量也不同。溶剂的极性用极性参数来表示，非极性溶剂的极性参数小，极性溶剂的极性参数大。抽提常用溶剂的极性参数见表 4-1。

表 4-1　溶剂的极性参数

溶剂	石油醚	乙醚	苯	二氯甲烷	乙醇	氯仿	丙酮	水
极性参数	0.01	2.9	3	3.4	4.3	4.4	5.4	10.2

根据抽提物的亲水性和亲脂性可将其分为亲水性抽提物和亲脂性抽提物。亲水性抽提物有单宁、色素、树胶、果胶质、生物碱和酚类化合物。亲脂性抽提物也称为树脂，包括脂肪和脂肪酸、甾醇酯和甾醇、萜类化合物（萜烯和聚异戊二烯）和蜡（脂肪醇和脂肪酸酯），树脂是以上亲脂性抽提物的统称。亲脂性抽提物对纸浆和纸张有不利的影响，易溶于低极性有机溶剂如正己烷或乙醚等。过去常用二氯甲烷（DCM）抽提树脂。与 DCM 相比，丙酮是树脂的良溶剂，丙酮抽提是目前测定木材和纸浆中抽提物的标准方法。由于丙酮对木脂素和单糖也有一定的溶解作用，因此与 DCM 抽提相比，丙酮测定的抽提物的含量较高。

根据抽提物的化学结构，抽提物可分为脂肪族化合物、萜烯类化合物和芳香族化合物。

一、脂肪族化合物

脂肪族化合物主要包括脂肪酸和脂肪醇，脂肪酸主要以酯的形式存在，脂肪酸与甘油酯化为甘油单酯、甘油二酯和甘油三酯，甘油三酯也称为脂肪。脂肪酸与脂肪醇形成蜡，与甾醇生成甾醇酯。

1. 脂肪酸

脂肪酸分为不饱和脂肪酸和饱和脂肪酸。木材中的多数脂肪酸具有 16~24 个偶数碳原子，表示为 C_{16}~C_{24}。不饱和 C_{18} 酸有油酸、亚油酸、亚麻酸和松油酸，它们的化学结构如图 4-1 所示。松油酸是亚麻酸的异构体，存在于松树和云杉中。以上四种酸占木材脂肪酸总量的 75%~85%。

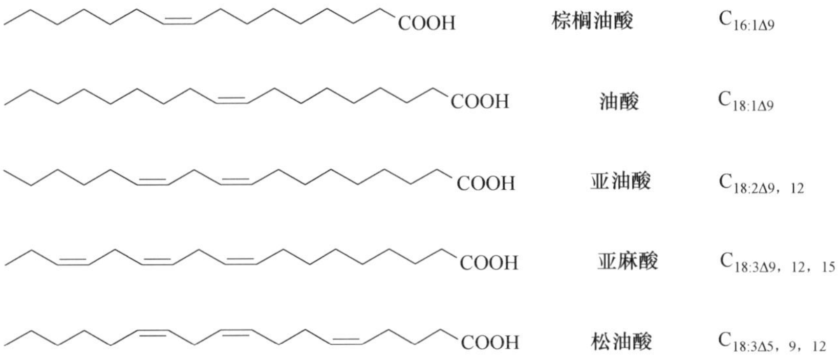

图 4-1 木材中的不饱和脂肪酸

注：C16：1△9 表示该脂肪酸有 16 个碳原子，带一个双键，双键碳原子编号为 9，其他表示方式与此相同。

针叶木的饱和脂肪酸含量较低，如松树的饱和脂肪酸仅占脂肪酸总量的 3%，云杉的饱和脂肪酸占脂肪酸总量的 10%。阔叶木（如桦木）的饱和脂肪酸含量较高，占脂肪酸总量的 27%。木材中常见的饱和脂肪酸见表 4-2。

表 4-2 木材中常见的饱和脂肪酸

系统命名	俗名	分子式
十二酸	月桂酸 C12:0	$C_{11}H_{23}COOH$
十四酸	肉豆蔻酸 C14:0	$C_{13}H_{27}COOH$
十六酸	棕榈酸 C16:0	$C_{15}H_{31}COOH$
十八酸	硬脂酸 C18:0	$C_{17}H_{35}COOH$
14-甲基十六烷酸	十七酸 C17:0	$C_{16}H_{33}COOH$
二十酸	花生酸 C20:0	$C_{19}H_{39}COOH$
二十二酸	山萮酸 C22:0	$C_{21}H_{43}COOH$
二十四酸	木蜡酸 C24:0	$C_{23}H_{47}COOH$
二十六酸	蜡酸 C26:0	$C_{25}H_{51}COOH$

2. 脂肪醇

植物中的脂肪醇具有 18~24 个偶数碳原子。脂肪醇常以脂肪酸酯的形式存在，脂肪醇的脂肪酸酯称为蜡，如巴西棕榈蜡是由 C_{30} 脂肪醇与 C_{26} 脂肪酸形成的酯。植物的茎叶和果实的外部有一层蜡膜，能够保持植物中的水分，防止外物侵蚀。

二、萜烯类化合物

萜烯是由异戊二烯单元（5 个碳原子）构成的环状化合物，萜烯存在于大多数植物和动物中，包括单萜（C_{10}）、倍半萜（C_{15}）、二萜（C_{20}）和三萜（C_{30}），如图 4-2 所示。含氧的萜烯被称为萜类化合物。

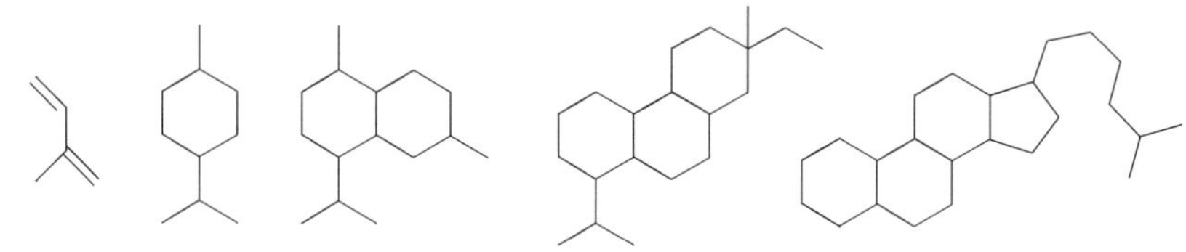

异戊二烯 1×5C　单萜 2×5C　倍半萜 3×5C　二萜 4×5C　三萜 6×5C

图 4-2　几种萜烯的基本结构

针叶木和阔叶木的萜烯组分不同。针叶木主要有单萜、倍半萜、二萜及甾醇，而阔叶木主要含甾醇、三萜和高级萜如聚戊二烯。

1. 单萜和倍半萜

单萜和倍半萜是针叶木的特色化合物，它们具有“松林”的香气。单萜具有挥发性，硫酸盐浆不含单萜或倍半萜。单萜和倍半萜在抽提物的干燥过程中蒸发，木材的抽提物中也不含单萜和倍半萜。在硫酸盐浆蒸煮过程中，单萜和倍半萜被收集，也就是人们熟知的“松节油”。几种典型的单萜、倍半萜、二萜和萜类化合物如图 4-3 所示。

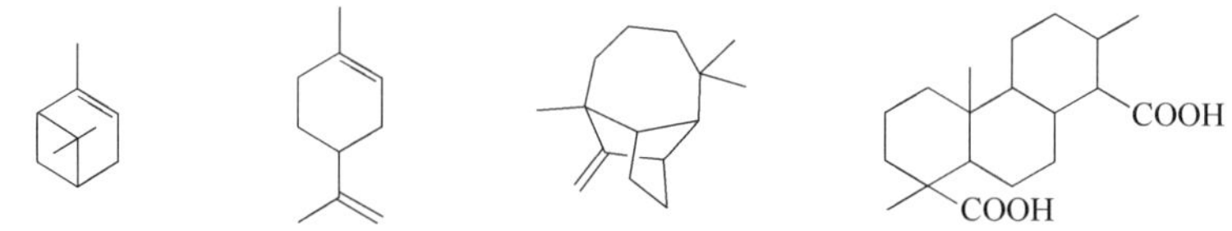

α-蒎烯 (C_{10})　柠檬烯 (C_{10})　长叶烯 (C_{15})　松叶酸 (C_{20})

图 4-3　几种典型的单萜、倍半萜和萜类化合物

2. 树脂酸

针叶木树脂的主要组分是树脂酸，树脂酸是一组三环二萜酸，它们有很多异构体，分为松香酸型和海松酸型（图 4-4）。松香酸型有共轭双键，易发生加成、氧化和异构化反应。树脂酸憎水，可用来制备造纸施胶剂，赋予纸张憎水性能。在硫酸盐制浆中，树脂酸和脂肪酸以可溶性钠皂的形式溶于碱性黑液中，可以皂相从黑液中分离出来，称为妥尔油皂。而对于机械浆，树脂酸是机械浆废水毒性的主要来源之一。

3. 三萜类化合物

三萜类化合物存在于阔叶木树脂中（图 4-5），常见的有桦木醇和角鲨烯（三十碳六烯）。桦木醇是第一种从植物中分离得到的白色结晶，具有抗艾滋病毒和抑制肿瘤细胞的功效。桦树皮含有桦木醇，其含量高达 30%。桦木醇使桦树皮呈白色，具有碱不溶的性质，难以通过碱法制浆去除。如果桦木制浆未去皮，大量的桦木醇进入纸浆，易产生树脂障碍的生产问题。

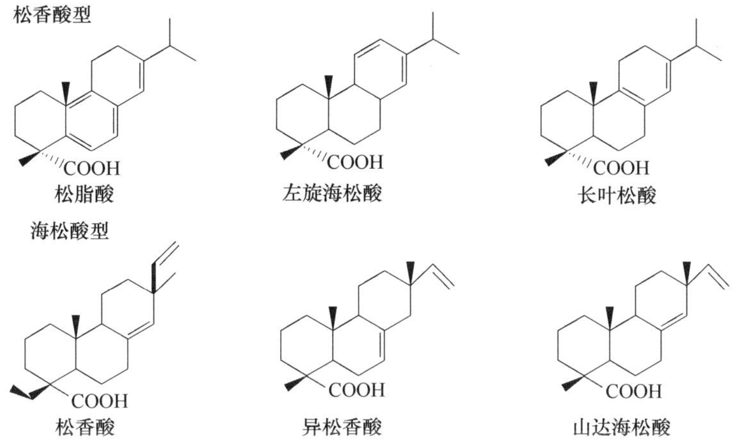

图 4-4 松木和云杉中的树脂酸，分为松香酸型和海松酸型

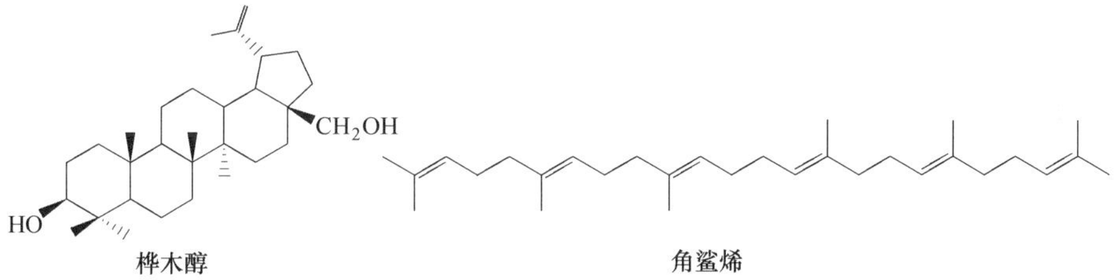

图 4-5 三萜烯类化合物

4. 高分子萜烯

最常见高分子萜烯包括橡胶（顺式-聚戊二烯）和巴拉塔树胶（反式-聚异戊二烯）。橡胶树（如三叶橡胶树）受到创伤后会产生胶乳，胶乳经凝固和干燥加工后形成的弹性固态物，即天然橡胶。天然橡胶是一种天然高分子化合物，其主要成分是顺-1,4-聚异戊二烯。桦木中的多萜为桦木聚戊烯醇（图 4-6）。

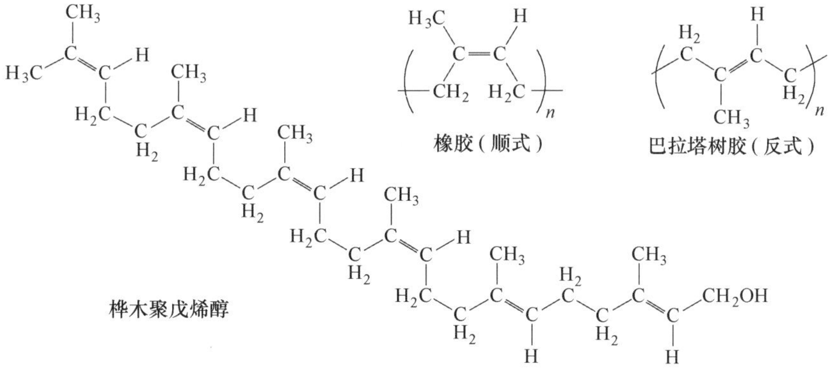

图 4-6 高分子萜烯结构式

三、芳香族化合物

1. 甾醇

甾醇是由多氢化菲与环戊烷稠合而成，甾醇含有体积庞大的疏水基团和羟基亲水基团，

这种两亲性质使其发挥膜支架作用，具有调节和控制膜流动的能力。甾醇在针叶木和阔叶木中均有发现，主要的甾醇是谷甾醇，如图 4-7 所示。谷甾醇在结构上与胆固醇非常接近，胆固醇是人类和动物体内的主要甾醇之一，在木材中也少量存在。

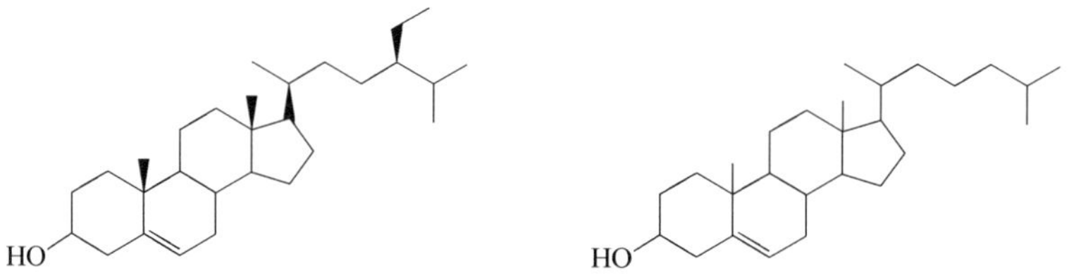

谷甾醇　　胆固醇

图 4-7　甾醇结构式

2. 酚类化合物

酚类化合物仅存在于心材和树皮中，它能够抵抗病原体（如病毒、细菌、真菌）、昆虫和食草动物，具有杀菌作用，是树木的化学防御物质。同时，酚类化合物的积累使木材的心材呈深色。大多数酚类化合物是水溶性的，在蒸煮阶段被去除，因此化学纸浆不含酚类化合物。酚类化合物是机械制浆废水毒性的主要来源之一。

（1）简单的酚类化合物。针叶木和阔叶木有机溶剂抽提物中常含有简单的酚类化合物，如对羟基苯甲醛、香草醛、紫丁香醛、阿魏酸、松柏醛、芥子醛等（图 4-8），它们都是木质素生物合成的代谢产物。

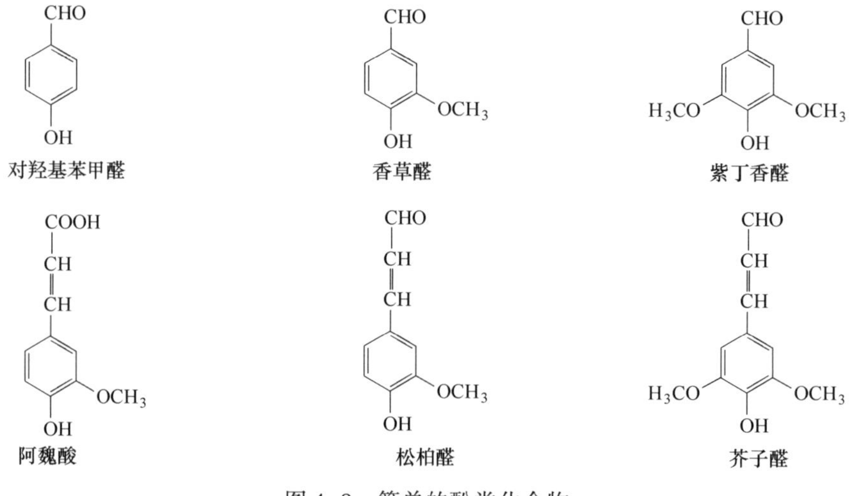

图 4-8　简单的酚类化合物

（2）黄酮类化合物。黄酮类化合物是指两个苯环以三碳键（$C_6—C_3—C_6$）连接的杂环化合物，常见的黄酮类化合物如图 4-9 所示。黄酮类化合物不溶于水，易溶于乙醇、乙醚等有机溶剂。由于黄酮类化合物具有共轭体系，大多呈现灰黄色至黄色，黄酮类化合物常以糖苷的形式存在。许多树皮富含单黄酮和多黄酮。黄酮类化合物具有抗氧化功能，也是植物的生长调节剂。

（3）单宁。单宁也称植物多酚，是一种水溶性的多酚类化合物，相对分子质量为 500~3000。单宁分为水解单宁和缩合单宁。水解单宁是由五倍子酸和鞣花酸（多羰基酸）与 *D*-葡萄糖通过酯键形成的多酚类化合物，酯键易被酸、碱和酶水解，生成五倍子酸和鞣花酸

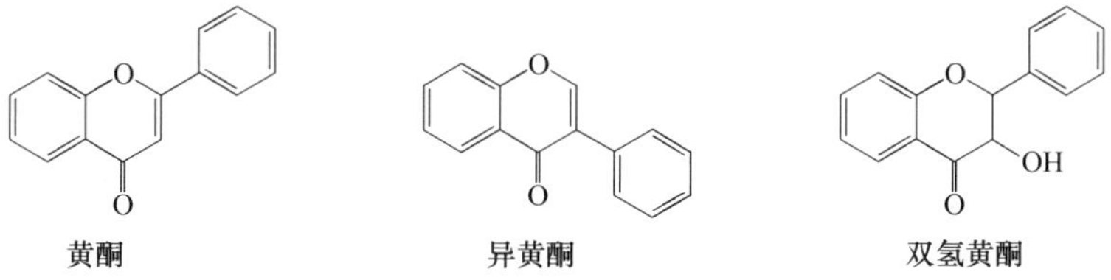

图 4-9　黄酮类化合物

（图 4-10）。五倍子酸也称没食子酸，鞣花酸是五倍子酸的二聚物。商品化的单宁主要来自于栗木，其价格昂贵。桉树的心材含有水解单宁，水解单宁易沉积在纸浆和金属表面，呈深色，会引起生产问题。

缩合单宁被称为原花青素，是黄酮单元通过碳—碳键相连的低聚物（图 4-11）。阔叶材和针叶材中，原花青素含有不同比例的儿茶素和表儿茶素，聚合度 3～8。直到 20 世纪 80 年代初，缩合单宁才被化学表征。缩合单宁一般存在于木材（如橡木、金合欢和白坚木）的树皮和心材中，黑合欢的树皮中含有 30%～50%的缩合单宁。单宁具有与蛋白质相互作用的能力，在皮革制造中使用单宁鞣革仍然是其最重要的商业应用之一。单宁具有抗菌性能，含有单宁的药材可用来治疗细菌性肠道感染，单宁也具有抗肿瘤和抗病毒作用。目前虽然植物单宁的使用正在减少，但水解单宁仍是重要的分子化合物。

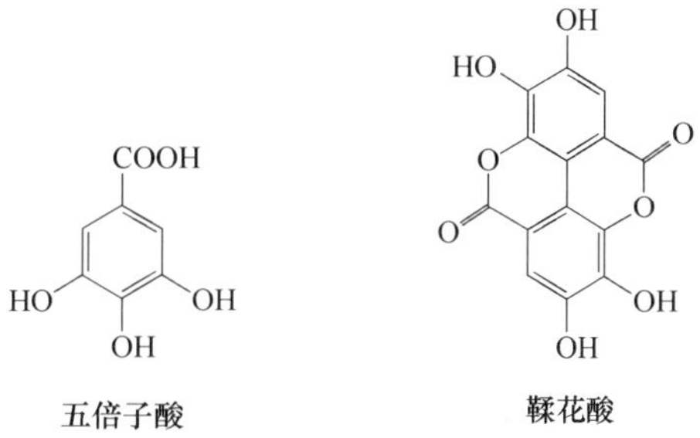

图 4-10　五倍子酸和鞣花酸结构式

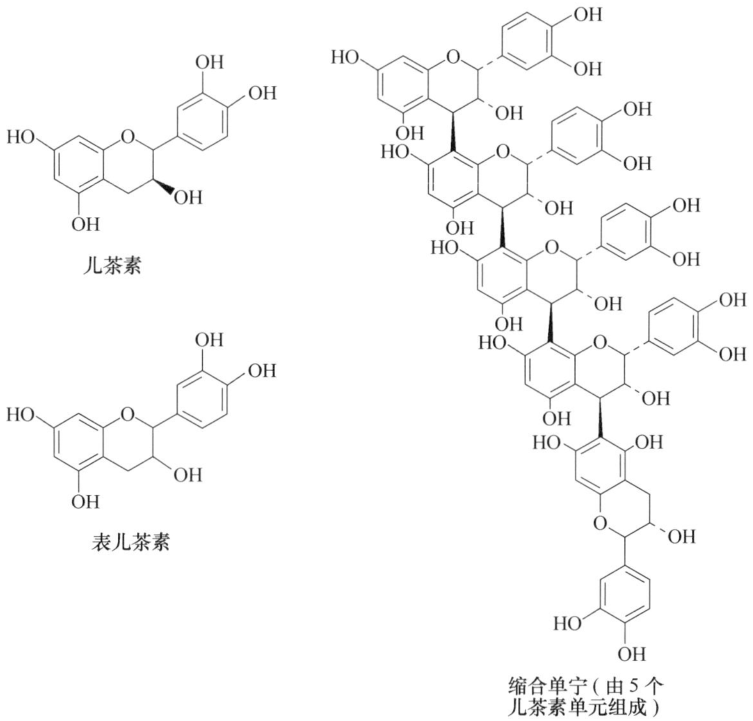

图 4-11　儿茶素、表儿茶素和缩合单宁

（4）木脂素。植物中的木脂素（Lignans）是具有芳香族（C_6—C_3）结构单元的醇或酸，其结构单元如图 4-12 所示。

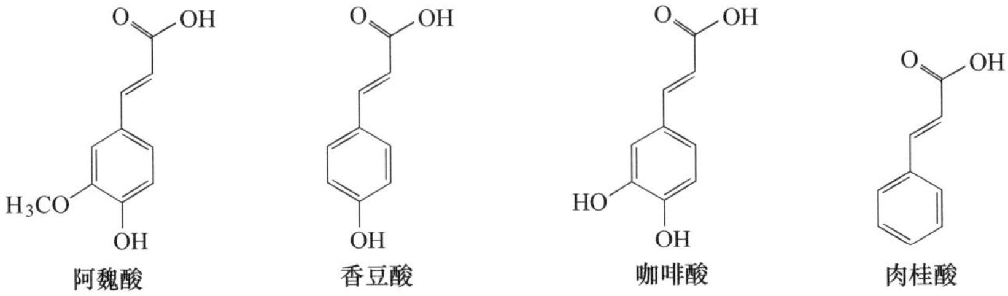

图 4-12 木酯素的结构单元

由于它们的连接方式多样，因此木脂素的种类繁多，有 200 多种。其中，罗汉松脂酚（matairesinol）、桧脂素（savinin）和松脂酚（pinoresinol）3 种木脂素的结构如图 4-13 所示。

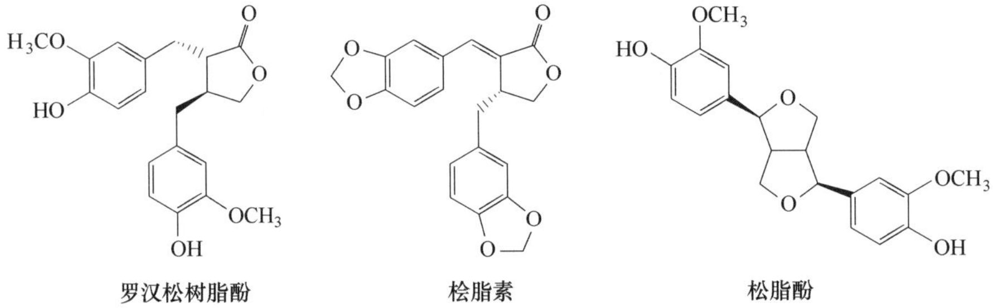

图 4-13 3 种木脂素结构

木脂素与木质素都是苯基丙烷（C_6—C_3）氧化偶联的产物，不同的是，木脂素是二聚体，而木质素是聚合物。木脂素在植物中多数以游离态存在，也有一些与糖结合成苷。

木脂素为白色结晶，多数不挥发，不升华，具有亲脂性，能溶于苯、氯仿等有机溶剂，具有光学活性。几乎所有针叶木的心材中都含有木脂素，其含量不超过 1%。木脂素具有抗肿瘤、抗炎、抗病毒等生理功能。

（5）芪类化合物。芪（qí）类化合物是 1，2-二苯乙烯的衍生物，具有 C_6—C_2—C_6 骨架。芪含有羟基，羟基可以被甲基化或糖苷化。芪类化合物的种类比黄酮类化合物少，不到 100 种。一些重要芪类化合物的结构式如图 4-14 所示。当植物受到昆虫或外界刺激时，受伤部位芪类化合物的含量显著增加，它是植物的应激产物。

人们在针叶木（如冷杉和云杉的叶子、云杉和松树的树皮及松树的心材）中发现了芪类化合物。云杉树皮中有白皮杉醇、甲基化白皮杉醇和白藜芦醇三种芪类化合物，其中白皮杉醇的含量较高，白藜芦醇含量约为 10%。松树心材和树节的主要组分是银松素和其甲基化同系物。紫杉树皮含有紫杉醇，商品名为“紫杉酚”。

在阔叶木中，芪类在桑科心材较为常见，其主要成分是白藜芦醇，含量为 0.6%～7.3%。桉木心材中存在游离的白藜芦醇，紫檀的心材中含有紫檀芪，风车子中含有白皮杉醇。

芪类化合物具有抗菌、抗肿瘤、抗炎等活性。白藜芦醇具有抗癌、抗病毒、保护心血管和中枢神经等功效，也是一种抗衰老药物。白皮杉醇是一种自由基清除剂和抗氧化剂，具有抗白血病功能。紫杉醇是治疗癌症药物中的热销产品。多烯紫杉醇是由紫杉醇合成的药物，

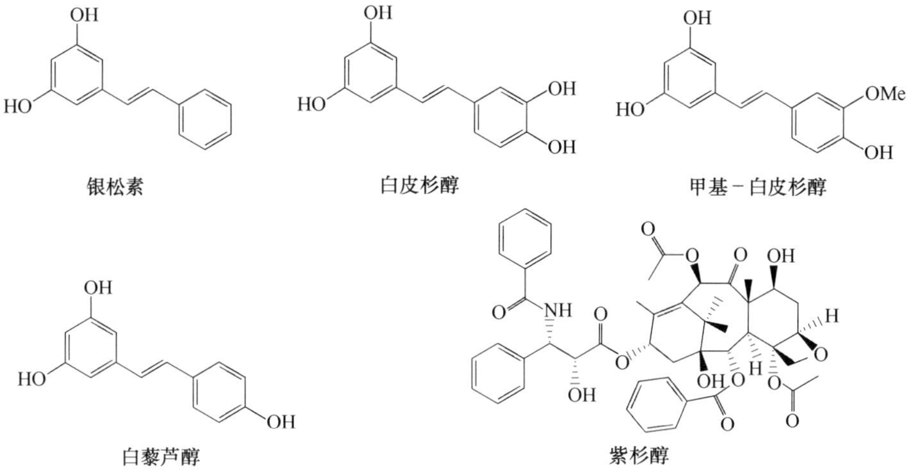

图 4-14 芪类化合物结构式

其水溶性较紫杉醇好。

四、木栓质

木栓质是典型的树皮组分，它存在于大多数树木的树皮中，尤其是桦树的外皮。它是一种聚合物，其结构如图 4-15 所示，截至目前其结构仍未完全确定。木栓质类似木质素芳香族物质与脂肪族化合物交联产物。主要的脂肪族单体包括 α-羟基酸和二羧酸（C_{16}—C_{22}）及长链脂肪酸和醇（$C_{20\sim32}$），木栓质中的苯酚成分仍未完全表征。

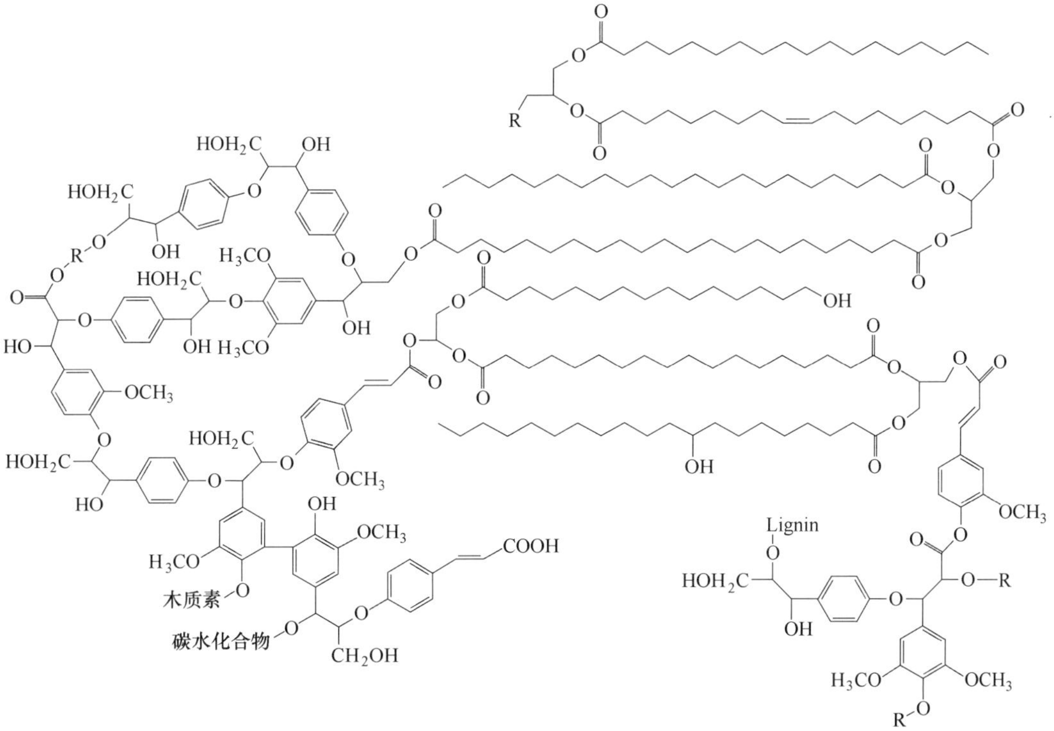

图 4-15 木栓质结构式

五、果胶质

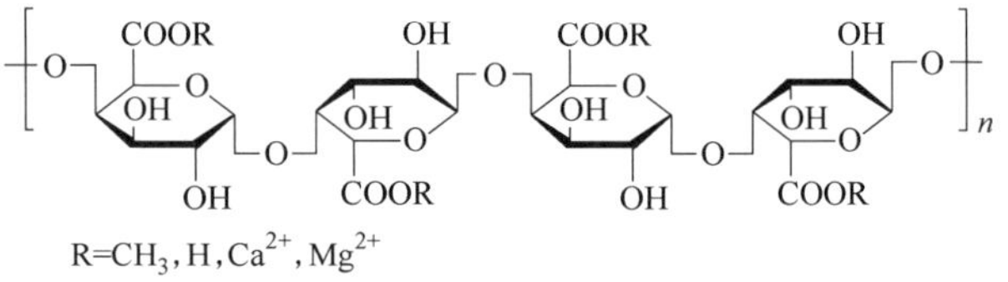

图 4-16 果胶质结构式

聚半乳糖醛酸是 D-半乳糖醛酸以 α-1,4 糖苷键连接的聚合物，也称为果胶酸，如图 4-16 所示。当聚半乳糖醛酸羧基被甲基酯化，未酯化的羧基与多价金属离子（Mg^{2+}、Ca^{2+}等）结合，从而形成的网状结构物质就是果胶质。果胶质中甲氧基含量为 9%~12%。

由于其网状结构，果胶质不溶于水。果胶质中甲氧基含量高，羧基就少，形成网状结构的程度低，其溶解度增大。果胶质溶液黏度高，5%浓度的果胶质溶液会形成凝胶。

果胶质具有黏结相邻细胞的作用，主要位于胞间层，初生壁中也有果胶质。果胶质与聚阿拉伯糖、聚半乳糖和 L-鼠李糖等多糖形成复合体。韧皮纤维的果胶质含量较高，如棉秆皮的果胶质含量超过 7%，木材和草类果胶质含量较低。

六、阿拉伯树胶

阿拉伯树胶是金合欢树和阿拉伯胶树受伤部位分泌的一种树胶，它是一种多糖和蛋白质的复合物，其主要结构单元是阿拉伯糖。阿拉伯树胶易溶于水，溶液黏度低，浓度小于 40%时为牛顿液体。

小 结

1. 抽提物包括脂肪族化合物、萜烯类化合物和芳香族化合物，分为有机溶剂抽提物、稀碱抽提物和水抽提物，也可分为亲水性抽提物和亲脂性抽提物。亲水性抽提物有单宁、色素、树胶、果胶质、生物碱和酚类化合物。亲脂抽提物也称为树脂，包括脂肪和脂肪酸、甾醇酯和甾醇、萜类化合物和蜡。

2. 脂肪酸分为不饱和脂肪酸和饱和脂肪酸，植物中的脂肪酸主要是不饱和脂肪酸（C_{16}~C_{24}）。脂肪醇（C_{18}~C_{24}）常以脂肪酸酯的形式存在。蜡是脂肪醇的脂肪酸酯。

3. 萜烯是由异戊二烯单元（5 个碳原子）构成的环状化合物。单萜具有挥发性，硫酸盐浆不含单萜或倍半萜，蒸煮过程中以“松节油”形式回收。树脂酸是一组三环二萜酸，存在于针叶材中，硫酸盐制浆中树脂酸和脂肪酸可以妥尔油皂从黑液中分离。阔叶木含三萜类化合物，如桦木树皮中的桦木醇，桦木醇易产生树脂障碍。高分子萜烯是聚异戊二烯，有橡胶和巴拉塔树胶。

4. 芳香族化合物中，甾醇是多氢化非与环戊烷稠合的产物。酚类化合物仅存在于心材和树皮中，具有杀菌作用，多数具有水溶性，化学浆不含酚类物质。简单的酚类化合物是木质素生物合成的代谢产物。黄酮类化学合是两个苯环以三碳键（C_6—C_3—C_6）连接的杂环化合物，具有抗氧化功能。单宁也称植物多酚，分为水解单宁和缩合单宁，水解单宁分解生成五倍子酸和鞣花酸，缩合单宁是黄酮单元通过碳—碳键相连的低聚物，鞣革是单宁的主要应用之一。木脂素是芳香族（C_6—C_3）结构单元的醇或酸的二聚体。芪类化合物是 1,2-二苯乙烯的衍生物，白藜芦醇、白皮杉醇和紫杉醇具有抗病毒、抗癌功能。

5. 木栓质存在于树皮，是木质素的芳香族物质与脂肪族化合物交联物。果胶质是聚半乳糖醛酸，其中的羧基与多价金属离子（Mg^{2+}、Ca^{2+}等）形成网状结构物质，主要位于胞间层，具有黏结相邻细胞的作用。阿拉伯树胶主要结构单元是阿拉伯糖。

课后练习

一、名词解释

1. 树脂

2. 果胶质

二、填空题

1. 根据是抽提所用的溶剂，抽提物可分为（　　）、（　　）和（　　）三类，根据抽提物是否亲水可将抽提物分为（　　）、（　　）两类，根据化学结构可分为（　　）、（　　）和（　　）三类。

2. 阿拉伯树胶主要结构单元是（　　）。

三、判断题

1. 酚类化合物具有杀菌作用。（　　）

2. 木脂素是二聚体，木质素是聚合物，两者都是 C_6—C_3 结构。（　　）

四、单选题

1. 以下说法错误的是（　　）。

（A）脂肪是脂肪酸的甘油三酯。　（B）脂肪酸分为饱和脂肪酸和不饱和脂肪酸。

（C）脂肪醇的脂肪酸酯是蜡。　（D）木材的脂肪酸主要是饱和脂肪酸。

2. 以下有关萜烯及萜烯类化合物的描述错误的是（　　）。

（A）硫酸盐浆中含有单萜和倍半萜。　（B）树脂酸存在于针叶木中。

（C）阔叶木有三萜类化合物，如桦木醇。　（D）聚异戊二烯是高分子萜烯。

模块二　抽提物在植物纤维原料中的分布

4-2

教学目标

1. 了解有机溶剂抽提物的种类。

2. 熟悉树脂道树脂和薄壁细胞树脂的概念。

3. 熟悉边材树脂、心材树脂和树皮树脂的特点。

教学内容

一、不同植物纤维原料中的有机溶剂抽提物

1. 针叶材的有机溶剂抽提物

针叶材的有机溶剂抽提物主要是松香酸、萜烯类化合物、脂肪酸等。针叶材的有机溶剂

抽提物含量较高，如红松的乙醚抽提物为 4.69%，马尾松乙醚抽提物为 4.43%。针叶材的有机溶剂抽提物主要存在于树脂道和木射线薄壁细胞中。

2. 阔叶材有机溶剂抽提物

阔叶材的有机溶剂抽提物主要含游离的及酯化的脂肪酸、中性物质，不含或仅含少量的萜烯类化合物。阔叶材的有机溶剂抽提物含量较针叶材低，一般在 1%以下，主要存在于木射线薄壁细胞中。

3. 禾本科原料的有机溶剂抽提物

禾本科原料抽提物为蜡质、少量的高级脂肪酸和高级醇等。禾本科原料的乙醚抽提物含量一般在 1%以下。其苯-醇抽提物的含量相当高，一般为 3%~6%，有的高达 8%。

二、抽提物在木材中的分布

木材中的抽提物含量较低，仅占木材的百分之几。树皮、树枝等部位的抽提物含量较高。

1. 边材

木材的树脂主要位于薄壁组织细胞中，针叶木的树脂道中也有树脂。树脂道在松树（Pinus）中最为常见，也存在于云杉（Picea）、落叶松（Larix）及其他一些针叶木中。树脂道树脂由萜烯和萜类化合物组成，松树和云杉中的树脂道树脂含有游离树脂酸（90%）和其他二萜类化合物（10%），它们溶解在含有少量倍半萜的单萜中，使混合物的黏度适当。当树受伤时，树脂流出，当单萜蒸发后，树脂凝固并覆盖伤口，也就是人们熟知的松香。边材中薄壁组织树脂的主要组分是脂肪和甾醇酯，脂肪为细胞储备能量，而甾醇酯使活细胞实现某些功能。

阔叶木（如桦木和白杨）边材中的树脂都位于薄壁细胞中，薄壁细胞占木材总体积相对较大，如桦木的薄壁细胞占比为 10%，栎属橡木的薄壁细胞占比约为 40%。

薄壁组织中的树脂和树脂道中的树脂在制浆过程中的行为不同。在化学浆蒸煮或机械浆磨浆过程中，树脂从树脂道中释放出来，树脂不溶，会产生胶黏物沉积问题。而薄壁组织中的树脂位于薄壁细胞内，当机械作用破坏薄壁细胞后，树脂才从细胞内扩散出来。

2. 心材

（1）针叶木心材。在针叶木心材形成过程中，抽提物堵塞管胞的具缘纹孔，以抵抗微生物侵蚀。几种松属植物心材中的树脂含量较边材多 1 倍以上，松树心材还含有酚类物质，如银松素（pinosylvin）。

（2）阔叶木心材。阔叶木的边材以两种方式形成心材。一是薄壁细胞的细胞壁膨胀成气球状，形成侵填体堵塞导管。二是分泌树脂到导管中（图 4-17）。二者能够阻碍真菌通过导管侵袭木材，从而保护树木。

3. 树皮

树皮占到木材总量的 10%。作为树的保护层，树皮含有较多的生物活性防御物质，如多酚类化合物单宁和其他低分子多酚。树皮在形态上可分为内皮和外皮。内皮和外皮的抽提物的组成不同。树皮中的树脂含量高于木质部，特别是树皮较为光滑的树种（如桦树和白杨）。因此，制浆前完全去皮对于去除树脂很重要。

木栓质是树皮中的典型成分。它存在于大多数树木的树皮中，尤其是桦树的外层树皮。

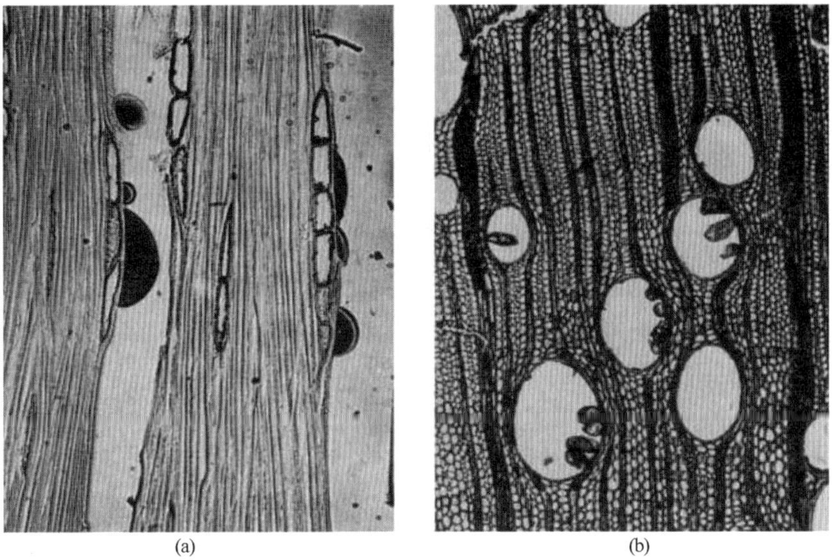

图 4-17　心材的形成。(a) 分泌树脂和 (b) 产生侵填体

此外，桦木树皮中的三萜含量高，其桦木醇的含量达 25%～35%，树脂平均含量为 10%～12%。松树树皮中树脂的主要组分是二萜类和单萜类。

小　结

1. 针叶材的有机溶剂抽提物主要是松香酸、萜烯类化合物、脂肪酸等，存在于树脂道和木射线薄壁细胞中，抽出物含量高。阔叶材的有机溶剂抽提物主要是脂肪酸（酯）、中性物质，存在于木射线薄壁细胞中。禾本科原料抽提物为蜡质、少量的脂肪酸和脂肪醇。

2. 树脂道树脂由萜烯（单萜和倍半萜）和萜类化合物（树脂酸）组成，制浆过程中，树脂道树脂释放出来，易产生胶黏物沉积问题。薄壁组织树脂主要是脂肪和甾醇酯，机械作用破坏薄壁细胞后，树脂才从细胞内扩散出来。

3. 针叶木通过抽提物堵塞管胞的具缘纹孔形成心材，针叶木松属心材的树脂含量较边材多 1 倍以上，心材还含有酚类物质。阔叶木的边材通过侵填体和分泌树脂形成心材。

4. 树皮占到木材总量的 10%。树皮的树脂含量高于木质部，制浆前完全去皮对于去除树脂很重要。木栓质是树皮中的典型成分，桦木树皮的三萜含量非常高，松树树皮树脂主要是单萜类和二萜类。

课后练习

一、填空题

1. 针叶木的树脂存在于（　　）和（　　）中。

2. 阔叶木的树脂存在于（　　）中。

3. 树脂道树脂主要是（　　）和（　　）。

4. 薄壁组织的树脂主要是（　　）和（　　）。

二、判断题

1. 树脂道树脂在制浆过程中会释放出来。(　　)
2. 薄壁组织树脂只有在薄壁组织被破坏时才释放出来。(　　)
3. 边材的树脂含量高于心材。(　　)
4. 木材蒸煮前要去除树皮。(　　)

模块三　抽提物与制浆

4-3

教学目标

1. 了解木片和原木存储对纸浆抽提物的影响。
2. 了解树脂钙皂的危害。
3. 理解在碱性条件下树脂胶束的形成机理。
4. 熟悉松木、云杉和桦木硫酸盐浆的树脂。
5. 熟悉碱法浆、酸法浆和机械浆中树脂。

教学内容

一、抽提物与木材存储

过去木材通常以原木或木片形式存储。存储过程中原料会发生以下反应：①木材中的树脂氧化，一部分树脂发生自氧化反应，一部分发生代谢反应，以维持薄壁细胞的生命功能。②酶（如脂肪酶）使甘油酯等酯类发生水解反应。③挥发性成分挥发。④微生物的降解反应。这些反应会降低木片中的树脂含量。另外，不饱和化合物的氧化会引入亲水基团，改善木片的亲水性。木片在存储过程中由于单萜的蒸发，松节油含量降低。此外，木片储存过程中妥尔油的含量也会降低。

当木材以原木形式在水中存储时，缺氧和低温会抑制以上反应。如果将木片堆起来存储，氧化过程产生的热量会使木片的温度显著升高。存储对硫酸盐浆的质量影响较小，加之储存成本较高，现在大多数工厂仅存储少量的原木或木片。

二、树脂酸和脂肪酸溶液

树脂酸和脂肪酸是两亲化合物，既亲水也亲油。两亲化合物也称为表面活性剂，由亲水的极性羧基和疏水的非极性烃基组成。当脂肪酸在水中未电离时，其溶解度很低。在高 pH 下，脂肪酸电离。在硫酸盐法蒸煮中，脂肪酸主要以可溶性钠皂的形式存在。在水中溶解脂肪酸或树脂酸钠皂时，溶解度在某温度下急剧增加，这一温度称为克拉夫特温度或克拉夫点。当温度低于克拉夫点时，脂肪酸主要以单体形式存在，但当温度为克拉夫点时，它们开始聚集，形成胶束，溶解度急剧增加。胶束是由大量树脂酸和脂肪酸阴离子组成的球形聚集体，疏水碳链位于球体内，而羧基位于球体表面，与水接触，如图 4-18 所示。温度为克拉夫点时，脂肪酸或树脂酸钠皂的浓度也称为临界胶束浓度（CMC）。临界胶束浓度与脂肪酸的结构有关，脂肪酸链长度增加，其水溶性降低，临界胶束浓度降低。如脂肪酸的双键数量多，水溶性增加，临界胶束浓度增加。

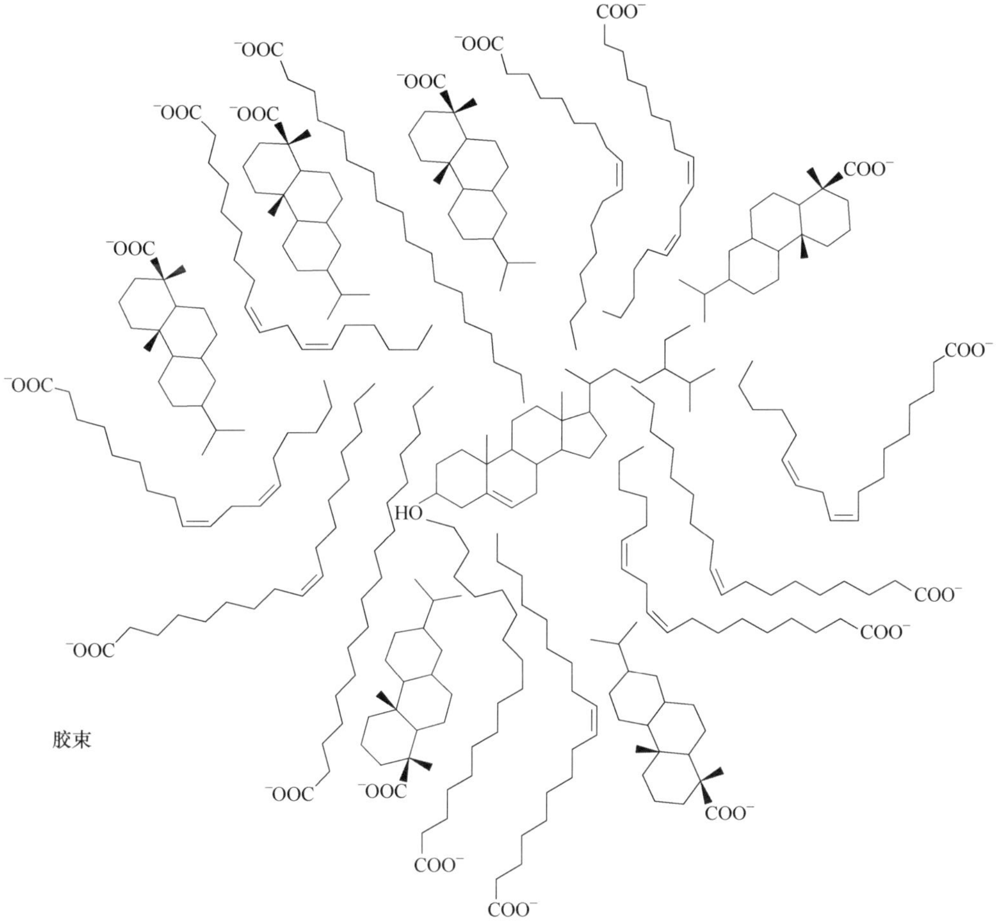

图 4-18　树脂酸和脂肪酸的混合胶束，胶束内部是甾醇

在胶束溶液中，单体与胶束存在动态平衡。脂肪酸和树脂酸两者会形成混合胶束，临界胶束浓度受两者比例的影响。此外，溶液中的离子强度影响溶解度（图 4-19）。松香酸钠和油酸钠在纯水中的溶解度约为 18%。而当松香酸钠和油酸钠以 1∶1 的比例混合时，其溶解度增加到 40%。当向溶液中加入盐（如 0.8mol/L 氯化钠）时，混合物的溶解度迅速下降，胶束与液体分离形成液晶相，这个过程称为皂相的“盐析”。

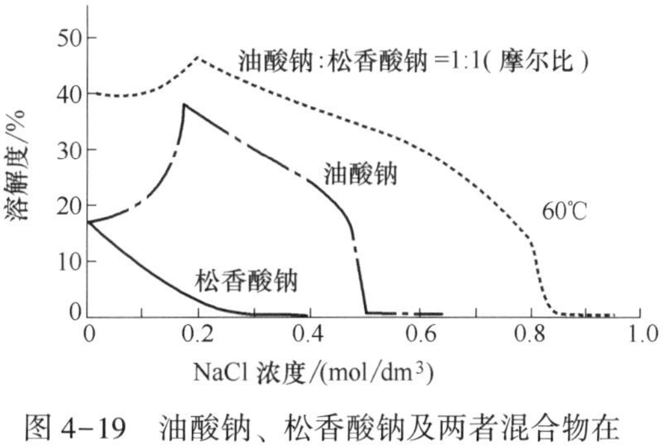

图 4-19　油酸钠、松香酸钠及两者混合物在 60℃下的溶解度及 NaCl 浓度对溶解度的影响

当疏水物质位于胶束内部时，疏水物质会溶解，从而可去除不溶性抽提物。胶束的这种能力对于硫酸盐纸浆中树脂的去除十分重要。另外，与钠皂相比，钙皂极不溶于

水，例如，棕榈酸钙在纯水中的溶解度积 pKs 为 17.4，油酸钙为 15.4。

三、树脂与硫酸浆的蒸煮和洗涤

在硫酸盐法制浆过程中，大部分抽提物溶解在黑液中。在松木硫酸盐法制浆过程中，通过冷凝和分馏能够从蒸煮器释放的气体中回收松节油。此外，从黑液中分离脂肪酸和树脂酸钠盐，然后将其酸化得到妥尔油，妥尔油可以进一步加工成纸张施胶剂、油墨连接料和油漆胶黏剂。

在硫酸盐法制浆过程中，游离脂肪酸和树脂酸以皂盐的形式溶解在碱性蒸煮液中，甘油三酯在碱液中水解为脂肪酸，脂肪酸溶解于蒸煮液中（图 4-20）。

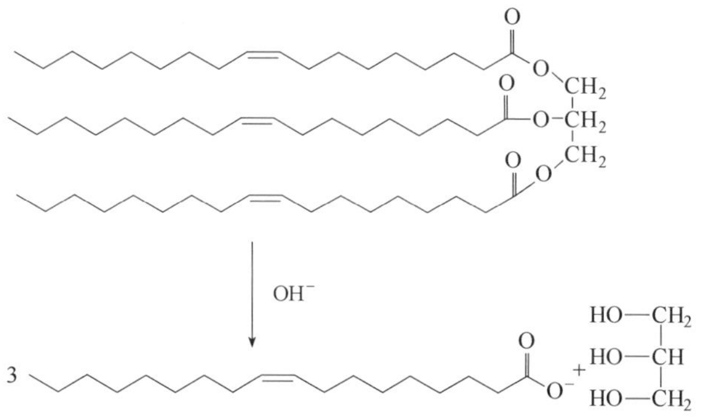

图 4-20　甘油三酯（甘油三油酸酯）在硫酸盐法制浆中水解为游离油酸和甘油

甾醇酯和蜡也会水解，但水解速度低于甘油三酯。还有些酯在蒸煮过程中不水解。与脂肪酸相比，这些酯水解产生的游离甾醇和醇在蒸煮液中的溶解度较低，但它们可以溶解在树脂酸和脂肪酸胶束中。此外，在蒸煮条件下，一些不饱和脂肪酸会异构化为具有共轭双键的脂肪酸。树脂酸中的左海松酸会部分异构化为松香酸。

蒸煮后，大部分木质素溶于黑液，通过洗涤将黑液与纸浆分离。热黑液含有树脂，在随后的黑液蒸发阶段，随着浓度和离子强度的增加，树脂形成可分离的树脂皂层，即液晶相，树脂皂经过酸化得到妥尔油。目前有些工厂并不分离妥尔油皂，将黑液直接送至碱回收锅中燃烧。

蒸煮后通过洗涤去除纸浆中的黑液。洗涤温度、离子强度和 pH 对于树脂的去除影响显著。低温下黑液的溶解度较低，因此洗涤要在较高温度下进行，例如用压力扩散器在约 110℃下洗涤更有利于脱除树脂。

洗涤后的纸浆用氧气漂白，即氧脱木质素。针叶木和桦木硫酸盐浆的全无氯漂白（TCF）的抽提物含量变化如图 4-21 所示。从图 4-21 可见，氧脱木质素能够有效地降低纸浆抽提物的含量。氧脱木质素后，抽提物的含量几乎没有变化。用元素氯漂白纸浆时，一些不饱和树脂会被氯化。

松木硫酸盐浆中的脂肪酸和树脂酸形成胶束，胶束能够溶解大部分中性物质，其洗涤效率非常高。与云杉相比，松木薄壁细胞的纹孔较大，薄壁组织细胞壁中纹孔面积相对较大，易脱树脂。所以虽然松木中的总抽提物含量高于云杉，但洗涤后松木硫酸盐浆中的树脂含量通常低于云杉木浆。与云杉相比，桦木抽提物中的中性物质对洗涤不太有利，松木、云杉和桦木乙醚抽提物的化学组成如图 4-22 所示。

为了改善桦木浆的洗涤效果，通常在蒸煮过程中添加木材质量 1%～3%的妥尔油皂。妥尔油皂的主要组分是脂肪酸和树脂酸，它们会形成胶束，胶束能够溶解桦木抽提物中的中性物质。但即使添加妥尔油皂，桦木浆的树脂含量仍高于云杉浆，更高于松木浆。漂白针叶木硫酸盐浆的抽提物含量一般为 0.05%～0.15%，而漂白桦木硫酸盐浆抽提物的含量为 0.2%～

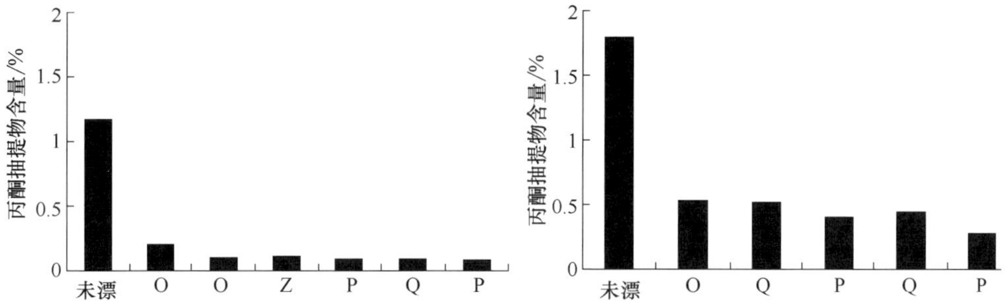

图 4-21　针叶木硫酸盐 TCF（OOZPQP）浆和桦木硫酸盐 TCF（OQPQP）浆。未漂白纸浆和不同漂白段纸浆中的抽提物含量
针叶木硫酸盐浆　O 氧气　Z 臭氧　Q 螯合　P 过氧化氢
桦木硫酸盐浆　O 氧气　Q 螯合　P 过氧化氢

0.8%，不添加妥尔油皂时，抽提物的含量较高。另外桦木树皮中存在桦木醇，桦木醇在纸浆洗涤过程中很难去除，所以桦木备料过程中去皮显得十分重要。

纸浆中的钙离子主要来自木材，钙离子显著影响木材树脂在洗涤过程中的行为。钙是木材中最常见的金属离子，仅次于钾。每公斤木材含有约 600mg 钙。不溶性钙皂是洗涤和筛选工段中树脂沉积物的主要组分。

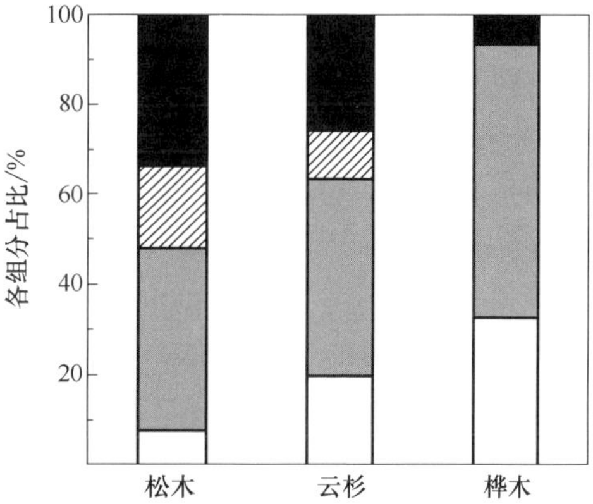

图 4-22　松木、云杉和桦木乙醚抽提物的化学组成。松木、云杉和桦木的树脂含量分别为 1.5%~4%，0.8%~2%和 2%~3%。
■树脂酸　▨脂肪酸　■脂肪
□甾醇、其他中性物质

硫酸盐制浆过程中，钙离子与碳酸盐、纸浆纤维的离子基团、脂肪酸和木质素建立化学平衡。大多数碳酸根离子来自于白液，蒸煮过程中也会产生碳酸盐。碳酸钙在硫酸盐法蒸煮过程中沉淀出来，蒸煮后大部分钙分布在纸浆中，与纤维的离子基团结合或以碳酸钙形式吸附到纤维上。还有一部分钙以脂肪酸的钙皂形式存在，钙皂的溶解度取决于碳链的长度和双键数量，不饱和脂肪酸钙皂的溶解性极差，通过洗涤去除这些脂肪酸钙皂的程度低于短链脂肪酸钙皂。树脂酸不形成钙皂，所以树脂酸的洗涤效率较高。硫酸盐法溶解的木质素可作为分散剂，有利于树脂的去除。研究表明，添加硫酸盐木质素能够抑制钙皂的沉淀。

四、树脂与亚硫酸盐浆和机械浆

由于脂肪酸和树脂酸都不溶于酸性蒸煮液，以及仅少量的酯会发生酸性水解反应，因此与硫酸盐法相比，传统酸性亚硫酸盐法和亚硫酸氢盐法都不利于树脂的脱除。在亚硫酸盐制浆过程中木质素形成木质素磺酸盐，木质素磺酸盐具有分散树脂的作用，有助于脱除亚硫酸盐浆中的树脂。另外蒸煮前储存木材，酯在储存过程中发生水解，这对亚硫酸盐纸浆中树脂的脱除是有益的。在中性亚硫酸盐法（NSSC）制浆过程中，提高 pH 有利于树脂的脱除。

亚硫酸盐制浆中的洗涤和漂白能够脱除大部分树脂。与硫酸盐浆相比，漂白亚硫酸盐浆抽提物含量略高，约为 0.2%。

松木的制浆一般不采用亚硫酸盐法，这是由于松木中的抽提物含量高，且松木的心材中含有较多的银松素，在酸性亚硫酸法制浆过程中，银松素与木质素缩合，对制浆有抑制作用。

机械制浆过程中，薄壁细胞破碎，释放树脂。由于 pH 的碱性不足以水解酯，所以树脂的水溶性较低。云杉磨木浆或热磨机械浆（TMP）抽提物的含量为 0.6%~0.7%。碱性过氧化物漂白后，抽提物含量降低。化学热磨机械浆（CTMP）的树脂含量较低，其树脂含量与硫酸盐纸浆的树脂含量相当。

小　　结

1. 木片或原木的储存能够降低树脂含量，但储存对硫酸盐浆的质量影响较小，现在大多数工厂仅存储少量的原木或木片。

2. 在硫酸盐法制浆过程中，脂肪酸和树脂酸以钠皂胶束形式溶解于黑液中，胶束内部为中性物质，钠皂经酸化可得到妥尔油，氧漂能有效降低纸浆中抽提物的含量。脂肪酸和树脂酸都不溶于酸性蒸煮液，所以，硫酸盐浆的树脂含量比酸法浆低。机械法制浆过程中，薄壁细胞破碎，释放树脂，树脂水溶性小，所以，磨木浆和热磨机械浆的抽提物含量高。

3. 松木的抽提物含量高，不适用于酸法制浆，由于松木薄壁细胞的纹孔大，松木硫酸盐浆洗涤效率高，其树脂含量低于云杉硫酸盐浆；桦木硫酸盐浆的树脂含量高于云杉硫酸盐浆，桦树皮中含有桦木醇，不易去除，备料时一定要去除桦树皮。

4. 蒸煮液中的钙离子会与树脂形成不溶性钙皂，不溶性钙皂是胶黏物的主要组分，硫酸盐木质素能够在一定程度上抑制钙皂的沉积。

课后练习

一、判断题

1. 硫酸盐法制浆所用的木片或原木一定要存储。(　　)
2. 树脂含量大小顺序为热磨机械浆>酸法浆>硫酸盐浆。(　　)
3. 松木常用酸法制浆。(　　)
4. 桦木硫酸盐浆的树脂含量高于云杉硫酸盐浆。(　　)

二、问答题

1. 硫酸盐法制浆过程中树脂溶于黑液的机理是什么?
2. 与亚硫酸盐浆和机械浆相比，为什么硫酸盐浆的树脂含量较低?

模块四　抽提物与纸浆质量

4-4

教学目标

1. 了解造纸胶黏物的概念。

2. 熟悉抽提物对纸张外观的影响。
3. 熟悉抽提物对纸张表面性能的影响。
4. 熟悉抽提物对纸张色调和亮度的影响。
5. 熟悉抽提物对纸张气味的影响。

教学内容

抽提物会引起生产问题，影响纸张性能。例如脂类抽提物在洗涤过程不易被除去，形成胶黏物，使纸张产生斑点和孔洞。多数抽提物具有表面活性，影响纸张表面特性、纤维间的结合、纸张的吸水性和摩擦力。有些抽提物具有气味，限制了纸浆在食品包装方面的应用。此外，抽提物还会使浆料产生泡沫。

一、外观质量

纸浆和纸张洁净度是一个重要的质量参数。纸浆中的树脂沉积物会导致生产问题。例如，当流浆箱壁上的沉积物松落后，会在纸张上形成斑点，也可能使纸张产生条纹。又如，当树脂堵塞毛毯或造纸网时，会影响纸幅的脱水，导致纸上出现孔洞或较薄区域。解决纸张的斑点问题，需要进行化学鉴别并分析其来源。除了树脂沉积物外，过程化学品如消泡剂或施胶剂也会产生沉积物。目前红外光谱或气相色谱质谱（GC-MS）热解技术是鉴别树脂沉积物最有效的方法。

二、表面性能

在干燥的纸张中，纤维素的表面能高于树脂。在表面能的驱动下，树脂类抽提物会重新分布并覆盖纤维表面，这种自发形成疏水表面的过程称为“自施胶”。纸张干燥后几个小时就可以观察到这种效果。机械浆的抽提物含量高，成纸的“自施胶”效果更为明显。“自施胶”导致纸张的润湿性降低，不利于卫生纸的纸张质量。

纸张表面的树脂类抽提物也会影响墨粉和油墨颗粒在纸张表面的黏合，如机械浆制成的印刷纸。另外，当纸与聚乙烯（PE）层合时，可通过对纸张表面氧化活化，如在层合前火焰处理，破坏纸张表面的抽提物，促进纸张与薄膜的黏合。但在后期储存过程中，抽提物会再次覆盖纸张表面。

纸浆的树脂类抽提物含量高会降低纤维间的结合面积，从而降低纸张强度，如图 4-23 所示。过氧化氢漂白 pH 约为 10，有利于洗涤并分离树脂类抽提物。纤维结合强度低会导致掉毛掉粉问题，在机械浆成纸的印刷中尤为突出。

表面摩擦力对于一些纸种很重要，例如，包装纸在储存或运输过程中，低摩擦会增加袋子或盒子滑动的风险。复印纸在复印过程中需要恒定的摩擦力。脂肪酸对摩擦产生的影响如图 4-24 所示，链长大于 14 个碳原子的饱和脂肪酸会显著降低纸张的摩擦因数。

三、纸浆的色调及亮度

纸浆和纸张在老化过程中会发生亮度逆转现象，即由于浆和纸的光吸收系数增加，其亮

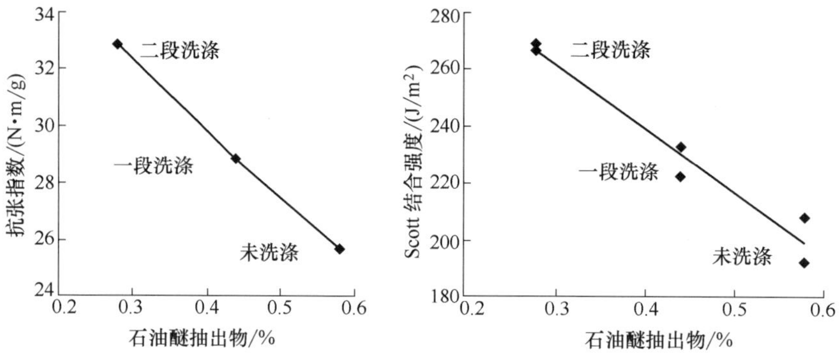

图 4-23 过氧化物漂白磨木浆中树脂含量与抗张指数和 Scott 结合强度的关系

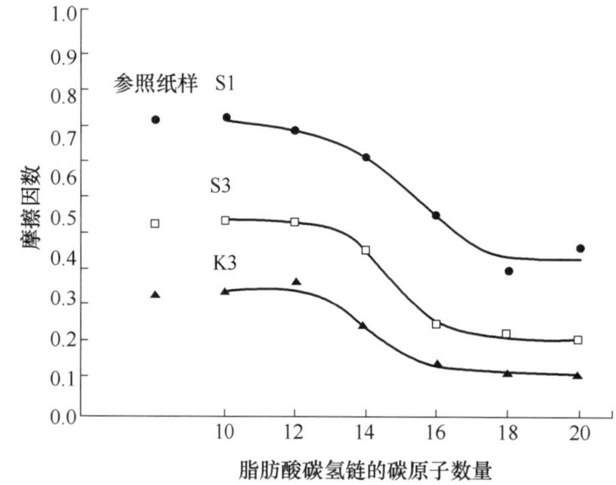

图 4-24 不同链长脂肪酸浸渍纸的摩擦因数

注：对于纸张，使用不同质量的滑块测定的摩擦因数不同。S 和 K 分别代表静摩擦因数和动摩擦因数，数字是滑块的编号。

度降低。亮度逆转与纸浆或纸张中的组分有关，包括抽提物。木材抽提物对未漂浆光吸收系数的影响较小，这是由于木材抽提物通常是无色的。热带树种存在酚类抽提物，当这些酚类与金属离子形成络合物或被氧化成醌结构后会呈现颜色，但酚类抽提物在洗涤过程中易被去除。此外，木脂素（lignan）会被氧化成有色结构。脂肪酸皂也带有不同的颜色，其颜色取决于脂肪酸反离子。脂肪族不饱和抽提物在氯气漂白中被氯化，研究表明氯化的抽提物会释放氯化氢，酸性条件促进多聚糖降解，生成有色结构，不利于纸浆亮度稳定。

四、浆纸气味

纸和纸复合材料被广泛用作食品包装材料。作为包装材料，纸张不能有异味，以免影响食品的气味或味道。包装纸异味主要源自木材抽提物及其降解产物，包括烃类、醇类、醛类、酯类和萜烯。例如，在新鲜的热磨机械浆中发现有单萜和倍半萜。

热磨机械浆纸板中存在萜烯，其浓度在老化过程中不断降低。醛类（C_5 ~ C_{10}）是气味的主要来源。与萜烯不同，这些醛的气味阈值很低，而且气味难闻。但这些醛并不是木材抽提物的组分，而是由不饱和脂肪酸的双键自氧化产生的，其反应机理复杂，自氧化反应时间长达数月，使纸张在存储过程中气味变浓。

纸浆的气味也受纸浆种类的影响。与未漂纸浆纸板或热磨机械浆纸板相比，漂白纸板的气味较淡。由于热磨机械浆抽提物含量高于硫酸盐浆，导致热磨机械浆气味较浓。

小　　结

1. 树脂会产生沉积物，使纸张出现斑点和孔洞等纸病。

2. 树脂在表面能驱动下会覆盖纸张表面，产生“自施胶”现象，降低纸张的吸水性能。树脂不利于油墨在纸张表面润湿和附着，也不利于纸张与塑料的层合。树脂阻碍纤维间的结合，导致纸张的掉毛掉粉问题。树脂，特别是链长大于 14 个碳原子的饱和脂肪酸，会降低纸张的摩擦系数。机械浆的这些问题更为明显。

3. 抽提物通常是无色的，虽然酚类化合物氧化为醌类后会有颜色，但酚类在洗涤过程中易被去除。木脂素会被氧化为有色结构，聚糖的酸性降解也会生成有色结构。

4. 化学浆的气味较淡。热磨机械浆含有萜烯和不饱和脂肪酸，不饱和脂肪酸双键的自氧化反应会产生甲醛，萜烯和不饱和脂肪酸是热磨机械浆气味的主要来源。

课后练习

一、填空题

1. 热磨机械浆的气味主要来自（　　）和（　　）。
2. 树脂在造纸过程中会形成（　　），使纸张产生斑点和孔洞。

二、多选题

抽提物使纸张亮度逆转，以下说法正确的是（　　）。

（A）抽提物通常是无色的，不影响纸张的颜色。

（B）当酚类化合物氧化为醌类时，纸张亮度逆转。

（C）木脂素氧化为有色结构时，纸张亮度逆转。

（D）脂肪酸皂使纸张亮度逆转。

三、简答题

1. 树脂对纸张表面性能有哪些影响？
2. 抽提物对纸浆的气味和纸张的外观质量有哪些影响？

参考文献

[1] EK M，GELLERSTEDT G，HENRIKSSON G. Pulp and paper chemistry and technology volume 1，“wood chemistry and wood biotechnology”［M］. Berlin：De Gruyter，2009.

[2] 裴继诚. 植物纤维化学［M］. 北京：中国轻工业出版社，2020.

[3] 徐东翔. 植物资源化学［M］. 长沙：湖南科学技术出版社，2004.

[4] 拉伊莫·艾伦. 森林资源的生物质精炼［M］. 北京：中国轻工业出版社，2015.

项目五　木　质　素

模块一　木质素的化学结构

5-1　5-2

教学目标

1. 了解木质素在植物中的功能。
2. 熟悉木质素结构单元。
3. 熟悉木质素的官能团。
4. 熟悉木质素结构单元间的连接键。
5. 熟悉木质素化学结构对制浆的影响。
6. 熟悉木质素-碳水化合物复合体及其对制浆的影响。

教学内容

木质素存在于细胞的胞间层和细胞壁的微细纤维之间。其作用表现在：①木质素加固细胞壁，使细胞壁具有硬度，为植物的茎、枝提供机械支撑，使植物更好地获得光照。②作为填充和黏结物质黏结相邻细胞，赋予植物茎秆机械强度，使植物挺立。③木质素是维管植物进化的重要特征。木质素使细胞壁具有疏水性，能够抑制细胞壁润胀，避免细胞壁渗透水分，减小细胞壁横向透水，增强树木的纵向疏导水分能力，从而高效地输导水分和运输营养。④木质素可防止微生物降解，使植物不易腐朽。木质化的木材组织结构紧密，使木材能够抵抗大多数霉菌。虽然有些真菌、细菌能够降解木质素，但木材的降解速率比非木质化植物要慢得多。

木质素化学结构相关知识点主要包括：木质素结构的类型、各种类型结构单元数量的比例、结构单元之间的连接方式、木质素中官能团的分布等。

一、木质素结构分类

木质素主要由三种单体（C_6—C_3/C_9）聚合而成，三种单体结构如图 5-1 所示，分别是松柏醇、芥子醇和对-香豆醇，它们的不同之处在于甲氧基的数量不同。由松柏醇聚合而成的木质素称为愈创木基型木质素（G）、由芥子醇聚合的木质素称为紫丁香基型木质素（S），由对-香豆醇聚合的木质素称为对-羟苯基型木质素（H）。

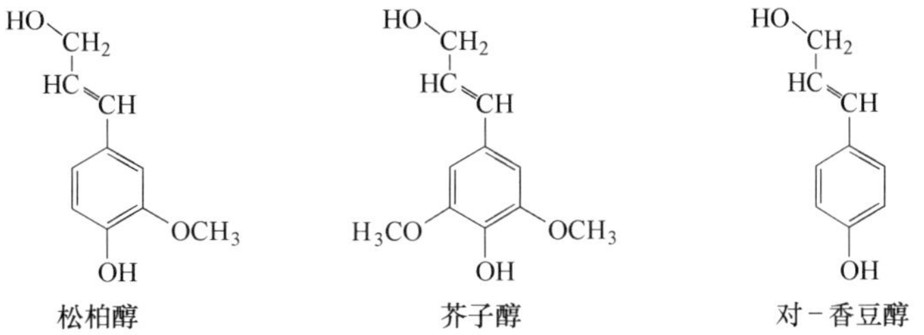

图 5-1　木质素的单体

针叶木的木质素几乎完全是愈创木基型木质素，可能含有少量对-羟苯基型木质素（主要在应压木中），没有或仅有痕量的紫丁香基型木质素。阔叶木是较为进化的植物，有愈创木基型和紫丁香基型两种木质素，两者比例（紫丁香基型木质素：愈创木基型木质素）为1：1~3：1。一些阔叶木木质素也可能含有少量对-羟苯基型木质素。禾本科植物更为进化，木质素类型更为丰富，含有愈创木基型、紫丁香基型和对-羟苯基型三种木质素，其中对-羟苯基型木质素含量较高。不同植物木质素类型的比例见表 5-1。

表 5-1　不同植物中木质素类型和含量　单位:%

植物	愈创木基型	紫丁香基型	对-羟苯基型
针叶木	>95	没有或痕量	<5
阔叶木	25~50	46~75	0~8
禾本科	33~80	20~54	5~33

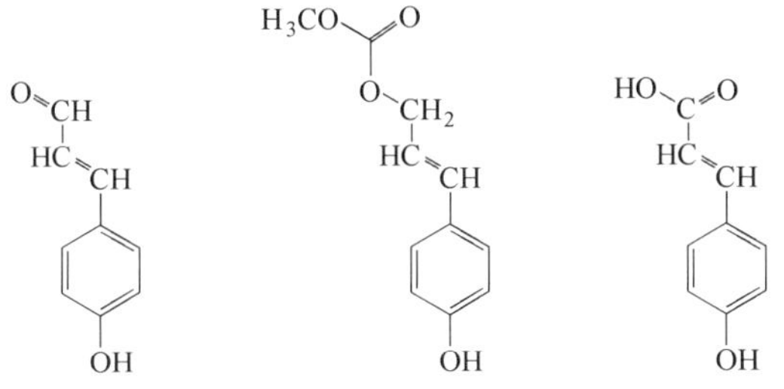

图 5-2　木质素中不常见的单体

木质素除以上三种单体外，还有一些不常见的单体，如图 5-2 所示。包括松柏醛、乙酰化松柏醛和阿魏酸。针叶木中松柏醛的含量只有百分之几，韧皮纤维植物（如洋麻）木质素乙酰化的程度较高，存在较多的乙酰化松柏醇结构，而禾本科植物的木质素中还含有阿魏酸结构。

木质素结构单元是苯环烷结构，由芳香族的苯环及脂肪族的侧链构成，其上有各种官能团。苯环上的碳原子编号为 1，2，…，6。当木质素为愈创木基木质素时，编号以 R_1 或 R_2 所连接的碳原子的编号最小为原则。侧链上编号从连在苯环上的碳起分别编号为 α、β 和 γ，如图 5-3 所示。

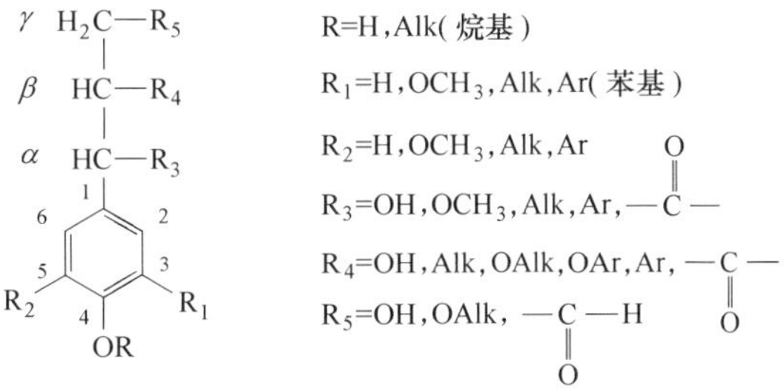

图 5-3　木质素结构单元苯基丙烷中碳原子编号

二、木质素的官能团

木质素分子中存在多种官能团，包括苯环上的甲氧基（$—OCH_3$）、酚羟基（—OH）；侧链上的羰基（—C═O）、脂肪族羟基（—OH）和碳—碳双键（C═C）等。木质素的化学性质和反应性能与官能团密切相关。

1. 甲氧基

不同植物的甲氧基含量不同，其中针叶木木质素甲氧基含量为 14%~16%，阔叶木为

19%~22%，禾草类为14%~15%。云杉和山毛榉磨木木质素的分子简式分别为 $C_9H_{8.83}O_{2.37}(OCH_3)_{0.96}$ 和 $C_9H_{8.46}O_{2.86}(OCH_3)_{1.43}$。可以看出，1个木质素结构单元中针叶木木质素有0.96个甲氧基，阔叶木有1.43个甲氧基，表明阔叶木木质素除愈创木基型木质素外，还有较多的紫丁香基型木质素。

2. 羟基

木质素中的羟基有两类，一类是木质素结构单元中苯环上羟基，称为酚羟基。另一类是位于侧链上的脂肪族羟基，称为醇羟基，如图5-4所示。

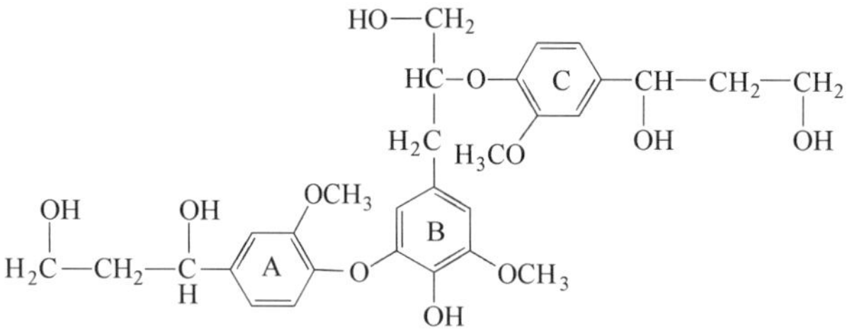

图5-4 木质素结构单元中的羟基

酚羟基位于苯环的 C_4 位，少量以酚羟基存在，称为游离酚羟基。含游离酚羟基的木质素被称为酚型木质素，如图5-4中的B；大部分酚羟基通过醚键与其他木质素相连，这种木质素称为非酚型木质素，如图5-4中的A和C。天然木质素中只有10%~13%为酚型木质素。

侧链（C_α、C_β 和 C_γ）上的脂肪族羟基，也分为游离羟基和醚化羟基，醚化羟基是指侧链上的烷氧基（α-O-γ'）或苯氧基（β-O-4'）。C_α 羟基相当于苯甲醇羟基，其化学性质活泼，能够与蒸煮液反应。

羟基的含量能反映出木质素的醚化程度和缩合程度，也能衡量木质素的溶解性能及反应能力。例如，在温和条件下制备盐酸木质素，其每5.0~5.3个木质素单元中含有1个酚羟基，木质素磺酸盐中每3.9个木质素单元含1个酚羟基，完全缩合的木质素几乎不含酚羟基。

3. 羰基

木质素中的羰基分为与苯环共轭的羰基和非共轭羰基两种，如图5-5所示。两种羰基含量之和为全羰基含量。云杉磨木木质素（MWL）的全羰基量为0.20个/C_9。

4. 羧基

木质素中不存在羧基，但云杉磨木木质素每个木质素结构单元含0.01~0.03个羧基，这种羧基可能来源于木质素酯键的水解。

5. 碳—碳双键

碳—碳双键是指侧链上的不饱和键。在针叶材木质素中发现有些侧链存在碳—碳双键，与肉桂醛和肉桂醇（图5-6）相似。侧链上的碳—碳双键会使木质素缩合，在制浆过程生成碳—碳双键结构（如二苯乙烯），碳—碳双键是木质素呈色的原因之一。

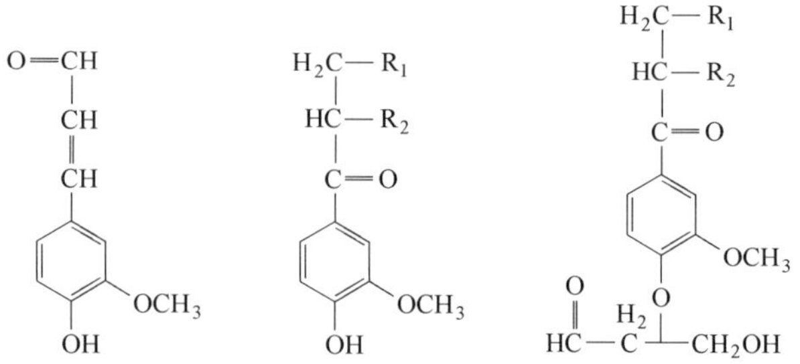

图5-5 木质素结构单元上的羰基和碳—碳双键

三、木质素结构单元的连接

为区分不同单元上相同位置的碳原子，当书写木质素结构单元的连接方式时，第二个结构单元的碳原子应加“′”，第三个单元碳原子加“″”。因此，β-*O*-4′键是指 C_{β} 与另一单元 C_4 之间的醚键，而 5-5′键表示两个苯环 C_5 间的碳—碳共价键，如图 5-7 所示。

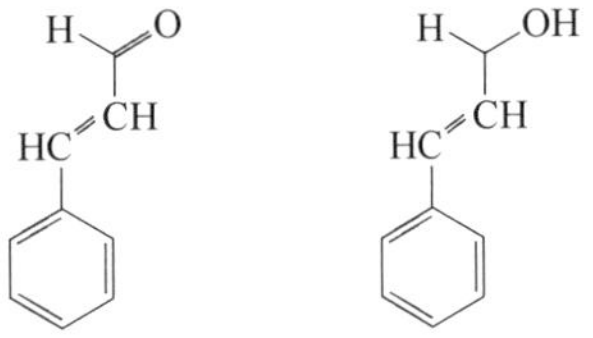

(a) (b)

图 5-6 （a）肉桂醛和（b）肉桂醇结构式

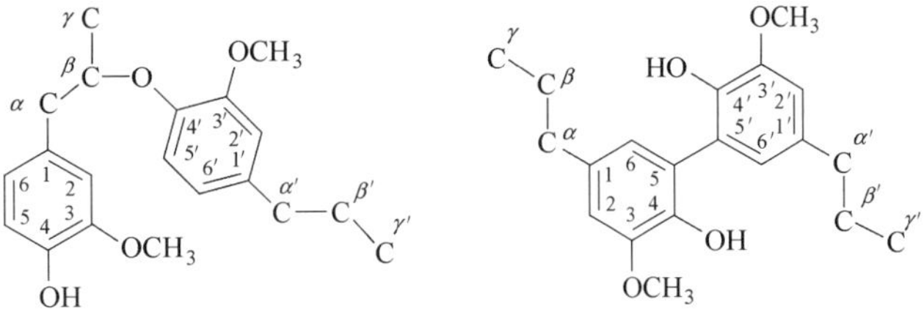

β-*O*-4′ 5-5′

图 5-7 木质素结构单元连接的表示方式

1. 醚键连接

木质素结构单元间的醚链连接主要有烷基芳基醚、二芳基醚、甲基芳基醚等。天然木质素中醚键类型如图 5-8 所示，各醚键在针叶材和阔叶材连接键中的占比见表 5-2。

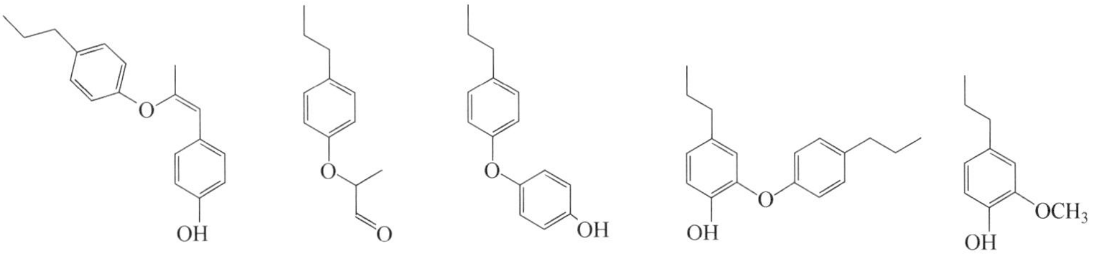

β-*O*-4′ 烷基芳基醚　β-*O*-4′ 甘油醛芳基醚　1-*O*-4′ 二芳基醚　4-*O*-5′ 二芳基醚　甲基芳基醚

图 5-8 木质素结构单元间的醚键

表 5-2　各醚键在针叶材和阔叶材连接键中的占比

醚键	名称	针叶材含量/%	阔叶材含量/%
β-*O*-4′	烷基芳基醚	35~60	50~70
β-*O*-4′	甘油醛芳基醚	<1	<1
4-*O*-5′	二芳基醚	<4	7
1-*O*-4′	二芳基醚	微量	微量

（1）烷基芳基醚。苯环的 C_4 位酚羟基 70%以上会形成醚键。典型的烷基芳基醚是 α-*O*-4′、β-*O*-4′（图 5-8）和 γ-*O*-4′，其中 β-*O*-4′醚键较多。在蒸煮过程中，醚键断裂，使木质素大分子碎解。因此，烷基芳基醚键在木质素的碎片化和溶出过程中发挥着重要作用。此外，木质素分子中发现有甘油（或甘油醛）C_2 位羟基与苯环 C_4 位羟基醚化成的甘油醛芳基醚（图 5-8），这种醚键量较少。

（2）二芳基醚。木质素中的二芳基醚如图 5-8 所示，典型的二芳基醚键是 4-*O*-5′，这种键在制浆过程中比较稳定，此外还有 1-*O*-4′键。

（3）甲基芳基醚。木质素结构单元上的甲氧基实际上就是甲基芳基醚键，如图 5-8 所示，甲基可被强的亲核试剂脱除，形成氧负离子，使苯环活化。

2. 碳—碳键

木质素结构单元以碳—碳键连接，如图 5-9 所示。针叶木和阔叶木碳—碳键连接的占比见表 5-3。碳—碳键连接的方式有 5-5′连接的二羟基联苯结构，β-5′连接的苯基香豆满结构，β-β′的松脂酚结构，β-1′连接及 4-5′连接。碳—碳键具有高度稳定性，在蒸煮过程中不易发生断裂。

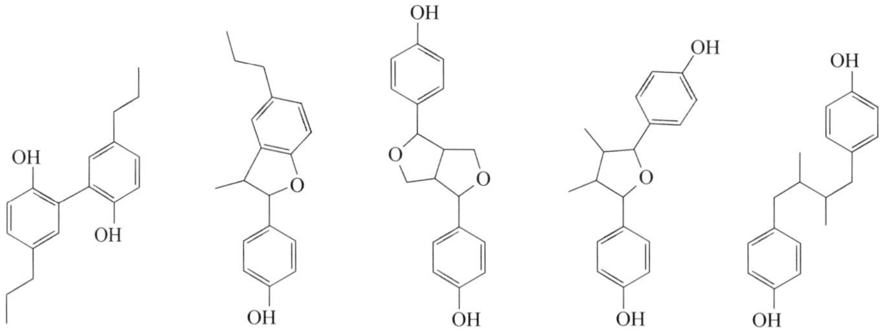

5-5′ (a)　β-5′/α-O-4′ (b)　β-β′/α-O-γ′ (c)　β-β′/α-O-α′ (d)　β-β′ (e)

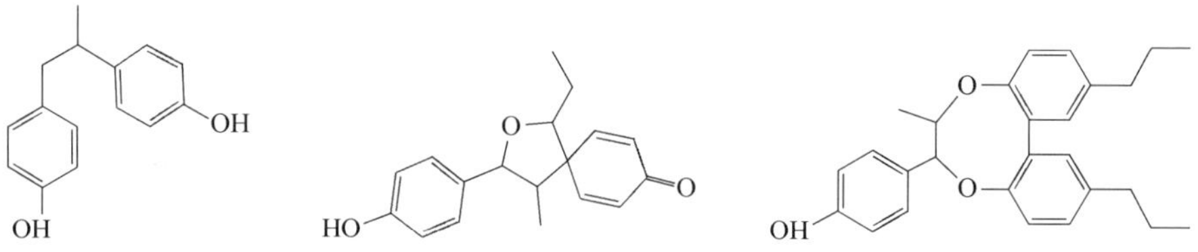

β-1′ (f)　β-1′/α-O-α′ (g)　5-5′/α-O-4′/β-O-4′ (h)

图 5-9　木质素结构中的碳—碳键

表 5-3　碳—碳键的类型和含量

键	图例	名称	针叶材含量/%	阔叶材含量/%
5-5′	(a)	二羟基联苯	10	5
β-5′/α-O-4′	(b)	苯基香豆满	11~12	4~9
β-β′/α-O-γ′	(c)	松脂酚	2~3	3~4
β-β′/α-O-α′	(d)	—	<1	无
β-β′	(e)	开环异落叶松树脂酚	1~2	无
β-1′	(f)	—	1~2	1
β-1′/α-O-α′	(g)	螺二烯酮	1~3	2~3
5-5′/α-O-4′/β-O-4′	(h)	二苯并二氧杂星	4~5	痕量

3. 酯键

木材木质素结构单元中，酯键含量较少；禾草类原料中的酯键含量较多。酯键不稳定，在碱法蒸煮过程中容易断裂。

4. 缩合型连接和非缩合型连接

木质素结构单元间的连接还可分为缩合型和非缩合型连接。非缩合型连接是指木质素苯环上的 2、3、5 和 6 位上除了有甲氧基外无其他连接，否则为缩合型连接。缩合型的键型比较稳定，不容易断裂。

总之，β-O-4′键是木质素结构单元间最重要的键，也是最多的键。制浆、漂白和生物木质素降解中最重要的化学反应都与该键有关。除 α-O-4′键外，其他木质素间连接键相对稳定，其中碳—碳键是最稳定的，化学制浆过程中不会断裂。

四、木质素-碳水化合物复合体

研究发现木质素与碳水化合物（纤维素和半纤维素）难以完全分开，间接表明木质素和碳水化合物组分之间存在化学键连接。木质素和碳水化合物间通过化学键连接而成的结合体称为木质素-碳水化合物复合体（lignin carbohydrate complexs，LCC），木质素与碳水化合物的连接方式有以下几种。

1. α-醚键

苯丙烷结构单元的 C_α 与半纤维素形成醚键，如图 5-10 所示。连接位置主要有：α-L-阿拉伯糖的 C_3（C_2）、β-D-半乳糖的 C_3、阿拉伯糖的 C_5、聚木糖主链末端的β-D-木糖基 C_3 和 C_2、聚葡萄糖甘露糖主链末端的β-D-甘露糖（或β-D-葡萄糖）基的 C_3。α-醚键在酸性及碱性条件下都有一定的稳定性。

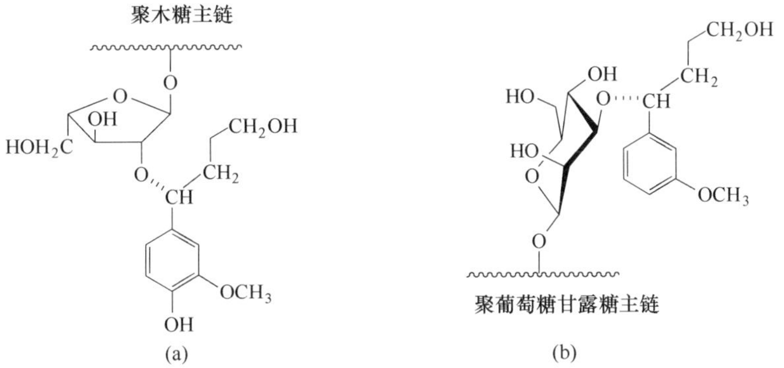

图 5-10 LCC 的醚键

（a）β-D-木糖基 C_2 与木质素 C_α 连接 （b）β-D-葡萄糖 C_3 与木质素 O-C_4 连接

2. 苯基糖苷键

半纤维素的苷羟基与木质素的酚羟基或醇羟基形成苯基糖苷键，如图 5-11（a）所示。该键在碱性条件下容易发生水解。

3. 缩醛键

木质素结构单元的侧链 C_γ 醛基与碳水化合物的游离羟基形成半缩醛，再与另一个游离羟

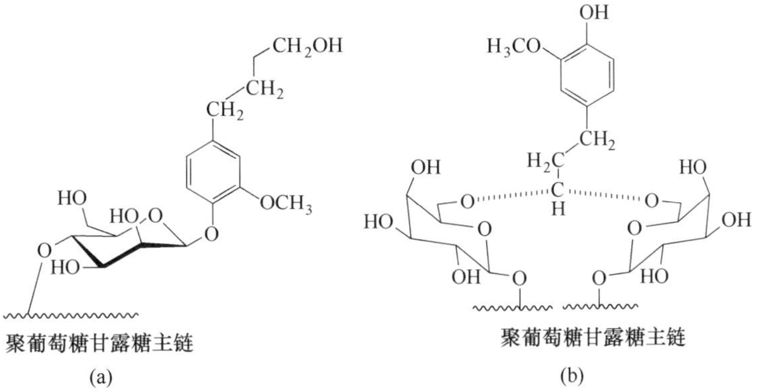

图 5-11 LCC 的苯基糖苷键和缩醛键

（a）苯基糖苷键 （b）缩醛键

基（可能来自同一个糖基或不同的糖基）形成缩醛键，如图 5-11（b）所示，缩醛键不易断裂。

4. 酯键

木糖侧链上的 4-*O*Me-*β*-D 葡萄糖醛酸与木质素结构单元的 C_α 连接成酯键。如图 5-12（a）所示。该键对碱敏感，室温下容易被水解。

5. 由自由基结合而成的醚键

由自由基结合而成的醚键如图 5-12（b）所示。该键牢固，耐酸碱，也不被糖苷酶所分解。

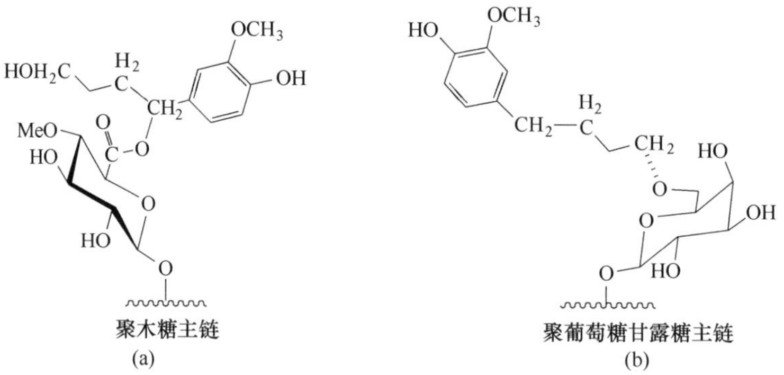

图 5-12 LCC 的连接方式

（a）酯键 （b）自由基结合形成的醚键

6. 氢键

木质素和碳水化合物之间的连接，除了可能存在上述化学键之外，木质素结构单元上没有醚化的羟基与碳水化合物糖基上的羟基之间还存在大量氢键。

木材中的 LCC 很常见，木质素除与半纤维素形成 LCC 外，木质素与纤维素和果胶也会形成 LCC，从而形成复杂的网络结构。这种网络结构对木材的机械性能具有重要作用，同时也阻碍了制浆和漂白过程中木质素的脱除。S_2 层中木质素、半纤维素和纤维素的组织模型如图 5-13 所示。大部分木质素位于聚葡萄糖甘露糖和聚木糖之间，有些木质素也与纤维素结合。针叶木中的木质素与半纤维素（聚葡萄糖甘露糖和聚木糖）形成较多的共价键。由于阔叶木中的聚葡萄糖甘露糖较少，因此，木质素主要与聚木糖以共价键结合。无论针叶木还是阔叶木，木质素与不同的多聚糖以共价键交联，从而形成网络结构。

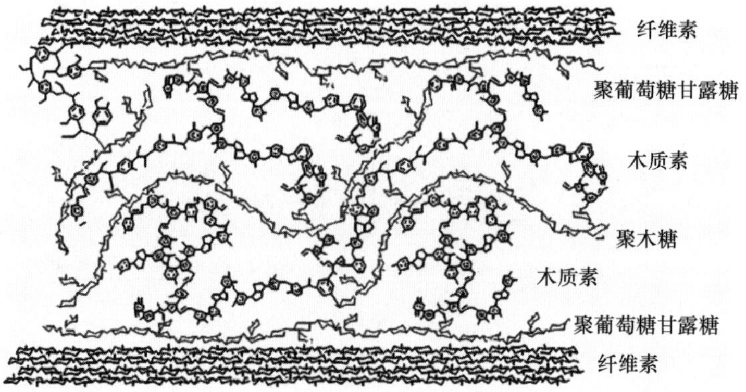

图 5-13 次生壁中层（S_2）木质素、半纤维素和纤维素的结构模型

五、木质素结构模型

1. 针叶木的木质素结构模型

针叶木的木质素模型如图 5-14 所示，针叶木木质素为愈创木基型木质素，结构单元间的连接有 4-*O*-5′（18-19）、5-5′（16-17）、β-*O*-4′（7-8）、β-1′（11-12）、螺烯酮结构/β-1′（19-20）、二苯并二氧杂星/5-5′（4-5-6）、苯基香豆满结构/β-1′（4-3）和松脂酚结构/β-β′（14-15）。

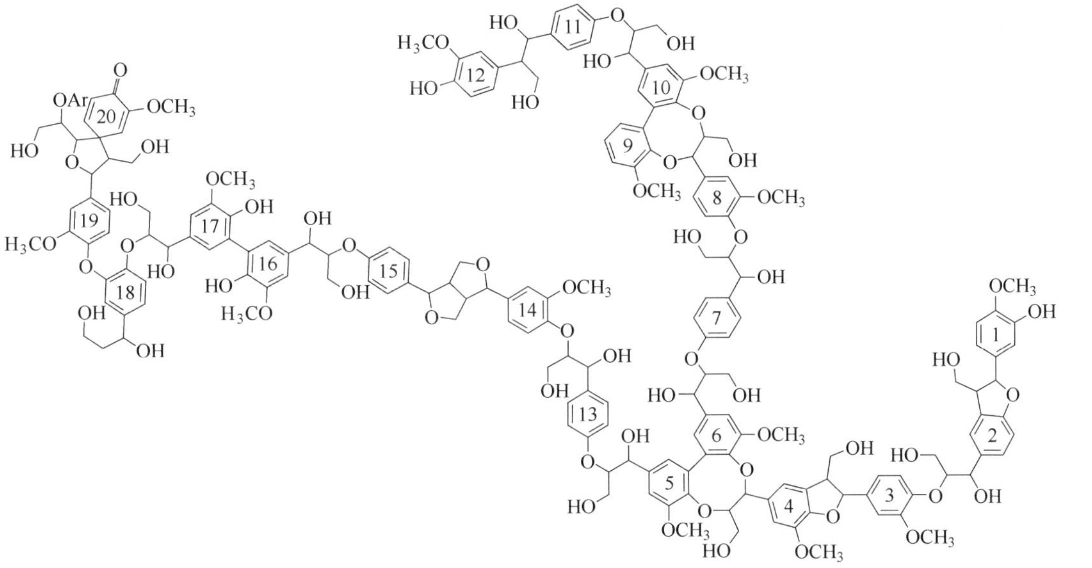

图 5-14 针叶木木质素模型

2. 阔叶木木质素

阔叶木木质素模型如图 5-15 所示，阔叶木木质素除了愈创木基木质素（8），还有较多的紫丁香基木质素（7）。结构单元间的连接有β-β′连接（2-3）、5-5′连接（5-6）、β-1′连接（13-14）、β -*O*-4′连接（4-5）、螺烯酮结构（15-16）、松脂酚结构（2-3）、苯基香豆满结构（1-2）和 5-*O*-4′（11-12）。

3. 麦秸木质素

麦秸的木质素模型如图 5-16 所示。有愈创木基型（3）、紫丁香基型（19）与对-羟苯基型（5）三种木质素。结构单元间的连接方式有β-*O*-4′烷基芳醚（4-5），β-*O*-4′且γ乙酰化（3-4），β-*O*-4′烷基芳醚且 Cα-氧化（13-14），苯基香豆满结构（19-20），松脂酚结构（6-8），二苯并二氧杂星（1-2-10），螺烯二酮（14-15），肉桂醇（22），阿魏酸（R =H 或阿拉伯糖）且γ-酰化（9）。任何游离的γ-OH 都可以酰化。

小 结

1. 木质素使细胞壁具有硬度，为植物提供机械支持作用；木质素填充和黏结相邻细胞，赋予茎秆强度；木质素具有疏水性，能增强植物的水分输导能力；木质素能够防止微生物降

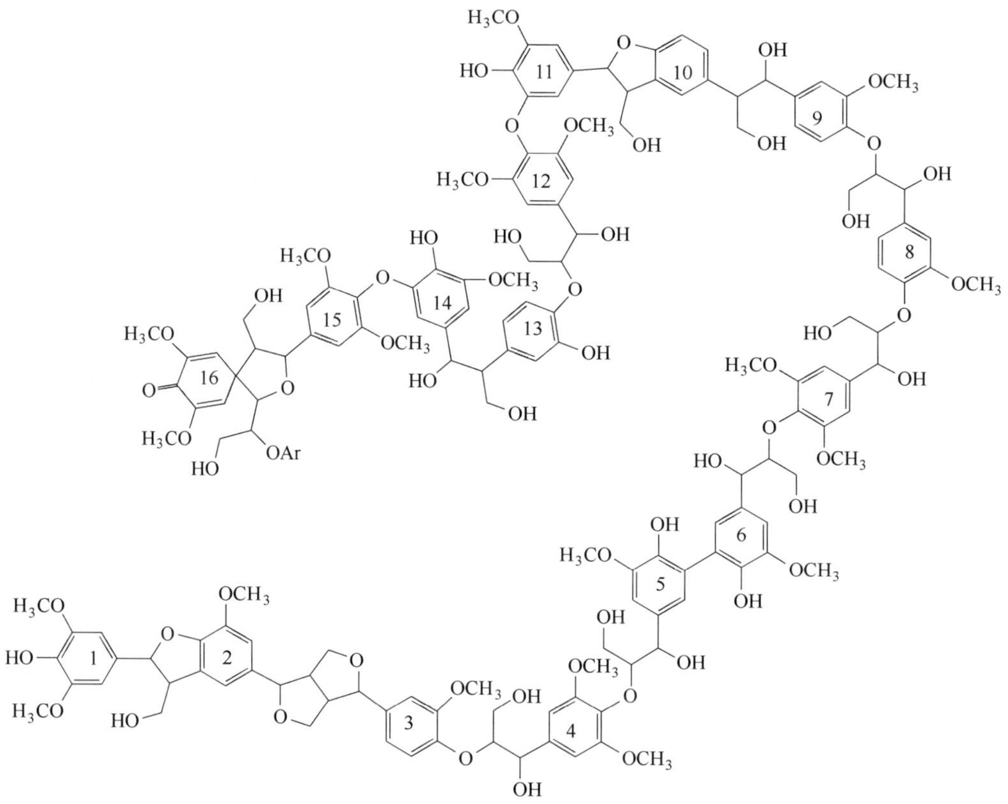

图 5-15 阔叶木木质素模型

解，使植物不易腐朽。

2. 木质素有愈创木基型（G）、紫丁香基型（S）和对-羟苯基型（H）三类，针叶木木质素为 G 型，阔叶木木质素为 G 型和 S 型，禾本科为 G 型、S 型和 H 型。木质素苯环上碳原子编号为 1~6，侧链上碳原子编号为 α、β 和 γ。

3. 木质素的官能团有：①甲氧基。②含游离酚羟基的木质素结构单元称为酚型木质素单元，酚羟基通过醚键相连的木质素结构单元称为非酚型木质素单元。天然木质素中只有 10%~13%为酚型木质素，酚羟基的含量能反映出木质素的缩合程度。非缩合型木质素是指苯环上的 2、3、5 和 6 位上除了有甲氧基外无其他连接，否则为缩合型木质素。③羰基分为与苯环共轭的羰基和非共轭羰基。④侧链上不饱和的碳—碳双键。⑤木质素中不存在羧基，少量羧基来源于木质素酯键的水解。

4. 木质素结构单元间的连接有：①醚链连接，主要有烷基芳基醚、二芳基醚和甲基芳基醚。②碳—碳键连接，主要有 5-5′、β-5′、β-β′和 β-1′连接。③禾草类木质素的酯键含量较多，酯键在碱法蒸煮过程中容易断裂。β-O-4′键是木质素结构单元间最重要的和最多的键，制浆化学反应都与该键有关。除 α-O-4′键外，其他木质素间连接键相对稳定，其中碳—碳键最为稳定，化学制浆过程中不会断裂。

5. 木质素和碳水化合物间通过化学键连接而成的结合体称为木质素-碳水化合物复合体（lignin carbohydrate complexs，LCC），木质素与碳水化合物的连接方式有 α-醚键（稳定）、苯基糖苷键（碱性介质中易水解）、缩醛键（不易断裂）、酯键（室温下易水解）、自由基结合而成的醚键（牢固）和氢键。LCC 阻碍了制浆和漂白过程中木质素的脱除。

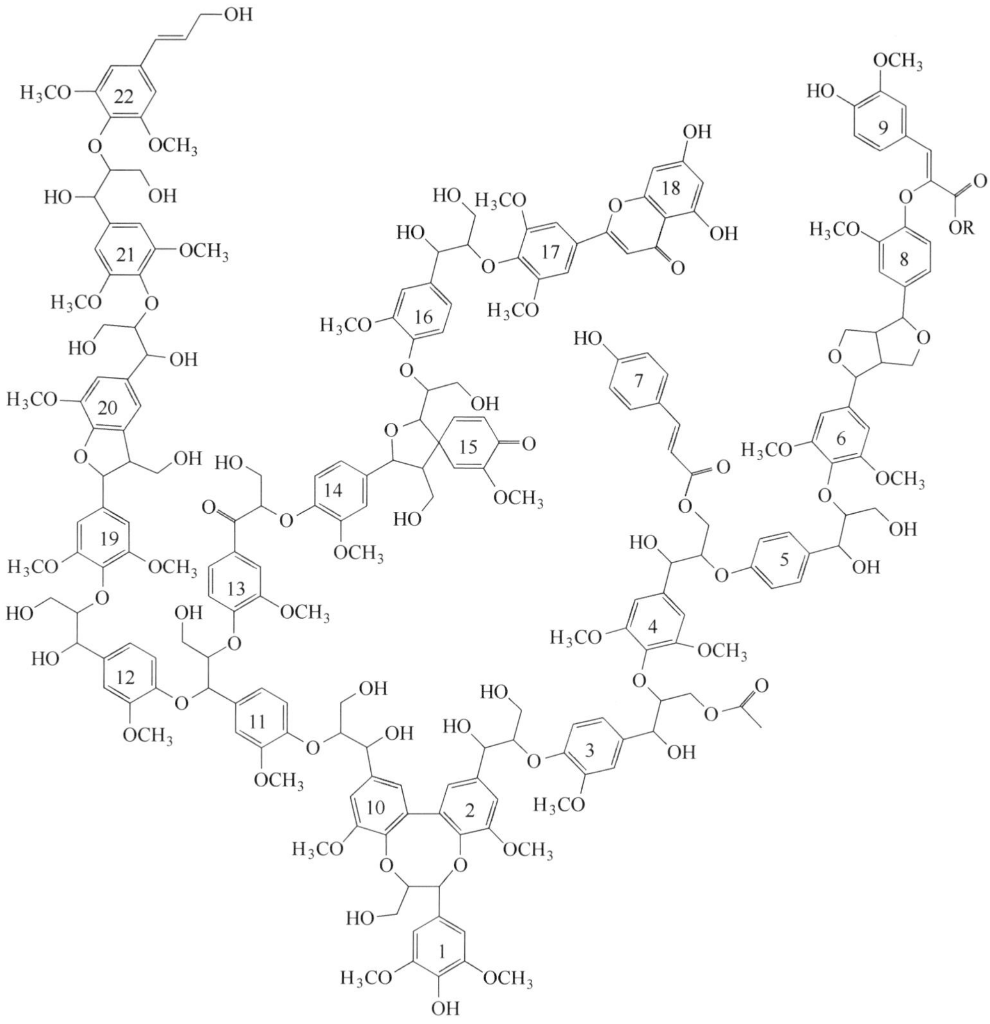

图 5-16　麦秸木质素模型

课后练习

一、名词解释

1. 酚型木质素
2. 非酚型木质素
3. 缩合型木质素和非缩合型木质素
4. 木质素-碳水化合物复合体

二、填空题

1. 合成木质素的单体主要有（　　）、（　　）和（　　）。
2. 木质素结构单元有（　　）、（　　）和（　　）三种类型。
3. 木质素结构单元间的连接有（　　）键和（　　）键。

三、判断题

1. 天然木质素中酚型木质素的含量为 10%~13%。（　　）

2. 酚羟基的含量能够反映木质素的缩合程度。(　　)
3. 天然木质素含有羧基。(　　)
4. 木质素与碳水化合物之间存在氢键。(　　)

四、多项选择题

有关木质素间的连接键叙述正确的是（　　）。
(A) β-O-4′键是木质素结构单元间最多的键。
(B) β-O-4′键是木质素结构单元间最重要的键。
(C) α-O-4′键在化学制浆过程中不会断裂。
(D) 碳—碳键稳定，一般在化学制浆过程中不会断裂。

五、简答题

1. 木质素在植物中的功能是什么?
2. 针叶木、阔叶木和禾本科的木质素类型有哪些?
3. 木质素的官能团有哪些?
4. 制浆和漂白过程中，为什么 LCC 阻碍木质素的脱除?

模块二　木质素的生物合成、分布

5-3

教学目标

1. 了解木质素的生物合成过程。
2. 熟悉针叶木、阔叶木和禾本科木质素的特点。
3. 熟悉木质素在细胞壁中的分布情况。

教学内容

一、木质素的生物合成

木质素的生物合成分为木质素先驱体的合成、先驱体脱氢和木质素聚合三个步骤。

1. 木质素先驱体的合成

木质素合成先驱体时，二氧化碳与水经过光合作用生成葡萄糖，葡萄糖转化为莽草酸，再生成预酚酸，最终产物为 L-苯基丙氨酸和 L-酪氨酸，在苯基丙氨酸脱氨酶（PAL）和酪氨酸脱氨酶（TAL）和甲氧基转位酶（COMT）等多种酶作用下，发生脱氨、羟基化、甲基化和还原等系列反应，最终合成松柏醇、芥子醇和对-香豆醇三种木质素先驱体（单体）。木质素先驱体的生物合成如图 5-17 所示。

2. 木质素先驱体的脱氢作用

木质素先驱体生成后，先转变为葡萄糖苷在细胞壁中存储和运输，在葡萄糖苷酶的作用下析出葡萄糖，同时产生松柏醇，如图 5-18 所示。

松柏醇在过氧化物酶（以 H_2O_2 作为氧化剂）或漆酶（以 O_2 作为氧化剂）的作用下，

脱氢后形成稳定的苯氧自由基及共振体结构（图 5-19）。未配对电子可以位于 4-O、C_1、C_3、C_5 或 C_β 位。当两个自由基相遇时，可以形成共价键。由于甲氧基的空间位阻，C_3 位不能形成共价键；由于 4-O-O'-4′共价键不稳定，因此，也不存在 4-O-O'-4′共价键。

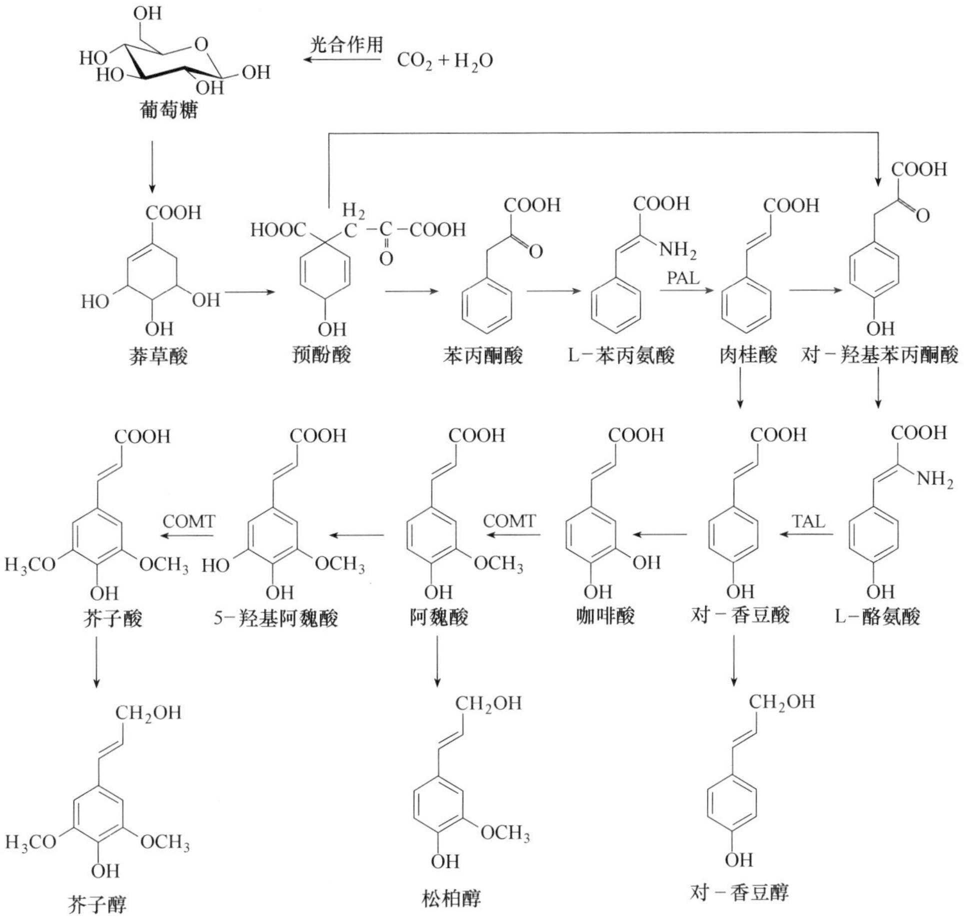

图 5-17　木质素先驱体的生物合成

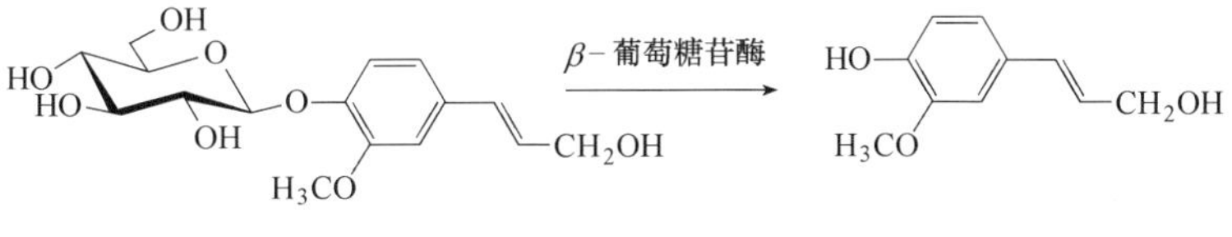

图 5-18　松柏醇的形成

3. 木质素的聚合

根据瑞典科学家 Ertman 的理论，木质素单体通过自由基偶联形成共价键。1959 年德国科学家 Karl Freudenberg 成功在实验室制造木质素聚合物，支持了 Ertman 的理论。通过自由基偶联，木质素单体形成木质素二聚体。二聚体的酚羟基也会产生自由基。与单体相同，自由基可位于 4-O、C_1、C_3 和 C_5 位，二聚体与单体自由基偶联形成共价键，这样，木质素聚合物的链不断增长。这种聚合的方式称为“末端聚合”。由于非酚型木质素不会产生自由基，所以木质素的聚合总是从酚型木质素开始的。

另一种聚合的方式是单体形成的二聚体被氧化成自由基，两个二聚体自由基偶联形成四

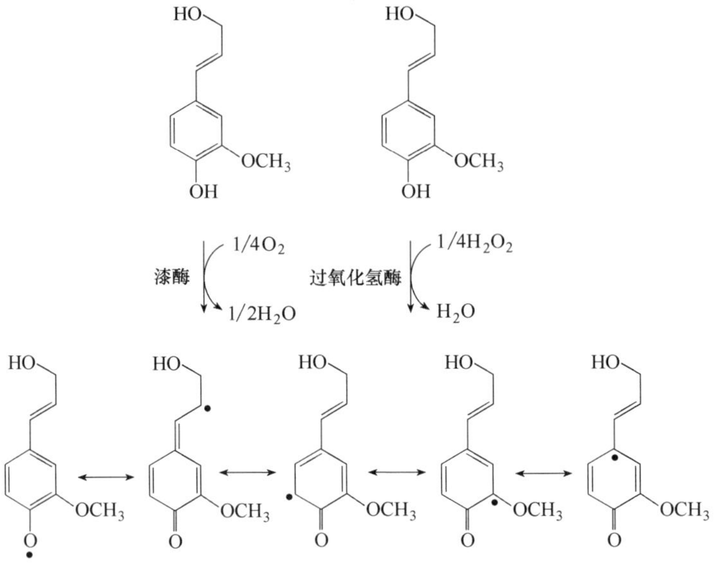

图 5-19 松柏醇的脱氢聚合

聚体，四聚体又被氧化，依此类推，直到产生聚合物，这种聚合方式称为“分批聚合”。末端聚合在针叶木木质素单体的聚合中占主导地位。

这种自由基聚合的生物合成方式并非木质素所独有，亚嘌呤和单宁的生物聚合物也是以这种方式聚合的。

（1）5-5′和4-*O*-5′共价键。5-5′和4-*O*-5′共价键的形成机理如图5-20所示。木质素端基松柏醇被酶氧化产生自由基，两个自由基偶合，经质子重排，形成5-5′和4-*O*-5′共价键结合，如图5-20所示。

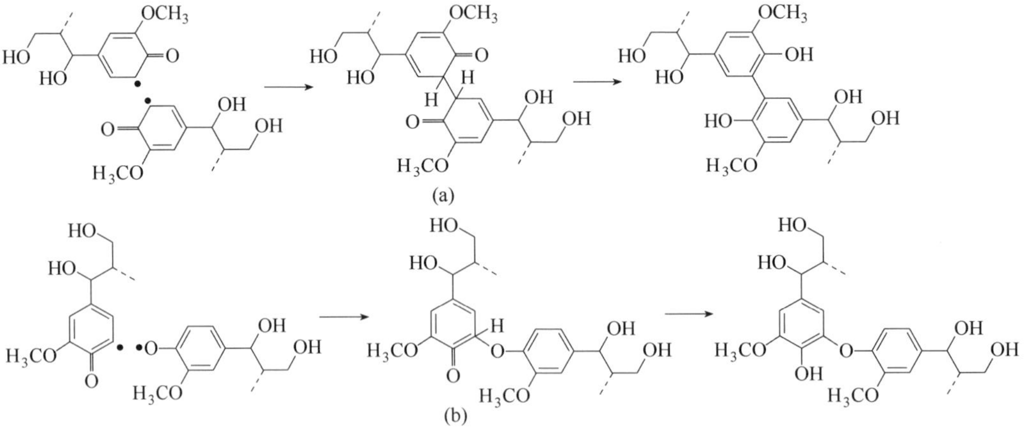

图 5-20 5-5′和4-*O*-5′共价键的形成

（a）5-5′ （b）4-*O*-5′

（2）β-β'，β-*O*-4′和α-*O*-4′。当C_β自由基参与偶合反应时，反应分步进行，先是自由基偶合，生成亚甲基醌结构。亚甲基醌的共振结构为两性离子，C_α具有亲电性（图5-21）。自由基偶合后发生亲核反应，如图5-22所示。2个C_β自由基偶合后，当C_γ-羟基亲核攻击C_α时形成松脂酚结构，如图2-22（a）所示。C_4-*O*自由基与C_β自由基偶合后水解生成β-O-4共价键，如图5-22（b）所示。C_5自由基与C_β自由基偶合后，C_4氧亲核攻击C_α，形成苯基香豆满结构，如图5-22（c）所示。

当多糖上的羟基或羧基亲核攻击C_α时，木质素和多糖之间形成共价键，生成木质素-碳水化合物复合体（LCC），如图5-23所示。聚木糖与木质素形成酯键［图5-23（a）］，聚木糖的阿拉伯糖支链与木质素形成醚键［图5-23（b）］，聚葡萄糖甘露糖与木质素形成苯基糖苷键［图5-23（c）］。这种亲核反应也可能发生在木质素和纤维素以及木质素和果胶之间。

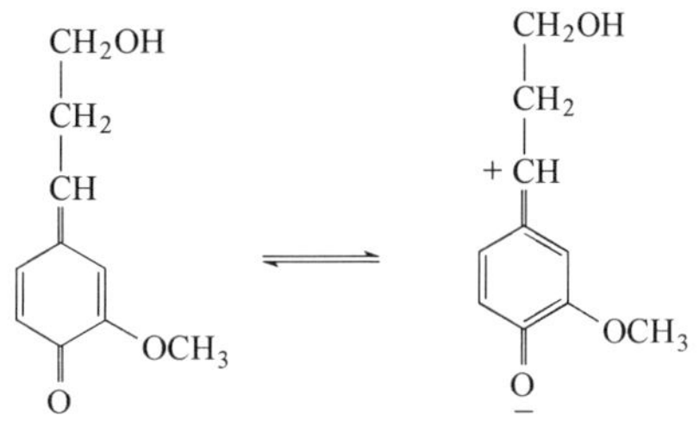

图5-21 亚甲基醌的共振结构

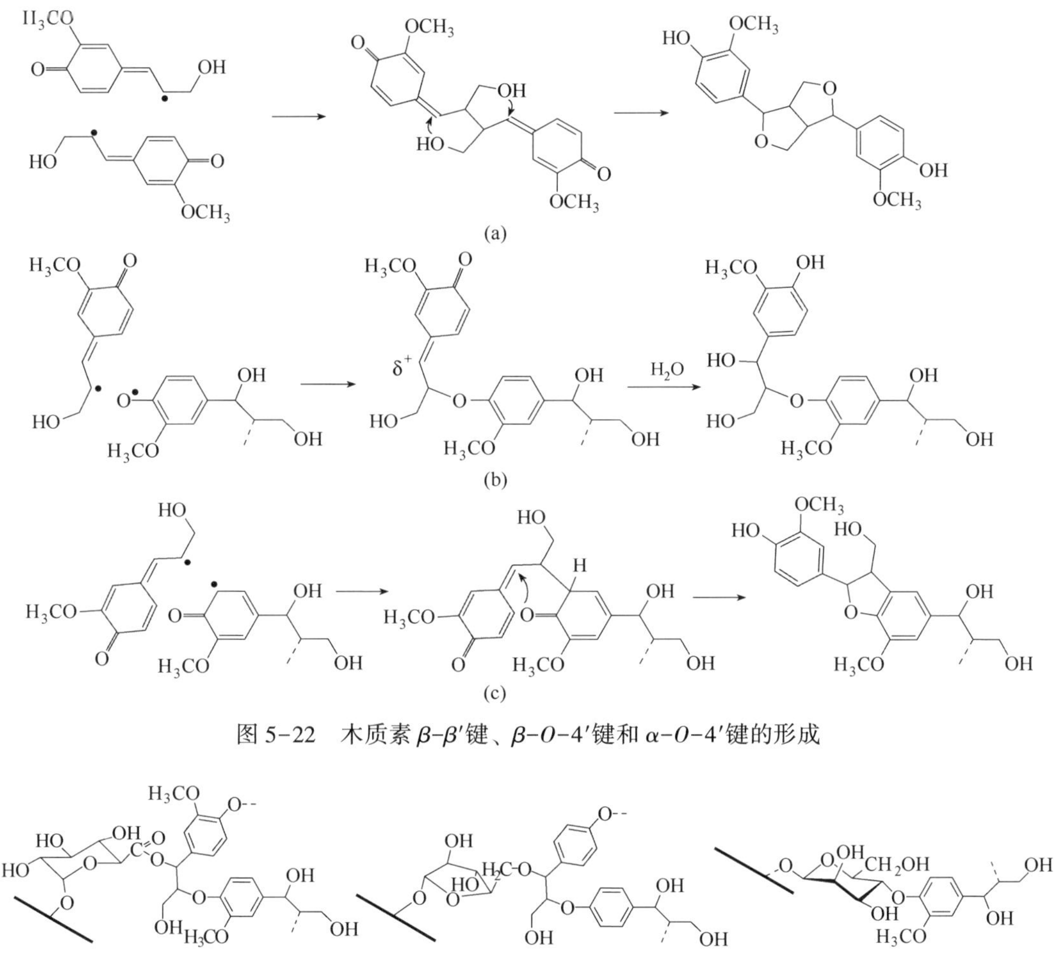

图5-22 木质素β-β'键、β-O-4′键和α-O-4′键的形成

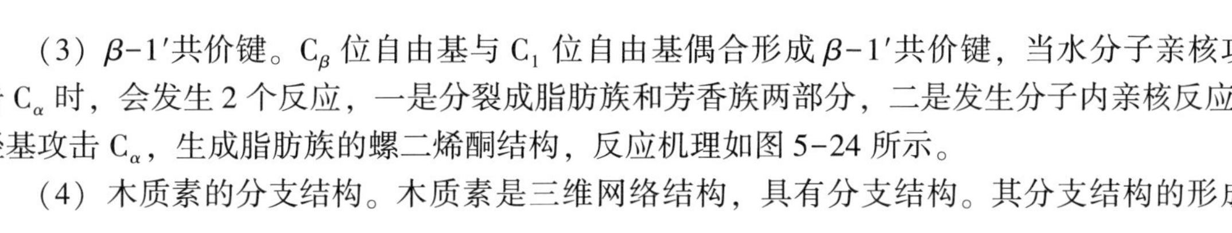

图5-23 木质素与碳水化合物复合体（LCC）的形成

（3）β-1′共价键。C_β位自由基与C_1位自由基偶合形成β-1′共价键，当水分子亲核攻击C_α时，会发生2个反应，一是分裂成脂肪族和芳香族两部分，二是发生分子内亲核反应，羟基攻击C_α，生成脂肪族的螺二烯酮结构，反应机理如图5-24所示。

（4）木质素的分支结构。木质素是三维网络结构，具有分支结构。其分支结构的形成

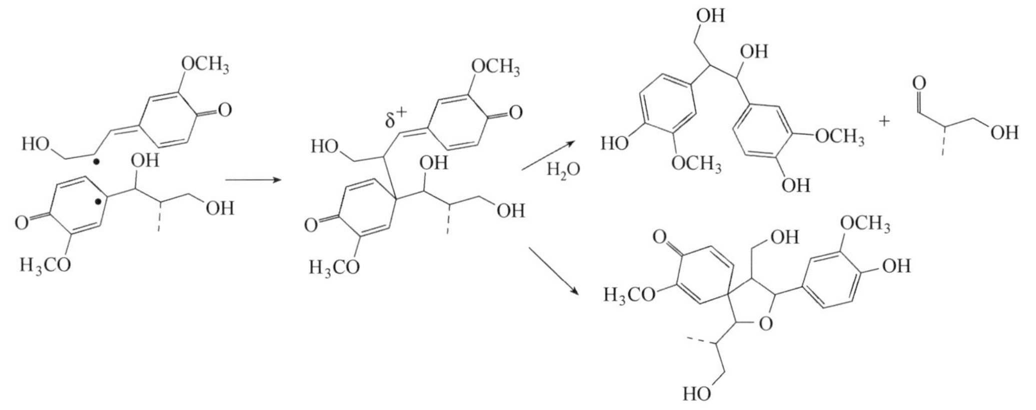

图 5-24 β-1′共价键的形成

有两种不同的方式，第一种方式是木质素单体与聚合木质素偶合，偶合后保留了两个游离酚结构，两个游离酚可以与新的木质素单体偶联，形成两个分子链，如图 5-20（a）所示。第二种方式是两个聚合木质素间形成共价键，如 4-O-5′共价键［图 5-20（b）］，如其中一个具有游离酚，则可以偶合木质素单体，一个分子链形成两个分子链。二苯并二氧杂星分支结构的形成机理如图 5-25 所示。

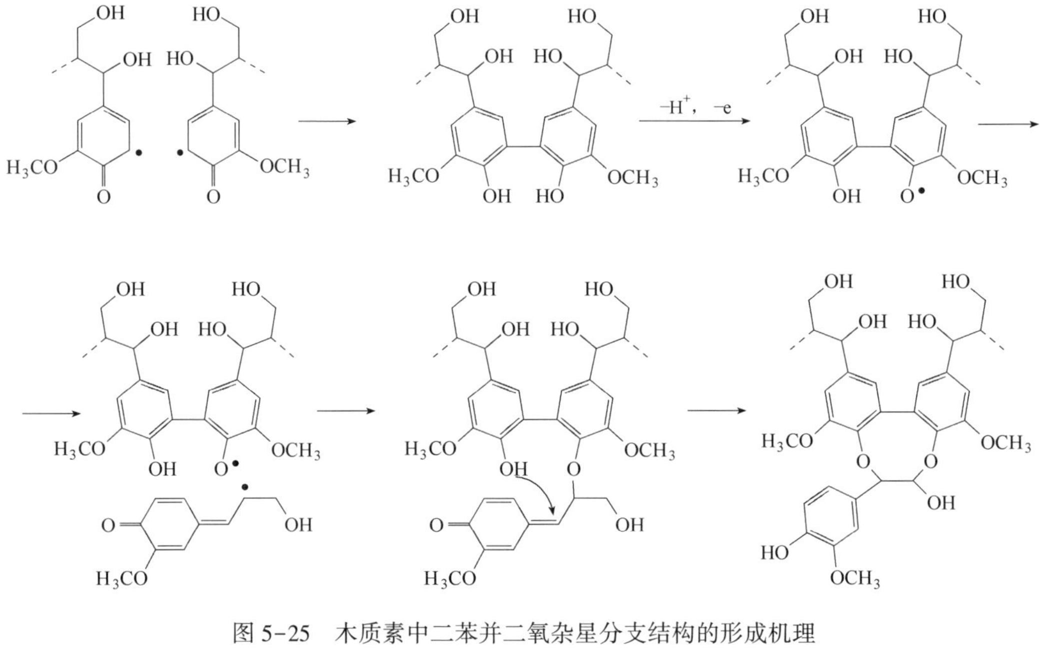

图 5-25 木质素中二苯并二氧杂星分支结构的形成机理

4. 不同类型木质素的差异

针叶木木质素的先驱体主要为松柏醇，阔叶木的先驱体为松柏醇和芥子醇。与松柏醇相比，芥子醇的 C_5 位存在甲氧基，不可能在 C_5 位偶合，其偶合仅限于 4-O，C_β 位和 C_1 位。因此，与针叶木相比，阔叶木含有较多的 β-O-4′键，β-β′键，而 C_5 位连接的共价键极少，两者的 β-1′键数量相当。对制浆的影响表现为阔叶木木质素支化程度低，较针叶木易蒸煮。

禾本科木质素先驱体除松柏醇和芥子醇外还有对-香豆醇，对-香豆醇无甲氧基。因此，

β-O-4′键数量相对较少，C—C 键相对较多。禾本科木质素能够在 C_3 位偶合，其支化程度高。但由于禾本科木质素的研究较少，因此无法得出任何最终结论。禾本科木质素还含有酯键，酯键是由 γ-碳上的羟基与 γ-碳的羧基（如对-香豆酸或阿魏酸）形成的。γ-碳上的羟基还会与半纤维素形成 LCC。一些真双子叶植物木质素也含有酯键，如山杨等其他树种的 LCC 是碳水化合物羟基和对-香豆酸之间以酯键结合所形成的。

二、木质素的分布

木质素位于细胞壁的胞间层和微细纤维之间。不同的木质化植物，木质素的含量不同。针叶木的木质素含量为 25%～35%，阔叶木为 20%～25%，禾本科植物的木质素含量较低，一般为 15%～25%。

对针叶木管胞木质素分布的研究表明，胞间层的木质素含量最高。在次生壁中，次生壁内层木质素的含量最高，次生壁外层（S_1）次之，次生壁中层（S_2）最低。木质素含量的大小次序为 MLCC>ML>S_3>S_1>S_2（表 5-4）。次生壁中木质素的含量虽然比胞间层低得多，但由于次生壁占细胞壁体积大，因此大部分木质素位于次生壁（S）中，特别是 S_2 层中（表 5-4）。阔叶木木质素的分布与针叶木类似，但阔叶木 S_2 层的木质素为多孔结构，木质素密度较小。芦苇和麦草中纤维细胞壁的木质素分布与木材的分布规律一致。

表 5-4　针叶木管胞和阔叶木木纤维细胞壁各层木质素的分布

植物细胞	细胞壁各层	体积/%	占总木质素的百分比/%	木质素浓度/%
火炬松管胞				
早材	S_1	13	12	25
	S_2	60	44	20
	S_3	9	9	28
	复合胞间层	12	21	49
	角隅	6	14	64
晚材	S_1	6	6	23
	S_2	80	63	18
	S_3	5	6	25
	复合胞间层	6	14	51
	角隅	3	11	78
白桦木纤维				
	次生壁	73	60	19
	复合胞间层	5	9	40
	角隅	2	9	85

木质素的结构不仅在不同种类的植物之间存在差异，不同的植物组织、不同类型的细胞甚至不同细胞壁层之间的木质素结构也有所不同。

针叶木管胞的胞间层木质素含有更多的碳-碳键，与次生壁的木质素相比，交联结构较多。应压木管胞的木质素含量略高于普通管胞，其对-羟苯基木质素含量高（约 30%），含有更多的碳—碳键，产生了更多的交联。在阔叶木（如桦木）中，与次生壁中层相比，细胞角隅处的愈创木基木质素较紫丁香基木质素多，胞间层木质素有较多的支链结构，碳-碳键含量更高。阔叶木中的木射线细胞、导管和木纤维的木质素浓度分别为 24%～28%、27%

和 19%~22%，且木射线细胞和导管的愈创木基木质素含量高于木纤维的愈创木基木质素含量。

化学制浆过程中的化学反应使管胞或木纤维分离，这些化学反应很大程度发生在胞间层的木质素中，因此更应关注胞间层木质素。

小　　结

1. 二氧化碳与水经过光合作用生成葡萄糖，葡萄糖接着转化为莽草酸，在多种酶作用下，最终合成松柏醇、芥子醇和对-香豆醇三种先驱体（单体），先驱体会发生脱氢及聚合反应。如松柏醇脱氢产生苯氧自由基及共振体，它们通过末端聚合或分批聚合的方式形成三维结构的木质素聚合物。末端聚合是指先驱体逐个偶联，木质素分子链不断增长的聚合方式。分批聚合是指单体形成二聚体，二聚体生成四聚体，依次类推。非酚型木质素不会产生自由基，所以木质素的聚合总是从酚型木质素开始的。

2. 针叶木木质素的先驱体主要为松柏醇，松柏醇自由基的未共用电子位于 4-O、C_β、C_1、C_3 和 C_5 位。阔叶木的先驱体为松柏醇和芥子醇，与松柏醇相比，芥子醇的 C_5 位存在甲氧基，它不可能在 C_5 位偶合，其偶合仅限于 4-O、C_β 和 C_1 位。因此，与针叶木相比，阔叶木含有较多的 β-O-4′键和 β-β′键，C_5 位连接的共价键极少，两者的 β-1′键数量相当。对制浆的影响表现为阔叶木木质素支化程度低，较针叶木易蒸煮。禾本科木质素先驱体除松柏醇和芥子醇外还有对-香豆醇。对-香豆醇无甲氧基，聚合时形成的 C—C 键相对较多，由于易在 C_3 位偶合，所以其支化程度高。

3. 不同的木质化植物，木质素的含量不同。针叶木的木质素含量为 25%~35%，阔叶木为 20%~25%，禾本科植物的木质素含量较低，一般为 15%~25%。木质素存在于细胞壁的胞间层和微细纤维之间。针叶木管胞胞间层的木质素浓度最大。在细胞壁各层次生壁中，木质素浓度的大小次序为 $MLCC>ML>S_3>S_1>S_2$。但由于次生壁中层占细胞壁体积最大，因此大部分木质素存在于次生壁中层（S_2）中。阔叶木木质素的分布与针叶木类似，但阔叶木 S_2 层的木质素为多孔结构，木质素密度较小。不同种类植物、不同类型的细胞甚至不同细胞壁层的木质素结构均有所不同。

课后练习

一、填空题

1. 木质素的先驱体（单体）包括（　　）、（　　）、（　　）。

2. 木质素生物合成的两种聚合方式分别是（　　）和（　　）。

二、判断题

1. 在木质素生物聚合过程中，非酚型木质素会产生自由基。（　　）

2. 在木质素生物聚合过程中，只有酚型木质素会产生自由基。（　　）

3. 胞间层的木质素浓度比次生壁木质素浓度高。（　　）

4. 大部分木质素存在于次生壁中层（S_2）中。（　　）

三、问答题

1. 为什么阔叶木比针叶木易蒸煮？

2. 为什么禾本科木质素的支化程度较高？
3. 针叶木、阔叶木和禾本科的木质素含量各为多少？

模块三　木质素的分离与物理性质

5-4

教学目标

1. 了解从废液中分离木质素的方法。
2. 了解从植物纤维原料中分离木质素的方法。
3. 熟悉木质素含量的测定方法。
4. 熟悉木质素的物理性质。

教学内容

一、木质素的分离

1. 工业方法分离木质素

从木质纤维素生物质中分离木质素，是利用化学法降解木质素，产生的木质素碎片溶解于浆液中。主要的影响因素包括：pH，溶剂和/或溶质参与降解木质素的能力，溶剂和/或溶质防止木质素再缩聚的能力。目前有四种工业方法分离木质素，根据所得产品是否含硫可分为两类。亚硫酸盐法和硫酸盐法分离的木质素含有硫，烧碱法和有机溶剂法分离的木质素不含硫。另外，不同方法分离的木质素在纯度、化学结构、相对分子质量等方面有所不同。通过这些方法分离的木质素通常被称为技术木质素。

（1）烧碱法。烧碱法通常用于非木材纤维原料，如甘蔗或亚麻。得到的水溶性木质素可通过酸化和沉淀从浆液中分离出来。用烧碱法得到的木质素，其纯度比用亚硫酸盐法分离得到的木质素纯度高，但相对分子质量要低得多。

（2）硫酸盐法。硫酸盐法产生硫酸盐木质素，硫酸盐木质素通常被燃烧，以回收能量供制浆厂使用。利用酸化和沉淀可分离出硫酸盐木质素。酸化法从黑液中分离木质素是一种经济有效的工艺，如图5-26所示。在这个过程中，黑液的pH降低到9，形成木质素颗粒，通过过滤可以将其从黑液中分离出来，pH为9时沉淀的木质素，其相对分子质量为3000~13000。

（3）亚硫酸盐法。亚硫酸盐法是最常用的工业木质素分离方法，分离的木质素称为木质素磺酸盐，其年产量约为1000t。木质素磺酸盐是水溶性的，可以与半纤维素一起溶解在浆液中。从浆液中分离木质素，必须结合使用沉淀、超滤、糖降解或酒精发酵等技术。

（4）有机溶剂法。有机溶剂法利用水和有机溶剂（如乙醇、丙酮、甲醇或有机酸）的混合物分离木质素，分离的木质素称为有机溶剂木质素。与其他方法相比，有机溶剂法不需要高温高压，较为环保。酸性有机溶剂法能够同时分离纤维素、半纤维素和木质素。其缺点是生产成本相对较高。目前有机溶剂工艺尚未在生产市场上占据主导地位，但未来有机溶剂法有可能取代硫酸盐法。

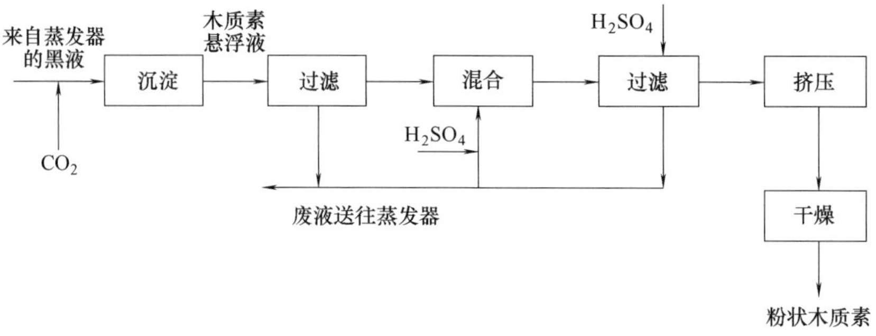

图 5-26　酸化法回收硫酸盐木质素

2. 从纤维原料中分离木质素

木质素与多糖（纤维素、半纤维素、果胶）存在共价键结合，因此很难分离出天然木质素，也不可能准确测定木质素的相对分子质量。研究数据表明，木质组织中木质素的聚合度至少数千，真实值可能要高得多。在理论上，树顶的木质素和树根的木质素属于同一个“分子”并非不可能。

（1）磨木木质素。1954 年 Bjorkman 用研磨和抽提的方法从植物纤维原料中分离木质素，所得到的木质素称为磨木质素（MWL）。分离磨木木质素包括研磨、萃取和纯化三个步骤。

研磨是用球磨机研磨木粉，当不加溶剂研磨时，研磨过程中随着木粉粒径的减小，木粉颗粒会结块，黏附在研磨球上。所以，通常加入甲苯进行研磨。甲苯是木粉的非溶胀溶剂，研磨过程中木质素不会溶出，且甲苯是自由基清除剂，能够防止研磨过程中木质素结构发生变化。研磨后通过离心去除甲苯，再用二氧己烷/水混合溶剂萃取，二氧己烷/水混合溶剂能够萃取出低相对分子质量木质素，同时也会萃取出微量的碳水化合物。因此，萃取的木质素应进一步纯化。将萃取的木质素用 90%乙酸溶解，再用去离子水沉淀，能够去除单宁、LCC 等杂质。由于 1,2-二氯乙烷/乙醇能很好地溶解纯木质素，木质素经干燥或冷冻干燥，用 1,2-二氯乙烷/乙醇溶液（体积比 2∶1）溶解，离心除去未溶解部分，再用乙醚溶液沉淀木质素，用无水乙醚洗涤 2 次，用石油醚洗涤 1 次，最后在真空干燥器中用 P_2O_5 干燥，即得到磨木木质素。

（2）纤维素水解酶木质素。木粉球磨后，用纤维素酶处理以去除碳水化合物，再进行萃取分离所得的木质素称为纤维素水解酶木质素（CEL）。CEL 的得率较 MWL 高。由于木质素和半纤维素之间存在共价键连接，CEL 可能含有来自木质素-碳水化合物复合体的碳水化合物。除了碳水化合物外，还有一些与纤维素有关的蛋白质污染物。

（3）纤维素酶温和酸水解木质素。另一种分离木质素的方法是将木粉球磨后，先进行温和的酶水解，再进行温和的酸水解，再进行萃取分离，得到的木质素称为纤维素酶温和酸水解木质素（EMAL）。酶水解除去了大量的碳水化合物，而温和的酸水解则破坏木质素与碳水化合物的共价键。与 MWL 和 CEL 相比，EMAL 的相对分子质量大（EMAL>CEL>MWL，M_w），得率也最高（约为 MWL 或 CEL 的 2~5 倍）。

二、木质素的定量测定

1. Klason 木质素

木材含有 20%~30%的木质素，去除木质素是制浆和漂白的主要目的。木材和纸浆中木质素含量的测定为评价木质素提供依据，纸浆的颜色、硬度、可漂白性等与木质素含量有关。

Klason 木质素是指木材或纸浆中不溶于硫酸（72%）的木质素。测定的原理是基于用硫酸水解和溶解木材或纸浆中的碳水化合物，过滤后的残渣为酸不溶木质素，即 Klason 木质素。测定时，先用苯醇抽提试样，再用 72%的硫酸处理试样 2h，然后稀释至硫酸浓度为 3.0%，再煮沸 4h，经过滤、干燥即得 Klason 木质素。该方法适用于所有未漂浆。对于半漂浆，其木质素含量不应低于 1%，以保证足够的木质素量（约 20mg）。该方法不适用于仅含少量木质素的漂白纸浆。

2. 酸溶木质素

酸溶木质素的测定是基于木质素在 205nm 有特征吸收峰，用紫外分光光度计进行测定。测定时将测定 Klason 木质素所得的滤液静置，以上清液为试样溶液，3.0%的硫酸为参比液，分别测定试样溶液和参比液在 205nm 的吸光度，可计算得到酸溶木质素的含量。

针叶木浆和硫酸盐纸浆中，酸溶木质素的量很少，为 0.2%~0.5%。阔叶木浆、非木材纤维浆和亚硫酸盐纸浆的酸溶性木质素含量为 3%~5%，而半漂白纸浆的酸溶木质素可达总木质素含量的一半以上。

3. 高锰酸钾值

高锰酸钾值是指在规定的条件下，1g 绝干纸浆所消耗 0.02mol/L 高锰酸钾溶液的体积（mL）。本方法用于测定纸浆木质素含量（硬度）或漂白率，适用于木质素含量在 6%以下的化学浆或高锰酸钾值低于 35 的化学浆，如高锰酸钾值大于 35，则使用卡伯值法测定。

4. 卡伯值

卡伯值是指在规定的条件下，1g 绝干纸浆消耗 0.02mol/L 高锰酸钾溶液的体积（mL）。将结果修正为高锰酸盐消耗量的 50%。本方法用于测定纸浆的相对硬度、可漂白性或脱木质素程度，适用于得率 60%以下的未漂化学浆和半漂化学浆，也适用于得率高达 70%筛分的纸浆。

三、木质素的物理性质

木质素的物理性质受原料和分离方法的影响，不同的原料和不同的分离方法得到的木质素的化学结构和聚集状态有很大的不同。

1. 聚集态结构

从植物原料中分离的木质素为粉末状，木质素的 X 射线衍射实验证实木质素的聚集态结构为无定形结构。

2. 颜色、密度和折射率

天然木质素是白色或近白色的物质。在分离提取过程中由于木质素生成发色基因和助色基团，木质素呈浅黄色至深褐色。木质素的相对密度为 1.3~1.5g/cm^3，除受来源和提取方法的影响，不同的测定方法下木质素的密度也有所差别。云杉铜氨木质素的折射率是 1.610，与芳香族化合物的折射率接近，证明了木质素的芳香族特性。

3. 相对分子质量

木质素在分离过程中会降解，所以天然木质素的真正相对分子质量是无法测定的，也是未知的。木质素的相对分子质量受其来源、木质素的分离方法和测定方法的影响。光散射法和气相压渗透法测得针叶木磨木木质素的相对分子质量（M_w）为 20000，阔叶木的相对分子质量稍低。飞行时间质谱测得针叶木硫酸盐木质素的相对分子质量（M_w）近 3000，木质素磺酸盐的相对分子质量（M_w）为 30000，硫酸盐浆木质素的相对分子质量总是比木质素磺酸盐相对分子质量低，表明硫酸盐制浆过程中木质素显著降解。

木质素的相对分子质量分布由多分散指数（重均相对分子质量与数均相对分子质量之比）表示。松木、云杉、杨木磨木木质素的多分散指数介于 1.6~1.7，表明木质素分子质量的不均一性。

4. 溶解度

天然木质素不溶于水和大部分有机溶剂，分离的木质素（磨木木质素、硫酸盐木质素或有机溶剂木质素）在溶解度参数 σ 为 20.5~22.5 $(J/cm^3)^{1/2}$ 的溶剂中的溶解度最大，这些溶剂包括二氧六环、丙酮、甲基溶纤剂、吡啶和二甲亚砜。制浆过程中溶出木质素，使纤维彼此分离，需要将木质素大分子降解，引入亲液性基团（磺酸基或酚羟基）等亲水基团，提高木质素的亲液性，使木质素溶出。这也是化学制浆的基本依据之一。

木质素分子形态介于刚性球模型和无规则卷曲体之间，所以，各种木质素溶液的固有黏度比相同分子质量的多糖低，木质素的特性黏度仅为聚糖的 1/40。硫酸盐木质素在 N,N-二甲基乙酰胺（DMF）溶液中呈致密的球形结构，其溶剂化作用较弱。

5. 玻璃化转变温度（T_g）

玻璃化转变温度是无定形材料的固有性质。玻璃化转变温度以下木质素分子链的运动被冻结，呈玻璃状固体。随着温度的升高，分子链的微布朗运动加快。玻璃化转变温度以上，木质素软化并产生黏着力。木质素的玻璃化转变温度受原料、提取方法和含水量的影响。干燥木质素的玻璃化转变温度介于 127~193℃。

木质素含有羟基，羟基的数量影响木质素结合的水量，由于水分子破坏分子间氢键，有助于木质素的分子运动，因此，吸水润胀的木质素的玻璃化转变温度显著降低。如干态的二氧六环木质素（DL）和甲基化二氧六环木质素（MDL）的 T_g 分别为 152℃ 和 125℃，MDL 羟基数量低于 DL，因此其 T_g 较低。当 MDL 含水量为 8%时，T_g 降低到 67℃；DL 含水量为 10%，T_g 降低至 57℃。

在磨木浆磨木过程中，木材被加热，木质素软化，纤维在摩擦力和剪切力作用下被剥离。这是磨木浆制浆分离纤维的原理。

6. 热性能

硫酸盐木质素的燃烧热为 109.6kJ/g，其热值相对较高，木质素是制浆黑液热值的主要来源和碱回收的主要热源。

7. 电化学性能

木质素是高分子电解质，电泳时向阳极移动。用电泳法和电渗析法，可以从制浆废液中分离木质素磺酸盐。

小 结

1. 工业方法分离的木质素也称为技术木质素，其中硫酸盐法和亚硫酸盐法分离的木质素含有硫，烧碱法和有机溶剂法分离的木质素不含硫。用酸化和沉淀方法可从烧碱法和硫酸盐法废液中分离木质素。用沉淀、超滤或发酵等方法能够从亚硫酸盐废液中分离木质素。

2. 从纤维原料中分离的木质素：①磨木木质素（MWL）是指用研磨、抽提、纯化等方法分离的木质素。②纤维素水解酶木质素（CEL）是指木粉球磨后，用纤维素酶去除碳水化合物，再萃取分离所得到的木质素。③纤维素酶温和酸水解木质素（EMAL）是指木粉球磨后，先温和酶水解，再温和酸水解，再萃取分离所得到的木质素。

3. 木质素含量测定：①Klason 木质素是指纸浆中不溶于硫酸（72%）的木质素，适用于所有未漂浆或木质素含量不低于1%的半漂浆。②酸溶木质素，针叶木酸溶木质素含量为0.2%~0.5%。阔叶木、非木材原料的酸溶性木质素含量约为3%~5%。硫酸盐法酸溶木质素含量低，亚硫酸盐法酸溶木质素含量高。③高锰酸钾值是指1g绝干纸浆所消耗0.02mol/L高锰酸钾溶液的体积（mL），适用于木质素含量在6%以下的化学浆。④卡伯值是指1g绝干纸浆消耗0.02mol/L高锰酸钾溶液的体积（mL），结果要修正为高锰酸盐消耗量的50%，适用于得率60%以下的未漂化学浆和半漂化学浆。

4. 木质素物理性质：①木质素的聚集态结构为无定形结构。②天然木质素是白色或近白色的物质。③木质素相对密度介于1.3~1.5g/cm^3。④针叶木磨木木质素的相对分子质量（M_w）为20000，阔叶木的相对分子质量稍低。针叶木硫酸盐木质素的相对分子质量（M_w）近3000，而木质素磺酸盐的相对分子质量（M_w）为30000。⑤木质素在溶解度参数 σ 为20.5~22.5 $(J/cm^3)^{1/2}$ 的溶剂中的溶解度最大，如二氧六环、丙酮、二甲亚砜等。⑥玻璃化转变温度以下木质素分子链的运动被冻结，呈玻璃状固体。随着温度的升高，分子链的微布朗运动加快。玻璃化转变温度以上，木质素软化并产生黏着力。干燥的木质素的玻璃化转变温度介于127~193℃。吸水润胀的木质素的玻璃化转变温度显著降低，磨木浆制浆分离纤维的原理与木质素的玻璃化转变温度有关。⑦硫酸盐木质素的燃烧热是109.6kJ/g。

课后练习

一、名词解释

1. 磨木木质素
2. 酸溶木质素
3. 高锰酸钾值
4. 卡伯值

二、填空题

1. 针叶木磨木木质素、硫酸盐木质素和木质素磺酸盐的重均相对分子质量分别约为（　　）、（　　）和（　　）。

2. 木质素常用的溶剂有（　　）、（　　）和（　　）。

3. 分离木质素的工业方法有（　　）、（　　）、（　　）和（　　），其中（　　）和（　　）含硫。

三、判断题

1. 木质素为无定形结构。（　　）

2. 与磨木木质素相比，纤维素酶温和酸水解木质素的相对分子质量大，得率高。（　　）

3. 针叶木的酸不溶木质素含量大于阔叶木中的酸不溶木质素含量。（　　）

四、问答题

1. 解释木质素的玻璃化转变温度。

2. 解释磨木浆纤维分离的机理。

模块四　木质素在碱法蒸煮中的反应

5-5

教学目标

1. 了解亚甲基醌及其共振体。
2. 理解酚负离子和非酚负离子的概念。
3. 熟悉木质素在碱性介质中的反应机理。
4. 熟悉硫酸盐法蒸煮中连接键的反应。
5. 了解烧碱法、烧碱蒽醌法及中碱性亚硫酸盐法连接键的反应。

教学内容

木质素是由苯基丙烷结构单元连接而成的具有三维网络结构的高分子聚合物。制浆时，使用化学药品与木质素发生化学反应，使木质素结构单元之间的共价键断裂，木质素大分子降解成碎片，同时在木质素中引入亲液基团，使胞间层及部分细胞壁中的木质素溶出。

一、亲核取代反应

亲核取代反应是指化合物中的原子或基团被其他原子或基团取代的反应。在脂肪族亲核取代反应中，带一对电子的亲核试剂取代一个离去基团，与中心碳原子形成新键，离子基团带一对原键合电子离去。亲核基团（Nu）须具有一个未共用电子对与中心碳形成新键，亲核基团可以是中性的，也可以带负电荷。离去基团（L）可以是中性的或带负电荷。

脂肪族亲核取代反应有不同的反应历程，SN_1 反应历程分两步，第一步化合物解离，生成碳正离子中间体，速率较慢；第二步是碳正离子中间体与亲核试剂结合，得到产物，图 5-27 所示为 SN_1 亲核取代反应机理。RL 异裂需要较大活化能，过渡态能量较高，是决定反应速率的步骤。生成的碳正离子中间体活泼，与亲核试剂结合活化能小，反应较快。反应表现为一级动力学。

$$R{-}L \rightleftharpoons R^+ + L^-$$

$$R^+ + Nu^- \longrightarrow R{-}Nu$$

图 5-27　SN_1 亲核取代反应机理

亲核试剂具有未共用电子对，是质子受体，也是路易斯碱，亲核能力强的试剂易发生亲核取代反应。离去基团也会影响亲核取代反应，碱性强的基团如—OH、—OR、$—NH_2$、—NHR、$—NR_2$ 不易离去，但在酸性条件下质子化后，变成相应的共轭酸，其离去能力显著增强。此外，溶剂对亲核性也产生一定的影响。

邻基参与效应是指在亲核取代反应中，某些取代基位于分子中的适应位置，能够和中心碳原子部分或完全成键，形成过渡态或中间体，从而影响反应进程的现象。邻基参与会生成环状化合物。能发生邻基参与的基团具有未共用电子对。邻基参与反应为 SN_2 反应，第一步邻基促进 L 离去，第二步为外部亲核试剂取代 Z，得到产物，如图 5-28 所示。

二、木质素的亲核试剂

根据制浆过程 pH 的不同，化学制浆分为碱法制浆和酸法制浆。碱法制浆包括烧碱法、硫酸盐法、碱性亚硫酸盐法和中性亚硫酸盐法。酸性制浆包括亚硫酸氢盐法和酸性亚硫酸盐法。制浆蒸煮液的组成、pH 和亲核离子见表 5-5。

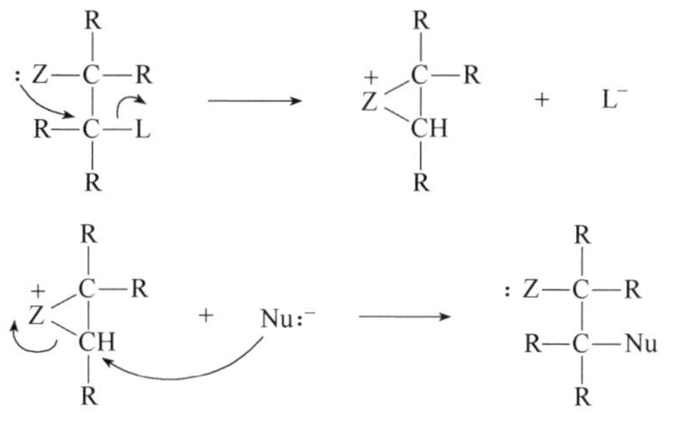

图 5-28 SN_2 亲核取代反应历程

表 5-5 蒸煮液的组成、pH 和亲核离子

蒸煮液	反应初始 pH	组成	亲核离子
氢氧化钠	14	NaOH	OH^-
硫酸盐	14	$NaOH+Na_2S$	OH^-、HS^-、S^{2-}
碱性亚硫酸盐	≥10	Na_2SO_3+NaOH(或 Na_2S)	OH^-、SO_3^{2-}(或 HS^-)
中性亚硫酸盐	6~9	$Na_2SO_3+Na_2CO_3$(NaOH 或没有)	SO_3^{2-}、CO_3^{2-}(OH^-)
亚硫酸氢盐	2~6	$NaHSO_3$	HSO_3^-
酸性亚硫酸盐	1~2	$H_2SO_3+NaHSO_3$	$H_2O\cdot SO_2$、HSO_3^-

注：除氢氧化钠和钠盐外，也可以用其他碱金属氢氧化物和金属盐，如钙、镁等。

亲核取代反应是植物原料蒸煮过程中脱木质素最重要的反应。亲核试剂亲核性的大小可用亲核参数 E 表示，试剂的亲核性见表 5-6，其中 S^{2-}、HS^-、SO_3^{2-} 和 HSO_3^- 具有较强的亲核性。不同蒸煮液的亲核性能不同，其脱木质素速度有所差异。

表 5-6 蒸煮液中亲核试剂的亲核参数

亲核剂	E	亲核剂	E
H_2O	1.00	$S_2O_3^{2-}$	2.52
SO_2	1.51	SO_3^{2-}	2.57
OH^-	1.65	SH^-	2.57
H_2SO_3	1.99	S^{2-}	3.08
HSO_3^-	2.27		

三、木质素在碱法蒸煮中的反应

1. 木质素结构单元在碱性介质中的变化

木质素分为酚型木质素和非酚型木质素，酚型木质素在碱性条件下的变化如图 5-29 所示。图 5-29 中，酚型结构单元（a）的酚羟基中的氧原子和苯环形成 p—π 共轭体系，易脱除氢离子，以酚负离子（b）形式存在。酚负离子是强的电子给予体，通过诱导效应，使得侧链 C_α 的醚键断裂，生成亚甲基醌结构（d）。亚甲基醌的电子云流动性大，存在四种共振形式（c）（d）（e）和（f）。上述变化的结果使 C_α 醚键断裂，同时 C_α 正离子易受 S^{2-}、HS^-、SO_3^{2-}、HSO_3^- 等亲核试剂攻击，引入亲液基团，促进木质素溶出。

对于非酚型结构单元，如果酚羟基上的取代基在碱性条件下容易被脱除，同样生成 C_4 酚负离子，如图 5-30 所示，结构单元（1）的 C_α 醚键断裂后，结构单元（2）成为酚负离子，其 C_α 醚键断裂，脱除 OR_2。因此，虽然酚型结构单元在木质素中含量较少，但在烧碱法蒸煮中，木质素仍被大量碎解并去除。

凡是在碱性介质中不能够转化成酚负离子型的结构单元称为非酚负离子型结构单元，能转化的称为酚负离子型结构单元，包括酚型结构单元和部分非酚型结构单元，酚负离子型结构单元也简称为苯氧负离子或酚负离子。

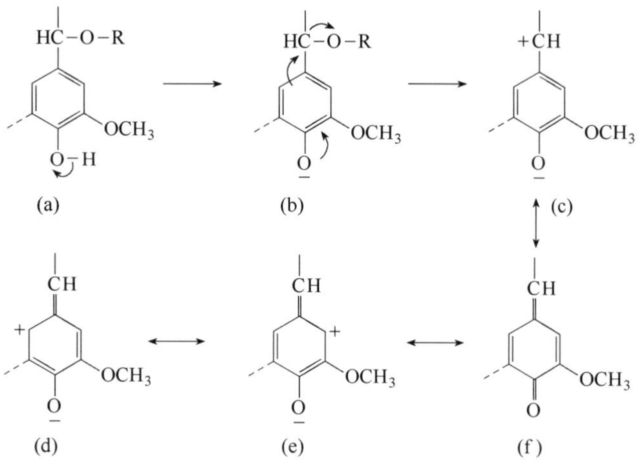

图 5-29 酚型木质素在碱性条件下的变化

2. 酚负离子木质素的 α-醚键

（1）亲核离子 OH^- 的反应。在碱性介质中，苯基香豆满为酚负离子结构，其 C_α 芳基醚键易断裂，如图 5-31 所示。当蒸煮液中仅有 OH^-时，苯基香豆满结构（a）形成碳正离子（b），其共振体亚甲基醌结构（c）经 β-质子消除反应生成 1,2-二苯乙烯结构（d），最终氧化生成苯基香豆酮（e）。由于 C_β 仍存在碳—碳键连接，木质素并未碎片化。

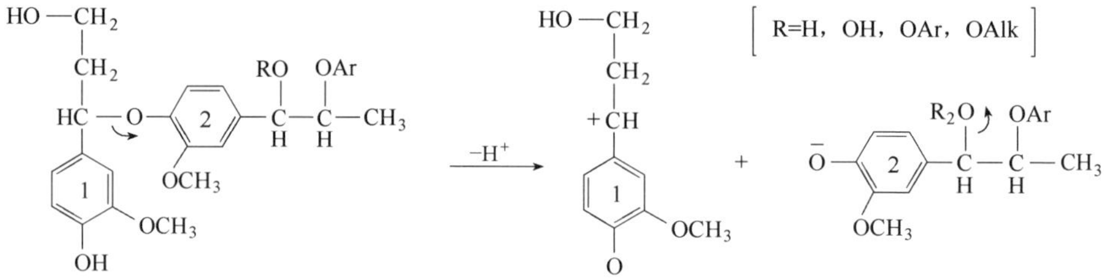

图 5-30 碱性介质中非酚型木质素转变为酚负离子型木质素

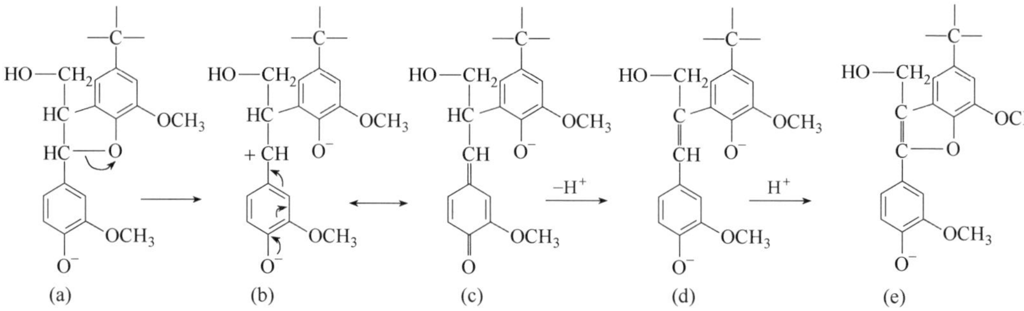

图 5-31 苯基香豆满在碱性介质中的反应

松脂酚在碱性介质中的反应如图 5-32 所示。当蒸煮液中仅有 OH^-时，酚负离子松脂酚结构（a）的 α-烷基醚键断裂形成亚甲基醌结构（b），亚甲基醌消去 C_γ 醇负离子，生成 2 分子甲醛（d），并产生丁二烯产物（c）。OH^-攻击亚甲基醌中间体的 C_α 正离子，脱除两个愈创木基负离子（g），并生成木质素的降解产物琥珀醛（e）。愈创木基负离子（g）与脱除的甲醛缩合，生成二芳基亚甲基产物（h）。

在天然针叶木木质素中，每 100 个苯丙烷单元约有 5 个二苯并氧杂星（5-5-O-4）结

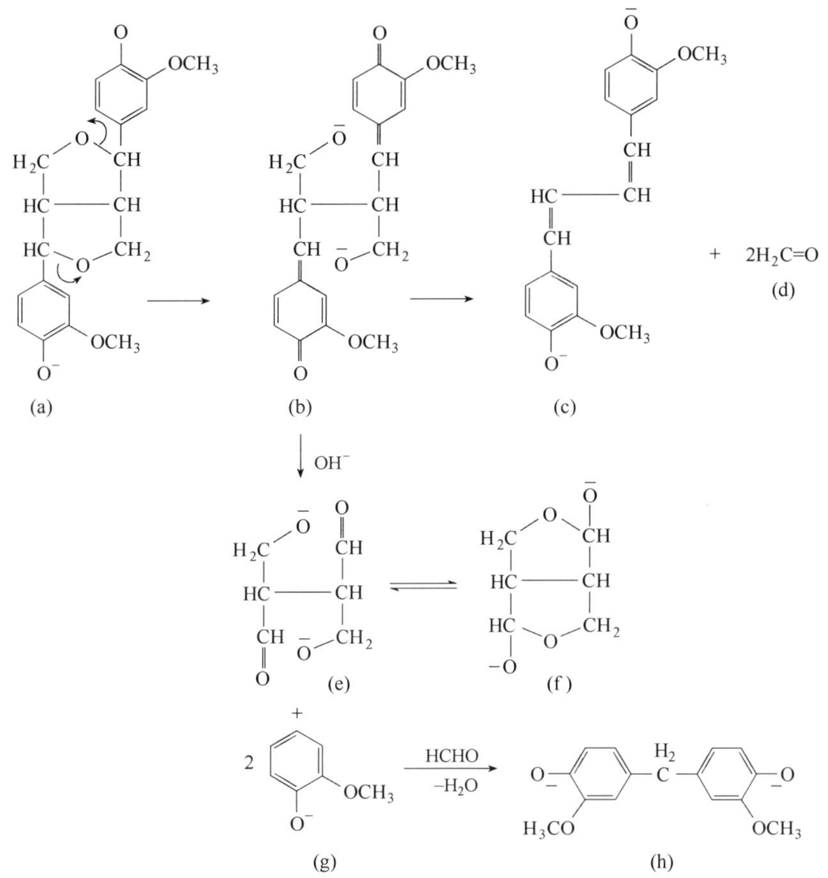

图 5-32 松脂酚在碱性介质中的反应

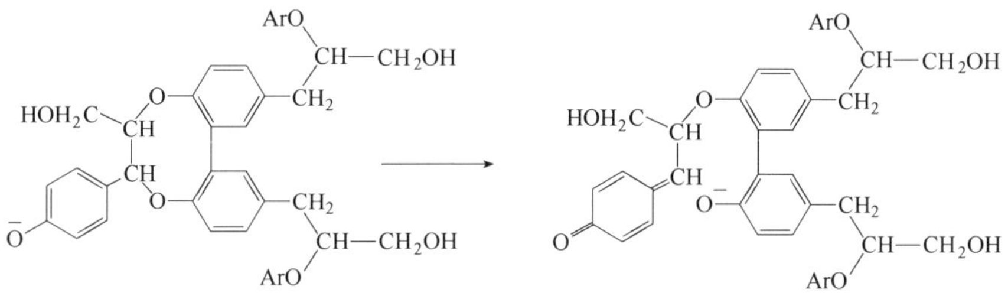

图 5-33 二苯并二氧杂星在碱性介质中的反应

构。其中的 α-芳基醚键很容易在碱性条件下断裂形成亚甲基醌结构，如图 5-33 所示。

当蒸煮液中含有其他亲核试剂（HS^-、S^{2-}、AHQ 等）时，这些试剂会攻击苯基香豆结构、松脂酚及二苯并二氧杂星结构的 C_α，并引起 β-芳基醚的断裂。

（2）亲核离子 OH^-、SO_3^{2-} 的反应。苯基香豆满结构在中、碱性亚硫酸盐法中的反应如图 5-34 所示，苯基香豆满结构酚负离子（a）的 α-醚断裂，生成亚甲基醌结构（b）。SO_3^- 攻击 C_α，形成 α-磺酸（c）。中碱性亚硫酸盐法蒸煮中，C_α 磺化是一个重要反应。当 C_β 是碳—碳键时，生成少量的 1,2-二苯乙烯结构（d）。

松脂酚在中、碱性亚硫酸盐法中的反应如图 5-35 所示，松脂酚负离子（a）生成亚甲基醌结构（b），消去 C_γ，产生甲醛和丁二苯乙烯结构（c），SO_3^{2-} 基团攻击 C_α，生成 α-磺酸（d）。

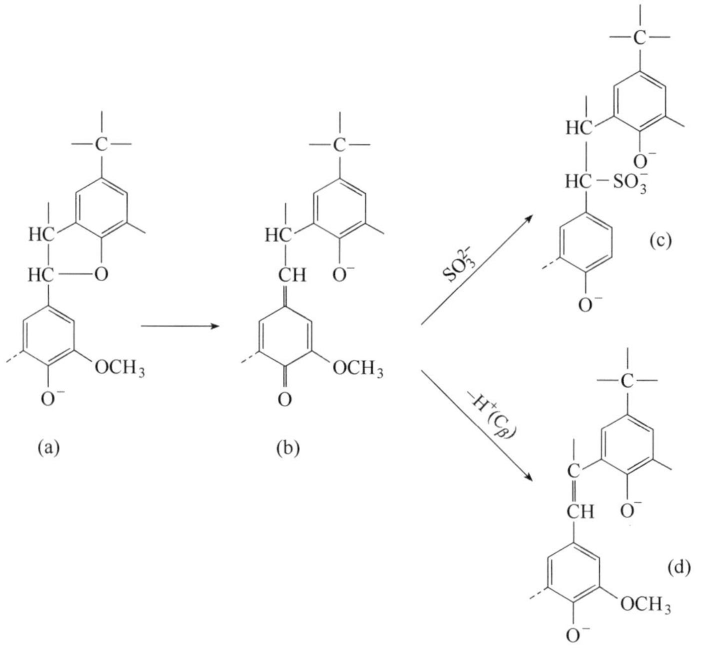

图 5-34　苯基香豆满结构在中、碱性亚硫酸盐法中的反应

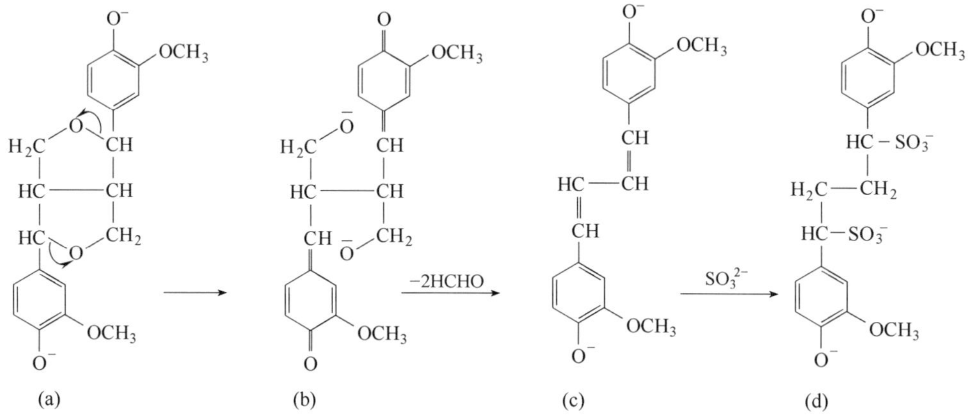

图 5-35　松脂酚在中、碱性亚硫酸盐法中的反应

3. 非酚负离子结构的 α -醚键

非酚负离子 α-醚键在碱性介质中是稳定的。

4. 酚负离子型木质素 β-芳基醚键

（1）亲核离子 OH^-的反应。在烧碱法制浆中，亲核离子为 OH^-，其反应如图 5-36 所示。酚负离子结构（a）的 α 醚键断裂，形成亚甲基醌结构（b），经 β 质子消去反应生成稳定的苯乙烯芳基醚（c）。当酚负离子结构的 C_2 连接有羟基时，其 β-醚键断裂，经邻基参与反应形成环氧化物（e），环氧化物不稳定，开环形成酮类化合物（f）。

（2）亲核离子 S^{2-}、HS^-的反应。在硫酸盐法蒸煮中，除亲核离子 OH^-外，还含有强亲核离子 S^{2-}和 HS^-。β-芳基醚的反应如图 5-37 所示。S^{2-}、HS^-攻击亚甲基醌结构（b）的 C_α 生成苯甲硫基结构（b）。S^-的诱导效应和 β-芳基醚中氧原子的未共用电子对使 β-芳基醚键

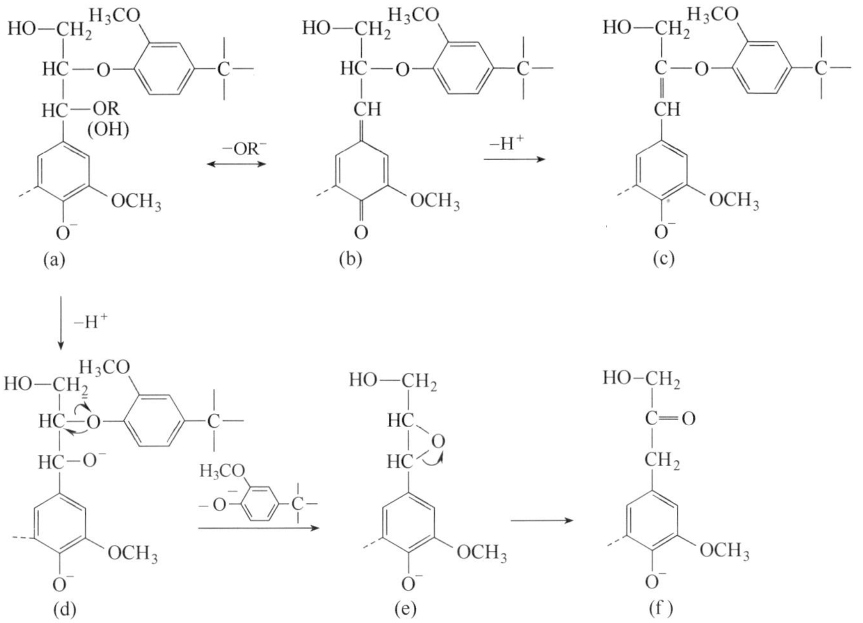

图 5-36　烧碱法中酚负离子 β-芳基醚的反应

不稳定，易脱除苯氧负离子（e），生成环硫化合物（d）。氧原子的诱导效应使环硫化合物的环打开，产生亚甲基醌结构（f）。如果温度较低（<100℃），易聚合成木质素二硫化物（g）；在高温条件下（>170℃），析出硫的同时，侧链断裂，形成木质素的降解产物（h）（i）。

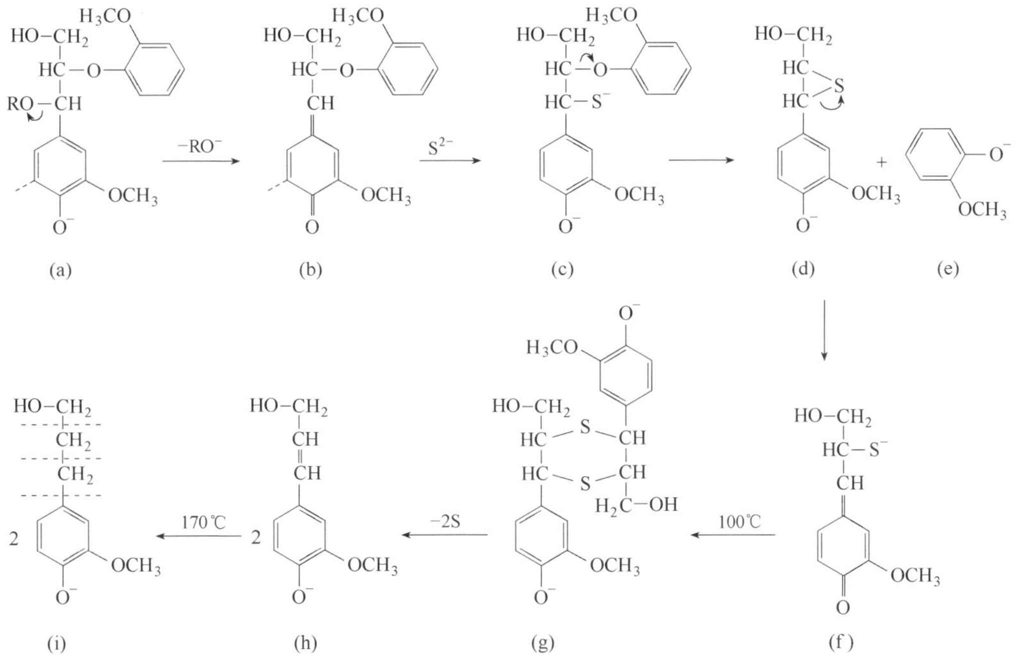

图 5-37　硫酸盐法蒸煮中 β-芳基醚的反应

木质素中的 β-芳基醚较多。在烧碱法蒸煮中，OH^- 亲核性弱，β-芳基醚断裂少。在硫酸盐法蒸煮中，由于 HS^- 和 S^{2-} 的亲核性比 OH^- 强，HS^- 和 S^{2-} 对亚甲基醌结构 C_α 的攻击占主导地位，β-芳基醚的断裂是硫酸法蒸煮的主要反应，β-芳基醚的断裂快速且彻底，加速了木质素碎解和溶出，这是硫酸盐法蒸煮不同于烧碱法蒸煮的一个显著特点。

亲核离子 HS^-和 S^{2-}实际是硫酸盐法蒸煮的催化剂，反应过程中重新析出硫，析出的硫与木质素继续反应，因此，硫酸盐法蒸煮过程中硫的消耗不大，硫酸盐木质素中的硫仅为 2%~3%。另外硫酸盐法蒸煮反应过程中会生成多硫化物，多硫化物发生歧化反应，产生氢硫化物和 $S_2O_3^{2-}$。

（3）亲核离子 OH^-、SO_3^{2-} 和 HSO_3^-。在中性亚硫酸盐法蒸煮中，β-芳基醚的反应如图 5-38 所示。酚负离子型结构（a）形成 α-磺酸（c），磺酸基的引入导致 β-醚键的断裂，脱去 C_β 连接的木质素结构单元形成 1,2-二磺酸结构（d）。由于酚负离子的诱导效应，C_α 位的 SO_3^{2-} 脱出，形成亚甲基醌结构（e），经 β 质子消除反应，最终生成苯乙烯磺酸（f）。脱去的木质素成为新的酚负离子型木质素，可被进一步磺化。当蒸煮液的 pH 为 6~10 时（中性亚硫酸盐法），主要产物是 α-磺酸（c）和 α，β-二磺酸（d）；当 pH 为 10~14 时（碱性亚硫酸盐法和烧碱亚钠法）会生成更多的二磺酸结构（d）。

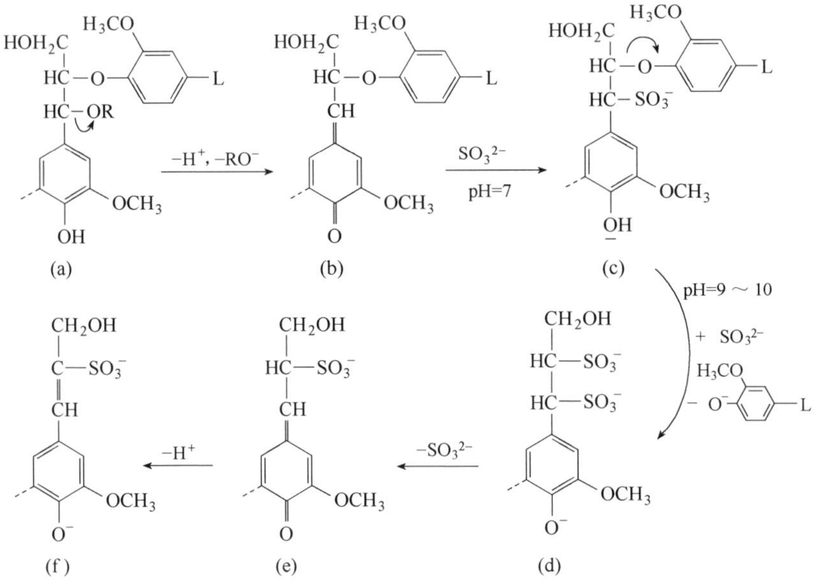

图 5-38 中性亚硫酸盐法蒸煮中 β-芳基醚的断裂

（4）烧碱-蒽醌法。蒽醌（AQ）于 1977 年首次推出。在烧碱法蒸煮过程中加入少量 AQ（<0.1%）相当于 6% NaSH 的脱木质素效果。烧碱-蒽醌法中 β-芳基醚键的断裂如图 5-39 所示。蒽氢醌（AHQ）溶解在碱液中变成蒽酚酮离子（AHQ^{2-}）(d)。AHQ^{2-}是强的亲核试剂，其共振结构（c）进攻亚甲基醌结构（b）的 C_α，导致 β-芳基醚键断裂，脱除酚负离子 ArO^-，同时，生成苯乙烯结构（f）和 AQ（g），使木质素碎解，AHQ^{2-}（d）转变成 AQ（g）。

在碱性溶液中，AHQ 以双阴离子 AHQ^{2-}的形式出现。AHQ^{2-}被木质素氧化为 AQ，而木质素被分解，β-醚键断裂。与此同时，纤维原料中的碳水化合物（如纤维素和半纤维素）将 AQ 还原为 AHQ^{2-}，同时，碳水化合物的醛基被氧化为羧基，如图 5-40 所示。由于羧基在碱中更稳定，碳水化合物降解较少，纸浆产量增加。AQ 为催化剂，AQ/AHQ^{2-}重复循环表明了 AQ 的催化活性，AQ 提高了纸浆得率，提高了脱木质素速率。蒸煮后，约 20%的 AQ

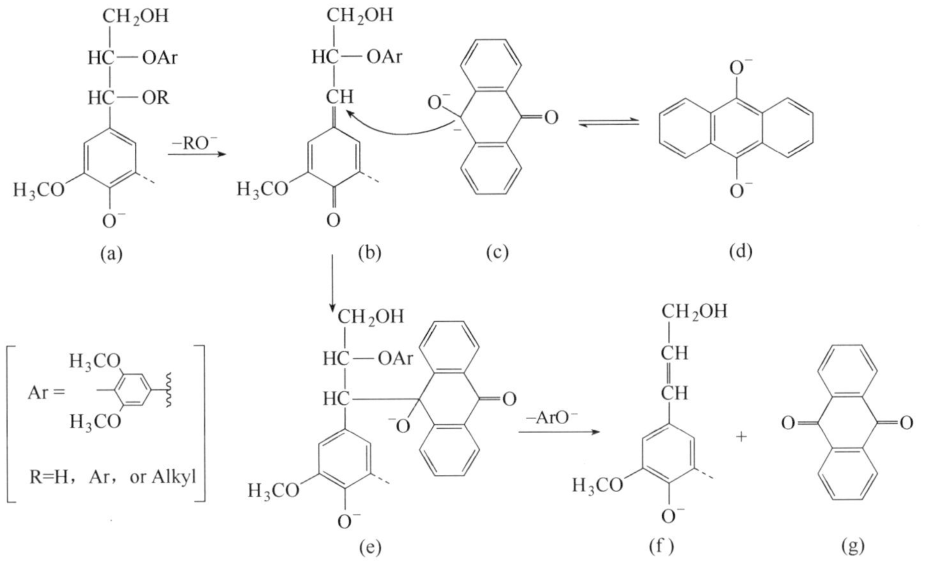

图 5-39 烧碱-蒽醌法中 β-芳基醚键的断裂

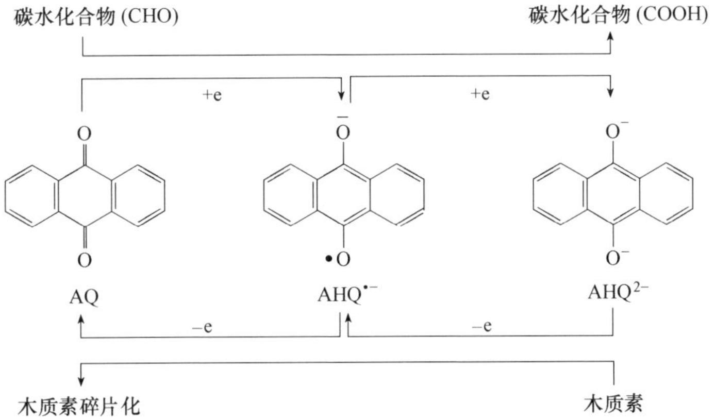

图 5-40 蒽醌在碱性介质中的氧化还原反应

和 AHQ 存在于制浆黑液中，而剩余的 AQ 和 AHQ 与木质素产生不可逆转的结合。

5. 非酚负离子型木质素 β-芳基醚键

当 C_α 连接羟基时，非酚负离子结构的 β-O-4 键发生断裂，如图 5-41 所示。在碱液中，C_α-OH 的氢离子离解，成为负氧离子，如图 5-41（a）所示。负氧离子具有供电子诱导效应，且 C_β 连接的氧原子与苯环形成 P—π 共轭体系，使 C_β 和氧原子间的作用减弱，脱除酚负离子，生成环氧化物［图 5-41（b）］，环氧化物不稳定，环打开后生成 α，β-乙二醇化合物［图 5-41（c）］。环氧化合物也可能与糖基反应，形成木质素碳水化合物复合体（LCC），如图 5-42 所示。

6. 碳—碳键

碱法蒸煮中，侧链的碳—碳链少量断裂。例如，在图 5-43 中，β-1′和 β-5′连接两木质素结构单元，在碱性条件下它们生成亚甲基醌中间体（b）和（f），HO^- 攻击 C_γ 羟基的氢原子，脱除 1 分子水，生成氧负离子结构（c）和（g），然后 C_β—C_γ 断裂，脱除甲醛，并生成苯乙烯结构（d）和（h）。类似的 C_β—C_γ 断裂也发生在松脂酚中，如图 5-32 所示。此

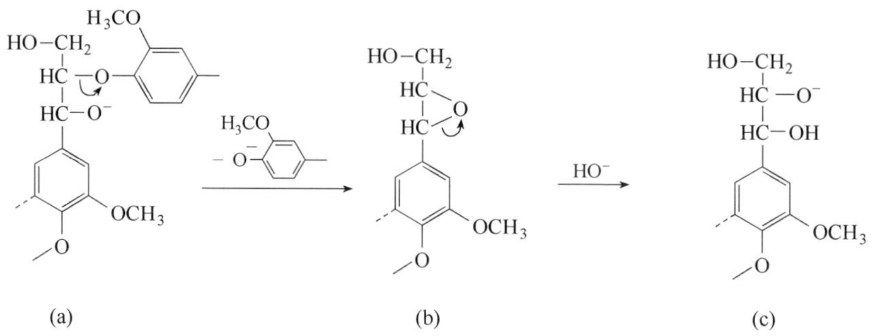

图 5-41 碱性介质中非酚负离子型木质素的 β-O-4 键的断裂

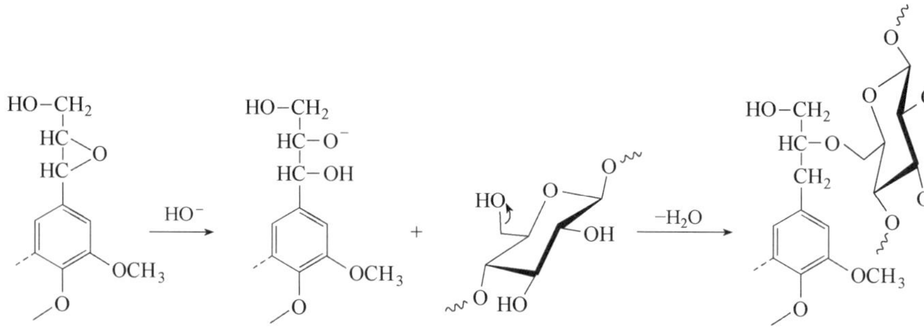

图 5-42 碱法蒸煮中生成 LCC 的反应

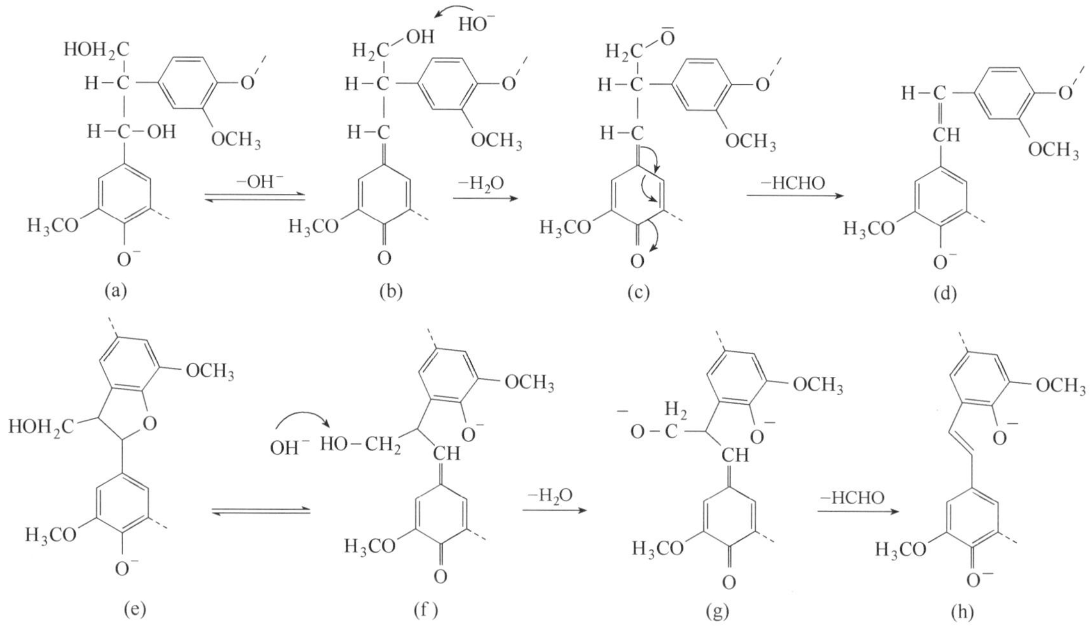

图 5-43 碱法蒸煮碳—碳键的断裂

外，在侧链脱硫反应中，侧链碳—碳键断裂。其他碳—碳键不易断裂，在制浆过程中是完全稳定的。

7. 侧链羰基和双键的反应

在中性亚硫酸盐法中，木质素侧链羰基和双键的反应以松柏醛和松柏醇为例，无论是酚型还是非酚型结构，经磺化反应形成 α，γ-二磺酸和 α-磺酸，如图 5-44 所示。

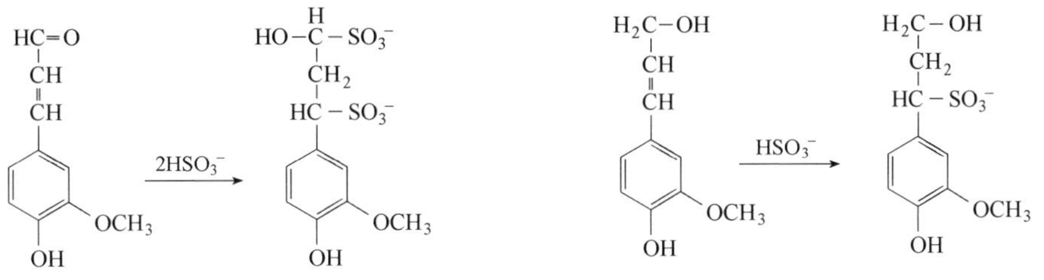

图 5-44 中性亚硫酸盐法侧链羰基和双键的反应

8. 甲基芳基醚键

（1）烧碱法。烧碱法中甲基芳基醚键的断裂如图 5-45 所示。OH^-攻击碳原子，甲氧基的碳原子与氧原子作用减弱，形成苯氧负离子，并产生甲醇。

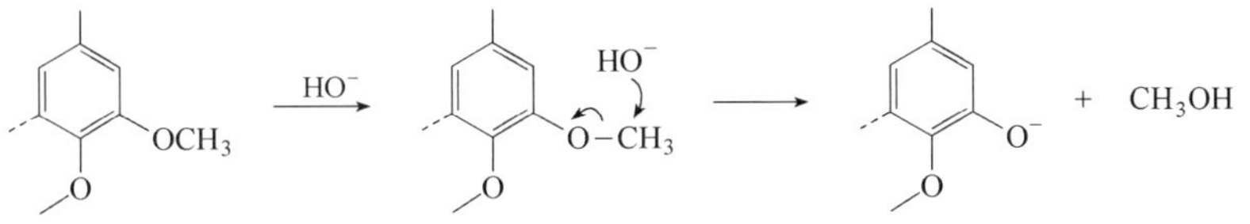

图 5-45 烧碱法蒸煮生成甲醇

（2）硫酸盐法。硫酸盐法中甲基芳基醚的断裂如图 5-46 所示。HS^-进攻甲氧基的碳原子，生成甲硫醇，并产生酚负离子；甲硫醇负离子与第二个甲氧基反应，生成二甲硫醚，甲硫醇和二甲硫醚具有挥发性。在硫酸盐蒸煮中，蒸煮废气中含甲硫醇和二甲硫醚，部分甲硫醇可能会被氧化，生成二甲基二硫化物（DMDS），它是另一种恶臭和易挥发的产物。这些硫化气体的吨浆产率为 1～2kg。它们是硫酸盐蒸煮气体臭味的主要来源。

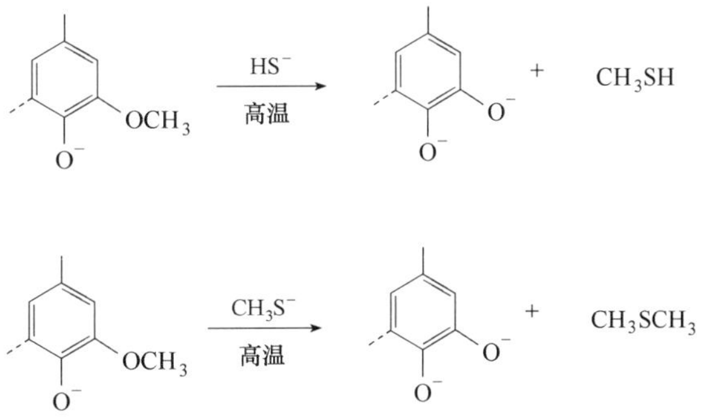

图 5-46 硫酸盐法蒸煮生成甲硫醇和二甲硫醚

（3）中性亚硫酸盐法（OH^-，SO_3^{2-}）。中性亚硫酸盐法中的甲基芳基醚键断裂如图 5-47 所示。结构单元产生酚羟基，并生成甲基磺酸。

9. 木质素的缩合反应

碱法制浆过程中，伴随着木质素的溶出，也发生木质素碎片的缩合反应。缩合反应分为离子聚合和交联聚合反应，在离子聚合反应中（图 5-48），木质素碎片（b）和（f）的 C_1（b）和 C_5（f）带负电荷，另一碎片的碳原子带正电荷，两者反应，生成环己二烯酮结构（c）和（g），（c）脱去亚甲基或（g）脱去氢离子后生成二芳基亚甲基结构（d）和（h）。

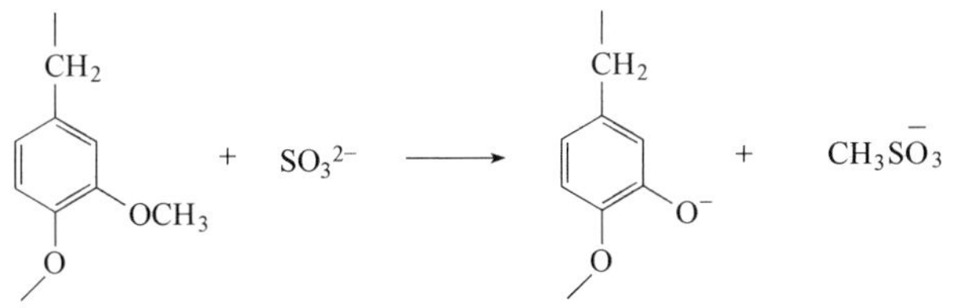

图 5-47 中性亚硫酸盐法蒸煮生成甲基磺酸

碱法蒸煮中，C_β—C_γ 断裂生成甲醛。在交联聚合反应中（图 5-49），木质素酚负离子（a）的共振结构环己二

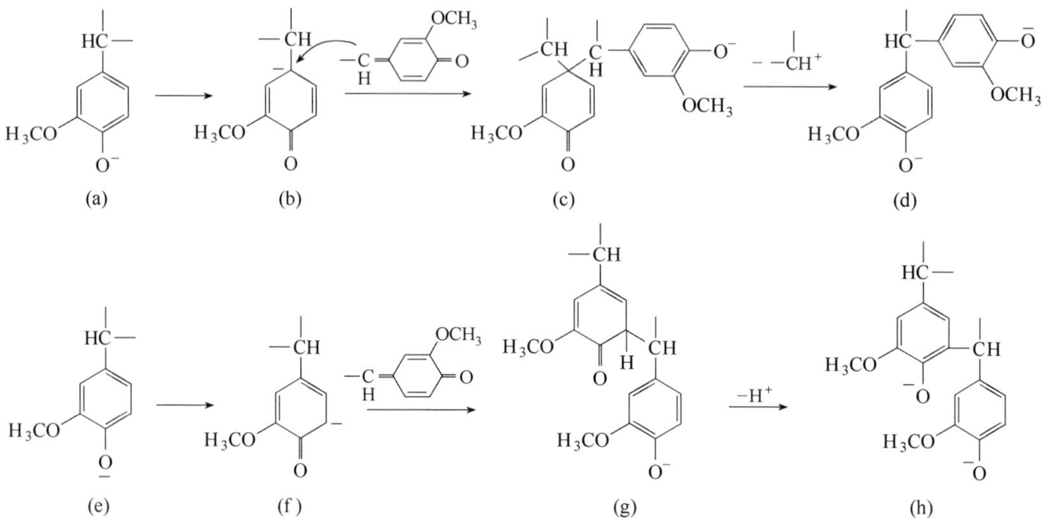

图 5-48 碱性介质中木质素的离子聚合

烯酮（b）与甲醛反应，生成环己二烯酮负离子结构（c），其脱去氢原子后生成酚负离子结构（d），再脱除 HO^-，产生碳正离子结构（e），其与另一环己二烯酮负离子反应，最终生成二芳基亚甲基化合物（f）。缩合反应使木质素相对分子质量变大，不利于木质素的溶出。缩合反应对制浆是不利的，应尽量避免缩合反应的发生。

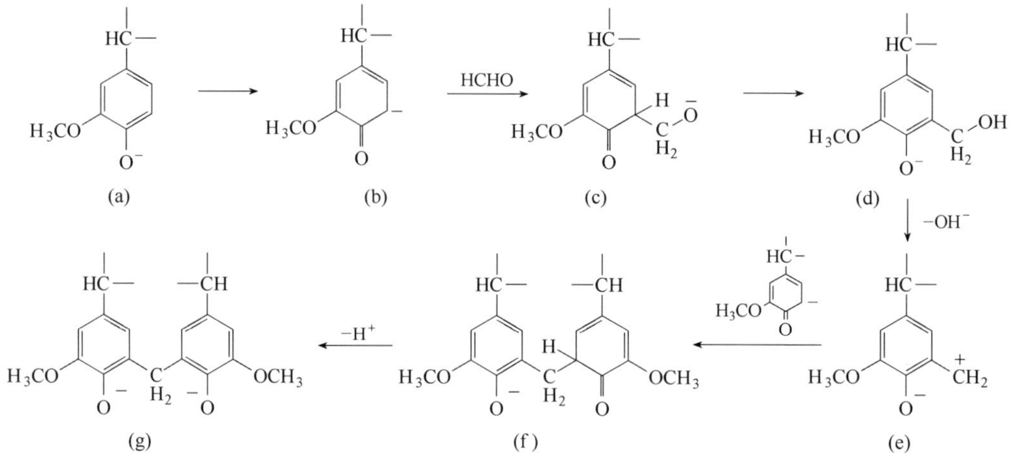

图 5-49 碱性介质中木质素的交联反应

硫酸盐法在 HS^- 作用下，生成硫化物，硫化物不断分解和生成，能够抑制木质素的缩合反应，如图 5-50 所示。

小　　结

1. 蒸煮机理：使木质素结构单元之间的共价键断裂，木质素大分子降解成碎片，同时在木质素中引入亲液基团，使胞间层及部分细胞壁中的木质素溶出。

2. 离子亲核性的大小次序为 $S^{2-}>SH^->SO_3^{2-}>HSO_3^->H_2SO_3>OH^-$。酚型木质素在碱性条件

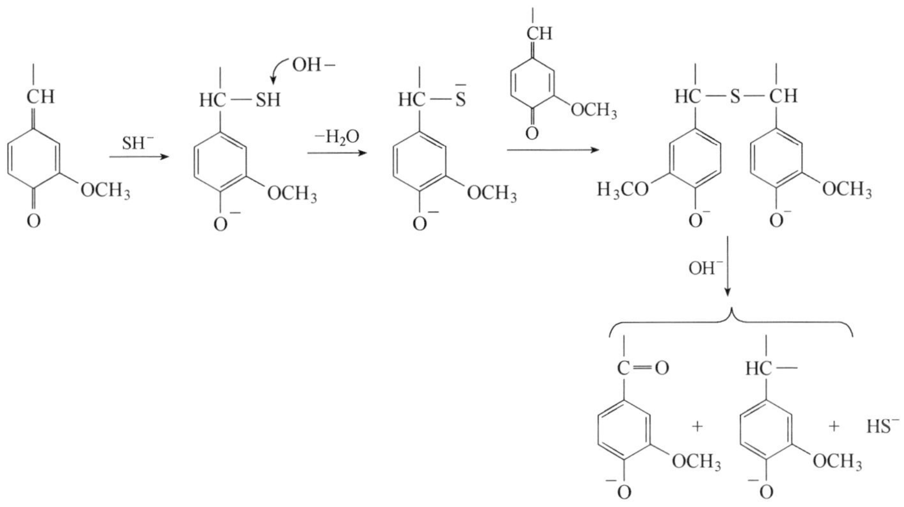

图 5-50 硫酸盐法蒸煮抑制木质素的缩合

下生成亚甲基醌结构，亚甲基醌存在四种共振形式，其中共振体 C_α 正离子结构易受亲核试剂的攻击，引入亲液基团。凡是在碱性介质中不能够转化成酚负离子型的结构单元称为非酚负离子型结构单元，能转化的称为酚负离子型结构单元。

3. C_α 芳基醚键的反应：在碱性介质（OH^-）中，对于酚型木质素，苯基香豆满 C_α 醚键断裂，生成苯基香豆酮，松脂酚的 C_α 醚键断裂产生甲醛和丁二烯产物，二苯并氧杂星 C_α 醚键断裂生成亚甲基醌结构。在碱性介质（OH^-、SO_3^{2-}）中，苯基香豆满结构和松脂酚的 α-醚断裂，生成 α-磺酸。其中松脂酚结构还会产生甲醛。非酚负离子 α 醚键在碱性介质中是稳定的。

4. β-芳基醚的反应：对于酚负离子，①在碱性介质（OH^-）中，当酚负离子的 C_2 连有羟基时，β-醚键断裂，经环氧化物生成酮类化合物；②在碱性介质（OH^-、S^{2-}、HS^-）中，除 OH^-引起的 β-醚键断裂外，由于 S^{2-}、HS^-亲核性强，经环硫化合物，使木质素降解，β-芳基醚断裂快速且彻底。亲核离子 HS^- 和 S^{2-} 是催化剂，硫酸盐蒸煮过程中硫的消耗不大，硫酸盐木质素中的硫仅为 2%~3%。③在碱性介质（OH^-、SO_3^{2-} 和 HSO_3^-）中，β-芳基醚生成 α-磺酸和 α,β-二磺酸。④在烧碱蒽醌法中，AQ 是催化剂，碳水化合物将 AQ 还原为 AHQ^{2-}，同时，碳水化合物的醛基被氧化为羧基。AHQ^{2-} 是强的亲核试剂，会使 β-芳基醚键断裂，同时 AHQ^{2-} 被还原为 AQ。对于非酚负离子，当 C_α 连接羟基时，非酚负离子结构的 β-O-4 键发生断裂。也存在与碳水化合物生成 LCC 的反应。

5. 碳—碳键的反应：当 C_γ 连有羟基时，C_β—C_γ 断裂，会脱除甲醛。

6. 侧链羰基和碳碳双键的反应：在中性亚硫酸盐法中，无论是酚型还是非酚型结构，经磺化反应形成 α,γ-二磺酸和 α-磺酸。

7. 甲基芳基醚的反应：①烧碱法蒸煮中，甲基芳基醚断裂，产生甲醇。②在硫酸盐法蒸煮中，甲基芳基醚断裂，生成甲硫醇和二甲硫醚，它们是硫酸盐蒸煮气体臭味的主要来源。③在中性亚硫酸盐法蒸煮中，甲基芳基醚键断裂，生成甲基磺酸。

8. 缩合反应：木质素缩合反应分为离子聚合和交联聚合反应，在离子聚合反应中，带正电荷的碎片和带负电荷的碎片反应，使碎片缩合。在交联聚合反应中，甲醛与木质素碎片缩合，木质素相对分子质量变大，不利于木质素的溶出。应尽量避免缩合反应的发生。

课后练习

一、名词解释

1. 酚负离子结构单元

2. 非酚负离子结构单元

二、填空题

1. 硫酸盐法蒸煮中甲基芳基醚断裂，生成（　　）和（　　），它们是硫酸盐法蒸煮臭味的主要来源。

2. 木质素的缩合反应分为（　　）反应和（　　）反应。

三、判断题

1. 在中性亚硫酸盐法中，侧链羰基和碳—碳双键经磺化反应生成磺酸。(　　)

2. 碱法蒸煮中，碳—碳键是稳定的。(　　)

四、多选题

1. 有关硫酸盐法蒸煮的叙述正确的是（　　）。

（A）由于 S^{2-}、HS^- 亲核性强，β-芳基醚断裂快速且彻底。

（B）硫酸盐法蒸煮过程中也存在 OH^- 引起的 β-醚键断裂。

（C）HS^- 和 S^{2-} 是催化剂，蒸煮过程中硫耗不大。

（D）生成的硫化物不断分解和生成，能够抑制木质素的缩合反应。

2. 烧碱-AQ 法蒸煮中说法正确的是（　　）。

（A）碳水化合物将 AQ 还原为 AHQ^{2-}。　（B）碳水化合物的醛基被氧化为羧基。

（C）AHQ^{2-} 使 β-芳基醚键断裂。　（D）AHQ^{2-} 被还原为 AQ。

五、问答题

1. 蒸煮的机理是什么？

2. 简述木质素在碱性介质中的变化规律。

3. 比较 S^{2-}、SH^-、HSO_3^- 和 OH^- 亲核性的大小。

4. 亚甲基醌的 4 种共振式是什么？

模块五　木质素在酸法和有机溶剂法蒸煮中的反应

5-6

教学目标

1. 熟悉木质素在酸性介质中的变化规律。

2. 熟悉 α-芳基醚键在酸法蒸煮中的反应。

3. 理解酸性蒸煮的缩合反应。

4. 了解有机溶剂制浆的机理。

教学内容

酸法蒸煮主要包括酸性亚硫酸盐法和亚硫酸氢盐法。酸性亚硫酸盐法的亲核试剂为水合二氧化硫（$SO_2 \cdot H_2O$）和亚硫酸氢根离子（HSO_3^-），蒸煮液的 pH 为 1~2。亚硫酸氢盐法的亲核试剂为亚硫酸氢根离子（HSO_3^-），蒸煮液的 pH 为 2~6。水合二氧化硫的水解反应如图 5-51 所示。

$$SO_2 \bullet H_2O + H_2O = HSO_3^- + H_3O^+ \qquad pKa = 1.9$$

$$HSO_3^- + H_2O = SO_3^{2-} + H_3O^+ \qquad pKa = 7.0$$

图 5-51　水合二氧化硫的水解反应

一、酸法制浆

1. 酸性介质中木质素结构单元的变化

在酸性条件下，无论是酚型还是非酚型都生成碳正离子结构，如图 5-52 所示。图 5-52 中，木质素结构单元（a）中与 C_α 相连的氧易受到 H^+ 的攻击，生成锌盐结构（b），醚键断裂后脱除醇生成 C_α 正离子结构（c），（d）（e）和（f）为其共振形式。

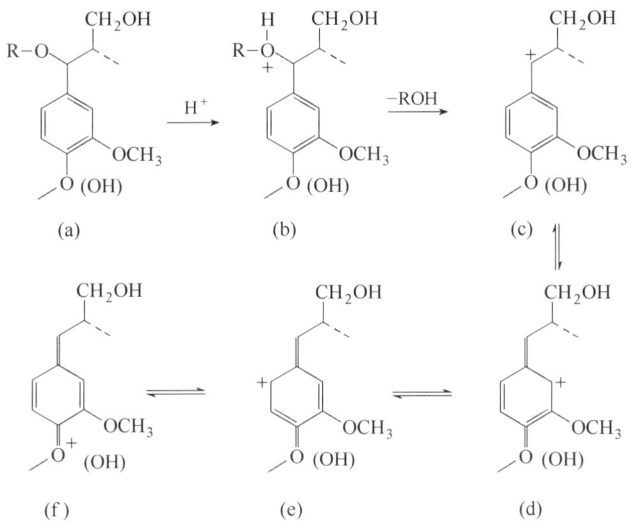

图 5-52　酸性介质中木质素结构单元的碳正离子结构

比较木质素结构单元在酸碱性介质中的变化，可得到以下结论：①在碱性介质中，酚负离子型木质素结构单元的 α-醚键断裂，经亚甲基醌结构，生成碳正离子结构；②在酸性介质中，木质素结构单元无论是酚型结构还是非酚型结构，质子攻击 α-醚键形成锌盐，α-醚键断裂后，生成碳正离子结构；③木质素结构单元在碱性介质中的变化是由酚负离子的诱导作用造成的，而在酸性介质中的变化是由质子攻击醚键形成锌盐造成的；④α-醚键断裂，木质素部分碎解，同时，C_α 易受亲核离子攻击，引入亲液基团。

2. C_α 的磺化

酸法蒸煮中 C_α 的反应如图 5-53 所示。图 5-53 中，酚型或非酚型木质素结构单元（a）在酸法蒸煮中，经锌盐（b），生成碳正离子结构（c），通过亲核磺化生成 α-磺酸。与中性亚硫酸盐法相比，C_α 的磺化更为广泛。

松脂酚结构在酸性亚硫酸盐蒸煮中的磺化反应如图 5-54 所示。木质素的松脂酚结构的

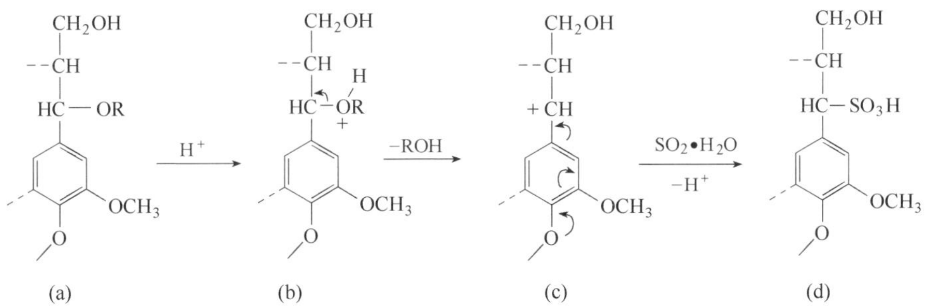

图 5-53　酸性亚硫酸盐法蒸煮中木质素结构单元 C_α 的磺化反应

2 个 C_α 醚键断裂，生成两个碳正离子，一个碳正离子与 $SO_2 \cdot H_2O$ 发生亲核磺化。两单元绕键 C_β—C_β'旋转，另一个 C_α 正离子与已磺化的结构单元的 C_6 发生分子内缩合反应，生成木质素磺酸产物。

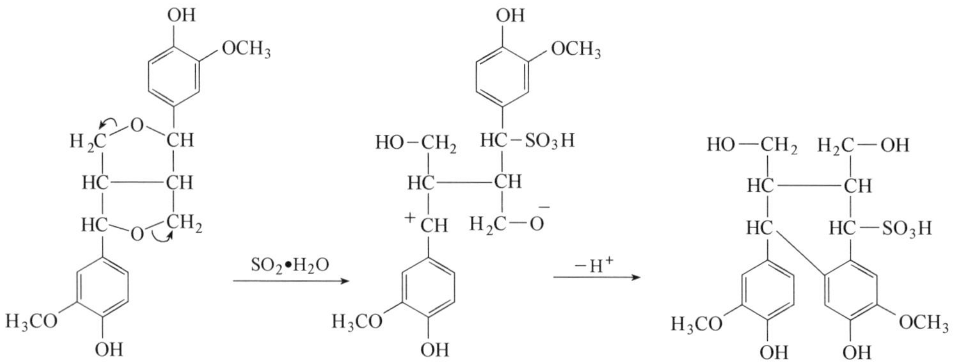

图 5-54 松脂酚结构在酸性亚硫酸盐法蒸煮中的反应

苯基香豆满结构在酸性亚硫酸盐法蒸煮中的磺化反应如图 5-55 所示。图 5-55 中，苯基香豆满结构（a）的 C_α 醚键断裂，生成碳正离子结构（b），与 $SO_2 \cdot H_2O$ 发生亲核磺化，生成 α-磺酸（c），引入磺酸基，木质素的亲液性能增加，有利于木质素的溶出。

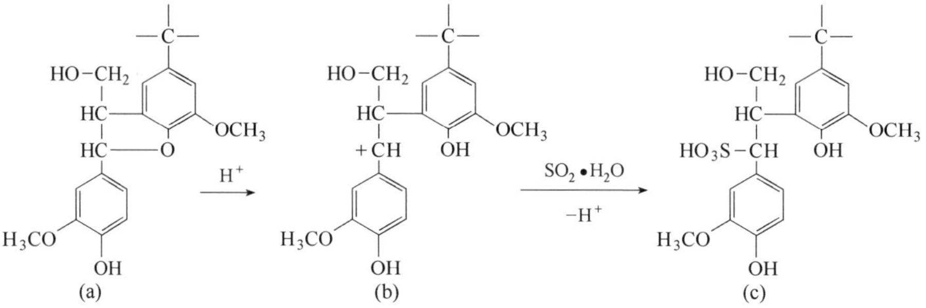

图 5-55 酸性亚硫酸盐法蒸煮中苯基香豆满结构 C_α 的磺化反应

3. β-醚键的反应

在酸性亚硫酸盐法蒸煮中，酚型和非酚型结构的 β-醚键是稳定的。当 α-碳原子上引入形成磺酸基后，HSO_3^- 的亲核性较 S^{2-}、HS^-、SO_3^{2-} 弱，即使 C_α 已磺化，邻基也不会参与反应，所以 β-醚键不会发生断裂。

4. 甲基芳基醚的反应

在酸性亚硫酸盐法蒸煮中，无论是酚型还是非酚型结构单元，其甲基芳基醚键都是稳定的。

5. 缩合反应

图 5-56 中，木质素结构单元（b）的 C_1 具有亲核性，易与碳正离子（a）发生缩合反应，通过脱质子和脱醛使木质素单元缩合，生成缩合产物（d）；木质素结构单元的 C_6 也具有亲核性，生产缩合产物（h）。缩合的木质素不会再发生磺化反应。结果使木质素分子变大，亲水性降低，木质素不易溶出。所以，在酸性亚硫酸盐法蒸煮中，生成的碳正离子须及时磺化，防止缩合反应的发生。

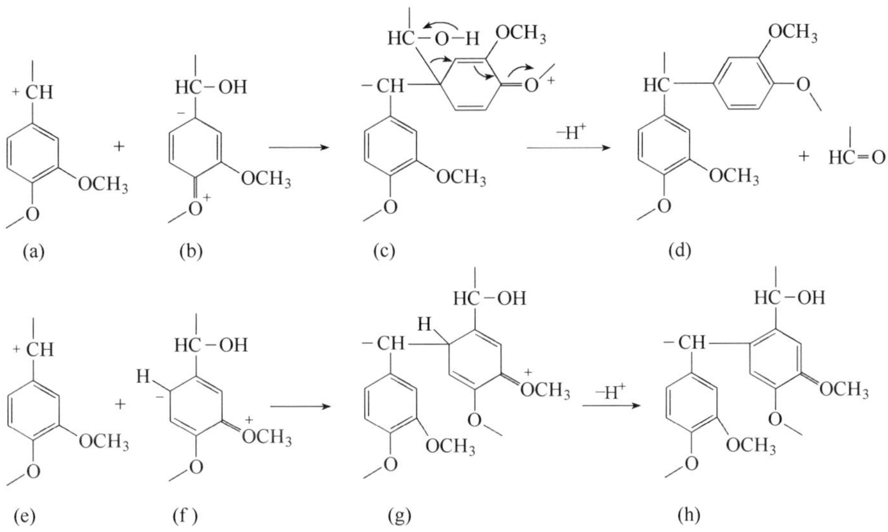

图 5-56 木质素结构单元在酸性介质中的缩合反应

二、有机溶剂制浆

有机溶剂制浆是利用溶剂如乙醇、甲醇、丙酮、乙二醇等分离纤维的制浆方法，制浆过程加入无机酸或有机酸催化剂。其优点是不产生有难闻气味的硫化合物，且适用于所有植物原料，但溶剂回收系统复杂。有机溶剂制浆仍处于发展阶段，尚未威胁到硫酸盐法蒸煮工艺。

有机溶剂蒸煮过程中的主要反应是木质素的醚键水解。大多数有机溶剂使用中性溶剂，加或不加酸性催化剂。在不加酸的情况下，由于从半纤维素中释放出乙酸，蒸煮液为酸性，木质素的中性或酸性降解反应都可能发生。

有机溶剂制浆中，木质素的 α-芳基醚键比 β-芳基醚键更容易断裂。酚型木质素的 α-芳基醚键断裂，生成亚甲基醌中间体，随后发生亲核取代反应，如图 5-57（a）所示。在加酸的情况下，α-芳基醚键通过酸催化降解，如图 5-57（b）所示。在酸性更强时，生成 C_α 正离子结构，消除水后生成易于水解的烯醇醚，烯醇醚脱去愈创木酚生成 β-羟基松柏醇，β-羟基松柏醇与其酮的形式存在平衡，如图 5-57（c）所示。一般来说，硬木比软木更容易去木质素。

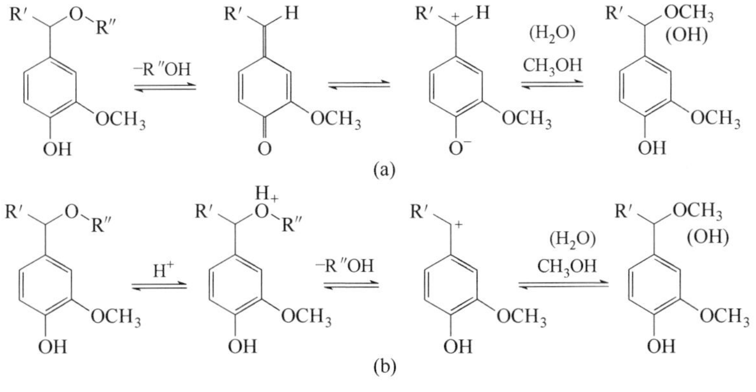

图 5-57 有机溶剂制浆 α-芳基醚和 β-芳基醚的断裂

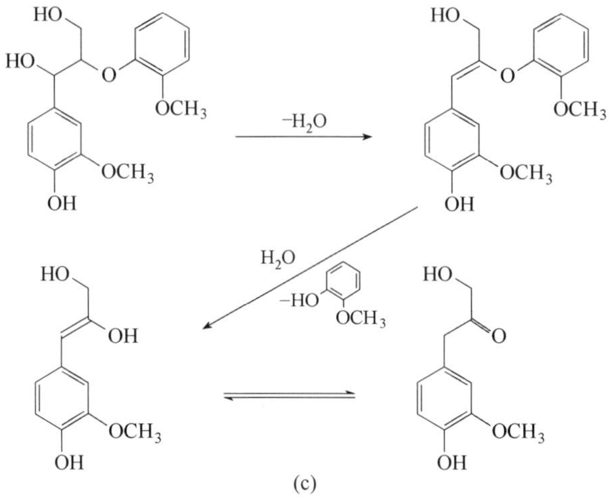

(c)

图 5-57 有机溶剂制浆 α-芳基醚和 β-芳基醚的断裂（续）

小　结

1. 酸性亚硫酸盐法的亲核试剂为水合二氧化硫（$SO_2 \cdot H_2O$）和亚硫酸氢根离子（HSO_3^-），蒸煮液的 pH 为 1~2。亚硫酸氢盐法的亲核试剂为亚硫酸氢根离子（HSO_3^-），蒸煮液的 pH 为 2~6。

2. 木质素在酸性介质中的变化规律是：无论酚型还是非酚型，C_α 会形成鲜盐结构，α-醚键断裂后，生成 C_α 碳正离子。

3. 无论是酚型或非酚型，木质素在酸法蒸煮中都发生以下反应。①α-醚键：α-醚键断裂，通过亲核加成生成 α-磺酸，松脂酚结构和苯基香豆满也会生成 α-磺酸，木质素引入亲液基团，但木质素不会碎解。②β-醚键的反应：由于 HSO_3^- 的亲核性弱，β-醚键稳定，不会发生断裂。③甲基芳基醚键是稳定的。④缩合反应：木质素的 C_1 和 C_6 具有亲核性，能够与碳正离子结构缩合，使木质素不易溶出。

4. 有机溶剂制浆过程中，α-芳基醚键比 β-芳基醚键易断裂。

课 后 练 习

一、填空题

1. 酸性亚硫酸盐法的亲核试剂（或离子）是（　　）和（　　）。

2. 亚硫酸氢盐法的亲核离子是（　　）。

二、判断题

1. 酸法制浆过程中，生成 α-磺酸，增加了木质素的亲液性能。(　　)

2. 有机溶剂制浆，β-芳基醚键比 α-芳基醚键易断裂。(　　)

三、问答题

1. 在酸性介质中木质素结构单元会发生哪些变化？

2. 酸法蒸煮中木质素会发生哪些反应？

模块六　木质素的氧化反应（一）

5-7

教学目标

1. 了解羟基自由基、超氧自由基和过氧化氢负离子的特点。
2. 熟悉氧碱漂白的机理。
3. 熟悉过氧化氢的漂白机理。
4. 熟悉臭氧的漂白机理。

教学内容

蒸煮后，针叶木硫酸盐浆和阔叶木硫酸盐浆的卡伯值分别为25~35和15~25。卡伯值反映了纸浆中木质素含量，除木质素外其他可氧化结构（如己烯糖醛酸等）对卡伯值也有贡献。未漂浆中木质素、己烯糖醛酸和其他结构对卡伯值（Kappa）的贡献见表5-7。

表5-7　未漂浆中木质素、己烯糖醛酸和其他结构对卡伯值（Kappa）的贡献

	纸浆	木质素	己烯糖醛酸	其他
松木KP浆	18.6	14.3	1.9	2.4
松木烧碱/AQ浆	18.9	16.8	0.3	1.8
桦木KP浆	13.6	6.5	4.5	2.6
桉木KP浆	17.2	9.0	7.4	0.8

硫酸盐法蒸煮后，纸浆中残余木质素的化学结构与木材中的原始木质素大不相同。表现在：①残余木质素的β-O-4′键结构大幅减少，β-O-4′键仅为天然木质素的10%~20%。②游离酚羟基数量增加，每100个苯丙烷结构单元有25~35个游离酚羟基。③残余木质素中几乎所有的木质素与多糖（纤维素、聚木糖和聚葡萄甘露聚糖）之间存在化学键连接，其中苯基糖苷键是主要的连接方式。④残余木质素中出现新的亚甲基，如二氢松柏醇和开环异落叶松脂素。⑤残余木质素出现了新的碳—碳双键，如苯基香豆满在碱法蒸煮中生成的二苯乙烯结构以及不饱和脂肪酸与木质素化学结合等。

全无氯漂白（TCF）是指漂白过程不使用含氯漂白剂，常用过氧化氢、氧气和臭氧作氧化剂，三种氧化剂在漂白过程中会产生羟基自由基（$HO^{\cdot}$）、超氧自由基（$O_2^{\cdot-}$）和过氧化氢负离子（HOO^-）等活性氧。羟基自由基是强氧化剂，具有强的亲电性。超氧自由基不会直接降解木质素，它能使醇和酚去质子化，与羟基自由基共同氧化分解木质素。过氧化氢负离子（HOO^-）具有亲核性，能与木质素侧链的共轭双键和共轭羰基发生亲核反应。

一、过氧化氢漂白

1. 过氧化氢分解及稳定性

H_2O_2漂白在碱性条件进行。H_2O_2在碱性条件下分解，生成HOO^-，如图5-58（a）所示。HOO^-亲核性强，它与木质素的反应是过氧化氢漂白的主要反应。当 pH 大于 10.5 时，过氧化氢负离子分解产生氧气，失去漂白作用，如图 5-58（e）所示。

过渡金属离子易催化分解 H_2O_2，如图 5-58（d）所示，漂白前用螯合剂乙二胺四乙酸（EDTA）或二乙基三胺五乙酸（DTPA）对纸浆进行预处理，可有效地去除过渡金属离子，这个过程也称为 Q 段。即使去除过渡金属离子，过氧化氢离子分解和单电子分解仍是不可避免的，产生 $HO^{\cdot}$ 和 O_2^{2-}，如图 5-58（c）所示。

碱性 H_2O_2 一直用于漂白机械浆，去除纸浆中的发色基团，纸浆得率不受影响。H_2O_2 漂白也用于漂白的终段以稳定白度。

碱溶液中的平衡　$H_2O_2 + HO^- \rightleftharpoons HO_2^- + H_2O \quad pKa \approx 11.6$

(a)

离子分解　$H_2O_2 + HO_2^- \longrightarrow \begin{matrix} H-O-O-H \\ H-O-O^- \end{matrix} \longrightarrow H_2O + {}^1O_2 + HO^-$

(b)

单电子分解　$H_2O_2 + HO_2^- \longrightarrow O_2^{\bullet -} + HO^{\bullet} + H_2O$

$O_2^{\bullet -} + HO^{\bullet} \longrightarrow O_2 + HO^-$

(c)

金属离子的影响　$H_2O_2 + M \longrightarrow HO^- + HO^{\bullet} + M^+$

$HO_2^- + M^+ + HO^- \longrightarrow O_2^{\bullet -} + H_2O + M$

$O_2^{\bullet -} + M^+ \longrightarrow O_2 + M$

$O_2^{\bullet -} + HO^{\bullet} \longrightarrow O_2 + HO^-$

(d)

pH 的影响　$HO_2^- + HO^- \longrightarrow O_2^{2-} + H_2O \longrightarrow O_2$

(e)

图 5-58　过氧化氢在碱性溶液中的分解反应

2. β-O-4′醚键断裂

氧漂后残余木质素中的酚型木质素如存在β-O-4′醚键，木质素中的苯甲醇结构（含 C_α-OH）在碱性条件下形成亚甲基醌化合物，亚甲基醌化合物与过氧化氢负离子亲核加成，生成环氧化物，最终使木质素的侧链断裂，如图 5-59 所示。

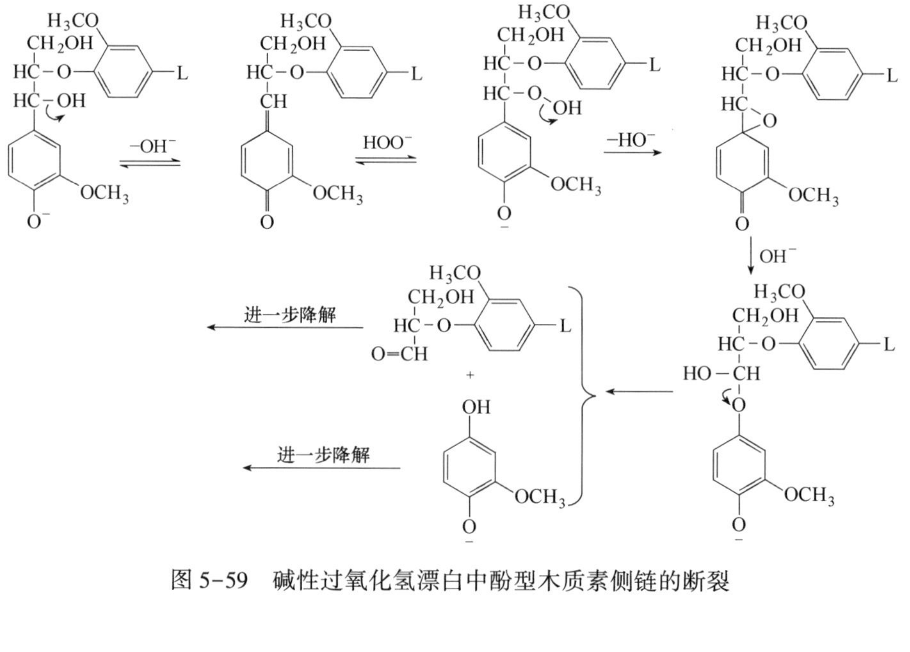

图 5-59　碱性过氧化氢漂白中酚型木质素侧链的断裂

3. 发色基团消除反应

过氧化氢负离子与邻醌结构和对醌结构反应生成环氧化物，环氧化物开环后被进一步氧化降解为羧酸类低分子化合物，如图 5-60 所示，醌式发色基团的消除提高了纸浆的白度。

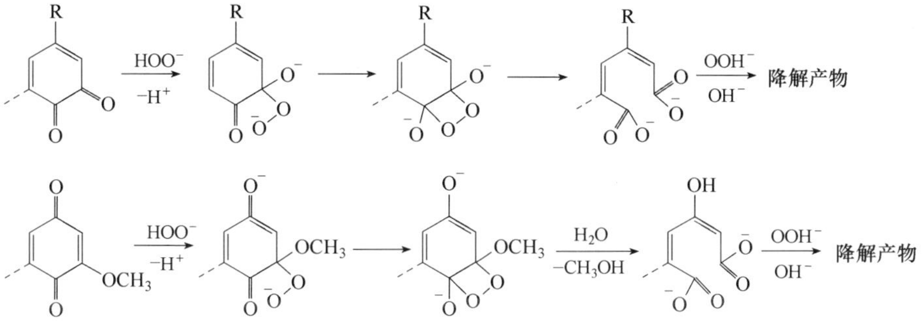

图 5-60　过氧化氢与醌类化合物的反应

4. 侧链共轭双键的反应

过氧化氢负离子与侧链碳正离子亲核加成，脱去 OH^-，生成环氧化物。开环后侧链断裂，促进木质素的溶出，如图 5-61 所示。

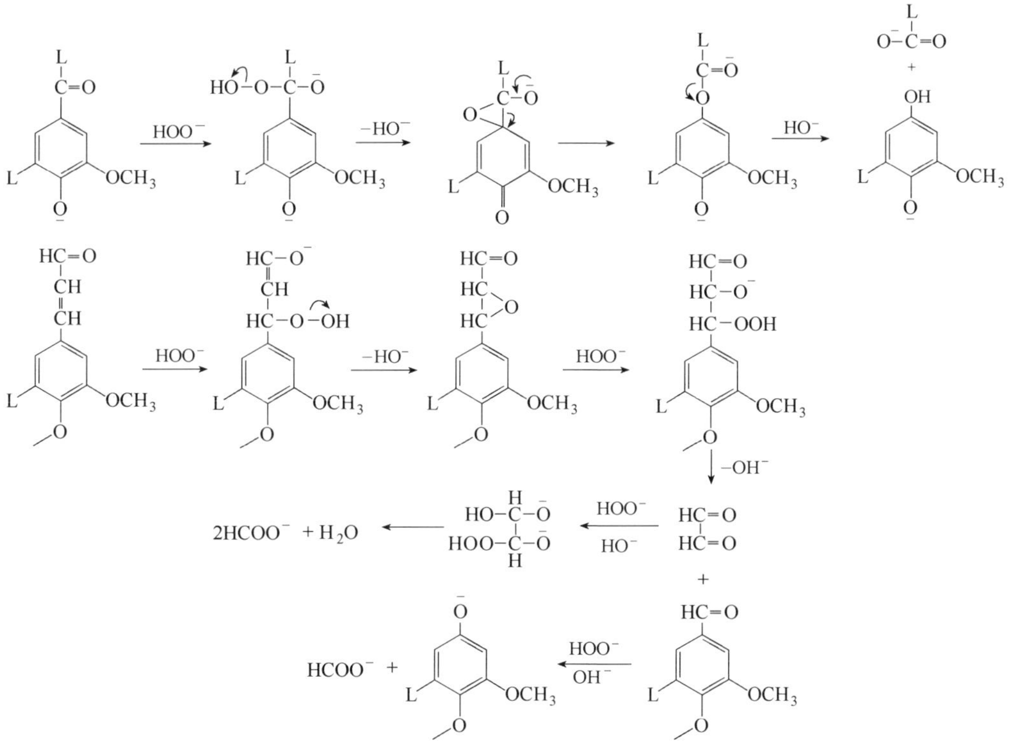

图 5-61　过氧化氢负离子与侧链共轭双键的反应

二、氧漂白

在碱性介质中的氧脱木质素称为氧碱漂白。氧碱漂白中分子氧经四步单电子传递，最终生成水，如图 5-62 所示。分子氧在碱性条件下，产生负离子（氢氧根 HO^-、过氧化氢负离子 HOO^-）和自由基（羟基自由基 HO·、过氧化氢自由基 HOO·和超氧自由基 $O_2^{\bullet -}$）。其中羟基自由基和分子氧双自由基具有亲电性，过氧化氢负离子和超氧自由基具有亲核性。羟基自由基（HO·）是强氧化剂，中碱性的氧化还原电位为 1.89V（HO·/HO^-），具有强的亲电性。相对于羟基自由基，超氧自由基（O_2^-.）的氧化还原电位低，不会氧化木质素，但可以氧化邻苯醌和对苯醌。

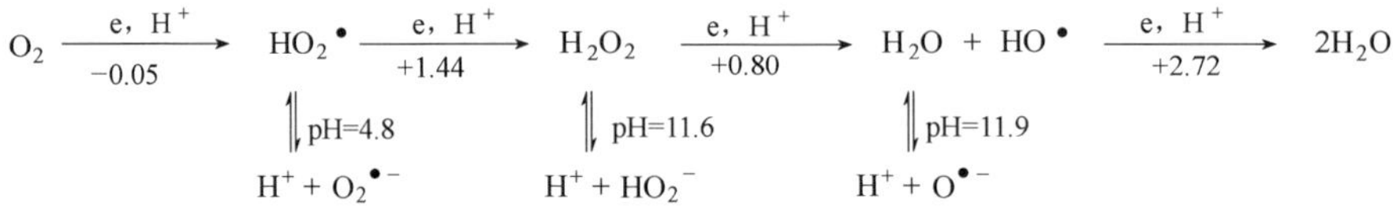

图 5-62 分子氧四步单电子传递

氧漂过程中，由于存在众多的氧中间体，如羟基自由基与木质素的反应和超氧自由基与木质素的反应，使氧漂的反应十分复杂。由于中间体存在 H_2O_2，木质素与 H_2O_2 的反应在氧漂过程中都可以发生。

1. 酚型木质素的反应

氧碱漂白过程中，分子氧双自由基（·O—O·）的反应途径如图 5-63 所示。图 5-63 中，分子氧双自由基在碱介质中亲电攻击酚型木质素，酚类阴离子失去一个电子，产生苯氧基或环己二烯基自由基共振体，超氧自由基与自由中间体结合，形成过氧负离子，过氧负离子分子内亲核攻击，经过环氧中间体，生成醌类（a）、黏糠酸结构（b）或 C_5—C_5 缩合结构（c）。

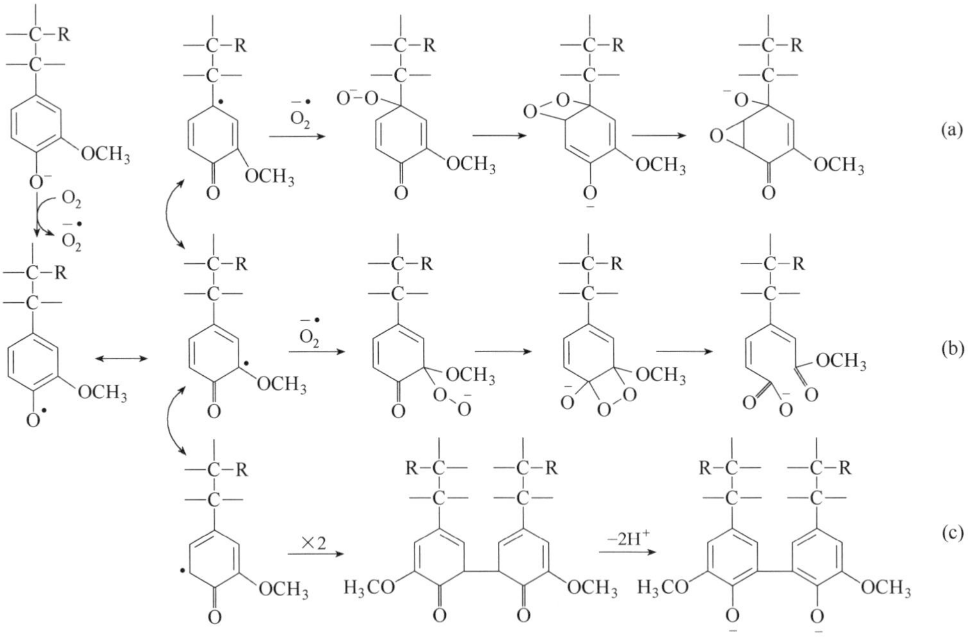

图 5-63 酚型木质素与氧的反应

2. 侧链共轭烯结构反应

在侧链的共轭烯结构中，双氧自由基会使 C_α—C_β 键断裂，消除侧链，如图 5-64 所示。

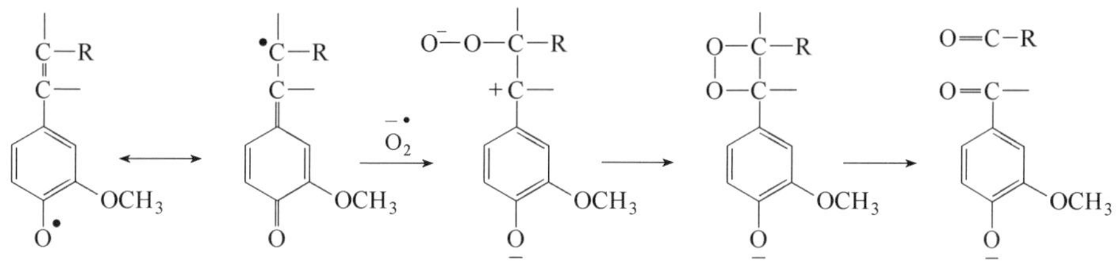

图 5-64 木质素侧链共轭烯与氧的反应

三、臭氧漂白

臭氧的主要用途是饮用水的净化，直到 20 世纪 80 年代后期，随着 TCF 漂白技术的发展，臭氧被用作氧化剂漂白纸浆，有些工厂用高浓或中浓臭氧漂白（Z 段）替代二氧化氯段漂白（D 段）。

室温下臭氧的氧化电位为 2.07V，在氧的活性基团中，除羟基自由基外它是最强的氧化剂，能够与大多数有机物发生反应。臭氧在碱性条件下会发生分解，生成羟基自由基（HO·）和超氧自由基（$O_2^{\bullet -}$），如图 5-65 所示。因此，漂白在酸性（pH 为 1.5~2）和高浓度（35%~40%）条件下进行。与氧漂白相比，臭氧的反应性强，易产生羟基自由基，其漂白效率高，但漂白的选择性较低。

$$O_3 + OH^- \longrightarrow O_2^{\bullet -} + HOO^{\bullet}$$
$$O_3 + HOO^{\bullet} \longrightarrow 2O_2 + HO^{\bullet}$$
$$O_3 + HO^{\bullet} \longrightarrow O_2 + HOO^{\bullet}$$
$$2HOO^{\bullet} \longrightarrow O_3 + H_2O$$
$$HOO^{\bullet} + HO^{\bullet} \longrightarrow O_2 + H_2O$$

图 5-65 臭氧在碱性条件下的分解反应

臭氧的 3 个氧原子的 4 个电子形成大 π 键，有四个共振体，如图 5-66 所示。末端带正电的氧具有亲电性，末端带负电的氧具有亲核性。亲电的氧比亲核的氧更具活性，所以臭氧易发生亲电反应。除亲电反应外，还能够发生加成反应。

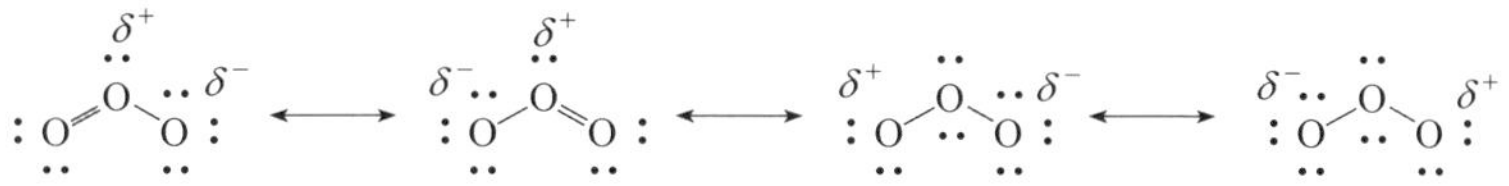

图 5-66 臭氧的共振结构式

1. 与木质素苯环的反应

臭氧与木质素苯环的反应如图 5-67 所示。图 5-67 中，当氧化酚型或非酚型木质素时，臭氧攻击芳环的碳负离子，生成羟基化物（a）和邻醌产物，并产生氧气或甲醇（b）。或与芳环进行 1,3-环加成反应，生成黏糠酸衍生物，同时生成过氧化氢（c）。臭氧与芳环反应，会发生连续降解，最终生成有机酸和二氧化碳。

2. 与木质素侧链双键、醚和醛的反应

臭氧与木质素侧链双键反应如图 5-68 所示，经 1，3 环加成反应生成 1，2,3-三氧五环结构，环结构分解生成两个羰基化合物（a），共轭双键极易发生这类反应，使侧链氧化为羰基产物而溶出。臭氧与木质素发生 1,3-环加成反应形成 π 络合物和 σ 络合物，生成环氧乙烷化合物（b），或插入到醇、醚结构中的碳氢键中，使醇和醚生成羰基化合物（c），如果是醛则生成羧酸（d）。

除上述反应外，由于反应过程生成过氧化氢和氧，漂白体系也存在过氧化氢负离子、羟

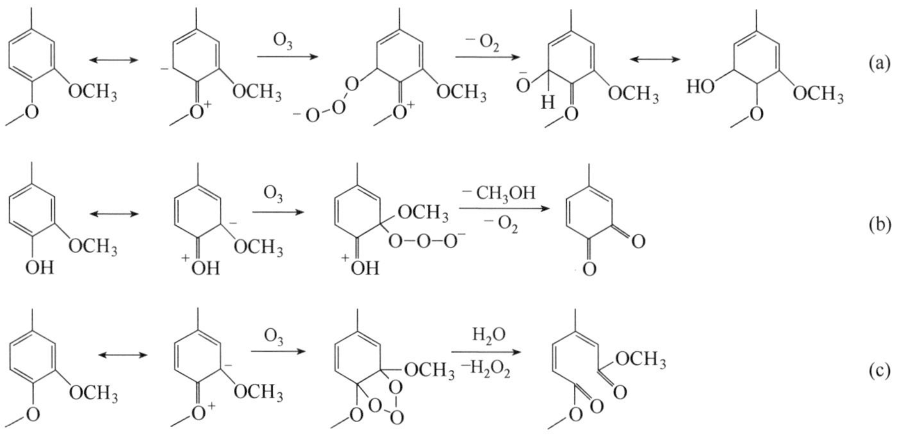

图 5-67 臭氧与木质素芳环的反应

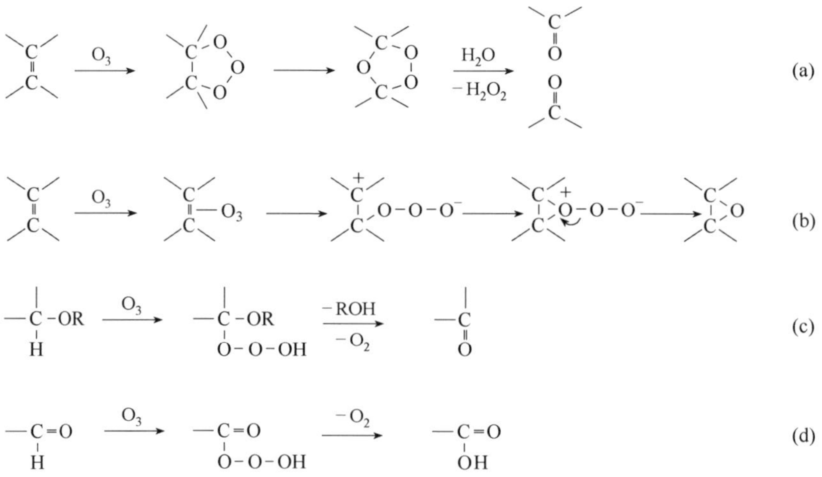

图 5-68 臭氧与木质素侧链双键、醚和醛的氧化反应

基自由基和超氧自由基，发生类似氧漂和过氧化氢的漂白反应。

小　　结

1. 过氧化氢、氧气和臭氧三种漂白剂漂白过程中会产生羟基自由基、超氧自由基和过氧化氢负离子。过氧化氢负离子和超氧自由基具有亲核性；羟基自由基是强氧化剂，具有强的亲电性；分子氧是双自由基，具有亲电性。

2. 过氧化氢负离子是过氧化氢漂白的主要组分，过氧化氢在碱性条件下漂白，但当 pH 超过 10.5 时，失去漂白作用。漂白加螯合剂去除金属离子，防止 H_2O_2 的分解。H_2O_2 用于漂白机械浆或漂白终段。与木质素的反应有：酚型木质素 β-O-4′醚键断裂；邻醌和对醌结构氧化为黏糠酸，最终降解为低分子羧酸；侧链共轭双键经环氧化物断裂。

3. 在碱性介质中氧脱木质素称为氧碱漂白。氧碱漂白发生的反应包括：二氧自由基与酚型木质素反应，经环己二烯基自由基生产醌类、黏糠酸和缩合结构；木质素侧链共轭烯的 C_α-C_β 键断裂，消除侧链。

4. 臭氧 4 个电子形成大 π 键，有四个共振体，具有亲电性。漂白在酸性（pH 为 1.5～2）

和高浓（35%~40%）条件下进行，漂白效率较氧碱漂白效率高。臭氧漂白发生的反应包括：与苯环反应生成羟基化合物、邻醌和黏糠酸，最终降解为有机酸和CO_2；与双键反应生成两个羰基化合物或环氧乙烷，将醇醚氧化为羰基化合物，将醛氧化为羧酸。

课后练习

一、填空题

1. 全无氯漂白常用的氧化剂有（　　）、（　　）、（　　）。

2. O_2、O_3 和 H_2O 在漂白过程会产生（　　）、（　　）、（　　），其中具有亲核性的是（　　）和（　　），具有亲电性的是（　　）。

二、单选题

1. 以下有关臭氧漂白错误的是（　　）。

（A）臭氧有4个共振体。　　（B）臭氧具有亲核性。

（C）漂白在酸性和高浓条件下进行。　　（D）漂白效率选择性低。

2. 以下有关过氧化氢漂白错误的是（　　）。

（A）H_2O_2 漂白的主要成分是羟基自由基。

（B）H_2O_2 在碱性（pH<10.5）条件下进行。

（C）H_2O_2 漂白要加螯合剂。

（D）常用于机械浆和漂白末端稳定白度。

三、问答题

1. 氧漂过程中，分子氧与木质素发生哪些反应？

2. H_2O_2 与木质素发生哪些反应？

3. 臭氧与木质素发生哪些反应？

模块七　木质素的氧化反应（二）

5-8

教学目标

1. 了解次氯酸盐溶液组成与漂白机理。
2. 了解氯水溶液组成与漂白机理。
3. 熟悉二氧化氯漂白剂的特点及与木质素的反应。
4. 了解过氧乙酸、二甲基环乙烷和金属氧化物漂白剂。

教学内容

一、次氯酸盐漂白

次氯酸盐溶液中存在三种氧化剂，分别是氯、次氯酸和次氯酸盐离子，在不同的 pH

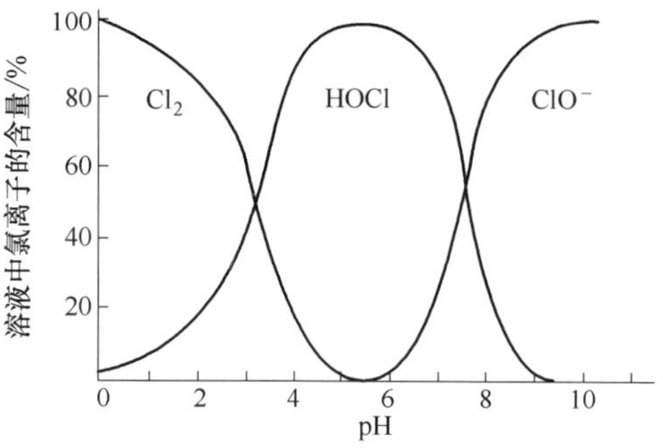

图 5-69 不同 pH 下次氯酸盐溶液的化学组成

下，次氯酸盐溶液的化学组成不同，如图 5-69 所示。当 pH<2 时，溶液中主要是氯，pH>9 时，溶液中主要是 ClO^-。氯、次氯酸和次氯酸盐离子三者中氧化电势最大的是次氯酸，其氧化性也最强，但也会使碳水化合物降解。次氯酸盐漂白通常是在碱性条件下进行的。

由于次氯酸盐漂白显著降解碳水化合物，漂白废水污染比较严重，目前已被二氧化氯、氧气、臭氧和过氧化氢漂白所取代。

$$Cl_2+2e \rightleftharpoons 2Cl^- \qquad +1.35V$$

$$H^++HOCl+2e \rightleftharpoons Cl^-+H_2O \qquad +1.5V$$

$$H_2O+OCl^-+2e \rightleftharpoons Cl^-+2OH^- \qquad +0.94V$$

次氯酸盐漂白对木质素的氯化反应主要是攻击苯环的苯醌结构和侧键的共轭双键，其反应过程如图 5-70 所示。次氯酸盐与醌类和芳环共轭键的反应属亲核加成反应，反应中生成环氧乙烷中间体，经碱性氧化降解，最终产物为羧酸类化合物和 CO_2。次氯酸盐漂白破坏了醌类和共轭双键等发色基团，从而提高纸浆的白度。

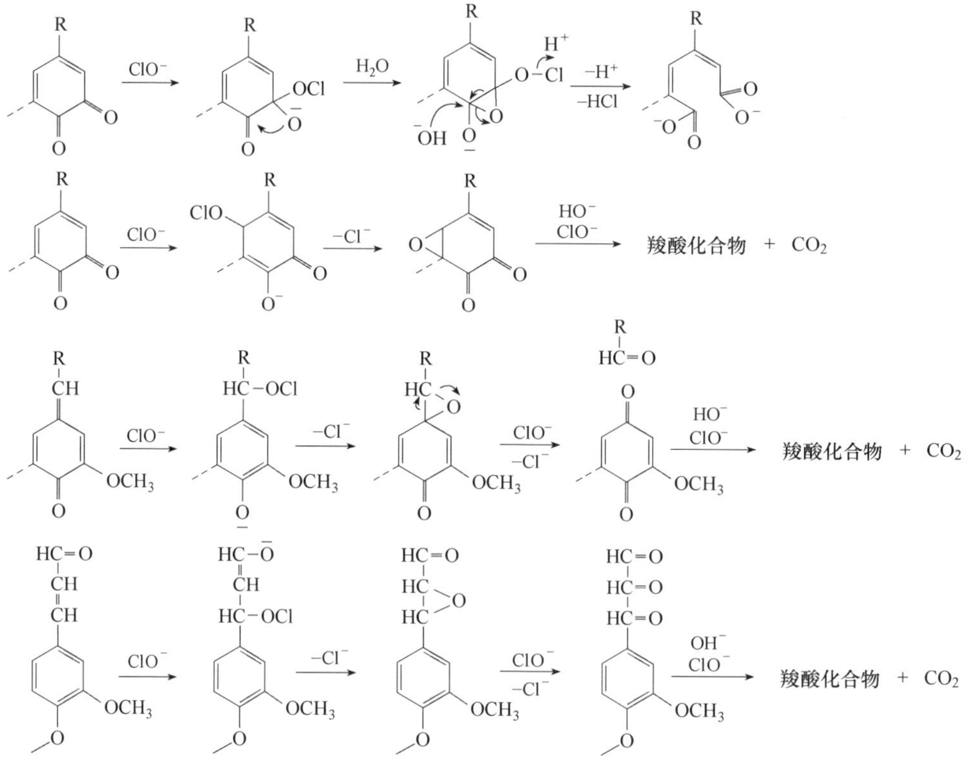

图 5-70 次氯酸盐与木质素发色基团的反应

二、木质素与氯水溶液的反应

人们很早就认识到元素氯对化学纸浆的高效脱木质素作用，直到 20 世纪 80 年代后期，氯一直是硫酸盐浆的主要漂白剂。然而，氯和纸浆成分反应会产生大量氯化有机物，影响环境，全球用于漂白化学浆的氯消耗量迅速下降。

1. 氯水溶液

氯水溶液含有次氯酸、氯正离子和氯负离子，溶液呈酸性，如图 5-71 所示。

$$Cl_2 + H_2O \rightleftharpoons HOCl + HCl$$
$$2\,HOCl \rightleftharpoons OCl^- + H_2O^+Cl$$
$$H_2O^+Cl \rightleftharpoons H_2O + Cl^+$$
$$2Cl_2 + H_2O \rightleftharpoons OCl^- + 2\,HCl + Cl^+$$

图 5-71　氯水溶液中的组分

氯正离子是强亲电试剂和氧化剂，在酸性介质中稳定，氯正离子既能与酚类结构反应，也能与非酚类结构反应，非酚型较酚类反应慢。木质素与氯水溶液的反应非常快，氯水溶液中的次氯酸根离子和氯负离子也会与木质素反应。

$$Cl^+ + 2e \rightleftharpoons Cl^-$$

2. 与苯环的反应

氯正离子攻击 C_1、C_3 和 C_5 生成环己二烯阳离子中间体，如图 5-72（a）所示。随后发生以下反应：（a）在 C_1 引入氯，脱去侧链，木质素降解，同时生成醛类化合物，如图 5-72（b）所示。（b）在 C_5 引入氯，生成氯化物，如图 5-72（c）所示。（c）在甲氧基的氧上引入氯，烷基芳醚键断裂，脱去甲醇，大约 80% 的甲氧基以甲醇的形式分离。同时，C_4 的醚键断裂，生成邻醌结构，木质素分子降解溶出，如图 5-72（d）所示。

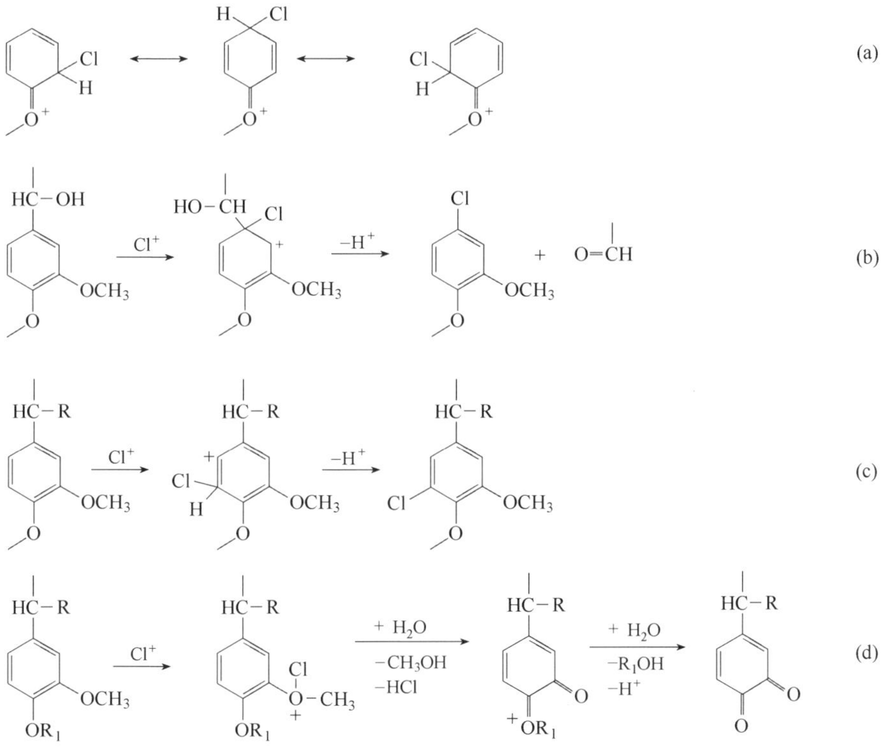

图 5-72　木质素与氯正离子的亲电取代反应

3. 加成反应

一些木质素侧链存在与苯环共轭的碳—碳双键，如天然木质素中的松柏醛、松柏醇或残余木质素中的苯乙烯和二苯乙烯结构。共轭双键与氯发生亲电加成反应，生成共振稳定中间体，反应速率较快，如图 5-73 所示。

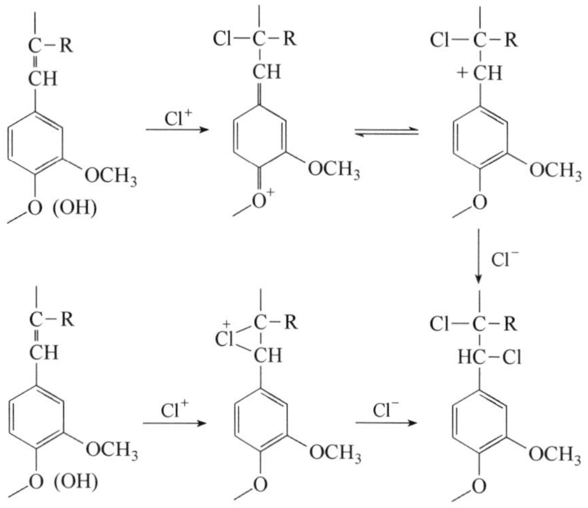

图 5-73 木质素侧链共轭双键的氯化反应

除了氯，次氯酸和次氯盐离子通常也存在于漂白液中，三者的含量取决于溶液的 pH。由于次氯酸的存在，溶液生成醌和各种羧酸，使木质素可溶于碱。通过碱处理中和羧酸，增加木质素的水溶性。

三、木质素与二氧化氯的反应

二氧化氯漂白是无元素氯漂白的漂剂，无元素氯漂白用二氧化氯代替氯气。ClO_2 的 Cl 是+4 价，其负离子的结构式和各原子核外电子排布如图 5-74 所示。ClO_2 缺电子，是自由基和强氧化剂。漂白过程中 ClO_2 可被还原为多种价态的氯化物，包括氯酸（$HClO_3$，+5 价）、亚氯酸（$HClO_2$，+3 价）、次氯酸（HClO，+1 价）、氯酸根（ClO_3^-，+5 价）、亚氯酸根（ClO_2^-，+3 价）、次氯酸根（ClO^-，+1 价）、元素氯（Cl_2，0 价）和氯离子（Cl^-，-1 价）。

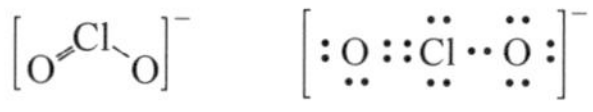

图 5-74 二氧化氯负离子的结构式和各原子核外电子排布

二氧化氯漂白化学浆在酸性条件下（pH=2~3）进行。二氧化氯漂白具有选择性，能够氧化木质素，对纤维素损伤少，有利于纸张强度。

1. 与酚型木质素的反应

二氧化氯是自由基，与酚型木质素的初始反应是单电子转移反应，如图 5-75 所示。图 5-75 中，二氧化氯夺取酚型木质素（a）酚羟基的氢，生成亚氯酸和苯氧基自由基（b），环己二烯自由基（c）和（h）是苯氧自由基的共振式，二氧化氯与环己二烯自由基结合，生成亚氯酸酯（d）（f）和（i）。亚氯酸酯水解，取决于离去基团的种类，产生黏糠酸（e）、邻醌（g）和对醌结构（j）。反应中会释放次氯酸、亚氯酸和甲醇。

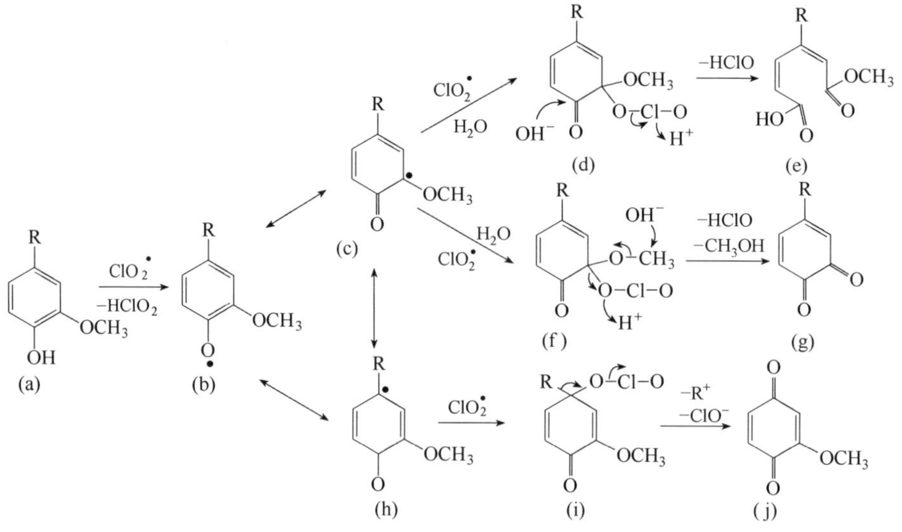

图 5-75 二氧化氯与酚型木质素的反应

2. 与非酚型木质素的反应

二氧化氯与非酚型木质素的反应如图 5-76 所示，非酚型木质素（a）形成环己二烯正离子自由基（b）和（f），经亚氯酸酯中间体（c）和（g）水解，取决于反应条件，生成甲醇、醌类（e）和黏糠酸（i）。

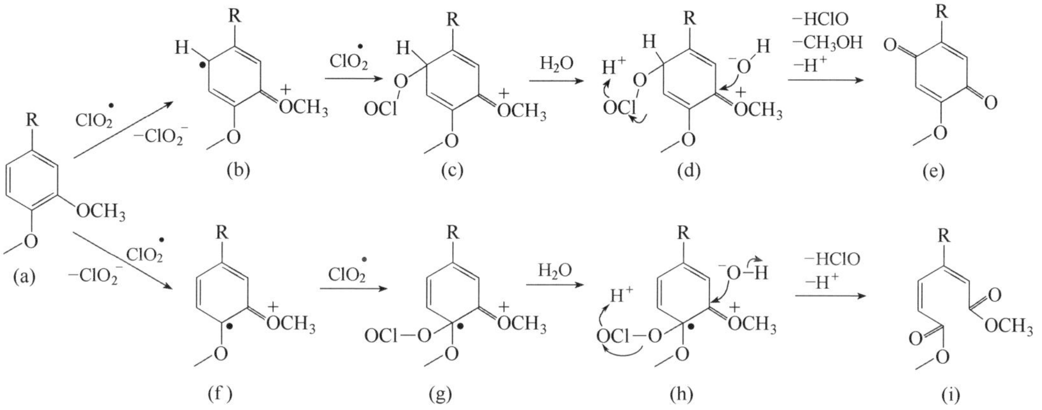

图 5-76　二氧化氯与非酚型木质素结构的反应

3. 与侧链碳—碳双键的反应

二氧化氯能够与侧链共轭烯烃结构加成，生成自由基结构，经环氧化物水解，生成二醇产物，消除了共轭双键发色基团，如图 5-77 所示。

二氧化氯漂白时，同时产生氯离子、亚氯酸盐和氯酸盐离子，亚氯酸盐离子可能与纸浆木质素反应。次氯酸和/或氯参与氯酸盐的生成，如图 5-78 所示，氯酸盐惰性，不与纸浆反应，但其有生物活性，可能会导致环境问题。

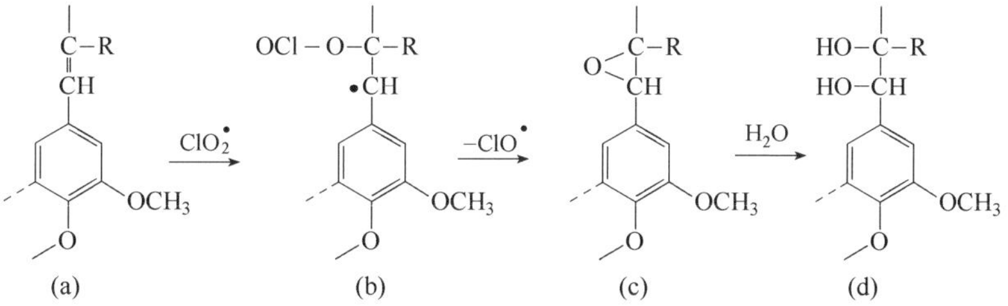

图 5-77　二氧化氯与共轭双键的反应

氯气漂白的漂白废水含有剧毒的多氯代二苯并二噁英和二苯并呋喃（图 5-79），危害环境。

$$HOCl + ClO_2^- \longrightarrow ClO_3^- + Cl^- + H^+$$

$$Cl_2 + ClO_2^- + H_2O \longrightarrow ClO_3^- + 2Cl^- + 2H^+$$

图 5-78　次氯酸和氯参与生成氯酸盐

TCDD　　TCDF

图 5-79　2,3,7,8-四氯-二苯并-对-二噁英（TCDD）和 2,3,7,8-四氯-二苯并呋喃（TCDF）

二氧化氯氧化纸浆生成的氯化木质素，低相对分子质量酚类和酸类显著减少，同时，废水中的氯化二噁英和二苯并呋喃减少到接近或低于检测限的水平。

四、其他漂白方法

1. 过乙酸（PAA）漂白

过乙酸作为机械纸浆和化学纸浆的漂白剂早已为人所知。过乙酸漂白具有选择性，在弱碱性条件下（pH 约为 8），可以破坏机械浆中的发色团结构，对纸浆的得率影响较小；在中性和弱酸性条件下漂白化学浆，也能够氧化和溶解木质素。尽管过乙酸漂白具有选择性，但因其制造成本较高，制约了过乙酸漂白的应用。

过乙酸和木质素之间的主要反应是乙酸亲电加成到富电子的芳烃体系中，形成醌的中间体，经连续氧化生成黏糠酸结构，如图 5-80 所示。过乙酸氧化木质素的速率较低。

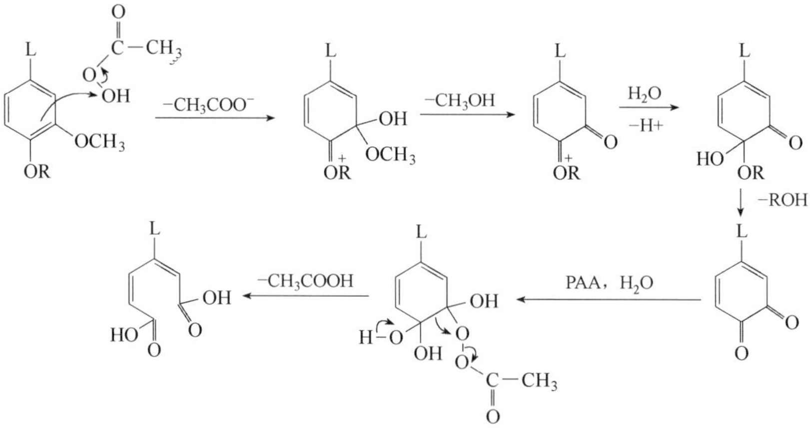

图 5-80 过乙酸氧化木质素的反应

除了芳环的氧化，过乙酸能够将 C_α 羟基氧化为羰基，经过 Baeyer-Villiger 重排，形成环氧化物，水解后引起侧链断裂，如图 5-81 所示。除过乙酸之外，其他过酸如过甲酸和过氧单硫酸的漂白效果不如过乙酸。

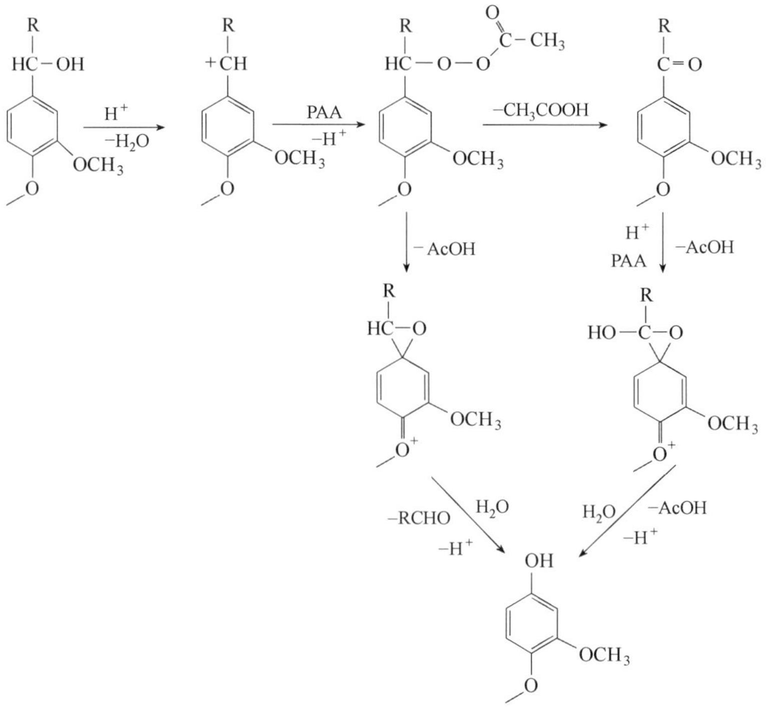

图 5-81 过乙酸氧化木质素

2. “活性氧”

活性氧是一组亲电氧化剂，能够将活性氧原子转移到芳香族底物上。二甲基二环氧乙烷（DMD）是一种简单的“活性氧”，它可以用丙酮与过氧单硫酸盐在弱碱性条件下（碳酸氢钠溶液）制备（图 5-82）。DMD 能够完全脱木质素，且其脱木质素具有选择性，但由于成本高，还未能在工业中获得应用。

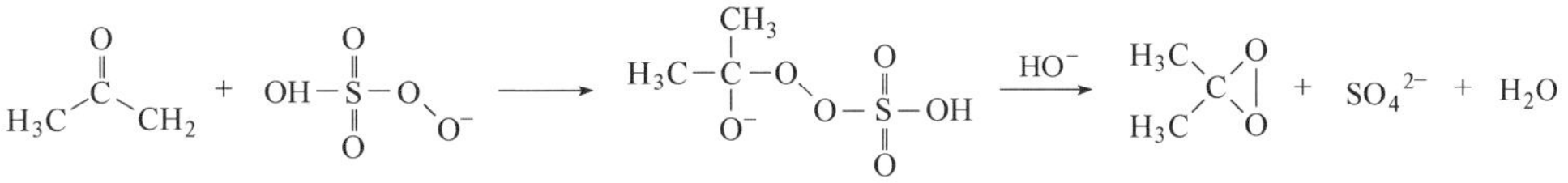

图 5-82 丙酮和过氧单硫酸盐合成二甲基二环氧乙烷

3. 多金属氧酸盐

多金属氧酸盐（POM）氧化木质素的能垒比氧气低，氧化反应条件温和。POM 氧化木质素分为化学计量法和催化法。催化方法是加入少量的 POM，在氧气存在的条件下实现催化剂的连续再氧化和木质素的完全氧化。最常用的是 $[PMo_7V_5O_{40}]^{8-}$（Keggin 结构），它能够在温和的酸性条件下氧化酚型木质素，如图 5-83 所示。无论化学计量方法还是催化法，从环境和经济角度考虑，都要求能够有效回收 POM。

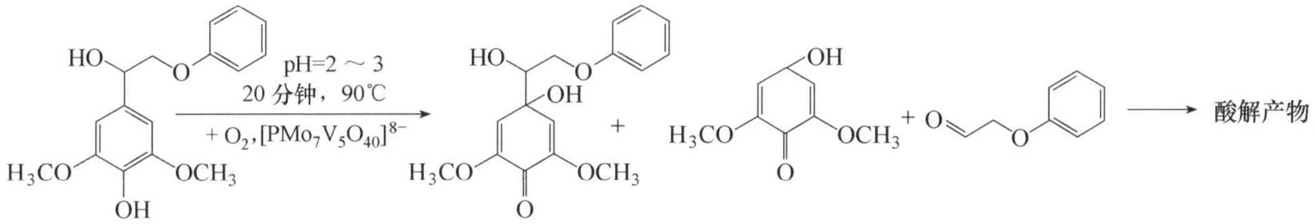

图 5-83 POM 氧化酚类木质素模型化合物

小　　结

1. 次氯酸溶液存在氯、次氯酸和次氯酸盐离子，其组成与 pH 有关，pH>9 时，溶液中主要是 ClO^-。次氯酸氧化电势最大。次氯酸盐漂白显著降解碳水化合物，废水污染严重，目前已被淘汰。次氯酸盐与醌类和芳环共轭键反应，生成环氧乙烷中间体，最终产物为羧酸类化合物和 CO_2。

2. 氯水溶液含有次氯酸、氯正离子和氯负离子，溶液呈酸性。氯正离子是强亲电试剂和氧化剂。其与木质素的反应有：氯正离子与苯环反应生成氯化物或邻醌结构，侧链断裂；侧链双键加成反应生成二氯化物，氯漂白的废水含有剧毒的 TCDD 和 TCDF。

3. ClO_2 缺电子，是自由基和强氧化剂，漂白在酸性条件下（pH = 2 ~ 3）进行，二氧化氯漂白具有选择性。ClO_2 与木质素的反应有：ClO_2 与酚型木质素的反应经环己二烯自由基，生成黏糠酸、邻醌和对醌结构；与非酚型木质素反应生成黏糠酸和对醌结构；与侧链共轭烯烃生成二醇产物。二氧化氯漂白废水中的 TCDD 和 TCDF 低于检测限水平。

4. 其他漂白剂：①过氧乙酸具有亲电性，过氧乙酸漂白具有选择性，与木质素反应生成黏糠酸；可将 C_α 羟基氧化为羰基，侧链断裂。但过氧乙酸制造成本较高。②二甲基二环氧乙烷具有亲电性，脱木质素具有选择性，成本高。③多金属氧酸盐（POM）氧化木质素条件温和，要求能够有效回收 POM。

课 后 练 习

一、填空题

1. 次氯酸溶液存在（　　）、（　　）和（　　），其中（　　）电势最大。pH>9，溶液中主要是（　　）。

2. 氯水溶液中含有（　　）、（　　）和（　　），溶液呈酸性。

二、判断题

1. 次氯酸盐会显著降解碳水化合物。（　　）

2. 氯正离子具有亲电性。（　　）

3. 氯漂白废水含有剧毒的 TCDD 和 TCDF。（　　）

三、问答题

1. 二氧化氯漂白有什么特点？

2. 二氧化氯与木质素的反应有哪些？

模块八　还原反应与颜色反应

5-9

教学目标

1. 了解木质素的颜色反应。
2. 熟悉甲脒亚磺酸还原性漂白机理。
3. 熟悉连二亚硫酸钠还原性漂白机理。

教学内容

一、木质素的还原反应

1. 甲脒亚磺酸

甲脒亚磺酸（formamidine sulfinic acid，FSA）又名二氧化硫脲，微溶于水，其饱和水溶液为酸性，如图 5-84 所示。

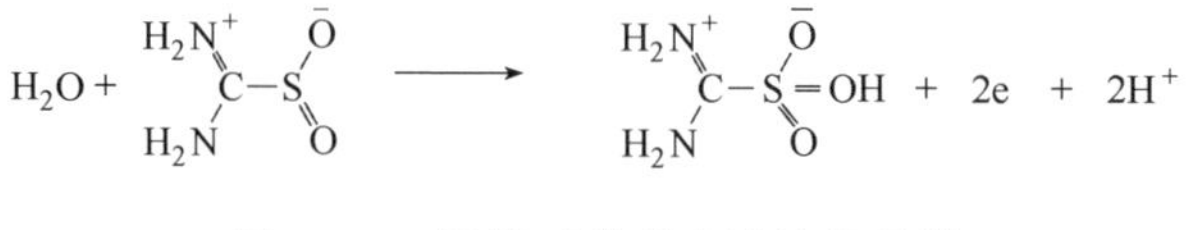

图 5-84　甲脒亚磺酸水溶液为酸性

甲脒亚磺酸在碱性溶液中会分解为尿素和还原性强的次硫酸根（SO_2^{2-}），如图 5-85 所示。甲脒亚磺酸是一种高效还原性漂白剂，广泛应用于二次纤维和高得率浆的漂白。

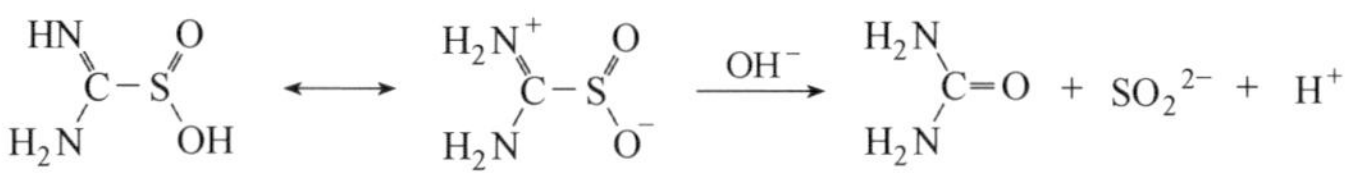

图 5-85　甲脒亚磺酸在碱性条件下的反应

（1）与苯醌反应。甲脒亚磺酸能够将木质素中的邻（对）苯醌结构还原为邻（对）苯酚结构，破坏羰基发色基团，提高纸浆白度。甲脒亚磺酸在碱性条件下生成 SO_2^{2-}，被进一步氧化为 SO_3^{2-}，如图 5-86 所示。

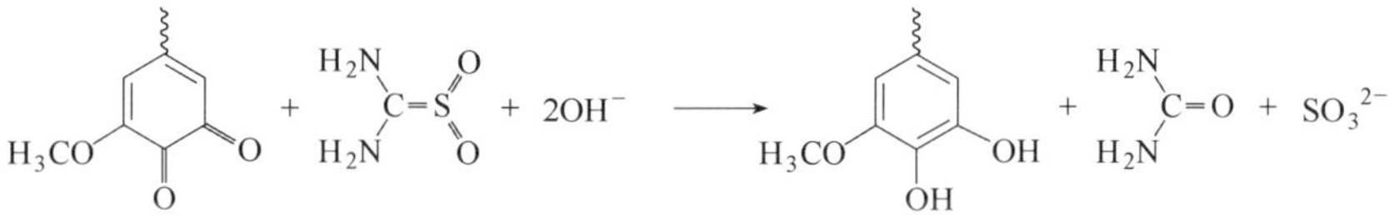

图 5-86　甲脒亚磺酸与邻醌的反应

（2）与羰基反应。甲脒亚磺酸可以将还原木质素结构中的羰基还原为羟基，提高纸浆白度，如图 5-87 所示。

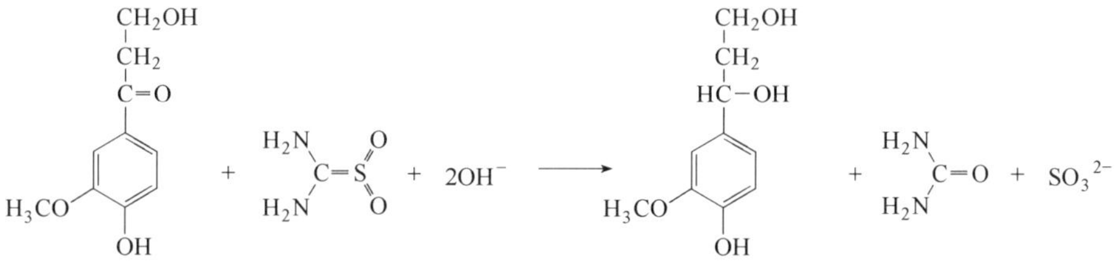

图 5-87　甲脒亚磺酸与羰基的反应

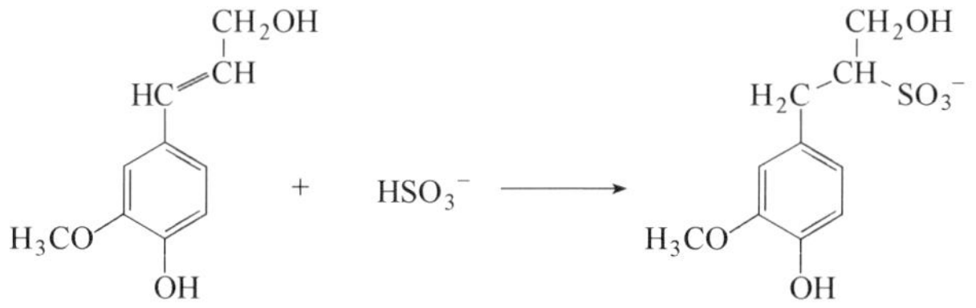

图 5-88　甲脒亚磺酸与碳—碳双键的反应

（3）与碳—碳双键反应。甲脒亚磺酸在碱性条件下生成 SO_2^{2-}，被进一步氧化为 SO_3^{2-}，SO_3^{2-} 水解生成 HSO_3^-，HSO_3^- 与木质素中的碳—碳双键发生加成反应（图 5-88），破坏木质素结构中的共轭双键，提高纸浆白度。

2. 连二亚硫酸钠

连二亚硫酸钠分子式为 $Na_2S_2O_4$。漂白过程中，连二亚硫酸根离子 $S_2O_4^{2-}$ 离解成二氧化硫负离子自由基 $SO_2^{\bullet -}$。二氧化硫负离子自由基发生歧化反应，生成二氧化硫 SO_2 和次硫酸根离子 SO_2^{2-}，如图 5-89 所示。

$$S_2O_4^{2-} \rightleftharpoons 2SO_2^{\bullet -}$$

$$2SO_2^{\bullet -} \longrightarrow SO_2^{2-} + SO_2$$

图 5-89　连二亚硫酸钠的离解反应

连二亚硫酸盐漂白在酸性条件下（pH＝4.5～6.5）进行。$SO_2^{\bullet -}$、SO_2 和 SO_2^{2-} 都是强还原剂，可与木质素的醌式结构和松柏醛结构反应，破坏发色基团，提高纸浆白度。

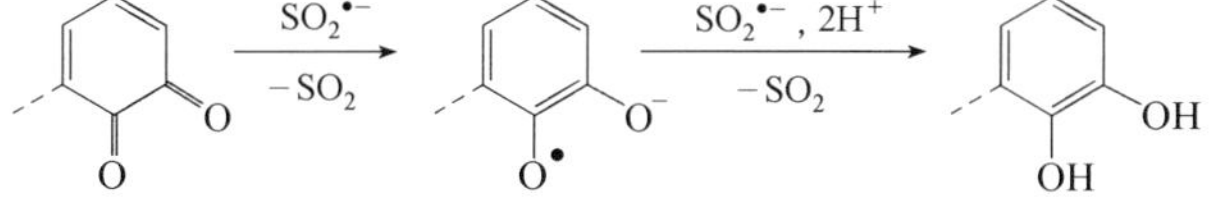

图 5-90　邻醌与次硫酸负离子自由基的反应

与邻醌反应，$SO_2^{\bullet -}$ 失去电子，被氧化为 SO_2，邻醌获得一个电子，生成负离子自由基，再次反应生成邻苯酚结构，反应如图 5-90 所示。

连二亚硫酸钠与松柏醛反应，将

醛基还原为羟基。与次硫酸根亲核加成，再与 HSO_3^- 加成，生成磺酸和二磺酸结构，如图 5-91 所示。

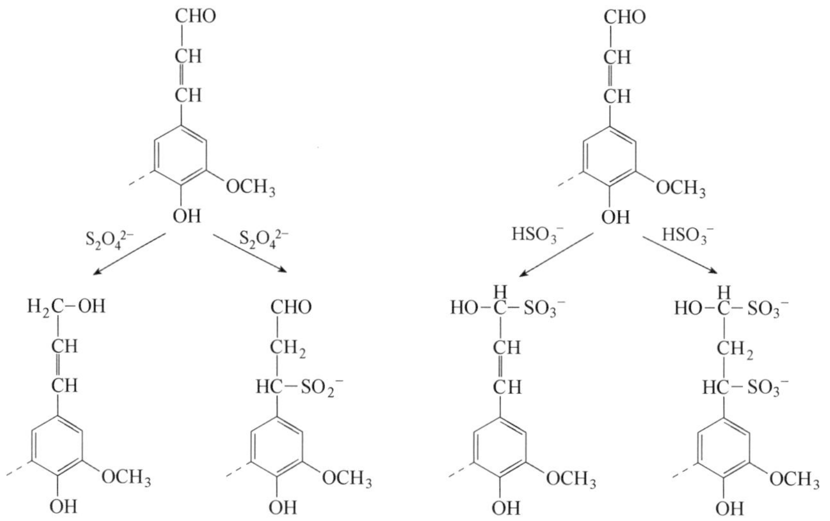

图 5-91 连二亚硫酸钠与松柏醛的反应

二、颜色反应

木质素的颜色反应被广泛应用于木质素的检测和鉴定，其中一些也被应用于木质素的定量测定，也可以用来鉴别纸浆的种类。木质素的显色试剂有 150 多种，其中大部分是由植物学家和植物生理学家提出的，分为脂肪族化合物、酚类化合物、芳香胺、杂环化合物和无机化合物。

1. 苯醌类

邻苯醌和对苯醌含有羰基或羰基及其共轭双键等发色基团。苯基香豆满在碱法蒸煮中产生的无色 1,2-二苯乙烯结构，氧化后生成有色的邻苯二醌和对苯二醌结构，如图 5-92（a）所示。松脂酚类似苯基香豆满，在碱法蒸煮中产生 1,4-二苯乙烯结构，氧化后变成有色的对苯醌结构，如图 5-92（b）所示。在纸浆漂白过程中木质素与氯反应生成邻苯醌，过氧化氢氧化酚型木质素生成邻苯醌和对苯醌，都使纸浆呈色。邻苯醌和对苯醌结构被氧化开环后，生成无色的二元羧酸产物，如过氧化氢能破坏磨木浆木质素的羰基共轭双键，实现漂白的目的。

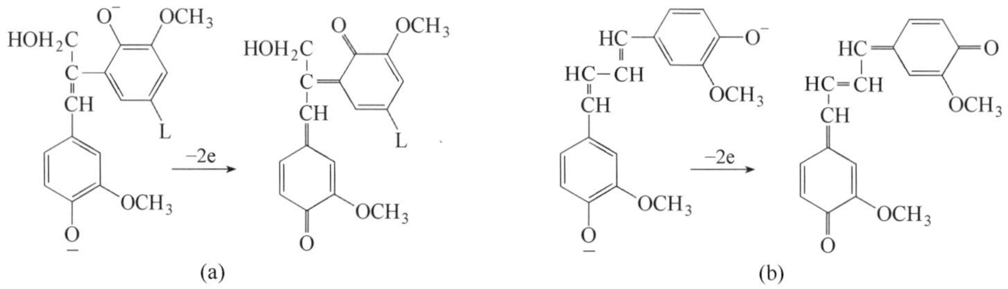

图 5-92 苯乙烯结构被氧化为醌式结构

2. 纸浆的鉴别

木质素的呈色反应用于鉴别纸浆和种类，如氯化锌-碘染色剂（赫兹波格染色剂）会使化学浆呈蓝紫色，使机械浆呈黄褐色。

3. 松柏醛的鉴别

间苯三酚-盐酸与木质素的反应称为 Wiesner 反应，如图 5-93 所示。呈色是由于木质素中存在松柏醛，间苯三酚-盐酸与松柏醛的反应产物呈绿色（波长为 550nm）。

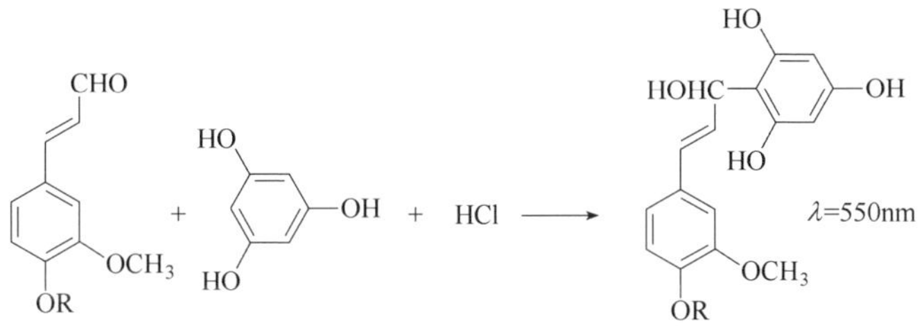

图 5-93　间苯三酚-盐酸与木质素的反应

4. 松柏醇的鉴别

松柏醇模型物（3,4 二甲氧基烯丙醇）可以发生图 5-94 所示的反应，生成红色产物，产物的最大吸收波长为 475nm。

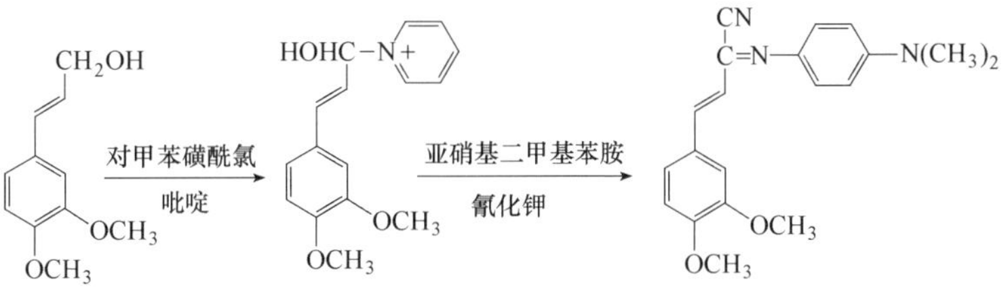

图 5-94　松柏醇结构单元模型物的显色反应

5. 愈创木基的鉴别

愈创木基结构单元模型物（对羟基苯醇或苯醚）与溴化氢在氯仿中反应，再与碳酸氢钠溶液反应，生成黄色产物，如图 5-95 所示。产物的最大吸收波长为 320~340nm。此反应可以测定愈创木基木质素的含量。

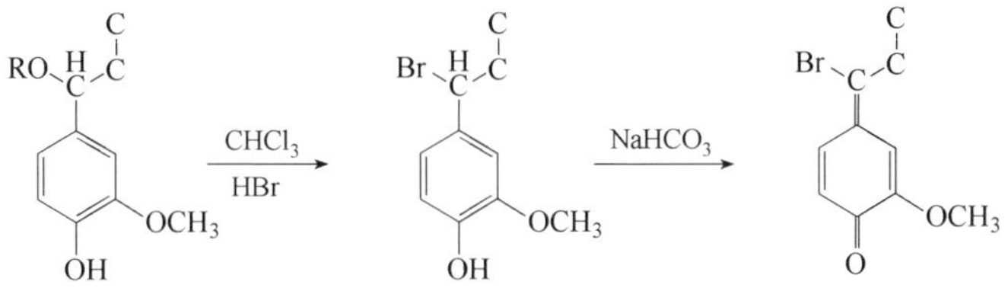

图 5-95　愈创木基结构单元模型物显色反应

愈创木基结构单元模型物（对羟基苯醇或苯醚）与亚硝基二磺酸钾盐反应，生成红色的邻苯醌结构，如图 5-96 所示。该反应可以用来测定酚型愈创木基木质素的含量。

小　　结

1. 甲脒亚磺酸在碱性溶液中会分解产生强还原性的 SO_2^{2-}，广泛应用于二次纤维和高得率浆的漂白。①能够将邻（对）苯醌结构还原为邻（对）苯醛结构，破坏羰基发色基团。②能将羰基还原为羟基，提高纸浆白度。③生成的 HSO_3^- 与碳—碳双键发生加成反应，破坏

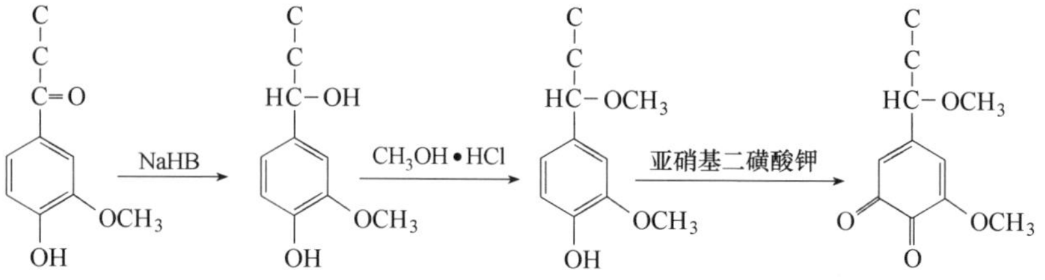

图 5-96 非缩合木质素的显色反应

共轭双键，提高纸浆白度。

2. 连二亚硫酸钠在酸性条件下生成 $SO_2^{\bullet -}$、SO_2 和 SO_2^{2-}。①与邻醌反应，生成邻苯酚。②与松柏醛反应将醛基还原为羟基，与次硫酸根亲核加成或与 HSO_3^- 加成，生成磺酸和二磺酸结构。

3. 颜色反应：醌类（邻苯醌和对苯醌）及共轭双键是木质素的发色基团。氯化锌-碘染色剂（赫兹波格染色剂）是鉴别纸浆的常用试剂。颜色反应也可用来鉴别松柏醛、松柏醇和愈创木基型木质素。

课 后 练 习

一、填空题

1. 木质素的主要呈色基团是（　　）和（　　）。
2. 鉴别纸浆的常用试剂是（　　）。
3. 甲脒亚磺酸漂白的有效成分是（　　）。
4. 连二亚硫酸钠漂白的有效成分是（　　）、（　　）和（　　）。
5. 常用的纸浆还原性漂白剂是（　　）和（　　）。

二、单选题

1. 以下有关甲脒亚磺酸漂白的说法，错误的是（　　）。

（A）漂白在酸性条件下进行。　（B）能将苯醌还原为苯酚。

（C）能将羰基还原为羟基。　（D）生成 HSO_3^-，能够破坏共轭双键。

2. 以下有关连二亚硫酸钠漂白的说法，错误的是（　　）。

（A）漂白在碱性条件下进行。　（B）能将邻醌还原为邻苯酚。

（C）能将醛基还原为羟基。　（D）产生 HSO_3^-，生成磺酸和二磺酸结构。

模块九　木质素的改性与应用

5-10

教学目标

1. 了解木质素苯环和羟基的反应。
2. 熟悉木质素磺酸盐的用途。
3. 了解木质素的降解产物。

4. 了解木质素碳纤维的制备工艺。

教学内容

木质素是一种交联的芳香族杂聚物和一种无定形聚合物，是自然界第二丰富的天然聚合物，约占生物圈有机碳的30%，木质素也是唯一的由芳香单体构成的可再生原料，但目前木质素尚未得到充分利用。据估计，2010年从制浆过程中分离出的5000万吨木质素中，利用率仅只有2%，剩余的则作为燃料燃烧了。目前迫切需要开发更有效的木质素分离工艺和更高商业价值的木质素基产品。

工业木质素有硫酸盐木质素（硫木质素），亚硫酸盐法木质素（木质素磺酸盐）和烧碱法木质素（钠木质素）。硫酸盐法是全球范围内使用最多的制浆工艺，可去除原料中85%的木质素，木质素的提取率高。硫酸盐木质素和木质素磺酸盐含硫，其中硫酸盐木质素的硫含量为3%，木质素磺酸盐的硫含量达8%。此外，木质素中含有木质素-碳水化合物复合体（LCC）、氨基酸和无机盐。钠木质素不含硫，但木质素的提取率较低。

根据熵值计算，植物的生物能量有40%储存在木质素中。因此，木质素被认为是21世纪人类可利用的最丰富的绿色资源之一。然而，木质素非均质性、纯度低、结构复杂，其研究和开发进展相对缓慢。

一、木质素的改性

1. 酚型木质素苯环的反应

酚型木质素的苯环反应如图5-97所示，①与胺和甲醛发生胺化反应（曼尼反应），生成胺化木质素（a），胺化木质素可用作阳离聚合物或表面活性剂；②在强碱条件下与甲醛发生羟甲基化反应（b），羟甲基木质素可用来制备木质素基酚醛树脂胶黏剂；③与硝酸反应引入硝基（c）；④在甲醛存在条件下与脲发生缩合反应生成木质素脲醛树脂（d）。

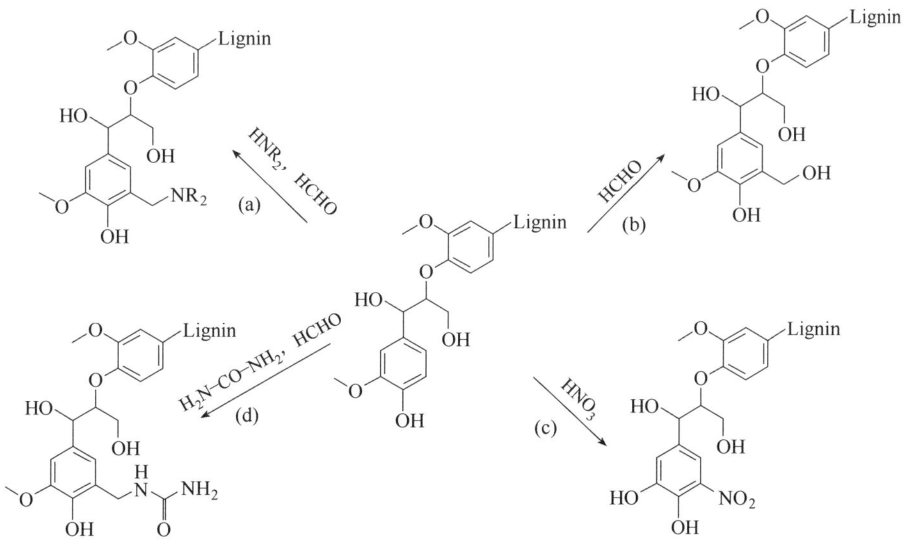

图5-97 酚型木质素苯环的反应

2. 木质素羟基的反应

木质素羟基可发生酯化、醚化、硅烷化、甲苯磺酰化、炔丙基化等反应，木质素羟基的改性如图 5-98 所示。

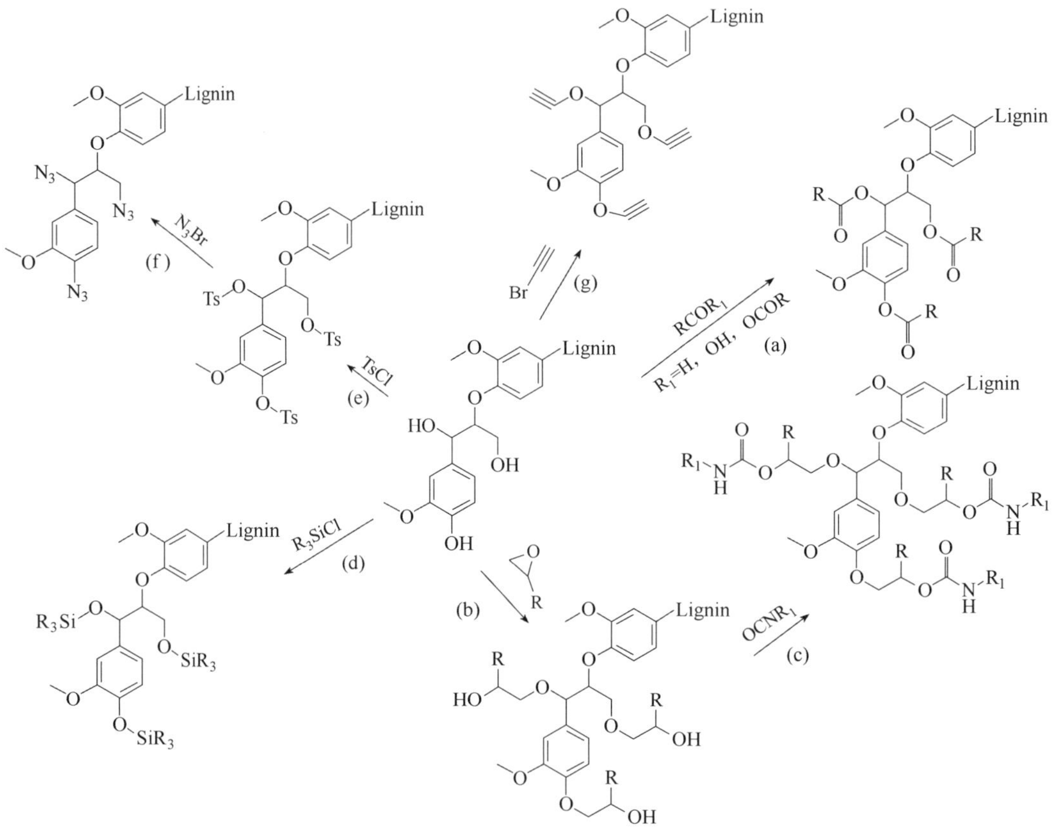

图 5-98 木质素羟基的改性

（1）酯化反应。酯化反应是木质素的常见反应，如图 5-98（a）所示。木质素的羟基能够与酰氯、酸酐、内酯、丙交酯或羧酸发生酯化反应，其中酯化反应中的乙酰化反应会增加木质素在非极性溶剂中的溶解度，降低木质素的玻璃化转化温度。

（2）醚化反应。醚化反应有几种途径，如与环氧化物的烷氧基化反应［图 5-98（b）］，或与聚乙二醇二缩水甘油醚（PEGDGE）的醚化反应。通过醚化反应生产木质素环氧树脂，其中的羟基与异氰酸酯反应可制备生物基聚氨酯［图 5-98（c）］。

（3）硅烷化反应。木质素与氯硅烷反应可以在木质素中引入硅烷基［图 5-98（d）］，如合成烯基硅烷木质素，再与聚丙烯腈（PAN）共聚制备薄膜。

（4）甲苯磺酰化反应。木质素与甲苯磺酰氯反应使木质素的羟基变为易离去的甲苯磺酰基团［图 5-98（e）］，磺酰化木质素与叠氮化溴反应生成叠氮化合物［图 5-98（f）］，叠氮化合物易被还原为伯氮，或与炔基反应生成 1,2,3-苯三唑。

（5）炔丙基化反应。木质素与溴丙炔发生炔丙基化反应可以在木质素中引入炔基［图 5-98（g）］，炔丙基木质素能够与叠氮改性的纤维素偶合，偶合产物能够吸收紫外线且可被生物降解。

3. 木质素的磺化

在碱木质素上引入磺酸基，生成木质素磺酸盐，可提高木质素的水溶性。

（1）磺化反应。木质素与 Na_2SO_3 在 150~200℃下反应，引入磺酸基，如图 5-99（a）所示。Na_2SO_3 和 O_2 氧化磺化木质素，也可在苯环上引入磺酸基，如图 5-99（b）所示。

（2）磺甲基化反应。木质素在碱性条件与甲醛反应引入羟甲基，再与 Na_2SO_3、$NaHSO_3$ 或 SO_2 发生磺甲基化反应，引入磺酸基，如图 5-99（c）所示。

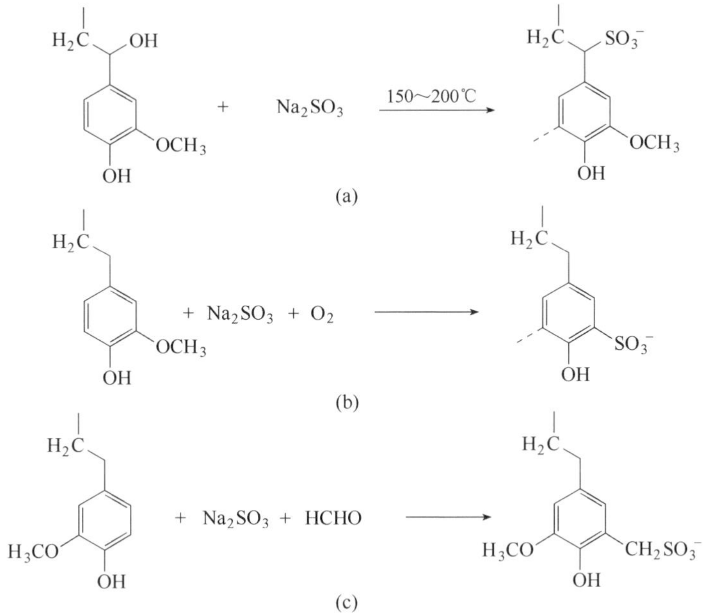

图 5-99 碱木质素的磺化和磺甲基化制备木质素磺酸盐

二、木质素的应用

1. 木质素磺酸盐的应用

木质素磺酸盐的水溶性好，其应用范围广泛。

（1）分散剂和混凝土添加剂。木质素磺酸盐相对分子质量为 10000~50000，其毒性较低，广泛用于分散剂和混凝土添加剂。

（2）絮凝剂。木质素磺酸盐与黄原胶或卡拉胶配合使用，可用作食品加工废水或黏土浆液的絮凝剂，用量为 20~40ppm①。

（3）抗氧化剂。木质素磺酸盐含有酚羟基和羧基，具有自由基清除能力、抗氧化作用和抗病毒特性，能阻碍活性氧自由基氧化反应，在复合材料中能够阻碍复合材料的降解。

（4）离子交换树脂。木质素磺酸盐具有络合金属离子的能力，可有效去除 Cr^{3+}、Cu^{2+}、Ni^{2+}、Pb^{2+}、Cd^{2+}等离子。其离子交换容量为 3.2meq/g，但仍低于苯乙烯型离子交换树脂的离子交换容量（4~5meq/g）。

（5）复合材料。在聚丁二酸丁酯中加入木质素磺酸盐，木质素磺酸盐能够提高复合材料的生物降解性，增强复合材料的亲水性。

（6）抑尘剂。木质素磺酸盐无毒、无腐蚀性、可生物降解，喷洒到土路上会变得黏稠，

① 1ppm=0.0001%。

从而截留灰尘，减少其对环境的潜在影响。但由于其水溶性，木质素磺酸盐会在大雨期间从路面浸出。

2. 木质素降解产物

木质素降解可制备小分子化合物，商业木质素的转化如图 5-100 所示。①木质素碱性水解生产苯酚［图 5-100（a）］。②硫酸盐木质素氧化生产二甲基亚砜。③木质素氧化生产有机酸（苯甲酸、甲氧基苯甲酸、乙酸和甲酸），如图 5-100（b）和图 5-100（c）所示。④以 Nogichi 或 Crown-Zellerbach 工艺生产苯酚和芳香烃［图 5-100（d）］。

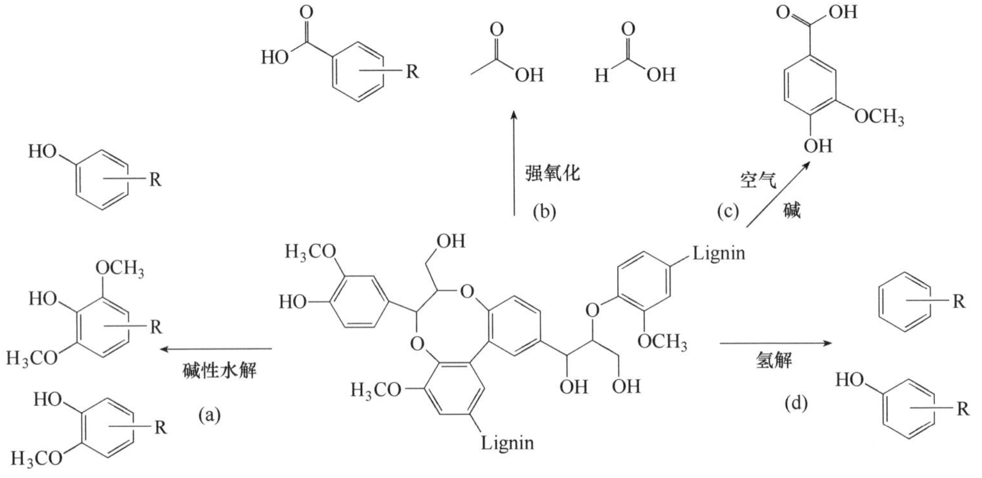

图 5-100 商业木质素的转化

截至 2007 年，商业化生产的木质素基产品仅有香草醛、二甲基硫醚和二甲基亚砜。香草醛是木质素在碱性条件下氧化形成的。香草醛可发生氧化和还原反应，如图 5-101 所示，在强氧化条件下，香草醛（a）可以被氧化为香草酸（b）或甲基氢醌（c），而在强还原条件下，香草醛可以还原为香兰醇（d）。硫酸盐木质素与熔融硫在碱性条件下生成二甲硫醚，NO_2 可将二甲硫醚氧化为二甲基亚砜。

石油基这类产品的合成成本低，因此，短期内这些木质素基化学品还没有竞争力，但可以弥补石油基产品。随着氢解体系或氧化体系的发展，木质素基化学品有助于减少化石燃料的消耗。

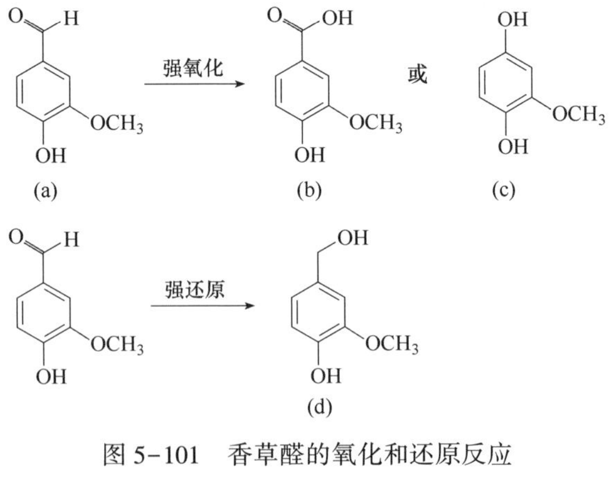

图 5-101 香草醛的氧化和还原反应

3. 木质素碳纤维

碳纤维的强度是钢的 10 倍，但其质量仅为钢的 0.2 倍，碳纤维具有柔韧性、耐热性、生物惰性、低热膨胀、低密度等优势，但由于碳纤维比金属贵，目前主要用于航空航天领域。

碳纤维是指长度与半径之比大于 100 的长丝，碳含量为 92%~99%，纤维直径为 5~15μm。碳纤维前驱体为聚丙烯腈、纤维素、木质素等。纤维素碳含量低（25%~30%），木质素环境毒性最小，碳含量高达 60%。虽然木质素碳纤维的力学性能不如聚丙烯腈碳纤维，但木质素碳纤维有望成为汽车用碳纤维，其作为一种工程材料有着广阔的应用前景。

碳纤维制造包括挤出/纺丝、氧化或热稳定、碳化、石墨化、表面处理等步骤。

纺丝所用原料有合成聚合物和木质素。纯木质素纺丝的纤维具有脆性。聚丙烯腈、聚乙烯醇（PVA）和聚环氧乙烷（PEO）等聚合物具有良好的熔融性和流动性，它们与碱木质素、木质素磺酸盐混合纺丝，能赋予材料柔韧性。

阔叶木木质素熔融性能好，而针叶木木质素的热稳定性好，两种木质素可混合纺丝。利用乙酸酐、乙酸或乙酰氯对木质素酯化改性，乙酰基取代羟基，减少氢键的形成，改善纺丝液的流变性质。

木质素的结构影响纺丝。原料的玻璃化转变温度低，易熔和热迁移率好有利于纺丝。紫丁香木质素比愈创木质素易熔化，羰基少有利于热迁移率，脂肪族 C_γ 羟基倾向于形成分子间氢键，降低热迁移率，高比例的芳基醚键，特别是β-O-4′会增加热迁移率。

木质素纺丝对木质素的纯度要求较高，当木质素中存在 LCC 时，吐丝孔易堵塞。可利用膜法或用多糖酶去除 LCC。杂原子硫在碳化过程中会产生多孔结构，使纤维具有产生空洞和缺陷，可采用 Raney-Ni 催化工艺除硫。

纺丝后，纤维在空气中缓慢氧化，引入氧化基团并产生交联，增加其玻璃化转变温度，避免碳化前纤维软化。经氧化后的纤维变为热固性纤维。碳化和石墨化在惰性气氛中进行，碳化的温度范围为 500～1000℃，碳化过程中，碳原子层不规则堆叠。石墨化温度为 1200℃，石墨化过程中石墨烯薄片规则地平行堆叠。表面处理是在纤维表面涂覆薄树脂层，以保护和润滑纤维。

小　　结

1. 2010 年有 98%的木质素作为燃料被燃烧了，木质素的利用率仅为 2%。工业木质素分为硫木质素、木质素磺酸盐和钠木质素。硫木质素的硫含量为 3%，木质素磺酸盐的硫含量达 8%。木质素非均质性、纯度低、结构复杂。

2. 木质素的苯环改性反应有与胺和甲醛的曼尼反应，与甲醛的羟甲基化反应，与硝酸的硝化反应，以及与甲醛和脲的缩合反应；木质素的羟基反应有酯化反应、烷氧基化反应、硅烷化反应、甲苯磺酰化反应和炔丙基化反应；木质素的磺化反应引入磺酸基，提高木质素的水溶性。

3. 木质素磺酸盐可用作分散剂和混凝土添加剂、絮凝剂、抗氧化剂、复合材料、离子交换树脂和抑尘剂。

4. 商业化生产的木质素产物有香草醛、二甲基硫醚和二甲基亚砜。

5. 碳纤维是指长度与半径之比大于 100 的长丝，碳含量为 92%～99%。纤维直径为 5～15μm。碳纤维的强度是钢的 10 倍，木质素碳含量高达 60%。木质素碳纤维的力学性能劣于聚丙烯腈碳纤维。

课后练习

一、填空题

1. 木质素开发应用的难点在于木质素的（　　）、（　　）和（　　）。
2. 木质素磺酸盐和硫木质素的硫含量分别为（　　）和（　　）。
3. 商业化的木质素降解产物有（　　）、（　　）和（　　）。

4. 木质素的碳含量约为（ ）。
5. 木质素的改性包括（ ）、（ ）和（ ）。

二、判断题

1. 目前木质素的利用率仅为2%，98%的木质素作为燃料被燃烧了。（ ）
2. 木质素是自然界第三丰富的天然聚合物。（ ）
3. 木质素磺酸盐的水溶性好。（ ）

三、问答题

1. 木质素磺酸盐有哪些用途？
2. 简述木质素碳纤维的制备工艺。

参考文献

[1] EK M，GELLERSTEDT G，HENRIKSSON G. Pulp and paper chemistry and technology volume 1，"wood chemistry and wood biotechnology"［M］. Berlin：De Gruyter，2009.
[2] 裴继诚. 植物纤维化学［M］. 北京：中国轻工业出版社，2020.
[3] HEITNER C，DIMMEL D R，SCHMIDT J A. Lignin and lignans：advances in chemistry［M］. Boca Raton：CRC Press（Taylor & Francis Group），2016.
[4] ZAKZESKI J，BRUIJNINCX P C A，JONGERIUS A L，et al. The catalytic valorization of lignin for the production of renewable chemicals［J］. Chemical Reviews，2013，110（6）：3552-3599.
[5] Li M，PU Y，YOO C G，et al. The occurrence of tricin and its derivatives in plants［J］. Green chem，2016，18：1439-1454.
[6] HOLTMAN K M. An investigation of the milled wood lignin isolation procedure by solution and solid-state NMR spectroscopy［D］. Raleigh：North Carolina State University，2004.
[7] CHANG H M，COWLING E B，BROWN W. Comparative studies on cellulolytic enzyme lignin and milled wood lignin of sweetgum and spruce［J］. Holzforschung，1975，29：153-159.
[8] TOLBERT A，AKINOSHO H，KHUNSUPAT R，et al. Characterization and analysis of the molecular weight of lignin for biorefining studies［J］. Biofuels，Bioproducts and Biorefining，2014，8（6）：836-856.
[9] Acid-insoluble lignin in wood and pulp：T 222 om-02-2006［S/OL］.［2006-06-16］. https：//www. tappi. org/content/SARG/T222. pdf.
[10] 全国造纸工业标准化技术委员会. 纸浆高锰酸钾值的测定：GB/T 1547—2004［S］. 北京：中国国家标准管理委员会，2014.
[11] Kappa number of pulp：T 236 om-06-2004［S/OL］.［2006-06-14］. https：//www. tappi. org/content/SARG/T236. pdf.
[12] ARGYROPOULOS D S，MENACHEM S B. Lignin［J］. Advances in biochemical engineering & biotechnology，1997：127-158.
[13] WERTZ J L，DELEU M，COPPÉE S，et al. Hemicelluloses and lignin in biorefineries［M］. Boca Raton：CRC Press，2017.
[14] GIERER J. Chemistry of delignification：Part 2：Reactions of lignins during bleaching［J］. Wood science and technology，1986. 20（1）：1-33.
[15] BERTELLA S，LUTERBACHER J S. Lignin functionalization for the production of novel materials［J］. Trends in Chemistry，2020，2（5）：440-453.
[16] ARO T，FATEHI P. Production and application of lignosulfonates and sulfonated lignin［J］. ChemSusChem，2017，10（9）：1861-1877.
[17] SOUTO F，CALADO V，PEREIRA N. Lignin-based carbon fiber：a current overview［J］. Materials research express，2018，5（7）：072001.

项目六　碳水化合物

植物细胞壁主要由木质素、纤维素和半纤维素组成，纤维素和半纤维素是多糖，也是碳水化合物，顾名思义，碳水化合物由碳元素和水分子组成，分子式为 $C_x(H_2O)_y$。多糖是由单糖以糖苷键连接而成的天然高分子聚合物。要了解多糖，还要从认识单糖开始。本项目讨论糖类化合物的分类、单糖的开链结构、单糖的哈沃斯式、单糖的构象、糖苷键及多糖。通过本项目的学习，学生需要掌握有关单糖的一些概念、能够书写单糖的哈沃斯式和构象，为后续纤维素和半纤维素的项目学习奠定基础。

模块一　单　　糖

6-1

教学目标

1. 了解糖类化合物的分类。
2. 了解单糖的分类。

教学内容

糖类化合物又称碳水化合物，是多羟基醛类化合物或酮类化合物。碳水化合物分为单糖、低聚糖和多糖三大类。葡萄糖、甘露糖、木糖等属于单糖；低聚糖由两个或几个单糖分子组成，如蔗糖由 1 个葡萄糖分子和 1 个果糖分子组成，麦芽糖由两分子葡萄糖组成；多糖是由 10 个以上单糖组成的高分子化合物，如纤维素、半纤维素和淀粉。

一种单糖至少具有 3 个碳原子，具有 3 个碳原子的单糖称为丙糖，具有 4～8 个碳原子的糖分别称为丁糖、戊糖、己糖、庚糖和辛糖。单糖中羰基为醛基的糖称为醛糖，如图 6-1 中的（a）～(d)，单糖中羰基为酮基的称为酮糖，如图 6-1（e）所示。含有 6 个碳原子的单糖在自然界中很常见。在植物细胞壁中，几乎所有的碳水化合物都是醛糖，醛糖分为戊糖

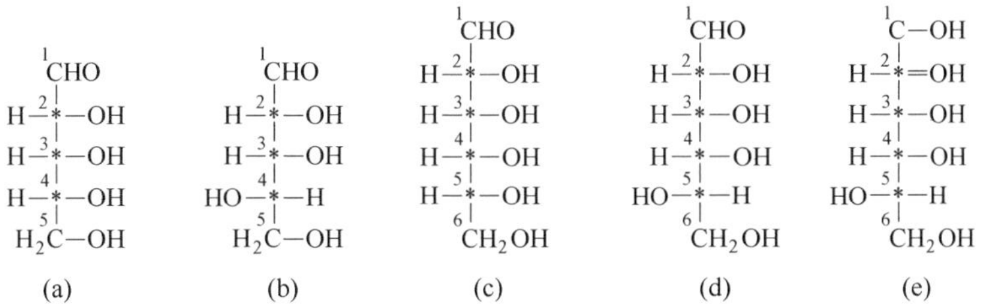

(a)　(b)　(c)　(d)　(e)

图 6-1　醛糖和酮糖

或己糖。

单糖分子中含有手性碳原子，手性碳原子是指连接 4 个不同的原子或基团的碳原子，图 6-1 中标注“ * ”的表示该碳原子为手性碳原子。当对碳原子编号时，羰基（C ═O）碳编号尽可能小，如图 6-1 所示。

小　　结

1. 糖类化合物分为单糖、二糖、低聚糖和多糖；单糖分为醛糖和酮糖，也分为丙糖、丁糖、戊糖、己糖、庚糖和辛糖。

2. 手性碳原子是指连接 4 个不同的原子或基团的碳原子。

课 后 练 习

填空题

1. 以下是手性碳原子的编号是（　　）。

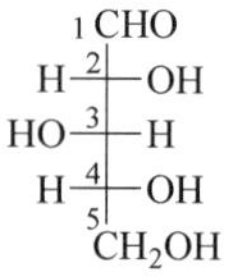

2. 植物细胞壁中的糖基几乎都是（　　）和（　　）。

模块二　单糖的开链结构与立体异构

6-2

教学目标

1. 了解费舍尔投影式的概念和规则。
2. 熟悉葡萄糖的费舍尔投影式的书写规则。
3. 理解戊糖和己糖的立体异构体。
4. 熟悉 D/L 构型及差向异构体的概念。
5. 熟悉植物细胞壁中的糖基。

教学内容

一、费舍尔投影式

费舍尔投影式如图 6-2 所示。在费舍尔投影式中，以“十”字表示中心碳原子，两个水平线指向前方，两条竖线指向后方。一般将碳链竖向排列。其特点是：①费舍尔式只能平

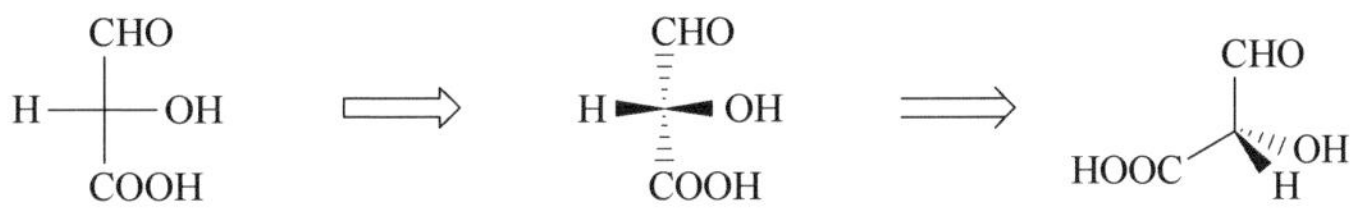

图 6-2　费舍尔投影式

移或在其平面内转动 180°，不可转动 90°，也不能离开其平面翻转。②任意两基团互换位置，则分子转变为其对映体。③任意三基团依次互换位置，其构型不变。

用费舍尔投影式表示单糖的开链结构时，将碳链竖向排列，醛基位于碳链最上方，伯醇羟基位于碳链最下方，碳原子从醛基碳向下依次编号，如图 6-3 所示。图 6-3 中，费舍尔投影式（a）也可以采用简化式（b），不绘出氢原子和手性碳原子；如果要将费舍尔式绘成横式，一般是将醛基绘于右端（c）；楔形式（d）实线向前，虚线向后。葡萄糖的楔形式和费舍尔投影式如图 6-3 所示。

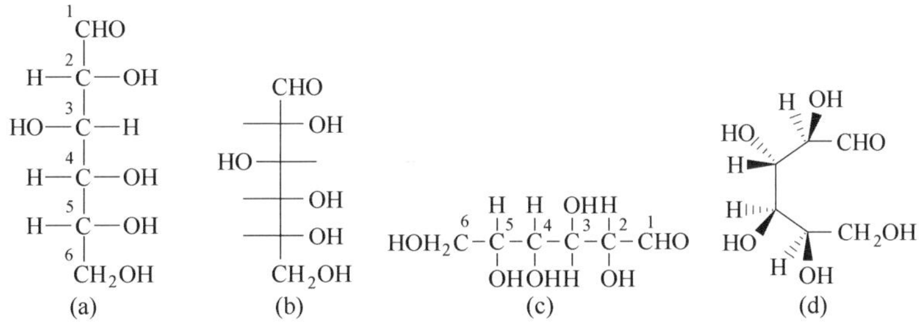

图 6-3　葡萄糖的楔形式和费舍尔投影式

二、立体异构体

手性碳原子是指连接 4 个不同的原子或基团的碳原子，戊糖的 C_1 连醛基，不是手性碳原子，C_5 连 2 个氢原子，也不是手性碳原子，戊糖的 C_2 ~ C_4 是手性碳原子，如图 6-4 中的（a）和（b）所示。已糖的 C_2 ~ C_5 为手性碳原子，如图 6-4（c）和图 6-4（d）所示。正是由于手性碳原子的存在，使戊糖和已糖有不同的立体异构体。

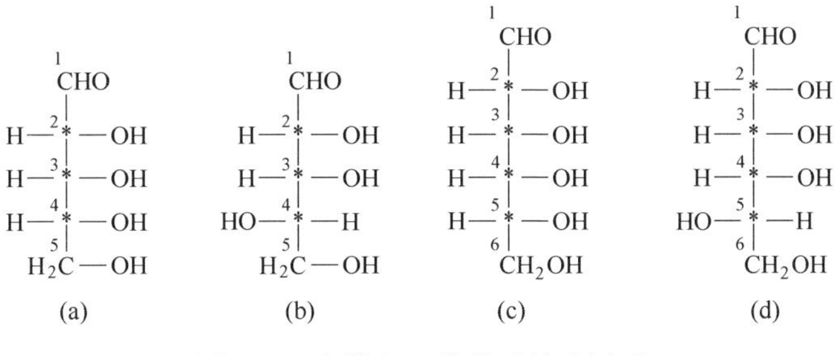

图 6-4　戊糖和己糖的手性碳原子

标注 * 的碳原子是手性碳原子

立体异构体数目取决于手性碳原子的数目。如用 n 表示手性碳原子的数目，则立体异构体为 2^n 个，对映异构体为 2^{n-1} 对，对映异构体互呈镜像的关系，如同左手与右手。戊糖共有 3 个手性碳原子，通过排列组合，可得出戊糖有 $2^3=8$ 个立体异构体，见表 6-1。

表 6-1 **戊糖的 8 个立体异构体**

C_4-OH*	C_3-OH	C_2-OH	图 6-5 中的结构式	名称
R	R	R	(a)	D-核糖
R	R	L	(b)	D-阿拉伯糖
R	L	R	(c)	D-木糖
R	L	L	(d)	D-来苏糖
L	R	R	(e)	L-来苏糖
L	R	L	(f)	L-木糖
L	L	R	(g)	L-阿拉伯糖
L	L	L	(h)	L-核糖

注：C_4-OH，C_3-OH 和 C_2-OH 分别表示 C_4、C_3 和 C_2 连接的羟基，R 表示羟基在竖直碳链的右方，L 表示羟基在竖直碳链的左方。

8 种戊糖的费舍尔投影式如图 6-5 所示，其中（a）和（h）、（b）和（g）、（c）和（f）以及（d）和（e）互为镜像，互称为对映异构体；（a）~（d）的手性碳原子 C_4（编号最大的手性碳原子）的羟基向右，为 *D*-糖。（e）~（h）的手性碳原子 C_4（编号最大的手性碳原子）的羟基向左，为 *L*-糖。即 *D*-糖与 *L*-糖互为对映异构体，两者的溶解度、化学性质在非手性溶剂中相同，在手性溶剂中不同。

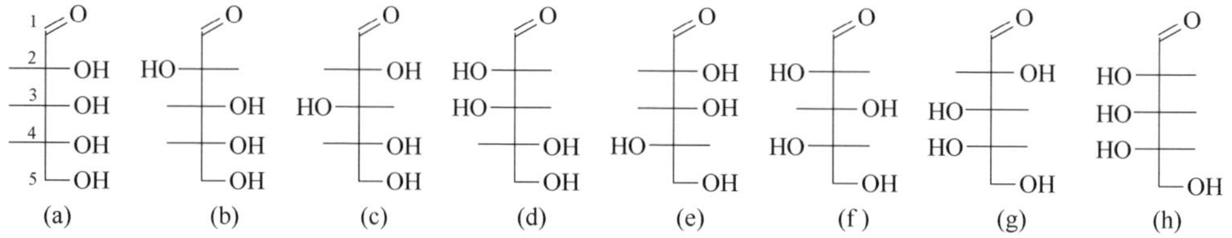

图 6-5 戊糖的立体异构体

单糖的 *D/L* 构型是以甘油醛为标准来定义的，它是一种相对构型。若甘油醛的羟基在右方，称其为 *D*-甘油醛，如图 6-6 所示。羟基在左方的称为 *L*-甘油醛。以甘油醛为标准，如单糖编号最大的手性碳原子的羟基向右则为 *D*-糖，见图 6-5 中的（a）~（d）；编号最大碳原子的羟基向左为 *L*-糖，见图 6-5 中的（e）~（h）。

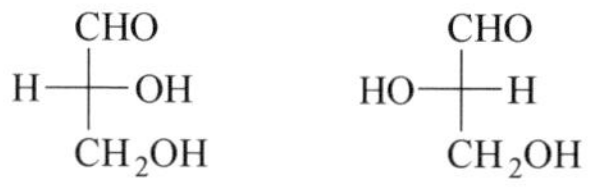

D-甘油醛　　*L*-甘油醛

图 6-6 甘油醛的结构式

如果两个单糖只有一个手性碳原子的构型不同，其他手性碳原子的构型都相同，两者互称为差向异构体。*D*-木糖和 *L*-阿拉伯糖两者仅 C_4 的构型不同，两者互为 C_4 差向异构体，即两者仅手性碳原子 C_4 的构型不同。

己糖有 4 个手性碳原子（C_2~C_5），共有 $2^4=16$ 个立体异构体，对映异构体有 $2^3=8$ 对。通过排列组合，可得出己糖有 $2^4=16$ 种立体异构体，见表 6-2。

表 6-2 **己糖的立体异构体**

C_5-OH*	C_4-OH	C_3-OH	C_2-OH	图 6-7 中的结构式	名称
R	R	R	R	(a)	*D*-阿洛糖
R	R	R	L	(b)	*D*-阿卓糖
R	R	L	R	(c)	*D*-葡萄糖
R	R	L	L	(d)	*D*-甘露糖

续表

C_5-OH*	C_4-OH	C_3-OH	C_2-OH	图 6-7 中的结构式	名称
R	L	R	R	(e)	*D*-艾杜糖
R	L	R	L	(f)	*D*-古罗糖
R	L	L	R	(g)	*D*-半乳糖
R	L	L	L	(h)	*D*-塔罗糖
L	L	L	L	(i)	*L*-阿洛糖
L	L	L	R	(j)	*L*-阿卓糖
L	L	R	L	(k)	*L*-葡萄糖
L	L	R	R	(l)	*L*-甘露糖
L	R	L	L	(m)	*L*-艾杜糖
L	R	L	R	(n)	*L*-古罗糖
L	R	R	L	(o)	*L*-半乳糖
L	R	R	R	(p)	*L*-塔罗糖

备注：C_5-OH 表示 C_5 连接的羟基，R 表示羟基在竖直碳链的右方，L 表示羟基在竖直碳链的左方。

己糖的费舍尔投影式如图 6-7 所示。其中（a）~（h）为 *D*-糖。（i）~（p）为 *L*-糖。D-甘露糖（d）与 *D*-葡萄糖（c）为 C_2 差向异构体。*D*-半乳糖（g）与 *D*-葡萄糖（c）为 C_4 差向异构体。与 *D*-葡萄糖（c）相比，戊糖中 *D*-木糖各碳原子的构型相同，只是*D*-木糖没有 C_6。

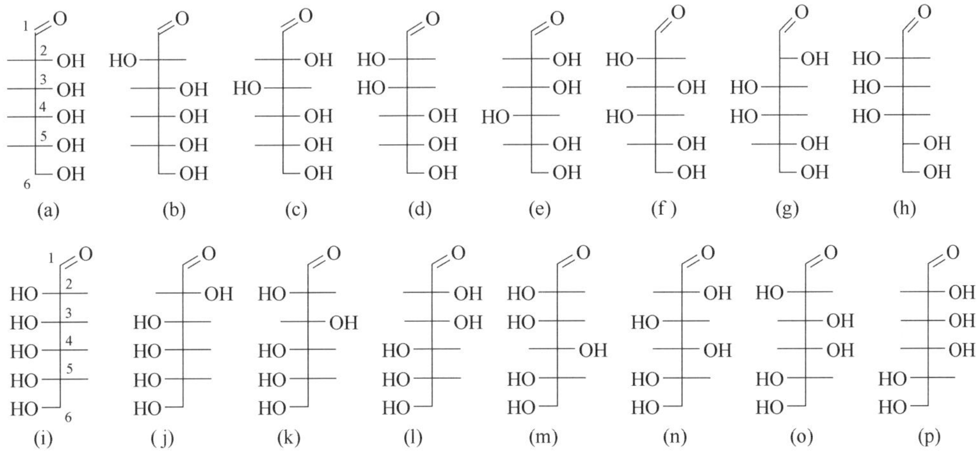

图 6-7 *D*-己糖（a）~（h）和 *L*-己糖（i）~（p）

植物细胞壁中的糖基大多为 *D*-糖，有少量的 *L*-糖。戊醛糖中的 *D*-木糖和 *L*-阿拉伯糖以及己醛糖中的 *D*-葡萄糖、*D*-甘露糖和 *D*-半乳糖是细胞壁中的重要糖基，其他戊醛糖和己醛糖在植物细胞壁中不常见。

小 结

1. 费舍尔投影式以“十”字表示中心碳原子，两个水平线指向前方，两个竖线指向后方。葡萄糖的费舍尔投影式也可写成简化式或横式。

2. 戊糖和己糖分别有 3 个和 4 个手性碳原子，8 个和 16 个立体异构体，4 对和 8 对对映异构体，对映异构体互呈镜像，两者性质在非手性溶剂中相同，在非手性溶剂中有所不同。

3. 单糖编号最大的手性碳原子的羟基向右则为 *D*-糖，编号最大碳原子的羟基向左为 *L*-糖。*D*-糖和 *L*-糖互为对映异构体。

4. 差向异构体是指仅一个手性碳原子构型不同的立体异构体。如 *D*–木糖和 *L*–阿拉伯糖为 C_4 差向异构体，*D*–甘露糖与 *D*–葡萄糖为 C_2 差向异构体，*D*–半乳糖与 *D*–葡萄糖为 C_4 差向异构体。

5. 植物细胞壁中的糖基大多为 *D*–糖，有少量的 *L*–糖。戊醛糖中的 *D*–木糖和 *L*–阿拉伯糖以及己醛糖中的 *D*–葡萄糖、*D*–甘露糖和 *D*–半乳糖是细胞壁中的重要糖基。

课 后 练 习

一、填空题

1. 戊糖有（　　）个立体异构体。
2. 己糖有（　　）个立体异构体。

二、判断题

1. *D*–糖与 *L*–糖互为对映异构体。(　　)
2. 植物细胞壁中大多为 *L*–糖。(　　)
3. 单糖分子中最大编号手性碳原子连接的羟基若位于碳链的右侧，则为 *D*–糖。(　　)

三、简答题

1. 给 *D*–葡萄糖碳原子编号，并指出手性碳原子，说明原因。

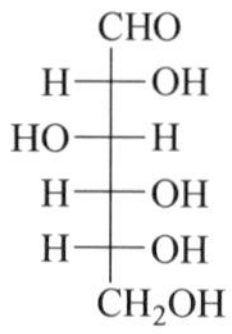

2. 画出植物细胞壁中常见的糖基。
3. 互为差向异构体的单糖有哪些？

模块三　单 糖 改 性

6–3

教学目标

1. 了解脱氧糖。
2. 熟悉 *L*–鼠李糖和 *L*–岩藻糖。
3. 熟悉 *D*–半乳糖醛酸和 4–*O*–甲基–*D*–葡萄糖醛酸。
4. 熟悉植物细胞壁中的糖基。

教学内容

单糖含醛基和羟基，如果羟基被还原为 CH_2 或 CH_3，则称为脱氧糖。如 *L*–甘露糖 C_6 的羟基被还原为 CH_3，则称为 6–脱氧–*L*–甘露糖，即 *L*–鼠李糖。*L*–半乳糖的 C_6 的羟基被还原为–CH_3，则称为 6–脱氧–*L*–半乳糖，即 *L*–岩藻糖。*L*–鼠李糖和 *L*–岩藻糖如图 6–8 所示。

单糖的伯羟基被氧化为羧基，则生成糖醛酸。如 *D*–半乳糖的 C_6 的羟基被氧化成羧基，

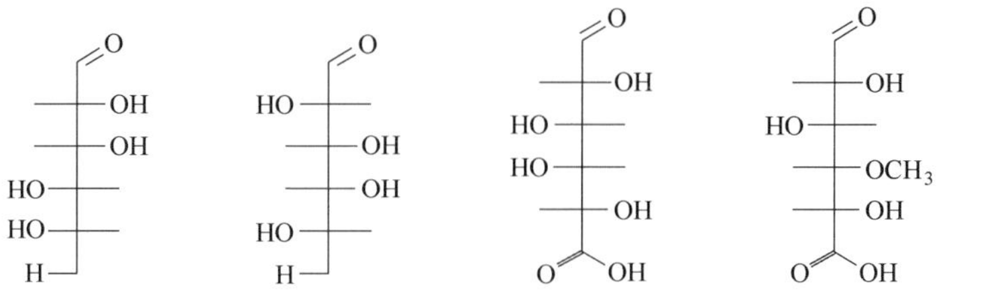

图 6-8 植物细胞壁中的改性糖

称为 *D*-半乳糖醛酸。4-*O*-甲基-*D*-葡萄糖 C_6 的-OH 被氧化成羧基，称为 4-*O*-甲基-*D*-葡萄糖醛酸，如图 6-8 所示。这些脱氧糖、糖醛酸等改性糖也是植物细胞壁中的重要组分。

植物细胞壁常见的十种糖基见表 6-3。纤维素的糖基为 *D*-葡萄糖。半纤维素的糖基有五碳糖和六碳糖，其中五碳糖包括 *D*-木糖和 *L*-阿拉伯糖，六碳糖包括 *D*-葡萄糖、*D*-甘露糖、*D*-半乳糖、*L*-鼠李糖、*L*-岩藻糖、*D*-半乳糖酸、4-*O*-甲基-*D*-葡萄糖醛酸等。

表 6-3　植物细胞壁中的单糖单体及存在方式

单糖	*D*-葡萄糖	*D*-甘露糖	*D*-木糖	*D*-半乳糖	*L*-阿拉伯糖
缩写	Glc	Man	Xyl	Gal	Ara
存在形式	纤维素、葡甘糖、木葡糖	葡甘糖	木糖、木葡糖	葡甘糖、果胶	落叶松半乳聚糖
单糖	4-*O*-甲基-*D*-葡萄糖醛酸	*D*-半乳糖醛酸	*L*-鼠李糖	*L*-岩藻糖	*D*-芹菜糖
缩写	4-*O*-Me-*D*-GlcUA	GalUA	Rha	Fuc	Api
存在形式	木糖、果胶	木糖	果胶	果胶、木糖(微量)	木葡糖，果胶(微量)

小　　结

1. 如 *L*-甘露糖 C_6 的羟基被还原为 CH_3，则称为 6-脱氧-*L*-甘露糖，即 *L*-鼠李糖。*L*-半乳糖的 C_6 的羟基被还原为—CH_3，则称为 6-脱氧-*L*-半乳糖，即 *L*-岩藻糖。

2. *D*-半乳糖的 C_6 的羟基被氧化成羧基，称为 *D*-半乳糖醛酸；4-*O*-甲基-*D*-葡萄糖 C_6 的-OH 被氧化成羧基，称为 4-*O*-甲基-*D*-葡萄糖醛酸。

课 后 练 习

简答题

1. 画出 *L*-鼠李糖、*L*-岩藻糖、*D*-半乳糖醛酸和 4-*O*-甲基-*D*-葡萄糖的费舍尔投影式。
2. 植物细胞壁中的 10 种糖基有哪些？

模块四　单糖的哈沃斯式

6-4

教学目标

1. 了解单糖哈沃斯式的变换规则。

2. 理解 *D*-葡萄糖的成环过程。
3. 熟悉隐性醛基、呋喃糖和吡喃糖的概念。
4. 熟悉 *D*-葡萄糖和 *D*-木糖等单糖的 α/β 差向异构体。

教学内容

一、葡萄糖的氧环式结构

D-葡萄糖有两种晶体，从酒精中结晶的葡萄糖比旋光度为+112°，从吡啶中结晶的葡萄糖的比旋光度为+18.7°。将两者溶于水，前者的旋光度逐渐降至+52.7°，后者逐渐升至+52.7°。这种旋光性的化合物溶于水，其旋光度逐渐变化，最后达到平衡值的现象称为变旋现象。*D*-葡萄糖为什么会产生变旋现象呢？另外，醛能够与亚硫酸氢钠发生氧化还原反应，开链结构的 *D*-葡萄糖含有醛基，但其并不与亚硫酸氢钠反应，这都是开链结构无法解释的。

有人提出葡萄糖分子中的醛基与 C_5 的羟基发生加成反应形成了半缩醛，C_1 由 sp^2 杂化变为 sp^3 杂化，产生了新手性碳原子 C_1，羟基在碳链左侧的称为 α-*D*-葡萄糖，羟基在右侧的称为 β-*D*-葡萄糖，如图 6-9 所示。

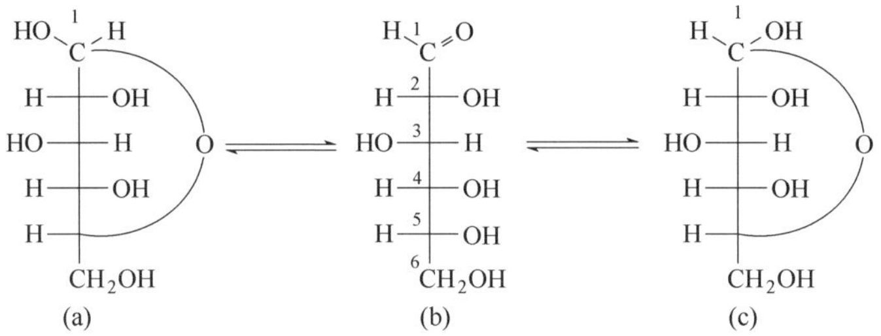

图 6-9 α-*D*-葡萄糖和 β-*D*-葡萄糖

根据费舍尔投影规则，图 6-9 中（a）和（c）的 C_6 连接-CH_2OH、O 和 H，三者两两交换位置，构型不变，得到另一种氧环式结构的表示方式，其中 C_1 羟基与-CH_2OH 位于碳链异侧为 α-*D*-葡萄糖，位于同侧为 β-*D*-葡萄糖，如图 6-10 所示，两者互为 C_1 差向异构体。开链结构的葡萄糖中 C_1 不是手性碳原子，成环后，C_1 变为手性碳原子，产生了 α 和 β 两种立体异构体，两种异构体导致 *D*-葡萄糖的变旋现象。

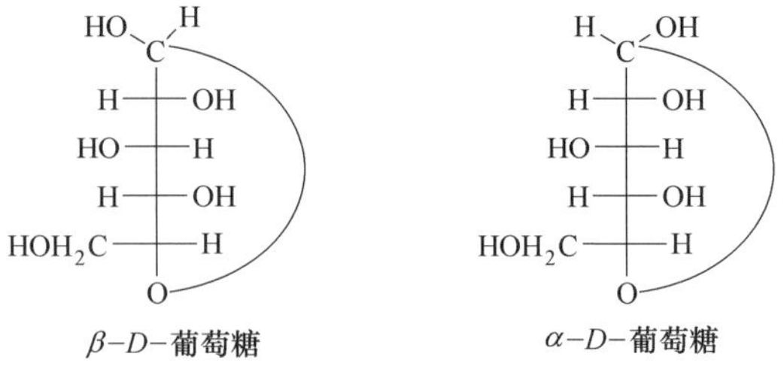

图 6-10 葡萄糖的氧环式结构

二、哈沃斯式

1. *D*-葡萄糖的哈沃斯式

尽管氧环式结构能够解释葡萄糖的变旋现象，但不能反映各原子和基团在空间的相对位置，因此，通常用哈沃斯透视式来表示单糖的环状结构。其成环过程如图 6-11 所示，将 *D*-葡萄糖费舍尔投影式图 6-11（a）顺时针旋转 90°，得到投影式图 6-11（b），图 6-11（a）

中右侧的基团在图 6-11（b）中向下，图 6-11（a）中左侧的基团在图 6-11（b）中向上，然后将其转换为未闭合的环形结构图 6-11（c），再将基团-OH、$-CH_2OH$ 和氢原子绕 C_4—C_5 键旋转 120°变为结构图 6-11（d），最后 C_5—OH 与醛基形成半缩醛结构图 6-11（e）或图 6-11（f）。C_1 的 OH 与 C_6 的 CH_2OH 在环两侧的结构称为 *α-D*-葡萄糖图 6-11（e），C_1 的 OH 与 C_6 位的 CH_2OH 在环的同侧的结构称为 *β-D*-葡萄糖图 6-11（f）。在哈沃斯投影式中，碳原子的编号采用顺时针方向图 6-11（c）。这种由 5 个碳原子和 1 个氧原子构成的六元环称为吡喃糖。

葡萄糖 C_1 的醛基和 C_5 的羟基形成半缩醛环状结构，当环状结构转变成开链结构时，C_1 出现醛基。因此，C_1 的羟基又称为半缩醛羟基或隐性醛基，其反应性质与其他碳原子的羟基不相同。

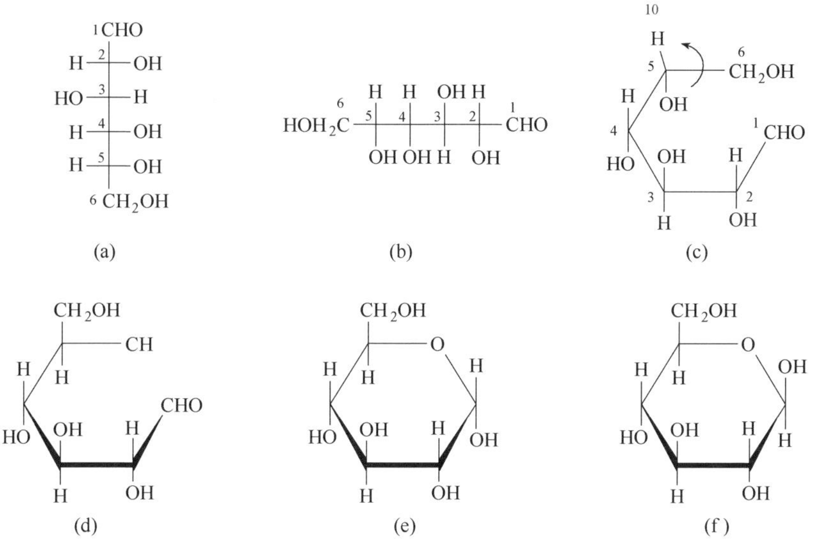

图 6-11　葡萄糖的成环过程

如将葡萄糖的哈沃斯透视式沿环中心直立轴在空间内旋转，或向前、向后、向左，或向右在空间翻转，其构型不变。但如果将哈沃斯透视式沿环平面镜像，则产生对映异构体，如果是 *D*-糖，镜像后为 *L*-糖，反之亦然。例如，将 *β-D*-葡萄糖沿环平面镜像，则得到 *β-L*-葡萄糖，如图 6-12 所示。

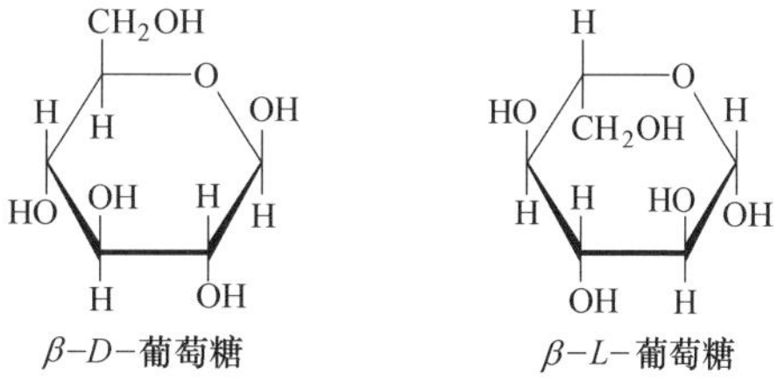

图 6-12　*β-D*-葡萄糖和 *β-L*-葡萄糖的哈沃斯式

2. *D*-木糖的哈沃斯式

D-木糖为五碳糖，其成环过程如图 6-13 所示。图 6-13（a）中 C_4 的羟基向右，为 *D* 型。成环时，C_4 连接的氢原子、$-CH_2OH$ 和-OH 不必旋转 120°，因此，成环后 *D*-木糖 C_4 的羟基位于环的下方图 6-13（d）。*D*-木糖成环后会生成 C_1 的差向异构体，C_1 羟基在环平面上方的为 *β-D*-木糖图 6-13（d），C_1 羟基位于环平面下方的为 *α-D*-木糖图 6-13（e），这与 *β-D* 葡萄糖和 *α-D*-葡萄糖是一致的。

3. *L*-阿拉伯糖的哈沃斯式

L-阿拉伯糖为五碳糖，其成环过程如图 6-14 所示。图 6-14（a）中 C_4 的羟基向左，

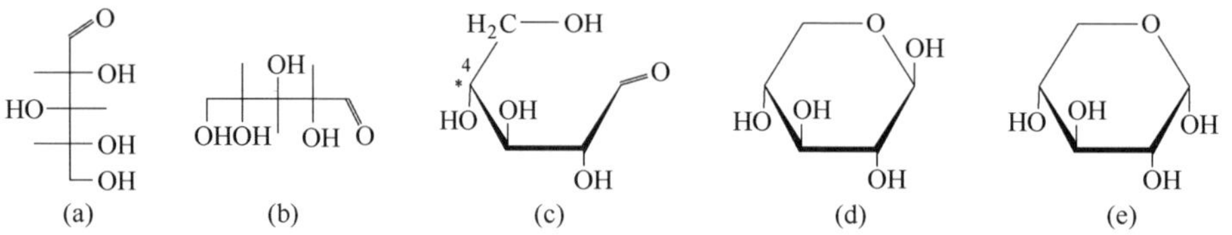

图 6-13 *D*-木糖的哈沃斯式

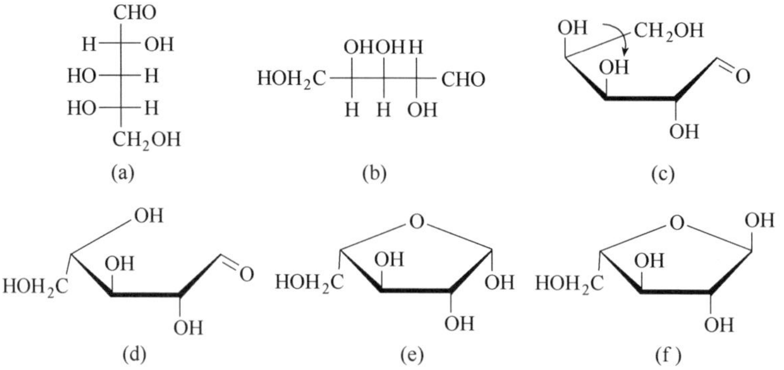

图 6-14 *L*-阿拉伯糖的哈沃斯式

为 *L*-阿拉伯糖。成环时，C_4 连接的氢原子、$-CH_2OH$ 和 $-OH$ 绕 C_4—C_5 轴旋转 120°，形成如图 6-14（e）的结构，然后 C_4 的羟基与 C_1 发生亲核反应，生成半缩醛结构。成环后*L*-阿拉伯糖 C_4 连接的 CH_2OH 位于环的下方图 6-14（d）。另外，*L*-阿拉伯糖成环后会生成 C_1 的差向异构体，C_1 羟基在环平面下方的为 *β*-*L*-木糖图 6-14（e），C_1 羟基位于环平面上方的为 *α*-*L*-木糖图 6-14（f）。这种由 4 个碳原子和 1 个氧原子构成的五元环称为呋喃糖。

α/*β* 构型依据 C_1 羟基判断，对于 *D*-糖，C_1 羟基向上的为 *α* 型，羟基向下的为 *β* 型，*L*-糖的 *α*/*β* 构型刚好相反。

根据单糖的开链式和成环过程，或参照葡萄糖的哈沃斯式，可书写其他呋喃糖和吡喃糖的哈沃斯式，植物细胞壁组分中常见糖基有 *β*-*D*-吡喃葡萄糖、*β*-*D*-吡喃甘露糖、*β*-*D*-吡喃半乳糖、*β*-*D*-吡喃木糖、*α*-*L*-呋喃阿拉伯糖、4-*O*-甲基-*α*-*D* 葡萄糖醛酸、*β*-*D*-半乳糖醛酸、*α*-*L*-鼠李糖和 *α*-*L*-岩藻糖。

小 结

1. 由 4 个碳原子和 1 个氧原子构成的五元环称为呋喃糖。由 5 个碳原子和 1 个氧原子构成的六元环称为吡喃糖。

2. 哈沃斯透视式沿环中心直立轴在空间内旋转，或向前、向后、向左，或向右在空间翻转，其构型不变。但如果将哈沃斯透视式沿环平面镜像，则产生对映异构体。

3. *D*-葡萄糖的变旋现象和不与亚硫酸氢钠反应由其半缩醛环状结构解释，半缩醛环状结构使 C_1 醛基变成羟基，该羟基称为半缩醛羟基或隐性醛基，

4. 无论是呋喃糖还是吡喃糖，成环后会生成 C_1 差向异构体（*α*/*β*），*D*-糖的 C_1 羟基向上为 *β* 型，C_1 羟基向下为 *α* 型。*L*-糖则相反。当成环碳原子有取代基时，取代基向上的为 *D* 型，向下的为 *L* 型。如果成环碳原子没有取代基，则由距成环碳原子最近的碳原子来判断，取代基向下的为 *D* 型，取代基向上的为 *L* 型。

课后练习

一、名词解释

1. 隐性醛基

2. 呋喃糖和吡喃糖

二、判断题

1. *α*-*D*-葡萄糖和*β*-*D*-葡萄糖为 C_1 差向异构体。(　　)

2. 哈沃斯透视式沿环平面镜像，则产生对映异构体。(　　)

三、简答题

1. 书写*β*-*D*-吡喃葡萄糖、*β*-*D*-吡喃甘露糖、*β*-*D*-吡喃半乳糖、*β*-*D*-吡喃木糖、*α*-*L*-呋喃阿拉伯糖的哈沃斯式。

2. 书写 *α*-*D*-4-*O*-甲基-葡萄糖醛酸、*β*-*D*-半乳糖醛酸、*α*-*L*-鼠李糖和 *α*-*L*-岩藻糖的哈沃斯式。

模块五　构　　象

6-5

教学目标

1. 了解*β*-*D*-葡萄糖构象。
2. 理解$^4C_1$ 构象与$^1C_4$ 构象的变换。
3. 熟悉构象的概念。
4. 熟悉*β*-*D*-葡萄糖的$^4C_1$ 椅式构象。
5. 熟悉植物细胞壁中常见糖基的构象。

教学内容

构象是由于单键旋转而产生的分子在空间中的不同形态。分子热运动足以实现构象之间的转换，各种构象之间的转换速率极快，因而构象是不稳定的，不同构象产物不能相互分离。

一、椅式构象与船式构象

以葡萄糖为例，葡萄糖有 8 种构象，如图 6-15 所示，其中两种构象（a）和（b）的形状与椅子相似，称为椅式构象；另外 6 种构象（c）~（h）的形状与船相似，称为船式构象。椅式构象中各基团间的排斥作用较小，能量较低，比较稳定。在船式构象中，平面同一方向的两个原子或基团的距离较近，排斥作用大，稳定性较低。所以葡萄糖一般以椅式构象存在。

如用虚线表示葡萄糖的中心对称轴，原子或基团 a 和 e 分别表示直立键和平伏键，直立

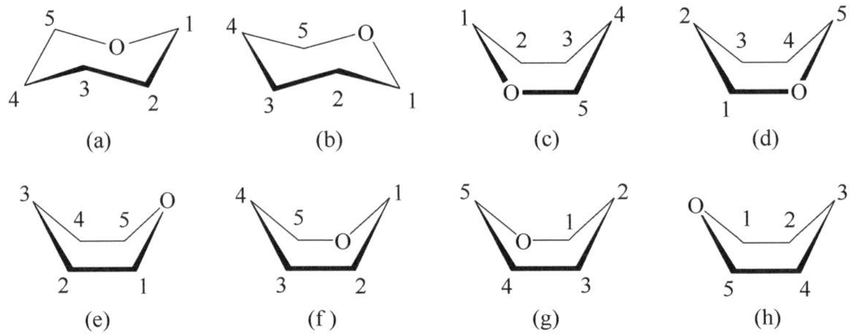

图 6-15 葡萄糖的构象

键 a 与中心对称轴平行，平伏键 e 与对称轴成 109. 28°，如图 6-16 所示。

二、$^4C_1$ 和 $^1C_4$ 椅式构象

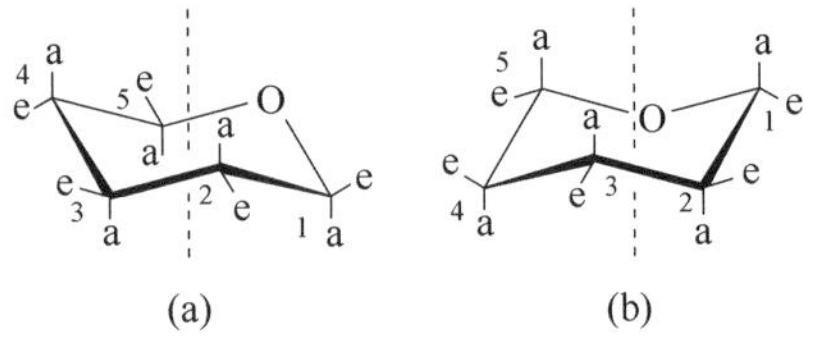

图 6-16 葡萄糖的 a 键和 e 键

在葡萄糖的椅式构象中，C_2、C_3、C_5 和 O 原子位于同一平面 A。C_1、C_2 和 O 原子构成平面 B，C_3、C_4 和 C_5 构成平面 C，平面 B 和平面 C 相互平行，如图 6-17 所示。如果 C_4 位于平面 A 的上方，C_1 位于平面 A 下方，则称为 $^4C_1$ 椅式构象［图 6-17（a）］。反之，C_4 位于平面 A 下方，C_1 位于平面 A 上方，则称为 $^1C_4$ 椅式构象［图 6-17（b）］。当构象 $^4C_1$ 转变为 $^1C_4$ 时，平伏键和直立键位置互换，即 $^4C_1$ 构象中的直立键在 $^1C_4$ 构象中为平伏键，$^4C_1$ 构象中的平伏键在 $^1C_4$ 构象中为直立键。*β*-*D*-葡萄糖 $^4C_1$ 构象中氢原子为直立键［图 6-17（a）］，氢原子小，彼此之间斥力小；而在 $^1C_4$ 构象中，C_1~C_5 的羟基为直立键［图 6-17（b）］，这些基团间的排斥作用较大，构象稳定性降低，所以 *β*-*D*-葡萄糖是以较稳定的 $^4C_1$ 构象存在的。

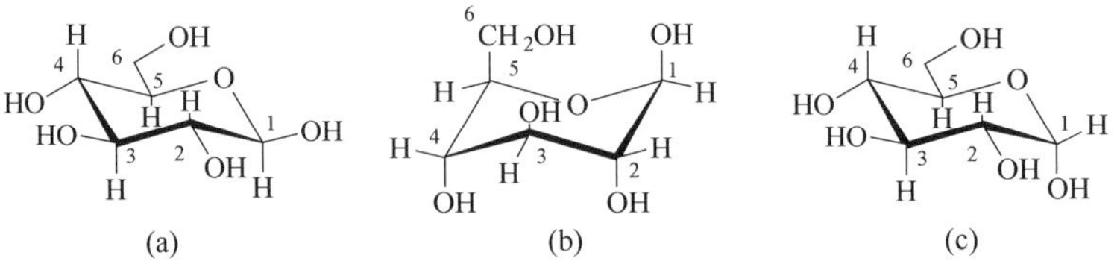

图 6-17 *α*-*D*-葡萄糖和 *β*-*D*-葡萄糖的构象

三、葡萄糖的构象

α-*D*-葡萄糖与 *β*-*D*-葡萄糖为 C_1 差向对映体，如图 6-17 所示，*β*-*D*-葡萄糖（a）的 C_1 羟基为平伏键，在 *α*-*D*-葡萄糖（c）中则为直立键。

β-*L*-葡萄糖与 *β*-*D*-葡萄糖为对映体，*β*-*D*-葡萄糖的直立键在 *β*-*L*-葡萄糖中为平伏键，*β*-*D*-葡萄糖的平伏键在 *β*-*L*-葡萄糖中为直立键，如图 6-18 所示，*β*-*L*-葡萄糖的构象（b）中所有的羟基为直立键，羟基间斥力大，构象不稳定，有转变为平伏键的趋势，迫使 C_4 向下位移，C_1 向上位移，变成 $^1C_4$ 构象（c）。在 $^1C_4$ 构象中，所有的羟基为平伏键，构象

较为稳定。

α-*L*-葡萄糖和β-*L*-葡萄糖为 C_1 差向异构体，两者 C_1 的构型不同，β-*L*-葡萄糖的羟基为平伏键，则α-*L*-葡萄糖的羟基为直立键，α-*L*-葡萄糖的构象如图 6-18（d）所示。

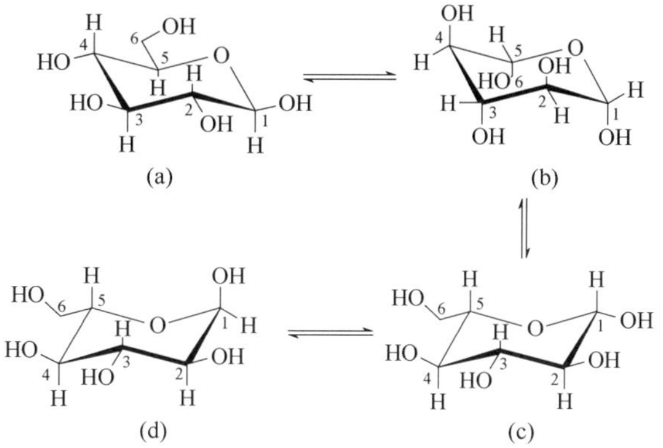

图 6-18 β-*L*-葡萄糖和α-*L* 葡萄糖的构象

四、β-D-甘露糖的构象

D-甘露糖与 *D*-葡萄糖为 C_2 差向异构体，将β-*D*-葡萄糖的 C_2 羟基变为直立键，氢原子变为水平键，即是β-*D*-甘露糖的构象（图 6-19）。α-*D*-甘露糖与β-*D*-甘露糖为 C_1 差向异构体，将β-*D*-甘露糖的 C_1 羟基变为直立键，即是α-*D*-甘露糖的构象。

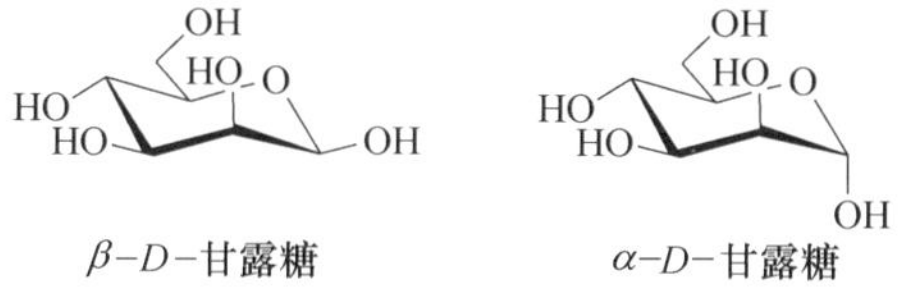

图 6-19 *D*-甘露糖的构象

其他糖基的构象包括β-*D*-吡喃甘露糖、β-*D*-吡喃半乳糖、β-*D*-吡喃木糖、α-*L*-呋喃阿拉伯糖、α-4-*O*-甲基-*D*-葡萄糖醛酸、β-*D*-半乳糖醛酸、α-*L*-鼠李糖和α-*L*-岩藻糖可参照β-*D*-吡喃葡萄糖书写。大多数吡喃糖的构象为$^4C_1$ 椅式构象，如 *D*-葡萄糖、*D*-甘露糖、*D*-半乳糖、*D*-木糖等，无论α型还是β型，它们的稳定构象为$^4C_1$；而α-*L*-鼠李糖和α-*L*-岩藻糖的构象为$^1C_4$。

小　　结

1. 构象是由于单键旋转而产生的分子在空间中的不同形态。构象是不稳定的，不同构象产物不能相互分离。

2. 葡萄糖有 8 种构象，2 个椅式构象，6 个船式构象，椅式构象较为稳定，葡萄糖一般以椅式构象存在，且为$^4C_1$ 椅式构象。

3. $^4C_1$ 构象的转换为$^1C_4$ 构象的过程中，直立键和平伏键相互交换位置。

4. 大多数吡喃糖的构象为$^4C_1$ 椅式构象。葡萄糖、甘露糖、半乳糖和木糖等 *D*-糖的稳定构象为$^4C_1$ 式构象；而α-*L*-鼠李糖、α-*L*-岩藻糖等 *L* 糖的构象为$^1C_4$ 式构象。

课后练习

一、名词解释

1. 构象
2. β-*D*-葡萄糖的构象

二、判断题

1. 与船式构象相比，葡萄糖的椅式构象较为稳定。（　　）
2. *D*-葡萄糖稳定的椅式构象为$^4C_1$。（　　）
3. *L*-葡萄糖稳定的椅式构象为$^4C_1$ 式。（　　）

4. 在 *D*-葡萄糖转换为 *L*-葡萄糖的过程中，直立键与平伏键交换位置。(　　)

三、简答题

1. 书写 *β*-*D*-吡喃葡萄糖、*β*-*D*-吡喃甘露糖、*β*-*D*-吡喃半乳糖、*β*-*D*-吡喃木糖、*α*-*L*-呋喃阿拉伯糖椅式构象。

2. 书写 *α*-4-*O*-甲基-*D*-葡萄糖醛酸、*α*-*D*-半乳糖醛酸、*α*-*L*-鼠李糖和 *α*-*L*-岩藻糖的椅式构象。

模块六　糖苷键、二糖、低聚糖和多糖

6-6

教学目标

1. 熟悉糖苷键、还原糖和非还原糖的概念。
2. 了解二糖、低聚糖的概念。
3. 理解多糖及其糖基的连接。

教学内容

一、糖苷键

单糖易与其他分子形成共价键。一个葡萄糖有 5 个羟基，这些羟基都具有活性，其中最重要的是与其他单糖相互结合，即 C_1 羟基与另一种单糖羟基之间缩合，形成的化学键称为糖苷键，如图 6-20 所示。当 C_1 形成糖苷键时，单糖构象则被固定。

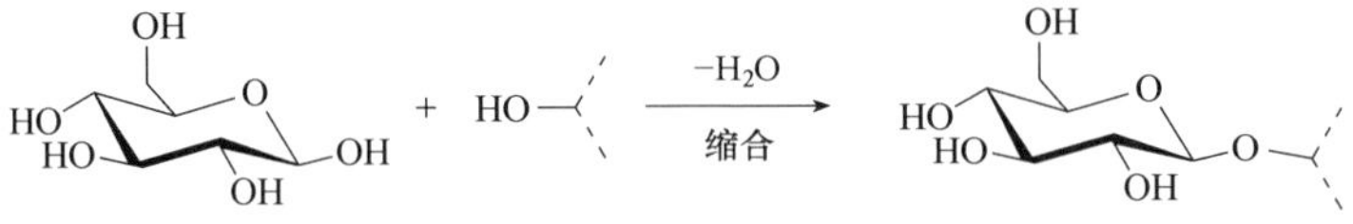

图 6-20　糖苷键的形成

二、二糖

二糖是由 2 个单糖通过糖苷键连接的化合物，分为还原糖和非还原糖。非还原糖是糖分子中没有半缩醛羟基，两个糖单元通过半缩醛羟基缩合而成。如海藻糖的第 1 个 *α*-*D*-葡萄糖基的 C_1 半缩醛羟基与第 2 个 *α*-*D*-葡萄糖的 C_1 的半缩醛羟基缩合，形成的二糖的两端为 C_4 羟基，不再具有还原性，见表 6-4。

表 6-4　　一些重要的二糖

俗名	名称	结构式	备注
纤维二糖	*β*-*D*-Glc*p*-(1→4)-*β*-*D*-Glc*p*	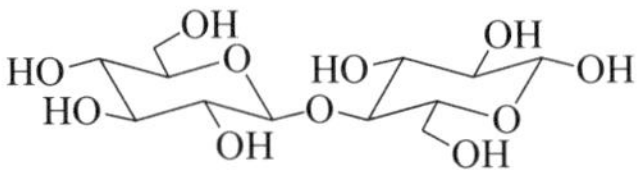	纤维素酶降解主要产物

续表

俗名	名称	结构式	备注
甘露二糖	β-D-Man*p*-(1→4)-β-D-Man*p*	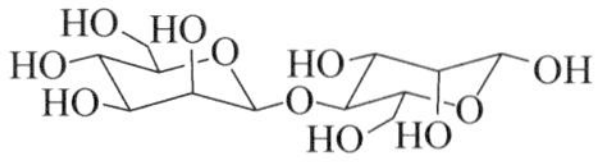	半纤维素酶降解产物
木二糖	β-D-Xylp-(1→4)-β-D-Xyl*p*	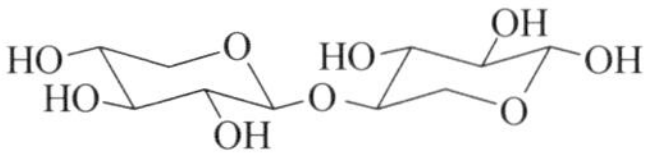	半纤维素酶降解产物
龙胆二糖	β-D-Glc*p*(1→6)-β-D-Glc*p*	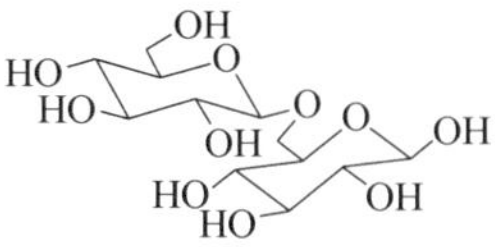	植物多糖的降解产物
海藻糖	β-D-Glc*p*-(1→1)-α-D-Glc*p*	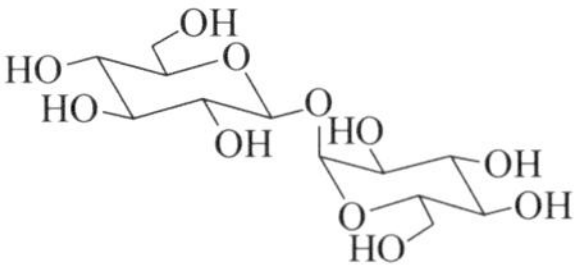	昆虫的能量存储，非还原性二糖

还原二糖是一个单糖的半缩醛羟基与另一单糖的醇羟基缩合形成的二糖，如纤维二糖第1个葡萄糖 C_1 半缩醛羟基与第2个葡萄糖 C_4 羟基缩合而成，纤维二糖第2个葡萄糖基的 C_1 仍是半缩醛羟基，因此具有还原性，称为还原性二糖，见表6-4。

二糖命名要将构型 *α/β* 和 *D/L* 写在单糖名称前，单糖后面注明单糖是吡喃糖（*p*）还是呋喃糖（*f*）。两个单糖之间注明连接的碳原子的位数，如纤维二糖为 *β-D*-Glc*p*-(1→4)-*β-D*-Glc*p*。海藻糖为 *α-D*-Glc*p*-(1→1)-*α-D*-Glc*p*。

三、低聚糖

低聚糖是指包含3~10个糖基的糖类，如三糖、四糖、五糖等。低聚糖能够与其他生物分子如膜磷脂、蛋白质和多糖发生偶联反应。

四、多糖

大自然中的多糖聚合度从约10个到数万不等。多糖分为同多糖和杂多糖，同多糖仅由一种糖基组成，而杂多糖由两种或多种糖基组成。多糖可以是线性的，也可以是带支链的。一些多糖的结构式见表6-5和图6-21。

表6-5　　一些重要的多糖

俗名	结构式	功能
直链淀粉	α-D-Glc*p*-(1→4)-α-D-Glc*p*	淀粉中的主要组分，为植物储存能量
支链淀粉	4-α-D-Glc*p* 1 ↓ 6 4-α-D-Glc*p*-(1→4)-α-D-Glc*p*	淀粉中的主要组分，为植物储存能量

续表

俗名		结构式	功能
纤维素		β-D-Glc$p$-(1→4)-β-D-Glc$p$	植物或其他微生物细胞壁的组分
半纤维素	聚木糖	β-D-Xyl$p$-(1→4)-β-D-Xyl$p$	异多糖，植物细胞壁的组分
	聚葡萄糖甘露糖	β-D-Man$p$-(1→4)-β-D-Glc$p$	
聚半乳糖醛酸		α-D-GalUp-(1→4)-α-D-GalUp	存在于果实和植物细胞壁中，是果胶质的主要组分

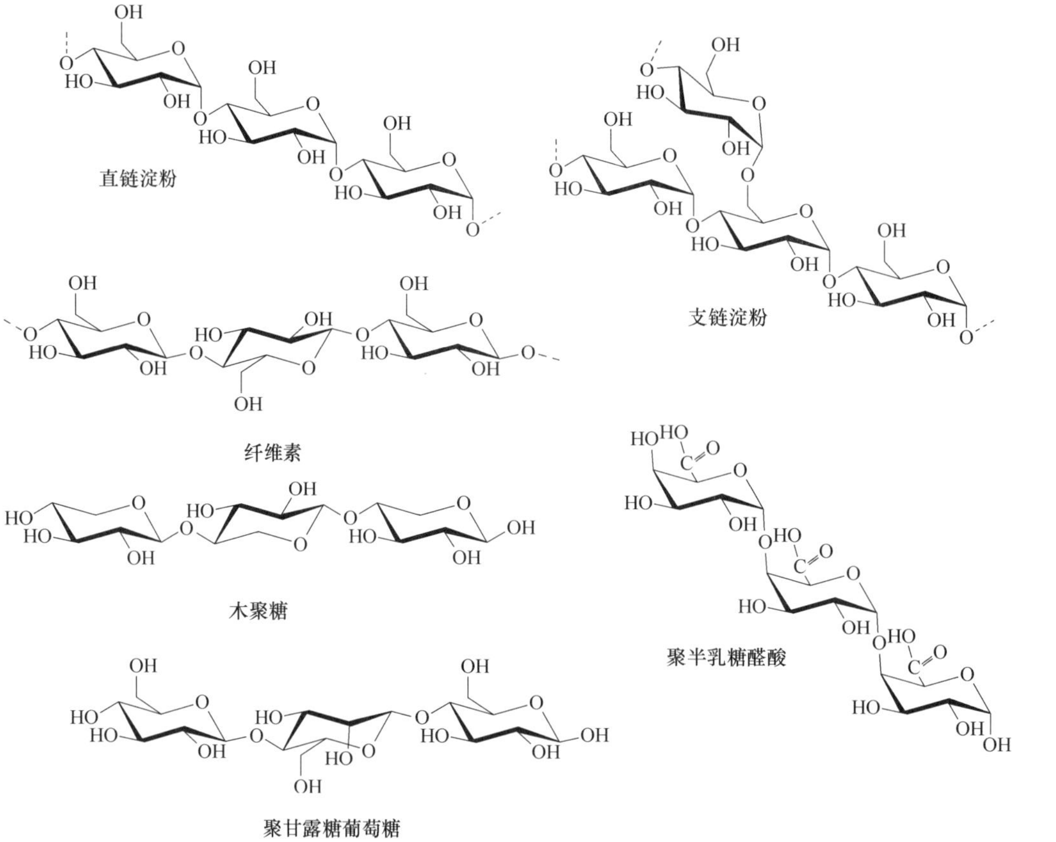

图 6-21　植物细胞壁中的多糖

比较多糖的结构和功能可以发现纤维素、半纤维素等多糖具有结构上的相似性，除了聚半乳糖醛酸和淀粉以 α-1,4 糖苷键连接外，大多数多糖以 β-1,4 连接，表明纤维素和其他多糖在结构上有相似之处。然而也有不同之处。如果胶和半纤维素是支链多糖，而纤维素是直链多糖。

小　结

1. 糖的 C_1 羟基与另一种单糖羟基之间缩合，形成的化学键称为糖苷键。
2. 二糖是由 2 个单糖通过糖苷键连接的化合物，分为还原糖和非还原糖。非还原糖是糖分子中没有半缩醛羟基，两个糖单元通过半缩醛羟基缩合而成。还原二糖是一个单糖的半缩醛羟基与另一单糖的醇羟基缩合形成的。

3. 低聚糖是指包含 3~10 个糖基的糖类。

4. 多糖聚合度从约 10 个到数万不等，淀粉、纤维素、半纤维素和果胶都属于多糖。

课 后 练 习

一、名词解释

1. 糖苷键
2. 还原二糖
3. 非还原二糖

二、判断题

1. 纤维素、半纤维素、淀粉、果胶是多糖。(　　)
2. 蔗糖和海藻糖是二糖。(　　)

模块七　与纤维素和半纤维素相关的概念

教学目标

1. 熟悉综纤维素的概念。
2. 熟悉 α-纤维素、β-纤维素和 γ-纤维素的概念。
3. 了解克-贝纤维素和硝酸-乙醇纤维素。

教学内容

一、综纤维素

综纤维素（holocellulose）是指植物纤维原料在除去抽提物和木质素后所保留的全部碳水化合物，即植物纤维原料中纤维素和半纤维素的总和。实际上所获得的综纤维素通常含有少量木质素，在脱除木质素过程中也会损失少量碳水化合物。

制备综纤维素的方法有以下几种：

（1）氯化法。用氯气处理无抽提物试样，然后用乙醇胺的乙醇溶液抽提试样，溶出氯化木质素，所得残渣即为综纤维素。

（2）亚氯酸钠法。用亚氯酸钠处理无抽提物试样，使木质素被氧化而除去，得到含有部分降解的碳水化合物产物即为综纤维素。

（3）二氧化氯法。用二氧化氯加碳酸氢钠的饱和溶液处理无抽提物试样，把其中的木质素氧化除去，残渣即为综纤维素。

（4）过醋酸法。在醋酸钠溶液中加入醋酸酐和过氧化氢形成过醋酸溶液，用它在 70℃

下处理无抽提物试样，将木质素氧化而除去，残渣即为综纤维素。

二、α-纤维素、β-纤维素、γ-纤维素、工业半纤维素

用17.5%NaOH（或24%KOH）溶液在20℃下处理综纤维素（或漂白化学浆）45min，将其中的非纤维素碳水化合物大部分溶出，留下的纤维素及抗碱性的非纤维素碳水化合物，称为综纤维素的α-纤维素（或化学浆的α-纤维素）。漂白化学木浆经上述处理所得到的溶解部分，用醋酸中和后沉淀出来的部分，称为β-纤维素，不沉淀部分称为γ-纤维素。

在漂白化学浆中，α-纤维素包括纤维素及抗碱性的半纤维素，化学浆中α-纤维素含量对纤维素衍生物和纸的改性处理等生产过程及产品质量的影响很大。

β-纤维素为高度降解的纤维素及半纤维素；γ-纤维素全为半纤维素。β-纤维素及γ-纤维素包含植物纤维原料制成漂白浆后留在浆中的天然半纤维素，也有一部分是纤维素在制浆过程中的降解产物。习惯上将β-纤维素及γ-纤维素之和称为工业半纤维素。

三、克-贝纤维素

此法是采用氯气处理湿润的无抽提物试样，使木质素转化为氯化木质素，然后用亚硫酸及2%亚硫酸钠溶液洗涤，溶出木质素。重复以上处理，直至加入亚硫酸钠后仅显淡红色为止。克-贝纤维素较综纤维素降解稍多，而且部分非纤维素的碳水化合物被溶出。但与工业纸浆中的纤维素相比，其降解程度较小。克-贝纤维素包括了纤维素与一部分非纤维素的碳水化合物，并含0.1%~0.3%的木质素。

四、硝酸-乙醇纤维素

该方法是用20%硝酸和80%乙醇的混合液，在加热至沸腾的条件下处理无抽提的试样，使其中的木质素变为硝化木质素，溶于乙醇中而被除去，所得残渣即为硝酸-乙醇法纤维素。此法使原料中大部分半纤维素水解，故测定结果较克-贝纤维素含量低。而且在测定过程中，纤维素分子链也发生了降解。

小　　结

1. 综纤维素（holocellulose）是指植物纤维原料在除去抽提物和木质素后所保留的全部碳水化合物。综纤维素的制备方法有氯化法、亚氯酸钠法、二氧化氯法和过醋酸法。

2. α-纤维素是指纤维素及抗碱性的非纤维素碳水化合物，β-纤维素为高度降解的纤维素及半纤维素，γ-纤维素全为半纤维素。α-纤维素含量对纤维素衍生物质量的影响很大。

3. 克-贝纤维素是指用氯气和亚硫酸及2%亚硫酸钠溶液从试样中溶出木质素，含有纤维素、部分非纤维素的碳水化合物和0.1%~0.3%的木质素。

4. 硝酸-乙醇纤维素是指用硝酸和乙醇混合液除去木质素，结果较克-贝纤维素含量低。

课后练习

名词解释

1. 综纤维素
2. α-纤维素

参考文献

[1] EK M, GELLERSTEDT G, HENRIKSSON G. Pulp and paper chemistry and technology volume 1, "wood chemistry and wood biotechnology" [M]. Berlin: De Gruyter, 2009.

[2] 裴继诚. 植物纤维化学 [M]. 北京：中国轻工业出版社，2020.

[3] 陈国荣. 糖化学基础 [M]. 上海：华东理工大学出版社，2009.

[4] 张军良. 基础糖化学 [M]. 北京：中国医药科技出版社，2008.

项目七　纤　维　素

模块一　纤维素的化学结构与生物合成

7-1

教学目标

1. 熟悉纤维素的分子结构。
2. 理解纤维素结构的刚性。
3. 熟悉纤维素分子的构象。
4. 了解纤维素的生物合成。

教学内容

纤维素是地球上最丰富的天然高分子，是可生物降解和可再生的生物质资源之一。它来源于细菌、藻类和高等植物，是植物细胞壁的主要组分，植物界中纤维素总量为 21.6×10^{10}t。

一、纤维素的化学结构

纤维素是天然高分子化合物，纤维素的化学结构式为（$C_6H_{10}O_5$）$_n$，碳、氢、氧的质量分数分别为44.44%、6.17%、49.39%。

1. 纤维素的葡萄糖基及连接方式

纤维素由β-D-吡喃式葡萄糖构成，D-葡萄糖的开链结构是己醛糖。成环时，C_5 位的羟基与 C_1 位的醛基形成半缩醛，即 C_1—C_4 糖苷键。β-D-葡萄糖的开链式、费舍尔式、哈沃斯式和构象如图 7-1 所示。

纤维素的葡萄糖单元有 3 个游离羟基，如图 7-2 所示，其中 C_2 和 C_3 的羟基为仲羟基，C_6 的羟基是伯羟基。3 个羟基酸性大小为 $C_2>C_3>C_6$。3 个羟基的反应能力也不相同：C_6 羟基酯化反应比 C_2 或 C_3 羟基快 10 倍，C_2 羟基的醚化反应比 C_3 羟基快 2 倍。

纤维素大分子的葡萄糖基由β-1,4 糖苷键连接，基本结构单元为纤维二糖，如图 7-2 所示。

2. 纤维素分子链的方向性

纤维素大分子有两个末端基。一个末端基 C_1 羟基称为苷羟基，当葡萄糖单元由环型变

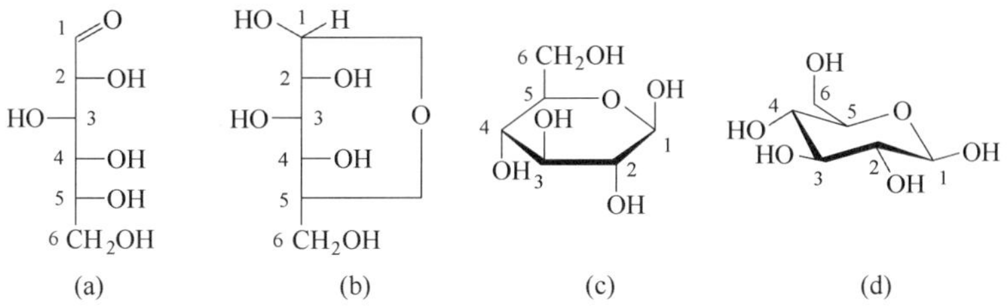

图 7-1 β-D-葡萄糖的结构式

（a）开链式 （b）费舍尔式 （c）哈沃斯式 （d）构象

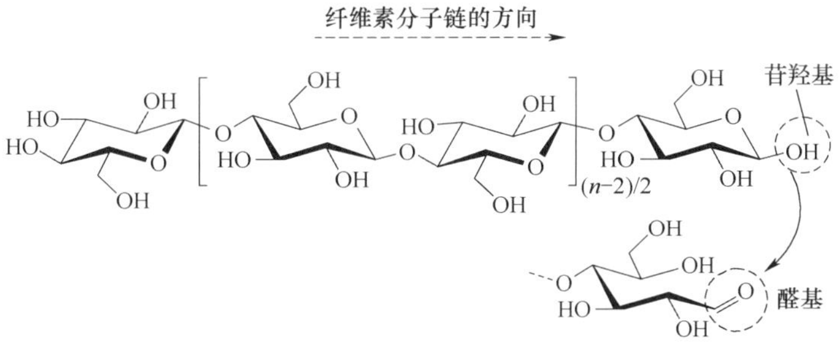

图 7-2 纤维二糖基本结构单元、葡萄糖基的连接方式及末端基

为开链结构时，苷羟基会变为醛基而具有还原性，故此苷羟基具有潜在的还原性，也称为半缩醛羟基或隐性醛基。纤维素大分子的另一末端基的 C_4 羟基不具有还原性。两末端基还原性的差异使纤维素分子具有方向性，方向是从非还原性末端基指向还原性末端基，如图 7-2 所示。

3. 葡萄糖的构象

β-D-葡萄糖分子的椅式构象有 $^4C_1$ 式和 $^1C_4$ 式，优势构象为 $^4C_1$ 式。纤维二糖含有分子内氢键 O_3-H…O_5' 和 O_2'-H…O_6 氢链，只有连接在 C_5 上的伯羟基能绕 C_5—C_6 键旋转，所以在固态下，纤维素分子的结构是刚性的。根据 C_6—O_6 键与 C_5—O_5 键和 C_5—C_4 键的立体关系，可以形成 3 种构象，分别是 gt 构象、gg 构象和 tg 构象。g 表示旁式，t 表示反式。gt 构象表示 C_6—O_6 旋转到对 C_5—O_5 为旁式，对 C_5—C_4 为反式；gg 构象表示 C_6—O_6 旋转到对 C_5—O_5 和 C_5—C_4 均为旁式；tg 构象表示 C_6—O_6 旋转到对 C_5—O_5 为反式，对 C_5—C_4 为旁式。天然纤维素中 CH_2OH 的构象为 tg 构象，如图 7-3 所示。

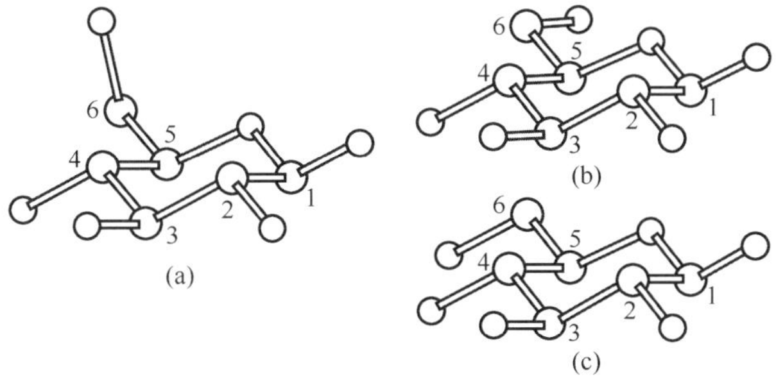

图 7-3 纤维素葡萄糖单元伯羟基的构象

（a）gg 构象 （b）gt 构象 （c）tg 构象

4. 纤维素大分子的构象

配糖角 τ 是 C_1—O 键和 O—C_4' 键的夹角，扭转角 ϕ 是由四个相连的原子 O_5'—C_1'—O_4—C_4 构成的夹角，扭转角 ψ 是由 C_1'—O_4—C_4—C_3 构成的夹角。ϕ 和 ψ 为非零角度。这个模型也称为纤维二糖的弯曲链模型，如图 7-4 所示。纤维素 Ⅰ 和纤维素 Ⅱ 都符合弯曲链模型。

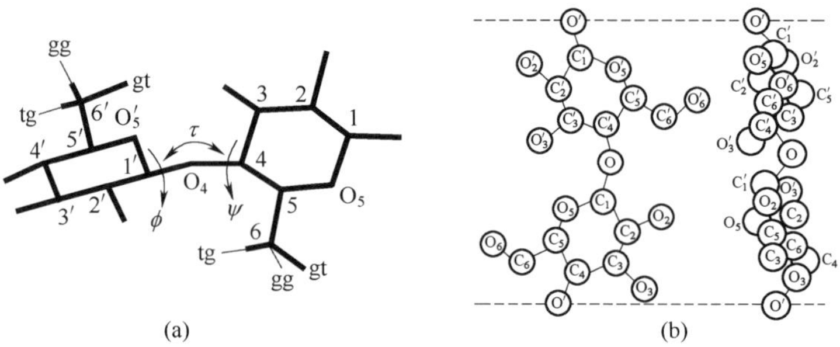

图 7-4 纤维素的配糖角（τ）、扭转角（ϕ 和 ψ）的弯曲链结构模型

二、纤维素的生物合成

纤维素生物合成过程包括：葡萄糖单体形成纤维素链，纤维素链形成原细纤维，以及原细纤维在细胞壁中的定位。

1. 纤维素分子键的合成

纤维素中 β-1,4 糖苷键的形成是缩合反应，反应自由能>0，在热力学上更倾向于逆反应，如图 7-5 所示。

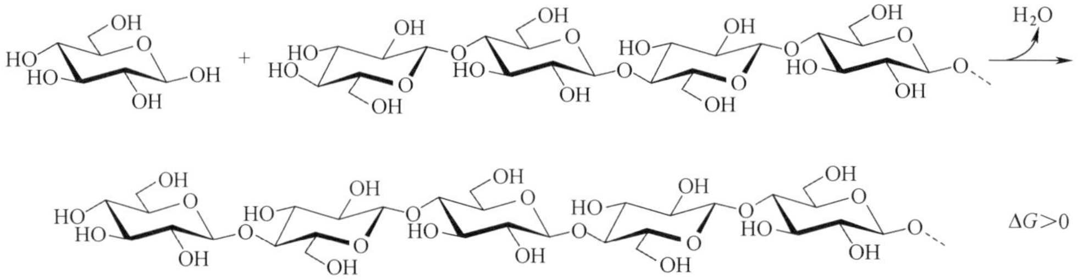

图 7-5 β-1,4 糖苷键形成

尿苷三磷酸（UTP）中的磷酸键水解的倾向于生成物方向，如图 7-6 所示。蔗糖［α-*D* 葡萄糖（1-2）-β-*D* 果糖］和 UTP 在酶催化裂解反应中生成葡萄糖残基，由于磷酸离子的释放，这个反应在热力学上是有利的，如图 7-7 所示。

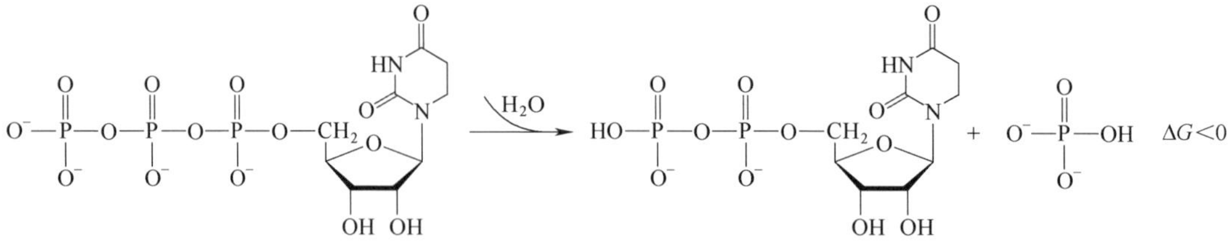

图 7-6 尿苷三磷酸(UTP) 磷酸键的水解

随后，葡萄糖残基（UDP-葡萄糖）在第二种酶（纤维素合成酶）的催化作用下，偶合到正在生长的纤维素链的非还原端，同时纤维素分子链在纤维素合成酶内移动，准备接受另一个新 UDP-葡萄糖，如图 7-8 所示。由于 UDP 的释放，这一反应在热力学上是有利的。

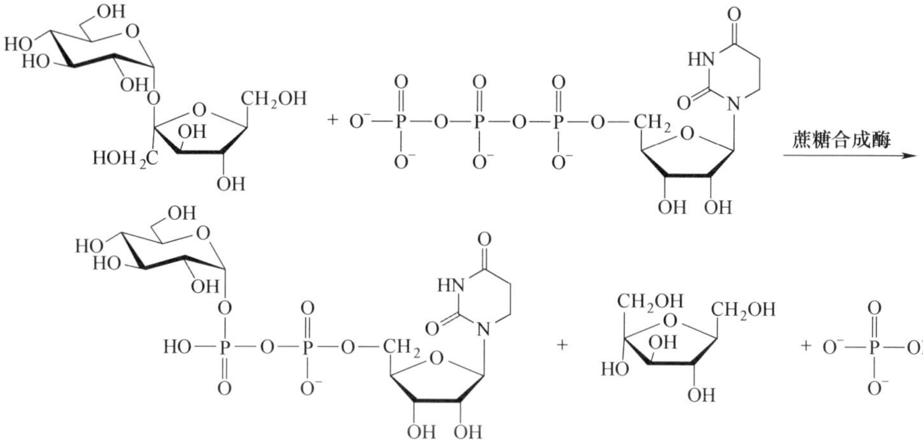

图 7-7 蔗糖和 UTP 在酶催化裂解反应中生成葡萄糖残基

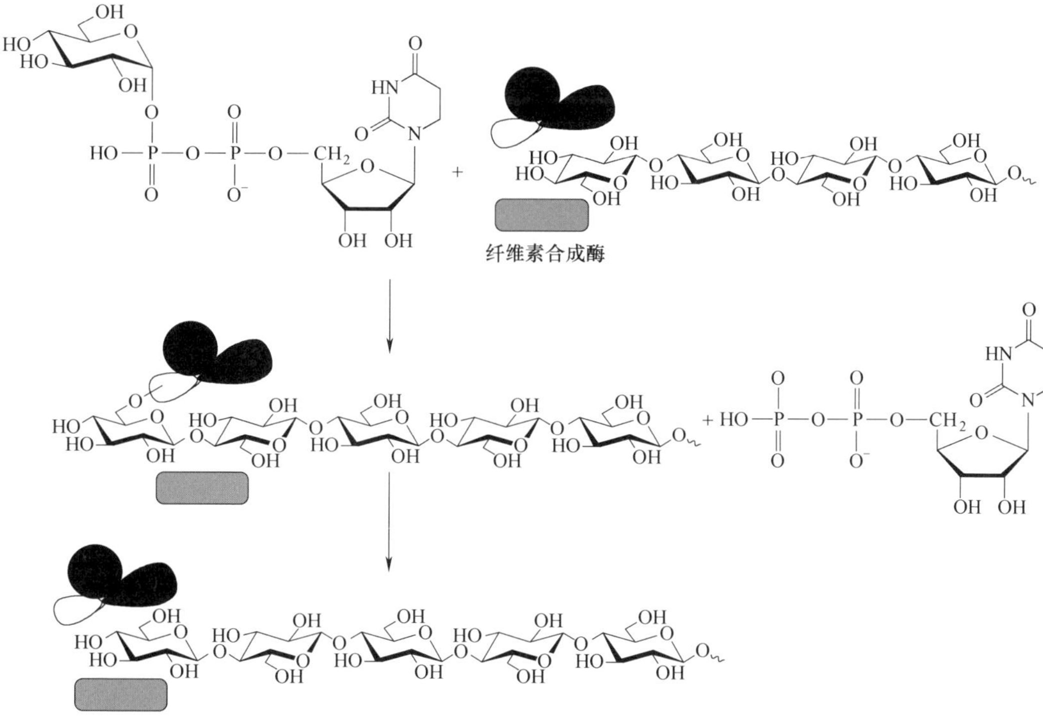

图 7-8 葡萄糖基在纤维素合成酶催化下与纤维素分子链的结合

2. 末端复合物合成纤维素

纤维素的聚合度高、结晶度高，完全不溶于水。因此，纤维素与其他聚糖（如半纤维素和果胶）的合成场所不同，纤维素不能在细胞内合成后再沉积在细胞壁中。由于纤维素合成酶位于细胞膜外层，合成的纤维素链直接沉积在细胞壁上，如图 7-9 所示。

几个纤维素合成酶会在细胞壁形成聚集体，也称末端复合体，合成的纤维素链彼此平行。纤维素链自发结晶成纤维素 Ⅰ 型结构。在高等植物中，末端复合体呈圆形排列，合成 6 个分子链，这种结构称为玫瑰型；在藻类和细菌中，末端复合体是线性的，如图 7-10 所示。玫瑰型末端复合体会产生更多的纤维素 $Ⅰ_β$，而线性末端复合体合成纤维素 $Ⅰ_α$。

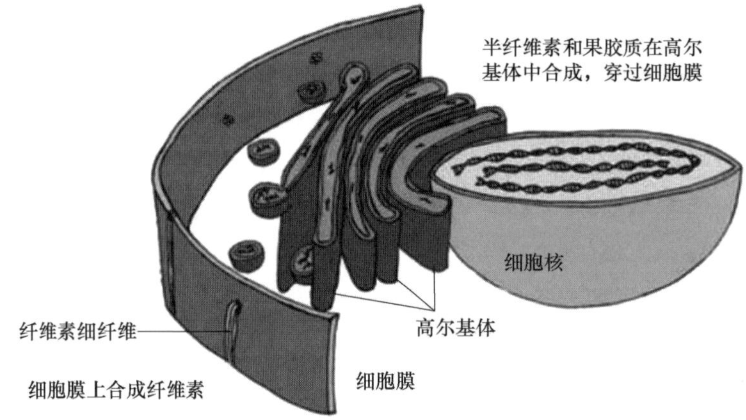

图 7-9 纤维素链直接沉积在细胞壁上

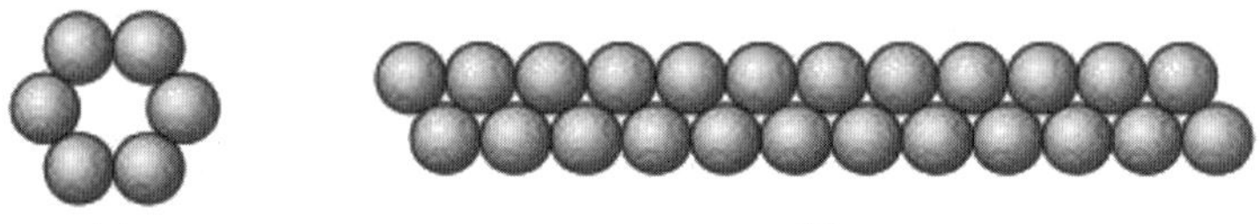

图 7-10 末端复合体

（a）玫瑰型末端复合体 （b）线性复合体

3. 原细纤维角度的控制

在不同的细胞壁层中纤维素原细纤维的取向不同。在细胞膜内部，有一个由蛋白质纤维（微管）组成的网络，即细胞骨架，细胞骨架控制末端复合体，通过微管方向的改变，控制纤维素原细纤维的取向，如图 7-11 所示。

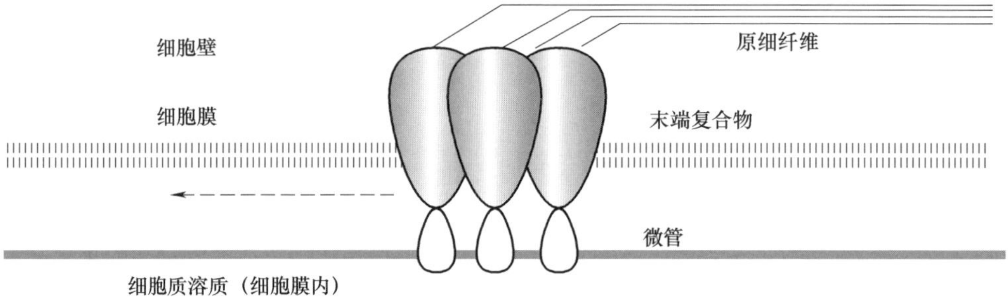

图 7-11 纤维素原细纤维角度的控制模型

小 结

1. 纤维素是最丰富的、可生物降解和可再生的天然高分子。

2. 纤维素的化学结构式为（$C_6H_{10}O_5$）$_n$。纤维素是 β-D-吡喃式葡萄糖由 β-1,4 糖苷键连接而成，其基本结构单元为纤维二糖。葡萄糖有 3 个游离羟基，C_2 和 C_3 位的羟基为仲羟基，C_6 位的羟基是伯羟基。纤维素大分子有方向性，一个末端基的 C_1 位有苷羟基，具有潜在的还原性，另一端末端基 C_4 位的羟基不具有还原性。

3. β-D-葡萄糖的优势构象为$^4C_1$ 构象，C_6 位的伯羟基 CH_2OH 为 tg 构象，纤维素有分

子内氢键 $O_3-H\cdots O_5'$ 和 $O_2'-H\cdots O_6$，使纤维素结构呈刚性。纤维素分子的配糖角 τ、扭转角 ϕ 和扭转角 ψ 为非零角度。

4. 蔗糖和尿苷三磷酸（UTP）在蔗糖合成酶的催化裂解反应中生成葡萄糖残基，葡萄糖残基（UDP-葡萄糖）在纤维素合成酶的催化作用下，偶合到纤维素链的非还原端。纤维素合成酶位于细胞膜外层，在细胞壁形成末端复合体，合成的纤维素链彼此平行，且直接沉积在细胞壁上。蛋白质纤维（微管）控制末端复合体，通过改变微管的方向，控制纤维素原细纤维的取向。

课后练习

一、多选题

1. 以下有关纤维素分子构象的描述，正确的是（　　）。

（A）β-D 葡萄糖的优势构象为 $^4C_1$ 构象。　（B）β-D 葡萄糖的优势构象为 $^1C_4$ 构象。

（C）C_6 位的伯羟基 CH_2OH 为 gt 构象。　（D）扭转角 ϕ 和扭转角 ψ 是非零角度。

2. 以下有关纤维素结构的描述，正确的是（　　）。

（A）纤维素的基本结构单元是葡萄糖。

（B）纤维素的基本结构单元是纤维二糖。

（C）结构单元间通过 β-1,4 糖苷键连接。

（D）葡萄糖单元的 C_2、C_3 连有仲羟基，C_6 连有伯羟基。

二、判断题

1. 在纤维素的生物合成中，与半纤维素不同，合成的纤维素直接沉积在细胞壁上。（　　）

2. 纤维素中葡萄糖的苷羟基位于 C_4 位。（　　）

三、问答题

1. 解释固态纤维素分子的刚性。

2. 解释纤维素分子的方向性。

模块二　纤维素的聚集态结构

7-2

教学目标

1. 了解晶面、晶面指数概念。
2. 了解纤维素的 5 种结晶体。
3. 熟悉天然纤维素分子的晶体结构。
4. 理解纤维素Ⅱ的晶体结构。
5. 熟悉纤维素的聚集态结构。

教学内容

聚集态结构是指纤维素大分子链的排列特征，如结晶结构的晶区和非晶区、晶胞大小、分子链在晶胞内的堆砌形式等。

一、晶面和晶系

晶体有一定的几何形状，晶体的质点（如原子）周期性排列形成空间点阵，其几何形状称为晶格。晶胞是晶体中周期性排列的最小单元。通常使用6个参数来描述晶胞，平行六面体三个轴的长度 a、b 和 c 及相互间的夹角 α、β 和 γ，$\alpha=b\wedge c$、$\beta=a\wedge c$ 和 $\gamma=a\wedge b$，如图7-12所示。

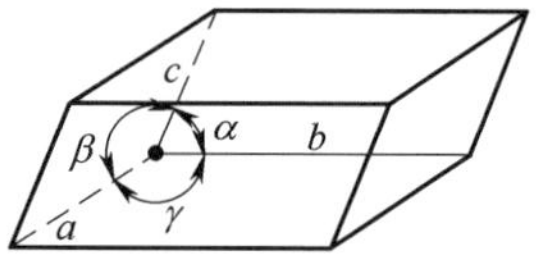

图7-12 晶胞及晶胞参数

1. 晶面指数

晶体的质点全部集中在相互平行的等距离的平面群上，这些平面叫作晶面，晶面用密勒指数表示，晶面的间距用 L_{hkl} 表示。晶面密勒指数的表示方式举例如下：

如果一晶面在三晶轴上的截距分别为 $3a$、$2b$、$1c$，截距系数的倒数分别是1/3、1/2、1/1，通分得2/6、3/6、6/6，弃去公分母，用分子表示晶面，该晶面的密勒指数为（236）。如晶面与晶轴平行，则该晶轴上的密勒指数为0；如晶面位于晶轴的负轴上，则晶面指数上方加“-”。一些晶面的密勒指数如图7-13所示。

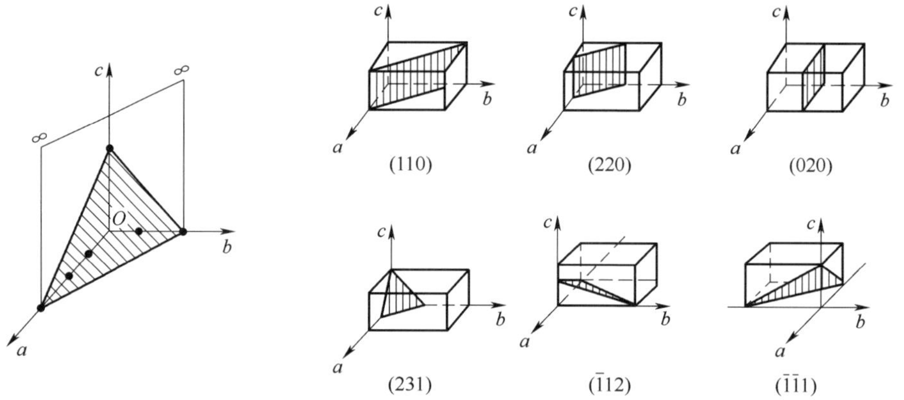

图7-13 晶面与晶面指数

2. 晶系

尽管晶体有千百万种，但组成它们的晶胞只有7种，即立方、四方、斜方、单斜、三斜、六方和三方，构成7个晶系。纤维素有5种晶胞，纤维素Ⅰ~纤维素Ⅴ的晶型及晶胞参数见表7-1。

表7-1　纤维素的晶型及晶胞参数

图例	晶系	晶胞特征	纤维素晶型	晶胞参数
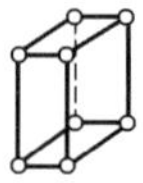	四方	$a=b\neq c$ $\alpha=\beta=\gamma=90°$	纤维素Ⅲ	—
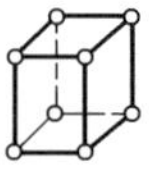	斜方/正交	$a=b\neq c$ $\alpha=\beta=\gamma=90°$	纤维素Ⅴ	$a=0.811, b=1.030, c=0.790; \beta=90°$

续表

<table>
<tr><th>图例</th><th>晶系</th><th>晶胞特征</th><th>纤维素晶型</th><th>晶胞参数</th></tr>
<tr><td rowspan="7">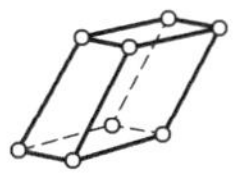</td><td rowspan="7">单斜</td><td rowspan="7">$a \neq b \neq c$
$\alpha = \beta = 90°$
$\gamma \neq 90°$</td><td rowspan="3">纤维素Ⅰ</td><td>Blackwell-Sarko 模型(平均值)$a = 0.820$, b(纤维轴)$= 1.030$; $c = 0.79$; $\gamma = 83°$</td></tr>
<tr><td>Honjo-Watabe 模型(海藻)$a = 1.634$, $b = 1.570$, $c = 1.033$nm(纤维轴); $\gamma = 97°$</td></tr>
<tr><td>$a = 0.801$, $b = 0.817$, c(纤维轴)$= 1.03$; $\gamma = 97.30$</td></tr>
<tr><td>纤维素Ⅰ$_\beta$</td><td>—</td></tr>
<tr><td>纤维素Ⅱ</td><td>$a = 0.793$, $b = 0.918$, $c = 1.034$; $\gamma = 117.31°$</td></tr>
<tr><td>纤维素Ⅲ</td><td>$a = 0.78$, $b = 1.03$(纤维轴), $c = 1.00$; $\beta = 58°$</td></tr>
<tr><td>纤维素Ⅴ</td><td>—</td></tr>
<tr><td>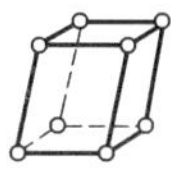</td><td>三斜</td><td>$a \neq b \neq c$
$\alpha \neq \beta \neq \gamma \neq 90°$</td><td>纤维素Ⅰ$_\alpha$</td><td>—</td></tr>
<tr><td>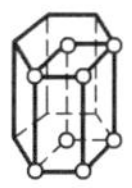</td><td>六方</td><td>$a = b \neq c$
$\alpha = \beta = 90°$
$\gamma = 120°$</td><td>纤维素Ⅲ</td><td>—</td></tr>
</table>

二、纤维素晶体

纤维素有 5 种结晶体，即天然纤维素（纤维素Ⅰ），人造纤维素Ⅱ、人造纤维素Ⅲ、人造纤维素Ⅳ和人造纤维素Ⅴ。不同的晶体有不同的晶胞。

1. 纤维素Ⅰ

天然纤维素晶体为纤维素Ⅰ，天然纤维素包括细菌纤维素、海藻纤维素和高等植物纤维素。公认的纤维素Ⅰ晶胞模型有 Blackwell-Sarko 模型和 Honjo-Watabe 模型。

Blackwell-Sarko 模型认为晶胞 4 个角上的分子链和中心的分子链平行且方向相同，中心链与角链相互错开 $0.266c$（c 为晶胞纤维轴方向长度），中心链、角链和$-CH_2OH$ 都为 tg 构象，如图 7-14（a）所示。

纤维素分子链上的所有羟基形成氢键，其中沿分子链方向存在 $O_3'—H\cdots O_5$ 和 $O_2'—H\cdots O_6$ 氢键，这两种氢键称为分子内氢键；每分子链沿 a 轴方向与相邻分子链形成 $O_6—H\cdots O_3'$氢键，该氢键位于（020）面，称为分子间氢键，如图 7-14（c）所示，分子内和分子间氢键及键长见表 7-2。中心分子链与角分子链间无氢键。分子链依靠氢键形成链片，链片与 a 轴平行，链片间也无氢键，如图 7-14（b）所示，链片通过范德华力维持其结构的稳定。

Honjo-Watabe 模型认为海藻纤维的晶胞为八链晶胞纤维素Ⅰ，称为 H-W 晶胞，其 ab 参数为晶胞的两倍。Blackwell-Sarko 模型和 Honjo-Watabe 模型的晶胞参数见表 7-1。

表 7-2　纤维素Ⅰ中的氢键

分子内氢键	键长/nm	分子间氢键	键长/nm	位置
$O_3'—H\cdots O_5$	0.275	$O_6—H\cdots O_3'$	0.279	020
$O_2'—H\cdots O_6$	0.287	—	—	—

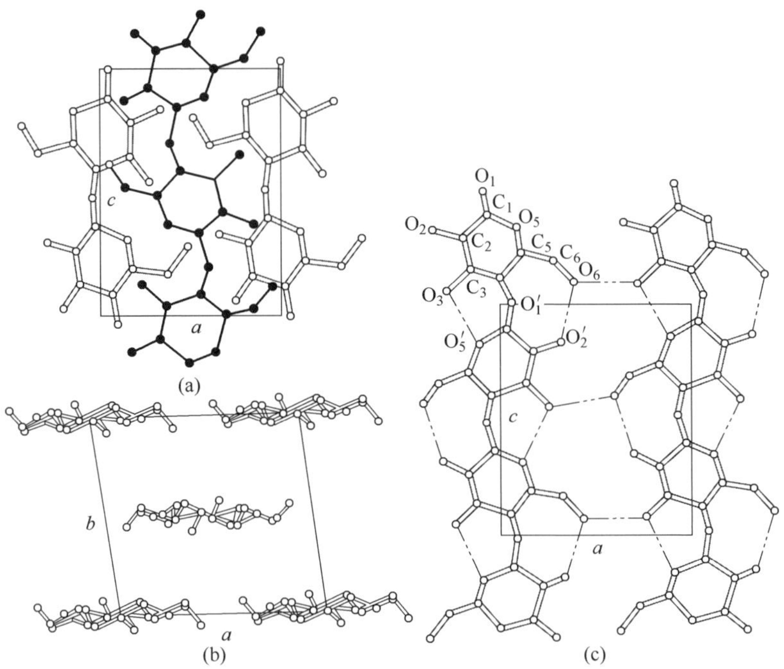

图 7-14 Blackwell-Sarko 晶胞

（a）*ac* 面投影 （b）*ab* 面投影 （c）晶面 020 的氢键网络

实际上，纤维素Ⅰ并不只有一种晶体，而是有两种结晶体，即纤维素Ⅰ$_\alpha$和纤维素Ⅰ$_\beta$。纤维素Ⅰ$_\alpha$为三斜晶胞，密度为 1.582g/cm^3，纤维素Ⅰ$_\beta$为单斜晶胞，其密度为 1.599g/cm^3，因此纤维素Ⅰ$_\beta$较纤维素Ⅰ$_\alpha$稳定。其中高等植物以纤维素Ⅰ$_\beta$为主，而海藻、细菌纤维素则富含Ⅰ$_\alpha$。

2. 纤维素Ⅱ

将纤维素Ⅰ溶解再生或丝光化处理，可得到纤维素Ⅱ，纤维素Ⅱ是工业上使用最多的纤维素形式。丝光化是指用浓碱（20%~24%）处理纤维素，丝光化机理如图 7-15 所示。天然纤维素分子链方向是相互平行的，它们沿纤维轴“向上”和“向下”的概率相等。无定形区存在沿两个方向排列的链，当碱液进入无定形区，能量因子和熵因子有利于反平行链结构的形成。通过碱的作用去除纤维素Ⅰ晶体表面的单个链，并将其并入 Na-纤维素Ⅰ晶体表面，纤维素Ⅰ的结晶区逐渐缩小，而 Na-纤维素Ⅰ的结晶区逐渐增大，形成反平行链 Na-纤维素Ⅰ。Na-纤维素Ⅰ可以自由地吸收更多的 NaOH，转换为基于三重螺旋链构象的晶体结

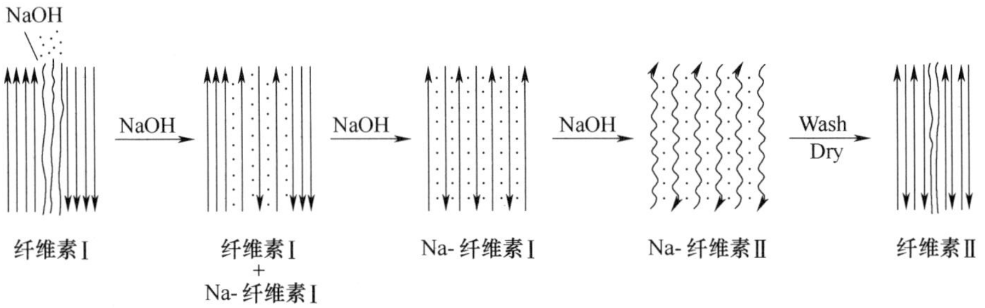

图 7-15 纤维素丝光化形成纤维素Ⅱ的机理

构，单糖相邻链之间的不接触，得到 Na-纤维素Ⅱ，它是丝光过程中能量最低的碱-纤维素中间体。当 NaOH 被洗出后，纤维素链再次恢复到双螺旋构象，以最低能量的纤维素Ⅱ形式结晶。

纤维素Ⅱ为单斜晶胞，晶胞参数见表 7-1。其角链和中心链的构象不同。角链—CH_2OH 为 gt 构象，链方向向上，中心链—CH_2OH 为 tg 构象，链方向向下。中心链和角链在纤维轴方向相互错开 0.216*c*（*c* 为晶胞纤维轴方向的长度）。

纤维素Ⅱ中的氢键网络较纤维素Ⅰ复杂，如图 7-16 所示。角链分子内氢键有 O_3—H…O_5' 和 O_6—H…O_2'，氢键 O_6—H…O_2'处于（020）面内。角链和中心链在（110）面即晶胞对角线上形成分子间氢键 O_2—H…O_2'，是纤维素Ⅱ与纤维素Ⅰ的主要区别。向下的中心链，其 CH_2OH 基为 tg 构象，分子间氢键为 O_3'—H…O_5 和 O_2'—H…O_6；相邻的中心链间氢键 O_6—H…O_3'位于（020）面。纤维素Ⅱ中的氢键见表 7-3。

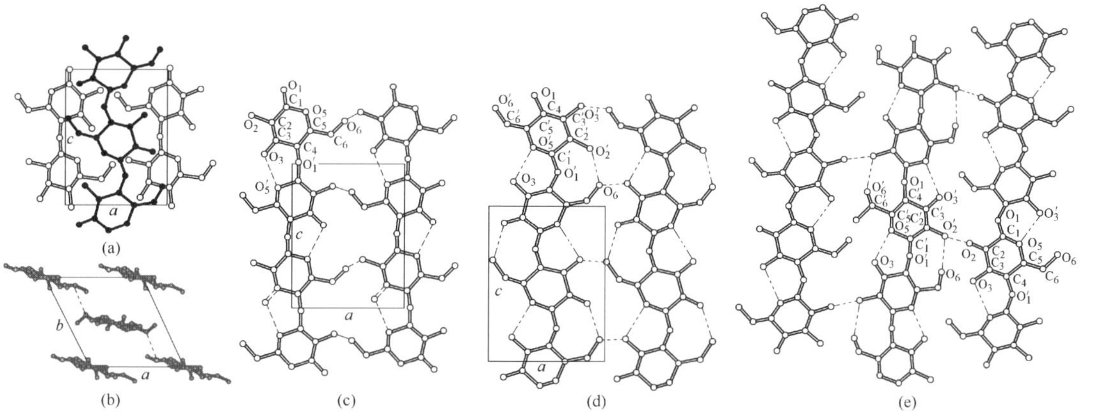

图 7-16 纤维素Ⅱ反平行链投影图

（a）ac 面投影 （b）ab 面投影 （c）角链在（020）面上的氢键网络 （d）中心链在（020）面上的氢键网络

（e）角链和中心链在（010）的氢键网络

表 7-3 纤维素Ⅱ中的氢键

分子链	构象	分子内氢键	键长/nm	分子间氢键	键长/nm	位置
角链	gt	O_3'—H…O_5	0.269	O_6—H…O_2'	0.273	020
角链和中心链	—	—	—	O_2—H…O_2'	0.277	110
中心链	tg	O_2'—H…O_6 O_3'—H…O_5	0.273 0.269	O_6—H…O_3'	0.267	020

纤维素Ⅱ中氢键的平均长度（0.272nm）比纤维素Ⅰ（0.280nm）短，其堆砌紧密。所以，纤维素Ⅱ晶胞在热力学上较纤维素Ⅰ稳定。

3. 纤维素Ⅲ

将纤维素Ⅰ或纤维素Ⅱ用液氨或胺类（甲胺等）处理后，再将氨或胺蒸去，可得到纤维素Ⅲ，称为氨纤维素。纤维素Ⅲ的晶胞有单斜、四方、六方等类型。其晶胞体积大于纤维素Ⅰ和Ⅱ的晶胞体积。与纤维素Ⅰ和Ⅱ相比，纤维素Ⅲ的结晶度低，可及度高。工业上用氨或胺处理棉织物，提高棉纱和织物的机械性质、染色性和尺寸稳定性，纤维素Ⅲ的晶胞参数见表 7-1。

4. 纤维素Ⅳ

纤维素Ⅳ可由纤维素Ⅰ、Ⅱ或Ⅲ制得，如将黏胶纤维或丝光棉在甘油中加热处理，或将纤维素乙二胺配合物在甘油中加热等，其晶胞参数见表 7-1。

5. 纤维素Ⅴ

将纤维素Ⅰ用盐酸和磷酸处理可得到纤维素Ⅴ，其晶胞大小与纤维素Ⅳ近似，是单斜晶胞或正方晶胞。因其聚合度只有 15~20，纤维素Ⅴ没有实际用途。

三、纤维素聚集态结构模型

纤维素大分子是β-D-葡萄糖单元由β-1,4 糖苷键连结的线性大分子链，具有分子内和分子间的氢键。纤维素大分子聚集时，一部分分子链排列比较规整，呈现出清晰的 X 射线图，这部分称为结晶区；另一部分分子链排列不整齐，较松弛，这部分称为无定形区。纤维素的结晶区和无定形区两相之间并无明显界限，结晶区和无定形区间的纤维素分子链存在着不同程度的有序度，称为亚晶区或介晶区。至今，纤维素聚集态结构理论还存在争议，纤维素的聚集态结构有以下几种模型。

1. 缨状微胞理论

缨状微胞理论（图 7-17）认为纤维素纤维是由结晶区和无定形区构成的，同一纤维素分子可以通过 1 个以上的结晶区（微胞）和无定形区。晶区和无定形区间无明显的界面，分子链以缨状形式由微胞边缘进入无定形区。微胞（结晶区）中纤维素分子排列致密，分子平行排列，取向良好，分子间结合力大；无定形区分子排列松弛，密度小，结合力小。这个模型能够解释结晶区的 X 射线衍射和无定形区的溶胀现象。

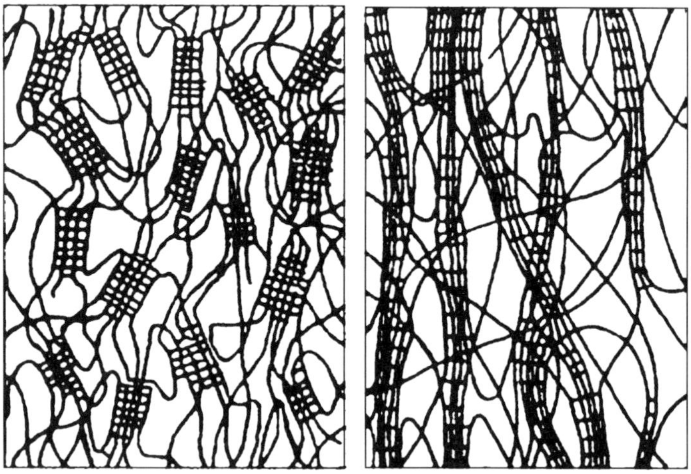

(a) (b)

图 7-17 缨状微胞结构和缨状细纤维结构

（a）缨状微胞结构 （b）缨状细纤维结构

2. 缨状细纤维结构理论

缨状细纤维结构理论（图 7-17）认为结晶区中的分子并不在同一位置逸出，而是在晶区不同的位置离开结晶区，造成细纤维中晶区的弯曲、扭变和分叉，所以细纤维不断地分裂和重建，构成纤维的结晶区和无定形区。当结晶期间成核频繁，细纤维中的结晶区变短，便表现为缨状微胞，缨状微胞是缨状细纤维的极限情况。

缨状微胞和缨状细纤维结构模型都可以解释天然纤维素和黏胶纤维的性能。如黏胶纤维微晶纤维素的平衡聚合度只有 15 左右，相当于 7.5nm 微胞长度。苎麻微晶纤维素的平衡聚合度约为 300，相当于 150nm 微胞长度。

3. 折叠链结构模型

折叠链结构模型（图 7-18）认为纤维素分子链折叠为 3.5nm 宽的带状，然后以“Z”字型盘褶成螺旋状，分子链伸直的片段平行于纤维轴，这样形成的原细纤维的横截面为 3.5nm×2nm 的矩形，原细纤维之间由氢键结合。折叠链结构可以解释纤维素Ⅱ的反平行链，但无法解释纤维素Ⅰ的平行链结构。

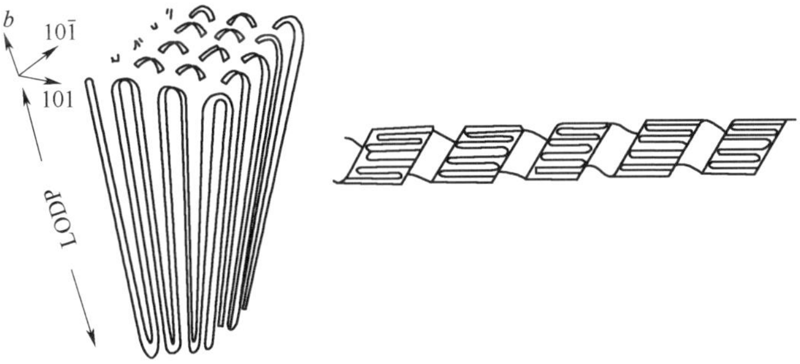

图 7-18　纤维素分子的折叠链结构模型

总之，纤维素缨状微胞和缨状细纤维理论描述纤维素结构更为恰当。解释纤维Ⅱ的形成机理可以考虑折叠链结构理论。

小　　结

1. 晶体的质点全部集中在相互平行的等距离的平面群上，这些平面叫做晶面，晶面用密勒指数表示，晶面的间距用 L_{hkl} 表示。

2. 纤维素有 5 种结晶体，即天然纤维素（纤维素Ⅰ），人造纤维素Ⅱ、人造纤维素Ⅲ、人造纤维素Ⅳ和人造纤维素Ⅴ。

3. 天然纤维素是纤维素Ⅰ晶体结构为单斜晶体，存在分子内氢键 O_3'—H…O_5、O_2'—H…O_6 和分子间氢键 O_6—H…O_3'，中心分子链与角分子链间无氢键，分子链形成的链片间无氢键，通过范德华力维持其结构的稳定。纤维素Ⅰ有纤维素Ⅰ$_\alpha$ 和纤维素Ⅰ$_\beta$，纤维素Ⅰ$_\beta$ 较纤维素Ⅰ$_\alpha$ 稳定。其中高等植物以纤维素Ⅰ$_\beta$ 为主，而海藻、细菌纤维素则富含Ⅰ$_\alpha$。

4. 纤维素Ⅱ中的氢键复杂，角链分子内氢键有 O_3—H…O_5'和 O_6—H…O_2'，角链和中心链有分子间氢键 O_2—H…O_2'，是纤维素Ⅱ与纤维素Ⅰ的主要区别。中心链分子间氢键为 O_3'—H…O_5 和 O_2'—H…O_6；分子间氢键为 O_6—H…O_3'，纤维素Ⅱ氢键的平均长度比纤维素Ⅰ短，在热力学上较纤维素Ⅰ稳定。

5. 将纤维素Ⅰ或纤维素Ⅱ用胺类处理后，将氨或胺蒸去，可得到纤维素Ⅲ。纤维素Ⅲ的结晶度低，可及度高。将纤维素Ⅰ、Ⅱ或Ⅲ加热可得纤维素Ⅳ。将纤维素Ⅰ用酸处理可得纤维素Ⅴ，其聚合度低，无实用价值。

6. 纤维是由结晶区和无定形构成的，缨状微泡和缨状细纤维结构模型认为一个纤维素分子可以通过一个以上的结晶区和无定形区。结晶区纤维素分子排列致密，分子平行排列，取向良好，分子间结合力大。无定形区分子排列松弛，密度小，结合力小。微胞模型是细纤维模型的极限情况。折叠链结构模型认为纤维素分子链折叠成带状，形成片段，片段聚集成原细纤维。折叠链结构可以解释纤维素Ⅱ的反平行链。

课后练习

一、填空题

1. 晶面间的间距用（　　）表示。下图中晶面的密勒指数是（　　）。

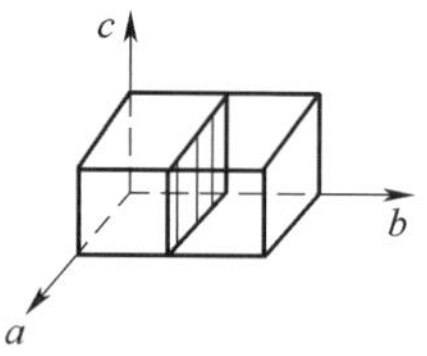

2. 纤维素有（　　）种结晶体。

二、多选题

1. 有关纤维素Ⅰ角链和中心链的说法，错误的是（　　）。

（A）纤维素Ⅰ的分子内氢键为 O_3'—H…O_5 和 O_2'—H…O_6。

（B）纤维素Ⅰ的分子间氢键为 O_6—H…O_3'。

（C）中心分子链与角分子链间有氢键。

（D）中心分子链与角分子链通过范德华力维持其结构的稳定。

2. 有关纤维素Ⅰ和纤维素Ⅱ的说法，正确的是（　　）。

（A）纤维素Ⅱ在热力学上较纤维素Ⅰ稳定。

（B）纤维素Ⅰ只有一种结晶体。

（C）纤维素 $Ⅰ_α$ 较纤维素 $Ⅰ_β$ 稳定。

（D）高等植物以纤维素为 $Ⅰ_α$ 主，而海藻、细菌纤维素则富含 $Ⅰ_β$。

三、问答题

1. 解释密勒指数。

2. 解释纤维的聚集态结构。

模块三　纤维素的表征

7-3

教学目标

1. 熟悉纤维素聚合度、结晶度的概念。
2. 了解纤维素的统计平均相对分子质量。
3. 理解纤维素相对分子质量分布的表示方法。
4. 了解纤维素结晶度的测定和计算方法。

教学内容

一、纤维素的聚合度和相对分子质量

纤维素是一种天然高聚物。其相对分子质量大且具有多分散性。纤维素相对分子质量包括相对分子质量的统计平均值以及相对分子质量分布。纤维素的聚合度表示纤维素分子链中葡萄糖单元的数量，通常用 DP 表示，纤维素的相对分子质量 M_i 为

$$M_i = 162\times DP+18$$

天然纤维素的平均聚合度很高，例如囊藻的平均聚合度为 26500～44000，棉花纤维的次生壁为 13000～14000，韧皮纤维为 7000～15000，木材纤维为 7000～10000。

1. 统计平均相对分子质量

假定某纤维素试样总质量为 m，总物质的量为 n。试样共有 i 个组分，其中第 i 个组分分子的相对分子质量为 $M_{r,i}$，物质的量为 n_i，质量为 m_i。其在整个试样中的质量分数为 w_i，摩尔分数为 x_i，则这些量之间存在下列关系。

$$\sum_i n_i = n \qquad \sum_i m_i = m$$

$$\sum_i x_i = 1 \qquad \sum_i w_i = 1$$

$$x_i = \frac{n_i}{n} \qquad w_i = \frac{w_i}{m}$$

纤维素的平均相对分子质量包括数均相对分子质量、质均相对分子质量和黏均相对分子质量。

（1）数均相对分子质量是以数量为统计权重的相对分子质量，如公式（7-1）所示。

$$M_{r,n} = \frac{\sum_i n_i M_{r,i}}{\sum_i n_i} \tag{7-1}$$

（2）质均相对分子质量是以质量为统计权重的相对分子质量，如公式（7-2）所示。由于 $m_i = n_i M_{r,i}$，所以，质均相对分子质量以公式（7-3）表示。

$$M_{r,w} = \frac{\sum_i m_i M_{r,i}}{\sum_i m_i} \tag{7-2}$$

$$M_{r,w} = \frac{\sum_i n_i M_{r,i}^2}{\sum_i n_i M_{r,i}} \tag{7-3}$$

（3）黏均相对分子质量是用稀溶液黏度法测得的平均相对分子质量，如公式（7-4）所示。

$$M_{r,\eta} = \left(\frac{\sum_i n_i M_{r,i}}{\sum_i n_i M_{r,i}}\right)^{1/\alpha} \tag{7-4}$$

α 为特性黏度相对分子质量关系式 $[\eta]=KM^{\alpha}$ 的指数，纤维素及其衍生物的 α 值为 0.7～1.00。

由柯西不等式 $\sum_i a_i^2 \sum_i b_i^2 \geqslant (\sum_i a_i b_i)^2$ 得

$$\frac{M_{r,w}}{M_{r,n}} = \frac{\sum_i n_i M_{r,i}^2 \sum_i n_i}{\sum_i n_i M_{r,i} \sum_i n_i M_{r,i}} \geqslant \frac{(\sum_i \sqrt{n_i} M_{r,i} \sqrt{n_i})^2}{(\sum_i n_i M_{r,i})^2} = 1$$

所以 $M_{r,w} > M_{r,n}$。当 $\alpha=1$ 时，$M_{r,\eta} = M_{r,w}$；当 α 为 0.5～1 时，$M_{r,w} > M_{r,\eta} > M_{r,n}$

2. 相对分子质量分布的表示方法

（1）质量（数量）微分分布函数。将纤维素试样按相对分子质量分为若干组分。如第 i 组分的相对分子质量为 $M_{r,i}$，质量分数为 w_i。以 $M_{r,i}$ 为横坐标，w_i 为纵坐标做图，得到分子量与组分质量分数的关系，如图 7-19 所示。由于分子数庞大，纤维素的相对分子质量可能仅差一个葡萄糖单元。所以纵坐标可用函数质量微分分布函数 $W_{(M)}$ 来表示，相应的函数曲线称为质量微分分布曲线，如图 7-19 所示。曲线与横坐标包围的面积为 1，图中面积是分子量在 M_1 和 M_2 间的组分的质量分数。

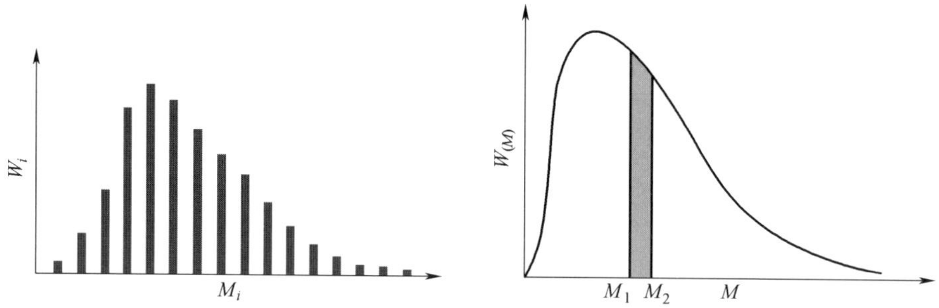

图 7-19 相对分子质量微分分布曲线

如用摩尔分数对相对分子质量作图，称为数量微分分布曲线，函数称为数量微分分布函数，用 $W_{(N)}$ 表示。有了质量微分分布函数和数量微分分布函数，数均相对分子质量 $M_{r,n}$ 和质均相对分子质量 $M_{r,w}$ 可分别用积分式（7-5）和积分式（7-6）表示。

$$M_{r,n} = \int_0^\infty W_{(N)} M \mathrm{d}M \tag{7-5}$$

$$M_{r,w} = \int_0^\infty W_{(M)} M \mathrm{d}M \tag{7-6}$$

（2）质量（数量）积分分布函数。相对分子质量分布的另一种表示方法是用质量积分分布函数 $I_{(M)}$ 表示。质量积分分布函数与质量微分分布函数的关系为

$$\frac{\mathrm{d}I_{(M)}}{\mathrm{d}M} = W_{(M)}$$

可得质量积分相对分子质量如公式（7-7）所示。

$$I_{(M)} = \int_0^M W_{(M)} \mathrm{d}M \tag{7-7}$$

典型的质量积分相对分子质量分布曲线如图 7-20 所示。同样，也可用累积摩尔分数对相对分子质量作图，称为数量积分相对分子质量分布曲线。

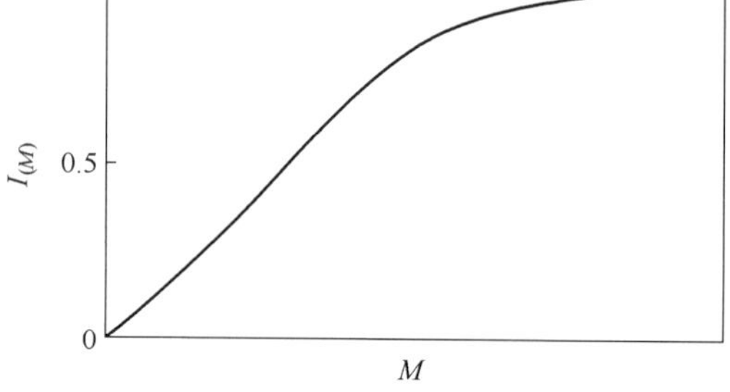

图 7-20 质量积分相对分子质量分布曲线

（3）多分散系数。纤维素的相对分子质量不均一，不均一程度用多分散系数 d 来表示，d 为重均相对分子质量与数均相对分子质量之比，如公式（7-8）所示。

$$d = M_{r,w} / M_{r,n} \tag{7-8}$$

对于单分散试样，$d=1$；对于多分散试样，$d>1$，且 d 的数值越大，表明相对分子质量分布越宽。

3. 纤维素相对分子质量和聚合度测定方法

纤维素平均相对分子质量是在溶液中测定的，黏度法可测定黏均相对分子质量，方法简易、快捷，精度较高，是使用最为广泛的测定相对分子质量的一种间接方法。

（1）黏度。黏度是指流体对流动所表现出的阻力，它是流体内摩擦力的体现。当流体内摩擦力大时，流动慢，黏度大；内摩擦力小时，流动较快，黏度小。纤维素溶液的黏度与纤维素相对分子质量有关，通过测定纤维素溶液的黏度就可以计算其相对分子质量和聚合度。黏度有以下几种表示方式：

① 相对黏度：$\eta_r=\eta/\eta_0$，其中 η 为溶液黏度，η_0 为纯溶剂黏度。

② 增比黏度 η_{sp}，表示溶液黏度相对于纯溶剂黏度的增加分数。

$$\eta_{sp}=\frac{\eta-\eta_0}{\eta_0}=\eta_r-1$$

③ 比浓黏度 η_{sp}/c，表示增比黏度与浓度之比。

④ 比浓对数黏度 $\ln\eta_r/c$，表示比浓黏度对数与浓度之比。

⑤ 特性黏度［η］，表示浓度趋于 0 时比浓黏度的值，它与溶液浓度无关。

$$[\eta]=\lim_{c\to 0}\frac{\eta_{sp}}{c}$$

（2）黏度法测定相对分子质量。黏度法测定聚合物相对分子质量是基于 Mark-Houwink 方程。

$$[\eta]=KM_r^{a}$$

其中 M_r 为纤维素相对分子质量，K 和 α 值是与相对分子质量无关的常数。由上式可知，只要知道 K 和 α 值，即可根据溶液的特性黏度［η］计算纤维素的相对分子质量。

Huggins 提出溶液的黏度可用公式表示为

$$\eta=\eta_0(1+[\eta]C+k_H[\eta]^2C^2+\cdots)$$

其中 k_H 为 Huggins 常数，由上式可得公式（7-9）。

$$\frac{\eta_{sp}}{C}=\frac{\eta-\eta_0}{\eta_0 C}=[\eta]+k_H[\eta]^2C+\cdots \tag{7-9}$$

当不考虑公式中的高次项时，用比浓黏度对 C 作图，得到曲线的截距就是［η］，斜率是 $k_H[\eta]^2$，如图 7-21 所示。

如果 $\eta_{sp}<1$ 则：

$$\ln(\eta/\eta_0)=\ln\eta_r=\ln(1+\eta_{sp})=\eta_{sp}-\frac{1}{2}\eta_{sp}^2+\frac{1}{3}\eta_{sp}^2+\cdots \tag{7-10}$$

将公式（7-10）除以 C 并代入公式（7-9）得 kraemer 方程，如公式（7-11）所示。

$$\frac{\ln\eta_r}{C}=[\eta]+\left(k_H-\frac{1}{2}\right)[\eta]^2C+\cdots \tag{7-11}$$

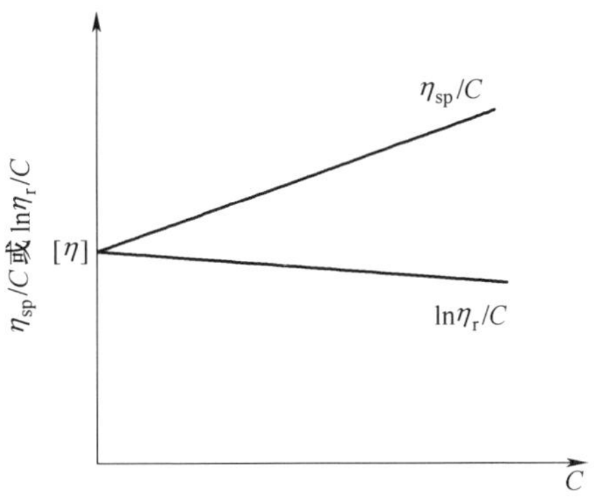

图 7-21 $\eta_{sp}\sim C$ 关系以及 $\ln\eta_r\sim C$ 关系图

如不考虑公式中的高次项，用 $\ln\eta_r/C$ 对 C 作图，得到曲线的截距与 Huggins 方程的截距是相同的，即［η］，如图 7-21 所示。

$$[\eta]=\left(\frac{\eta_{sp}}{C}\right)_{C\to 0}=\left(\frac{\ln\eta_r}{C}\right)_{C\to 0}$$

若作图得不到相同的截距，则需要在更低一点的浓度下测定。这种测定方法比其他方法精确，但要注意温度控制要精确到±0.01℃，且相对分子质量不超过 10^6。

假定每组分对溶液比浓黏度的贡献具有加和性，则

$$\eta_{sp}=K\sum_i C_i M_{r,i}^{\alpha}=KCM_{r,\eta}^{\alpha}$$

$$M_{r,\eta}=(\sum_i C_i M_{r,i}^{\alpha})^{1/\alpha}=(\sum_i w_i M_{r,i}^{\alpha})^{1/\alpha} \tag{7-12}$$

公式（7-12）是黏均相对分子质量，这也就是黏均相对分子质量的来源。

纤维素的黏度测量最常用的是毛细管黏度计，如乌氏黏度计和奥氏黏度计，如图 7-22 所示。目前我国纤维素相对分子质量测定引用的是北欧标准，测定黏度计小球中的液体流经毛细管所需的时间。若液体为牛顿流体，一定体积液体流过毛细管所用的时间与其黏度成正比。因此，可根据溶液和溶剂的流出时间计算黏度。

$$\eta_r=t/t_0$$

$$\eta_{sp}=t/t_0-1$$

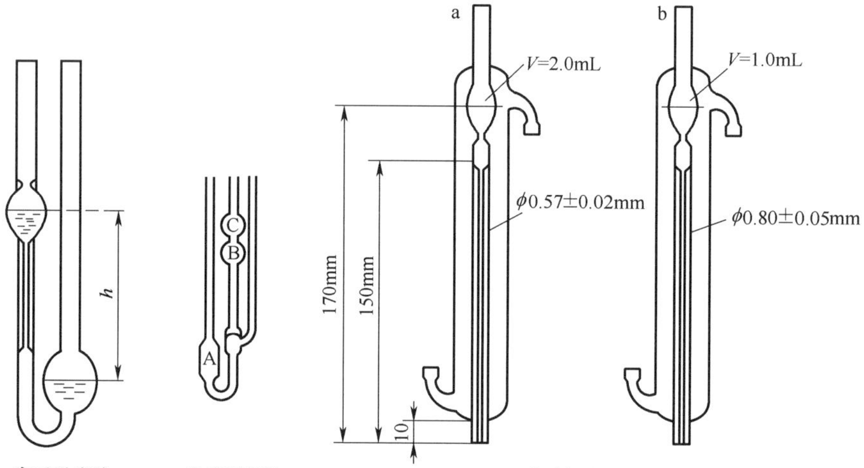

图 7-22 毛细管黏度计

测定时，要知道 K 和 α 值。纤维素及半刚性的线状大分子，由于其刚性和空间位阻较大，α 值为 0.7~1.00。测定时，在某一浓度范围，用纤维素溶液的比浓黏度或比浓对数黏度对浓度作图，得到两条直线，两线交点位于纵坐标同一点上。这点的纵坐标值就是特性黏度。代入公式（7-12）可计算出纤维素的相对分子质量。

二、纤维素的多分散性与相对分子质量分布

1. 多分散性与相对分子质量分布

纤维素分子的聚合度和相对分子质量不均一，纤维素的相对分子质量及其分布影响到纤维素纤维机械性能，如强度、弹性模量、纤维素的溶解度和流变性等。凝胶渗透色谱法是利用纤维素分子流体力学体积的不同测定相对分子质量分布。

2. 凝胶渗透色谱法测定分子量分布

凝胶渗透色谱法（GPC）也称为体积排除色谱法（SEC），用于测定聚合物相对分子质量和相对分子质量分布，其核心组件是色谱柱，柱中装有多孔性颗粒，孔彼此贯通，其内径

大小不等。以某种溶剂充满色谱柱，使之占据颗粒之间的全部空隙和颗粒内部的孔隙，然后以同样溶剂配成的聚合物溶液从柱头注入，再以这种溶剂以恒定的流速淋洗（图7-23），同时从色谱柱的尾端接收淋出液。测定淋出液的体积和淋出液中聚合物的浓度。

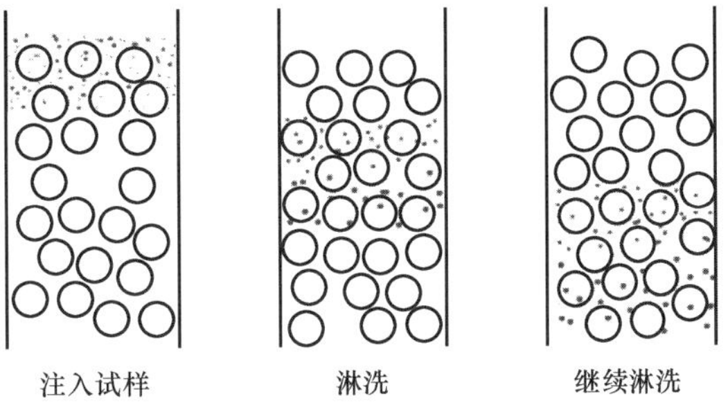

图7-23 GPC分离示意图

假定颗粒内部的孔体积为 V_i，颗粒的粒间体积为 V_0，（V_0+V_i）是色谱柱内的空间体积。因为溶剂分子的体积小，可以充满颗粒内的全部空间，它的淋出体积 $V_e=V_0+V_i$。假如高分子的体积比孔的尺寸大，高分子只能从颗粒的粒间流过，其淋出体积 $V_e=V_0$。假如高分子的体积很小，它在的活动空间与溶剂分子相同，其淋出体积 $V_e=V_0+V_i$。假如高分子的体积是中等大小，它的淋出体积 $V_0<V_e<V_0+V_i$。如果高分子的相对分子质量为多分散性，当其被溶剂带着流经色谱柱时，就按照体积的大小进行了分离。

测定聚合物相对分子质量，要测定各级分的含量和各级分的相对分子质量。各级分的含量是淋出液的浓度，可以用示差折光仪、紫外吸收、红外吸收等测量。各级分相对分子质量（分子尺寸）用淋出体积 V_t 代替，如果把淋出体积换算成相对分子质量 M_r 就是相对分子质量分布曲线。

要将淋出体积换算为相对分子质量，就要进行 V_e 和 M_r 标定。实验证明，相对分子质量的对数值与 V_e 之间存在线性关系，如公式（7-13）所示。

$$\ln M_r = A + BV_e \tag{7-13}$$

标定曲线的作法是：用一组单分散试样作为标准样品，分别测定它们的淋出体积和相对分子质量。以 $\ln M_r$ 对 V_e 作图，由图中直线的截距和斜率求常数 A 和 B，如图7-24所示。

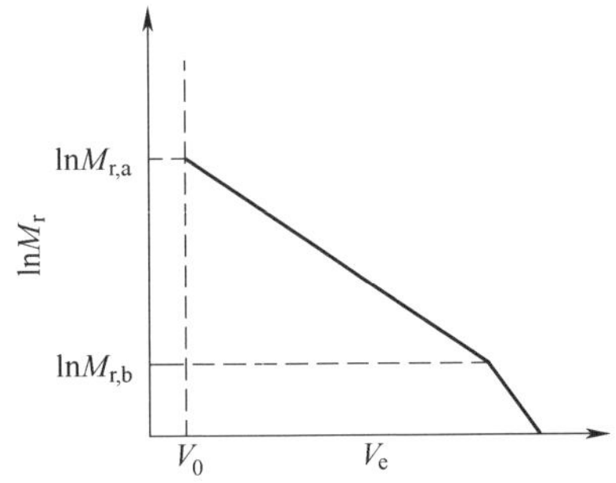

图7-24 GPC谱图

当 $M_r>M_{r,a}$ 时，直线向上翘，淋出体积与溶质的相对分子质量无关。这时淋出体积就是颗粒的粒间体积 V_0，表示对于相对分子质量比 $M_{r,a}$ 大的溶质没有分离作用。当 $M_r<M_{r,b}$ 时，直线向下弯曲，说明溶质的淋出体积已经接近（V_0+V_i）值。显然，标定曲线只适用于相对分子质量在 $M_{r,a}$ 和 $M_{r,b}$ 之间的溶质，故 $M_{r,a}\sim M_{r,b}$ 称为颗粒的分离范围，其值决定于颗粒的孔径及其分布。

虽然两种高分子标样在溶液中的体积相等，但相对分子质量不一定相等。用某种高分子标样作出的标定曲线不一定适合另一种高分子。实际上，GPC是按分子的尺寸来分离的，标定曲线应该是分子尺寸对淋出体积的图。由Einstein公式知：

$$[\eta] \propto \frac{V_h}{M_r} \text{或} [\eta] M_r \propto V_h$$

V_h 是流体力学体积，分子尺寸与 V_h 成正比，即与［η］M_r 成正比。所以标定曲线为［η］M_r 的对数对 V_e 的曲线。

由［η］$M_r=KM_r^{(a+1)}$，得：

$$M_r=\left(\frac{[\eta]M_r}{K}\right)^{1/(\alpha+1)} \tag{7-14}$$

对于未知聚合物样品，只要它能溶解在与淋洗液相同的溶剂中，一旦测出它的淋出体积，就可以从标定曲线上找出对应的［η］M_r 值。根据未知样品的 K 和 α 值，可按公式（7-14）算出它的相对分子质量。

三、结晶度

纤维素的结晶度是指纤维素结晶区占纤维素整体的百分比，它反映纤维素形成结晶的程度。测定纤维结晶度常用的方法有 X 射线衍射法、红外光谱法、密度法等。

X 射线衍射法测定纤维素的结晶度是利用 X 射线照射样品，结晶结构发生衍射，获得具有特征的 X 射线衍射图。通过测定入射角 θ 和相应的 X 射线衍射强度，以 2θ 为横坐标，X 射线衍射强度为纵坐标，做出 X 射线衍射强度曲线，可以计算纤维素的结晶度（X_c）及晶体尺寸。结晶度的计算方法，可采用曲线相对高度（峰强度）法、面积法等。

1. 峰强度法

该法由相应位置的衍射峰强度相对大小进行计算。对天然纤维素（纤维素Ⅰ），结晶度的计算如公式（7-15）所示。

$$X_C=\frac{I_{002}-I_{am}}{I_{002}} \tag{7-15}$$

式中，I_{002} 为 002 面衍射强度；I_{am} 为无定形区衍射强度（$2\theta=18.0°$的衍射强度）。

纤维素Ⅱ结晶度的计算公式如公式（7-16）所示。

$$X_C=\frac{I_{101}-I_{am}}{I_{101}} \tag{7-16}$$

式中，I_{101} 为 101 面衍射强度；I_{am} 为无定形区衍射强度（$2\theta=15.0°$的衍射强度）。

2. 面积法

结晶度也可用结晶区面积与总面积之比表示，如公式（7-17）所示：

$$X_C=\frac{A_K-A_A}{A_K} \tag{7-17}$$

式中，A_K 为结晶区面积；A_A 为无定形区面积。

3. 晶体尺寸

纤维素微晶尺寸 L_{hkl} 由谢乐公式（7-18）计算得出：

$$L_{hkl}=\frac{K\lambda}{\beta\cos\theta} \tag{7-18}$$

λ 为 X 射线波长，铜靶的 $\lambda=1.54\times10^{-10}$m；$\theta$ 为布拉格角（°）；β 为某晶体面径向强度分布曲线半高宽所对应的角度，以弧度表示；K 为微晶形状因子，是常数，纤维素的 K 值为 0.94。

小　结

1. 纤维素的聚合度表示纤维素分子链中葡萄糖单元的数量，用 DP 表示。

2. 纤维素相对分子质量 $M_r=162\times DP+18$。纤维素的统计平均相对分子质量有数均相对分子质量、质均相对分子质量和黏均相对分子质量，其大小为 $M_{r,w}>M_{r,\eta}>M_{r,n}$。

3. 纤维素相对分子质量分布可用质量微分分布函数和质量积分分布函数来表示。纤维素的相对分子质量不均一，不均一程度用多分散系数 d 来表示。多分散试样的 $d>1$，d 值越大，表明相对分子质量分布越宽。黏度法是测定纤维素相对分子质量的常用方法，相对分子质量分布的测定方法为凝胶渗透色谱法。

4. 纤维素的结晶度是指纤维素结晶区占纤维素整体的百分比，常用 X 射线衍射法测定纤维素的结晶度，结晶度的计算方法有峰强度法和面积法，可根据谢乐公式计算纤维素的晶体尺寸。

课 后 练 习

一、名词解释

1. 纤维素的聚合度
2. 纤维素的结晶度

二、填空题

1. 纤维素结晶度常用的测定方法为（　　）。
2. 纤维素相对分子质量分布的测定方法为（　　）。

三、判断题

1. 纤维素的多分散指数 d 表示纤维素相对分子质量的不均一程度，通常 $d>1$，d 值越大，表明相对分子质量越不均一。(　　)

2. 纤维素的统计相对分子质量大小为数均相对分子质量>质均相对分子质量>黏均相对分子质量。(　　)

模块四　纤维素纤维的物理性质与纤维素溶剂

7-4

教学目标

1. 熟悉纤维素的吸湿、解吸和润胀。
2. 理解纤维素纤维的双电层和 Zeta 电位。
3. 熟悉金属配合物、NMMO 和氯化锂/二甲基乙酰胺等纤维素溶剂。
4. 了解离子液体和深共熔溶剂。
5. 了解碱/尿素和 DMSO/TBAF 等纤维素溶剂。

教学内容

一、纤维素的物理性质

1. 纤维素纤维的吸湿和解吸

纤维素纤维自环境中吸收水或水蒸气称为吸附。因环境蒸汽分压降低，纤维素纤维释放水或蒸汽称为解吸。

在纤维素的无定形区中，部分羟基形成氢键，部分羟基是游离羟基。羟基是极性基团，易于吸附水分子，并与水分子形成氢键结合，宏观上表现为纤维的吸湿现象。纤维素吸附的水有结合水和游离水。能够进入纤维素无定形区并与纤维素羟基产生氢键结合的水，称之为结合水。结合水的吸附是化学吸附，吸附过程中纤维润胀，并伴有热量放出。当纤维吸湿达到纤维饱和点后，水分子继续进入纤维细胞腔和纤维的孔隙中，这部分水被称为游离水或自由水。游离水的吸附过程属于物理吸附。纤维的结合水量可用纤维饱和点（Fiber Saturation Point，FSP）来衡量。当纤维的含水量低于纤维饱和点时，纤维仅含有结合水；含水量高于纤维饱和点的纤维中既存在结合水也存在游离水。

纤维素吸收水分时会产生热量，此热量称为吸附热。纤维素的吸附热在绝干时最大，随着吸收水量的增加而减少，在纤维饱和点时吸附热为零。不同的纤维在绝干时吸收每克水的吸附热值为 1.2~1.26kJ/g H_2O，此值与氢键的键能相同，表明结合水是以氢键与纤维素的羟基相结合的。

随着相对湿度的增加，纤维发生润胀，但纤维的 X 射线图谱没有变化，表明吸附仅发生在无定形区。当相对湿度为 20%~25%时，水分子被吸附在无定形区的游离羟基上，并形成氢键。吸水量为 2%~4%、相对湿度为 20%~60%时，由于纤维的润胀，部分氢键被破坏，产生更多的游离羟基，吸水量缓慢增加；当相对湿度大于 60%时，润胀产生更多的吸附中心和多层吸附，吸水量迅速增加。纤维素的吸附等温曲线呈现为“S”形，如图 7-25 所示。

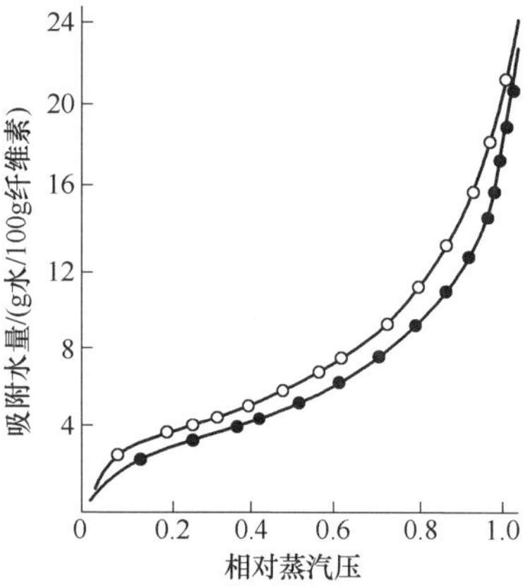

图 7-25 棉纤维的吸附等温曲线

● 吸附 ○ 解吸

当吸湿达到饱和后，如降低环境的相对湿度，纤维发生水分的解吸，吸水量下降。但在任一相对湿度下，其水分的含量都比吸湿的水分含量高。相同的纤维素纤维，在相同温度和相同的相对湿度下，吸湿时的吸水量低于解吸时的吸水量，这一现象被称为纤维素纤维的滞后现象，如图 7-25 所示。纤维素吸湿时发生润胀，无定形区的氢键被不断破坏，产生的游离羟基与水分子形成氢键。在解吸过程中，纤维失水收缩，但纤维素与水分子间的氢键不能全部可逆地打开，所以，吸水量较多，产生滞后现象。只有在相对湿度为 100%时，水分的吸附量与解吸量相等。当纸张印刷时，需要考虑纸张吸湿和解吸的滞后现象，否则易产生套印不准的印刷故障。

2. 纤维素纤维的润胀

纤维素纤维吸收润胀剂后，纤维素分子间的内聚力减小，体积变大的现象称为润胀。润胀可分为结晶区间的润胀和结晶区内的润胀。前者是指润胀剂仅到达无定形区和结晶区表面，纤维素的 X 射线图谱不发生变化。后者是指润胀剂进入无定形区和结晶区，形成润胀化合物，产生新的结晶，如天然纤维素的丝光化形成纤维素Ⅱ。

纤维的润胀用润胀度来表示，即润胀时纤维直径增大的百分率。润胀度受润胀剂种类、浓度、温度和纤维素的影响。纤维素的羟基是极性基团，所以纤维素的润胀剂也多是极性的，如水、碱溶液、磷酸、甲醇、乙醇、苯胺、苯甲醛等。

碱液是纤维素的良溶剂。纤维素的润胀度取决于纤维素内部碱金属的水合离子数以及碱金属离子的渗透程度。碱液浓度越大，水合离子数越少，碱金属离子的渗透度越高。当纤维素完全变为碱纤维素时润胀度最大。若碱液浓度继续增加，溶液中金属离子过多，形成的水合离子的半径减小，使润胀度下降，如图 7-26 所示。棉纤维素在 NaOH 溶液中的润胀，以 18%浓度最佳。

几种碱液的润胀能力大小为：LiOH > NaOH > KOH > RbOH > CsOH（图 7-26），这是由于金属离子通常以水合离子存在于水中，半径越小的离子对水分子的吸引力越强，形成的水合离子直径大，有利于进入纤维的无定形区和结晶区。

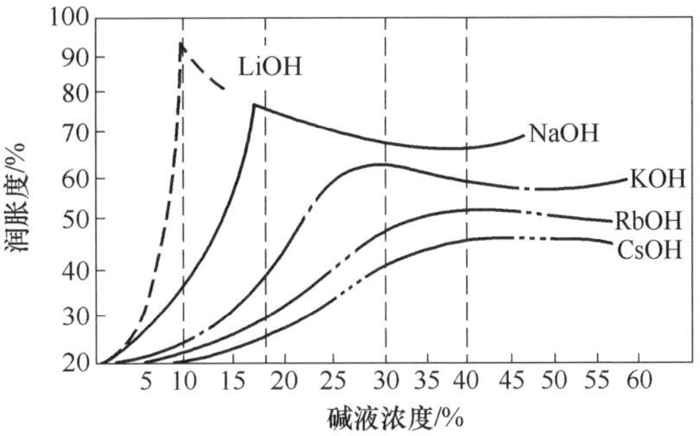

图 7-26　棉纤维素润胀度与碱液浓度之间的关系（25℃）

3. 纤维素纤维的溶解

纤维素纤维的溶解过程经历两个阶段，首先是溶剂分子渗透进入纤维素内部，纤维素溶胀；其次，随着纤维素分子的溶剂化程度提高，纤维素分子向溶剂中扩散，并均匀分散在溶剂中，即纤维素溶解。

由于纤维素存在分子间和分子内氢键，且纤维素的结晶度较高，所以纤维素既不溶于水也不溶于常用的有机溶剂。纤维素溶剂是人们长期研究和探索的课题。如果能将纤维素溶解，再进行加工成形，将会使纤维素工业产生变革。

纤维素溶液是大分子的真溶液，是热力学稳定体系。但是，由于纤维素的相对分子质量大，分子链在溶液中有柔顺性，其溶解性能具有特殊性，如溶解过程缓慢，其热力学性质和理想溶液有很大的偏差，光学性质与小分子溶液有很大的不同。

4. 纤维素纤维的电化学性质

纤维素纤维和细小纤维表面含有羧基，在水中带负电荷。大部分填料也带负电荷。这些电荷的存在对造纸湿部的细小纤维和填料具有显著的影响。

（1）双电层与 Zeta 电位。纤维表面带负电荷，溶液中存在与纤维表面电荷量相等的正离子，称为反离子。反离子一方面受到纤维表面负电荷的静电引力作用，另一方面反离子自身具有热运动及扩散能力。在这两种作用下，反离子的分布情况是：靠近纤维表面的反离子的浓度高，距纤维远的位置浓度低。

反离子在纤维周围形成双电层，双电层分为固定层和扩散层，如图 7-27 所示。固定层厚度为 1~2 个分子层，固定层的中心面称为斯特恩（Stern）面。当存在电场时，固定层中的反离子将随纤维一起移动。固定层以外至本体溶液处称为扩散层，反离子在扩散层中呈扩散分布且不随纤维一起移动。固定层和扩散层的交界面称为滑移面，滑移面与本体溶液的电势差称为电动电势或 Zeta 电位（ζ-电位）。

以德国 MUTEK 公司的 SZP 电位仪为例，Zeta 电位测定原理如图 7-28 所示。在真空作用下，纤维和细小纤维等组分形成纤维塞，液体在一定压力梯度下通过纤维塞，产生的流动电位由纤维塞两侧电极检测。Zeta 电位反映的是胶体颗粒的电位，因此，不适合用于细小组分含量低的纸浆。

影响 Zeta 电位的因素较多：①半纤维素含量越高，Zeta 电位越负。②细小纤维的表面积约为长纤维的 5~8 倍，羧基含量约为长纤维的 4 倍。因此，细小纤维的 Zeta 电位代表了

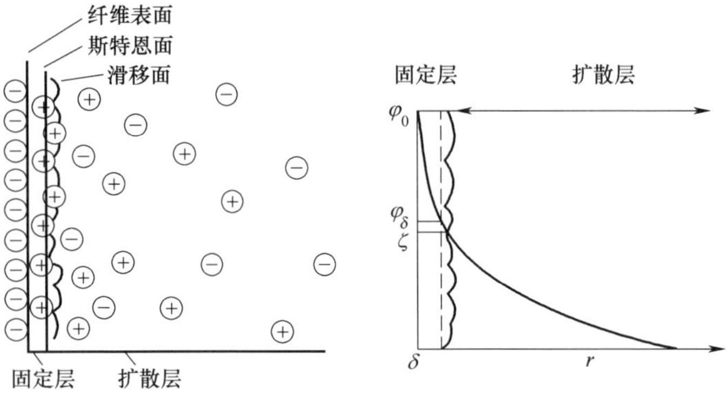

图 7-27 纤维素纤维表面的双电层

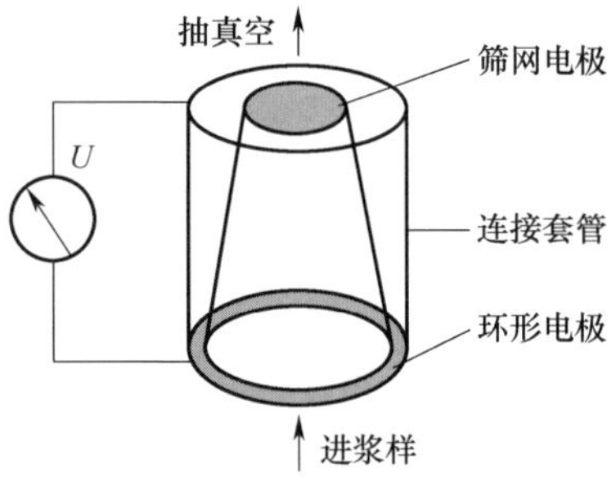

图 7-28 Zeta 电位测量原理图

浆料总的 Zeta 电位。③不同纤维素的 ζ 电位不同。纸浆越纯，ζ 电位越负。当 pH 为 6~6.2 时，棉花纤维的 ζ 电位为-21.4mV，α-纤维素为-10.2mV，未漂硫酸盐木浆为-4.2mV。④温度越高，Zeta 电位越负，可能是带电离子随温度升高运动速度加快所致。⑤pH 对 ζ 电位也有较大的影响。pH 越高，ζ 电位越负，当 pH 降至 2 时，ζ 电位接近零。⑥当加入电解质时，固定层的反离子增多，扩散层变薄，ζ 电位增加。当加入足够的电解质时，ζ 电位为零，扩散层的厚度也为零，此时称为等电点。⑦向纸浆中加入阳离子型聚合物，Zeta 电位升高，有可能使 Zeta 电位变为正值。

当 Zeta 电位为较大负值时，纸浆中纤维、细小纤维、填料等带有较多的同性电荷，填料和细小纤维因斥力不易留着，会随白水流失。当 Zeta 电位为-9~-4mV 时，在范德华力作用下，细小纤维和填料的留着率增加，浆料的滤水性和纸机的运行性能得以改善。

（2）颗粒电荷。颗粒电荷是指浆料中纤维、细小纤维、填料颗粒表面电荷和纸浆中的溶解电荷，是浆料中电荷的总量。常用流动电流法测定颗粒电荷，以监测浆料的阳离子需求量。

流动电流测定原理如图 7-29 所示，测定时将水溶液样品装入测量池，在范德华力的作用下，纤维、填料等胶体颗粒优先吸附在测试室和活塞的表面，反离子相对自由。活塞往复振荡产生剧烈的水流，水流带走反离子，并在内置电极上产生流动电流。

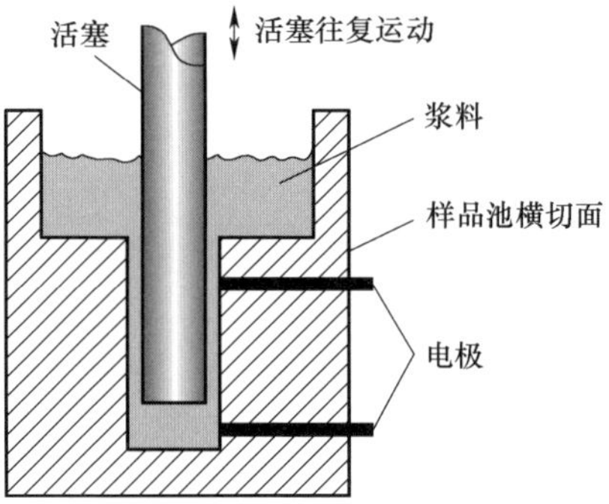

图 7-29 流动电流测定原理示意

二、纤维素溶剂

纤维素存在分子内氢键和分子间氢键，其聚集态由结晶和无定形两部分组成，结晶区分子排列规整，堆砌紧密，使纤维素具有不溶和不熔的性质。但科学家们一直在研究纤维素的溶剂，目前已发现了一些纤维素溶剂，根据是否有水分为水溶剂和非水溶剂，根据溶解过程中是否发生衍生反应又分为非衍生溶剂和衍生溶剂。纤维素溶解后可进行纺丝，也可制成薄膜，拓宽了纤维素的用途。

1. 纤维素非衍生物溶剂

纤维素非衍生物溶剂是指纤维素在溶解过程中不发生化学反应，有以下几类。

（1）金属配合物。铜氨溶剂是深蓝色的液体，是将氢氧化铜溶解于浓氨水中而制得。铜乙二胺溶剂也是深蓝色的液体，是将氢氧化铜溶于等当量的高浓度的乙二胺水溶液中而制备得到的。

金属配合物（铜氨离子或铜乙二胺离子）通过纤维素的 C_2 和 C_3 羟基与纤维素形成络合物，纤维素羟基取代了配体氨，从而溶解纤维素，如图 7-30 所示。纤维素的铜乙二胺溶液对空气氧化的稳定性高于纤维素的铜氨溶液。因此，铜乙二胺法测定纤维素聚合度的结果优于铜氨法。此外，钴乙二胺、锌乙二胺和镉乙二胺都具有溶解纤维素的能力。其中，镉乙二胺比铜氨溶液表现出更强的纤维素溶解能力，其成本较高，日本朝日化成（Asahi Kasei）纤维公司已将其商业化。

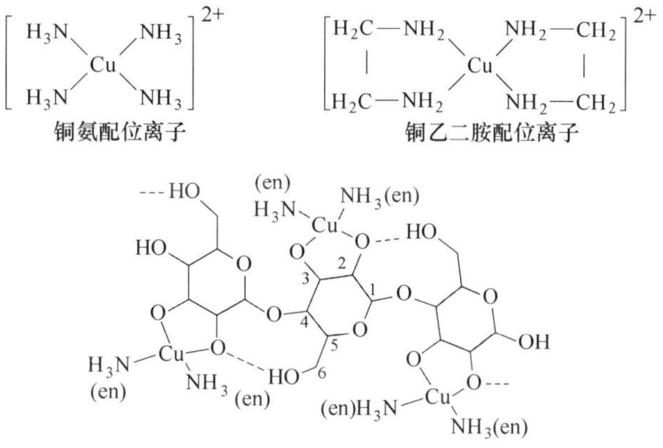

图 7-30　铜氨与铜乙二胺与纤维素形成的配合物

铁-酒石酸（二羟基丁二酸）-钠配合物溶于碱液中，对纤维素有较大的溶解能力，此配合物称为 FeTNa 或 EWNN。铁-酒石酸-钠配比为 1∶3∶6，结构式如图 7-31 所示。

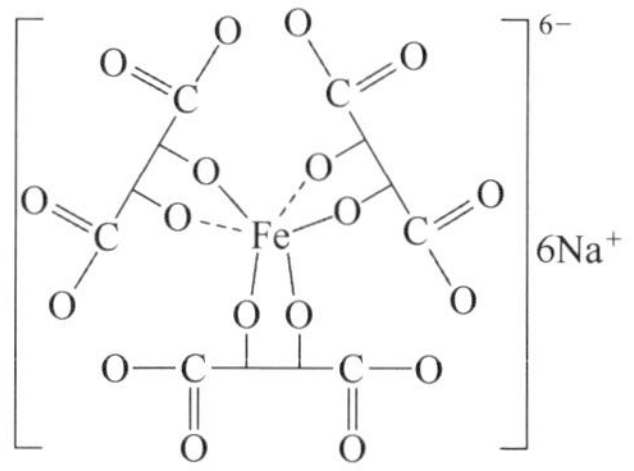

图 7-31　铁-酒石酸-钠配合物

（2）胺氧化物体系。1939 年人们认识到氧化胺类化合物具有溶解纤维素的潜力，直到 1969 年 Johnson 发现环叔胺氧化物是纤维素的优良溶剂，其中最好的溶剂之一是 N-甲基吗啉-N-氧化物（NMMO）。NMMO 为单水化合物，熔点为 70℃，高温易爆，是一种强氧化剂，室温下其构象为椅形构象。

NMMO 的 NO 基团具有强极性。这个基团的氧能与羟基化合物如水和纤维素等形成 1～2 个氢键，破坏纤维素分子间氢键网络，从而溶解纤维素，如图 7-32 所示。水和纤维素对 NMMO 竞争，NMMO 更易与水结合，这就是纤维素只能在低浓度的水中溶解的原因。NMMO 溶解纤维素已工业化，用来生产莱赛尔（Lyocell）纤维。溶解纤维素的配比为 50%～60% NMMO、20%～30%水和 10%～15%纤维素。

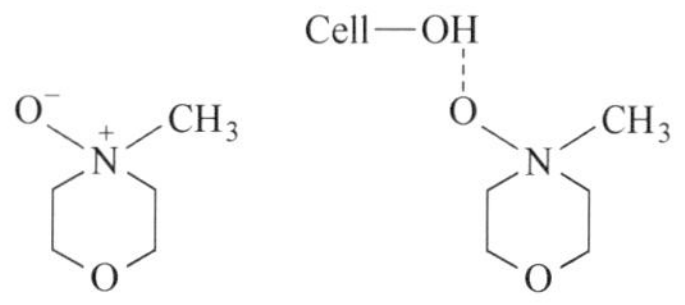

图 7-32　NMMO 溶解纤维素的机理

（3）氯化锂/二甲基乙酰胺体系。在氯化锂/二甲基乙酰胺（LiCl/DMAc）体系中，纤维素的溶解是基于 Li-DMA^+Cl^-络合物（离子对）与纤维素羟基的相互作用，形成电子给予体-接受体（EDA）配合物，如图 7-33 所示，形成的纤维素溶液非常稳定。该体系以水、乙酰丁腈或丙酮为凝固液，可再生纤维和薄膜。由于 LiCl/DMAc 溶剂成本高，回收困难，目前还没有实现商业化。

（4）碱/尿素水溶液。溶解纤维素时，将 7% NaOH/12%尿素预冷至-12℃，纸浆（纤

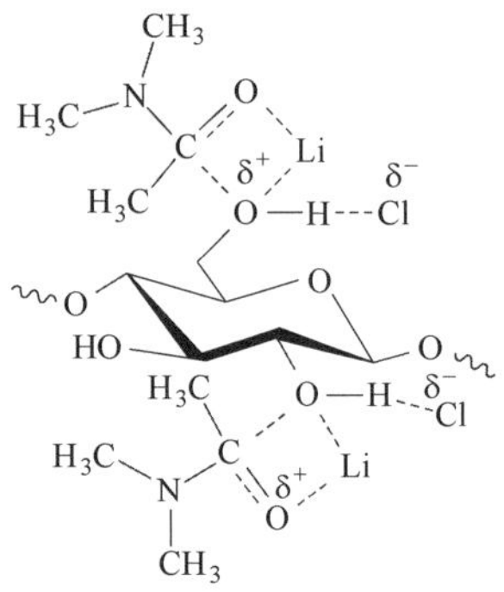

图 7-33 氯化锂/二甲基乙酰胺体系溶解纤维素的机理

维素相对分子质量小于 114000）在 2min 内可溶解在碱脲溶液中。其溶解机理是 NaOH 水合物能与纤维素形成氢键网络，尿素水合物作为壳层包覆在 NaOH-纤维素氢键网络周围，形成鞘状结构络合物，从而纤维素溶解。NaOH 的 OH^- 与尿素的氨基之间通过氢键相互作用，而尿素与纤维素之间无相互作用，Na^+ 与纤维素和尿素都有相互作用。由于纤维素在预冷溶剂中分散不均匀，易发生凝胶化，在工业化过程中不易实现快速溶解。

（5）四丁基氟化铵/二甲基亚砜体系。该体系中四丁基氟化铵的含水量影响其溶解性能，其中二甲基亚砜（DMSO）/三水四丁基氟化铵（$TBAF \cdot 3H_2O$）溶解纤维素的 *DP* 约为 1200，而 DMSO/无水 TBAF 溶解 *DP* 达 3743 的纤维素。与 LiCl/DMAc 体系相比，纤维素在 DMSO/TBAF 体系溶解速度快，适于纤维素的酰化改性。该体系溶解纤维素的机理是氟离子与纤维素的羟基形成强的离子偶极子和氢键，从而破坏纤维素网络的氢键。

（6）离子液体。早在 1934 年，Graenacher 提出了在 *N*-烷基吡啶中加热纤维素来制备纤维素溶液，由于在当时离子液体是未知的，这一原创工作被忽视了。2002 年，美国阿拉巴马大学报道纤维素可溶解于 1-丁-3-甲基咪唑氯（［C_4mim］Cl 或［Bmim］Cl），且可从溶液中再生。这一发现引起了人们对离子液体再生纤维素的关注。

离子液体是由阴离子和阳离子组成，在室温下或低温（<100℃）为液体，其中阳离子有咪唑类、吡啶类、季胺类和季磷类，阴离子有 Cl^-、CH_3COO^-、$[PF_6]^-$、$[BF_4]^-$等。例如咪唑类氯盐的阳离子为咪唑类阳离子，阴离子为氯离子，结构式如图 7-34 所示。离子液体无挥发性、不易燃、热稳定性高、易于回收、毒性小，是一种绿色溶剂。

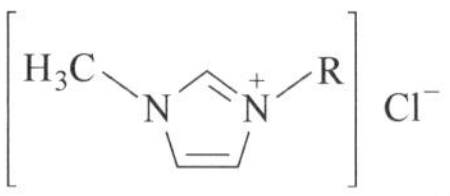

$R=CH_2CH_2CH_2CH_3$	[C_4mim]Cl	1-丁基-3-甲基咪唑氯盐
$R=CH_2CH=CH_2$	[Amim]Cl	1-烯丙基-3-甲基咪唑氯盐
$R=CH_2CH_2OH$	[Hemim]Cl	1-羟乙基-3-甲基咪唑氯盐

图 7-34 典型的离子液体

离子液体的溶解机理是基于电子给体与电子受体的理论（EDA）。即离子液体的阴离子为电子给体，阳离子为电子受体。阴、阳离子与纤维素羟基的氧原子和氢原子相互作用，破坏纤维素分子间的氢键，从而溶解纤维素，如图 7-35 所示。溶于离子液体的纤维素可以通过加水、乙醇或丙酮从离子液体溶液中再生，而离子液体可回收再利用。再生纤维素具有与原纤维素相同的 *DP* 值和多分散性，通过改变再生条件，可调节再生纤维素的结晶度。

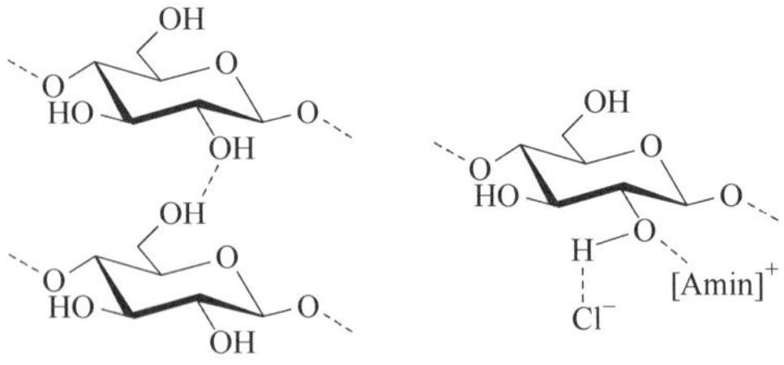

图 7-35 离子液体溶解纤维素的机理

（7）深共熔溶剂。深共熔溶剂（DES）是 Lewis 酸或 Bronsted 和碱的共晶混合物体系。由氢键供体（HBD）和氢键受体（HBA）组成，其中氢键供体是指能供给质子的物质，氢键受体是指能够接受质子的物质。

氯化胆碱/尿素是常见的深共熔溶剂体系，两者的结构式如图 7-36 所示。氯化胆碱是氢键受体，尿素是氢键供体。氯化胆碱和尿素的熔点分别为 302℃ 和 133℃，两者的混合物在 12℃ 时为液体。然而，由于 DES 体系会自身形成氢键，溶剂与纤维素相互作用的机会减少，导致纤维素在氯化胆碱/尿素中的溶解度仅为 1.43wt%，远不及 NMMO 和离子液体，纤维素在 NMMO 中的溶解度为 30%，在离子液体 [Emim] [OAc] 中的溶解度大于 20%。

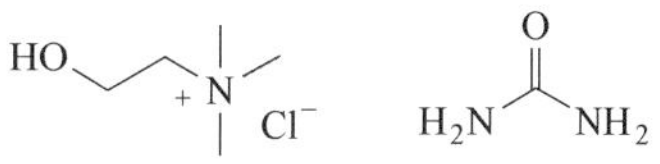

图 7-36　氯化胆碱和尿素的结构式

2. 纤维素衍生物溶剂

纤维素在衍生物溶剂溶解过程中会生成纤维素的衍生物，见表 7-4。其中利用 CS_2/NaOH/H_2O 体系可生产黏胶纤维。

表 7-4　　纤维素衍生物溶剂体系

溶剂	产物	溶剂	产物
SC_2/NaOH/H_2O	纤维素黄酸酯	CF_3COOH	纤维素三氟乙酸酯
N_2O_4/DMF	纤维素硝酸酯	$ClCH_2COOH$	羧甲基纤维素
DMSO/PF	甲基纤维素	$ClSi(CH_3)_3$/DMF	三甲基硅纤维素
HCOOH/H_2SO_4	纤维素甲酸酯		

（1）四氧化二氮/二甲基甲酰胺体系。四氧化二氮（N_2O_4）/二甲基甲酰胺（DMF）体系在无水条件下会生成纤维素亚硝酸酯，该衍生物在 DMF 溶剂中具有良好的溶解性和稳定性，但在水溶液的再生过程中易水解。如果存在少量的水，纤维素聚合物仅部分衍生化，且伯羟基优先反应。其他极性非质子溶剂如二甲亚砜和二甲乙酰胺可代替 DMF。

（2）二甲基亚砜/多聚甲醛体系。二甲基亚砜（DMSO）/多聚甲醛（PF）溶解纤维素过程中会生成羟甲基纤维素，如图 7-37 所示。该衍生物溶液稳定，但在质子溶剂（如水）中再生时，易转化为纤维素。由于在纤维纺丝过程中存在 PF 回收问题，DMSO/PF 体系还未商业化。其他纤维素衍生物溶剂溶解过程使纤维素的羧甲基化、酯化和硅烷化，见表 7-4。

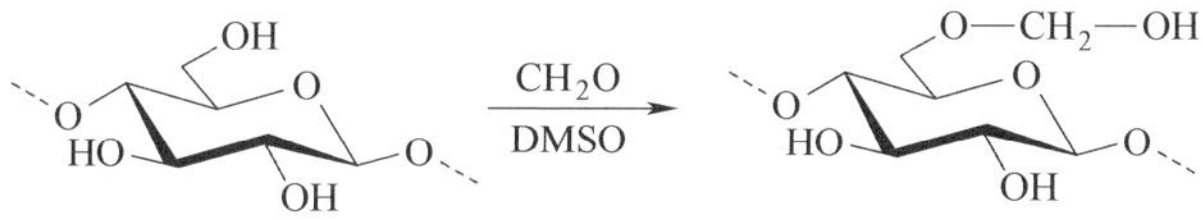
图 7-37　纤维素在 DMSO/PF 体系中的反应

小　　结

1. 纤维素纤维的吸湿/吸附仅发生在无定形区。吸湿时无定形区羟基与水形成氢键结合，从而释放热量，这部分水为结合水，达到纤维饱和点后吸收的水分进入细胞腔和纤维孔隙中，这部分水为游离水。结合水量可用纤维饱和点来衡量。吸湿饱和后，降低环境温度，纤维会解吸，在相同温度和相对湿度下，吸湿时的吸水量低于解吸时的吸水量，称为滞后现象。纸张多色印刷时需要考虑纸张的滞后现象。

2. 润胀是纤维吸收润胀剂后体积增大的现象，分为结晶区间和结晶区内润胀。纤维素纤维的润胀剂多为极性溶剂。常用的润胀剂是碱液，碱液润胀时有一最佳浓度。

3. 纤维素纤维和常用的填料颗粒表面带负电荷，它们在水溶液中存在双电层（固定层和扩散层），两层的交界面称为滑移面，滑移面的电位称为 Zeta 电位，Zeta 电位反映的是胶体颗粒的表面电位。影响电位的因素有细小纤维含量、半纤维素含量、纤维素含量、温度、pH、电解质和离子聚合物等。Zeta 电位越负时，细小纤维和填料越易流失。颗粒电荷测定的是浆料中的电荷总量，可用来评价浆料体系中的阳离子需求量。

4. 纤维素非衍生物溶剂：①金属配合物水溶液：通过纤维素的 C_2 和 C_3 羟基与纤维素形成络合物，纤维素羟基取代了配体氨，从而溶解纤维素。其中铜乙二胺法常用来测定纤维素的聚合度。②胺氧化物体系：N-甲基吗啉-N-氧化物（NMMO）的 NO 基团具有强极性，NO 中的氧能与纤维素形成 1~2 个氢键，破坏纤维素分子间氢键网络，从而溶解纤维素。目前该体系已实现工业化生产。③纤维素氯化锂/二甲基乙酰胺体系：其溶解纤维素的机理是基于 $Li-DMA^+Cl^-$ 离子对与纤维素羟基形成电子给予体-接受体（EDA）配合物。但由于成本高，回收困难，目前还没有实现商业化。④碱/尿素体系：该体系在-12℃下能够溶解纤维素，但纤维素易发生凝胶化，还未实现工业应用。⑤DMSO/TBAF 体系：纤维素在 DMSO/TBAF 体系溶解速度快，适于纤维素的酰化改性。⑥离子液体：离子液体由阴离子和阳离子组成，在室温下或低温下（<100℃）为液体，如咪唑类氯盐，它易于回收，是一种绿色溶剂。⑦深共熔溶剂：由氢键供体和氢键受体组成，如氯化胆碱/尿素体系，其混合物的熔点低于各组分的熔点，深共熔溶剂对纤维素的溶解度远不及 NMMO 和离子液体。

5. 纤维衍生物体系：①$CS_2/NaOH/H_2O$ 体系可生产纤维素黄酸酯，即黏胶纤维。②四氧化二氮/二甲基甲酰胺体系在无水条件下会生成纤维素亚硝酸酯。

课后练习

一、名词解释

1. 纤维饱和点
2. 纤维滞后现象
3. 离子液体
4. 深共熔溶剂

二、填空题

1. 纤维素纤维的润胀分为（　　）和（　　）。
2. 测定纤维素聚合度常用的溶剂是（　　）。
3. $CS_2/NaOH/H_2O$ 体系可生产（　　）。

三、判断题

1. DMSO/TBAF 体系溶解纤维素较快。（　　）
2. NMMO 溶解纤维素已实现工业化生产。（　　）
3. 碱/尿素体系需在零下温度溶解纤维素。（　　）
4. 纤维和细小纤维表面带负电荷。（　　）
5. 颗粒电荷测定的是纤维和细小纤维电位。（　　）

四、多项选择题

1. 以下有关纤维素纤维吸湿的描述，正确的是（　　）。

（A）纤维素纤维的吸湿发生在无定形区。

（B）纤维吸湿的水分分为结合水和游离水。
（C）结合水与纤维素羟基形成氢键，有热量释放。
（D）游离水是指细胞腔和细胞壁内孔隙吸收的水分。
2. 关于纤维润胀的描述，正确的是（　　）。
（A）纤维的润胀是指纤维体积增大的现象。
（B）结晶区内润胀，纤维素的晶型改变。
（C）结晶区间润胀，纤维素的晶型改变。
（D）碱液是常用的润胀剂。

五、问答题

1. 解释 NMMO 溶解纤维素的机理。
2. 什么是 Zeta 电位？影响 Zeta 电位的因素有哪些？

模块五　纤维素在制浆过程中的反应

7-5

教学目标

1. 熟悉纤维素的碱性水解、剥皮反应和终止反应。
2. 熟悉纤维素的酸性水解机理。
3. 了解纤维素在纸浆漂白过程中的反应。

教学内容

一、纤维素的碱性降解

纤维素的糖苷键对碱比较稳定。但在制浆过程中，纤维素会发生剥皮反应。随着蒸煮温度的升高和木质素的脱除，纤维素还会发生碱性水解。

1. 剥皮反应与终止反应

剥皮反应是指在碱性条件下，纤维素还原性的末端基逐个掉下来，使纤维素大分子逐步降解的过程。剥皮反应机理如图 7-38 所示，在碱性溶液中，纤维素环状末端苷羟基（a）与开链式醛末端基（b）建立平衡；开链末端基经醛酮糖互变，生成果糖末端基（c）。果糖末端基经 β-烷氧基消除反应，消去烷氧基，即纤维素主链（Cell-O），使末端葡萄糖单元从纤维素分子链上剥离，并转化为烯醇式单糖（d）。消去末端基的纤维素分子链出现新的还原性末端基，可继续进行上述反应。烯醇式单糖较活泼，会生成互变异构的酮式结构（e），受 OH^- 亲核攻击，形成同碳二元醇（f），同碳二元醇不稳定，经分子重排和异构化，生成异变糖酸（g）。

纤维素在碱性溶液中发生剥皮反应的同时，也会发生终止反应，如图 7-39 所示。开链醛式（b）发生 β 消除反应，脱去 C_α-H 和 C_β-OH，在 C_2 和 C_3 间形成双键，即烯醇结构（c）。烯羟基氢原子与 C_3 结合，C_2 位产生醛基，烯醇结构变为酮式结构（d）。OH^- 攻击

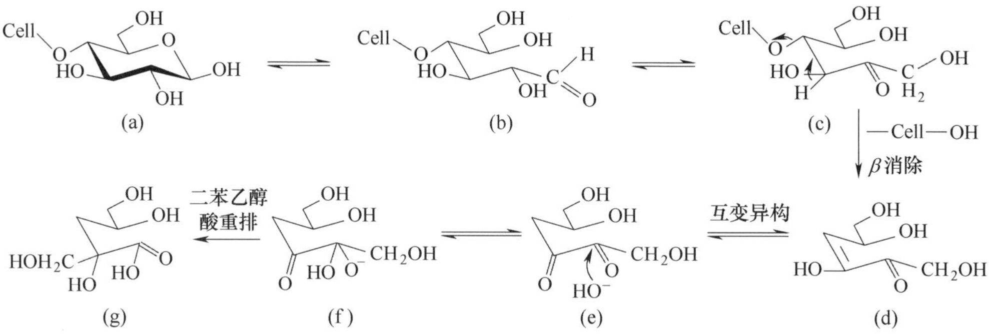

图 7-38 纤维素的剥皮反应机理

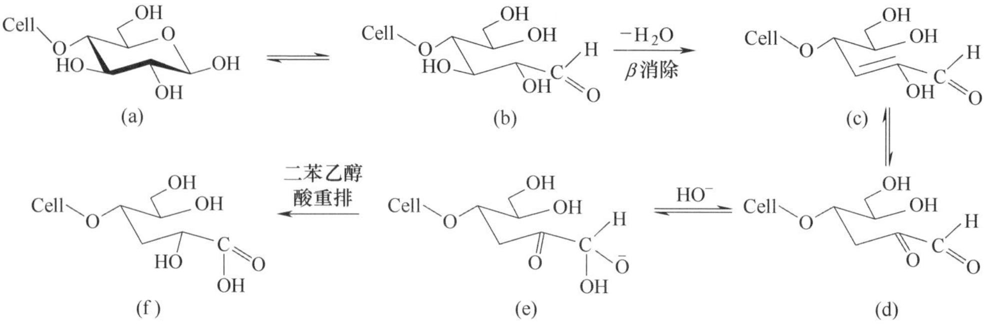

图 7-39 纤维素的终止反应

C_1，生成同碳二元醇（e）。同碳二元醇分子重排，形成偏变糖酸末端基。由于偏变糖酸末端基不存在醛基，不再产生剥皮反应，纤维素的降解终止。

即使在温和的条件下，纤维素也会发生剥皮反应。剥皮反应的速率与终止反应的速率是不同的，前者较后者大，导致纤维素聚合度下降，纸浆得率下降。剥皮反应会损失大约 50~100 个葡萄糖，随后发生终止反应。每生产 1t 针叶木硫酸盐纸浆，所产生的制浆黑液含有 100kg 的异变糖酸，表明了剥皮反应的发生。由于纤维素初始 *DP* 很高，约为 10000，所以剥皮反应并不会使纤维素显著降解。尽管如此，蒸煮后期也不能过分延长蒸煮时间。

2. 碱性水解

当硫酸盐或烧碱法蒸煮接近最高温度时，糖苷键会发生碱性水解，如图 7-40 所示。该反应由 C_2 羟基引发，当 C_2 羟基去氢后，氧负离子攻击 C_1（b），纤维素分子链断裂，形成环氧化物（c），环氧化物在碱性条件下开环，形成纤维素末端还原基（d）。碱性水解的结果是纤维素链断裂，*DP* 显著降低，形成新的还原性端基。碱性水解反应不均匀，优先发生在纤维素的无定形部分。由于剥皮反应和碱性水解，硫酸盐制浆纤维素的总损失率约为 10%。

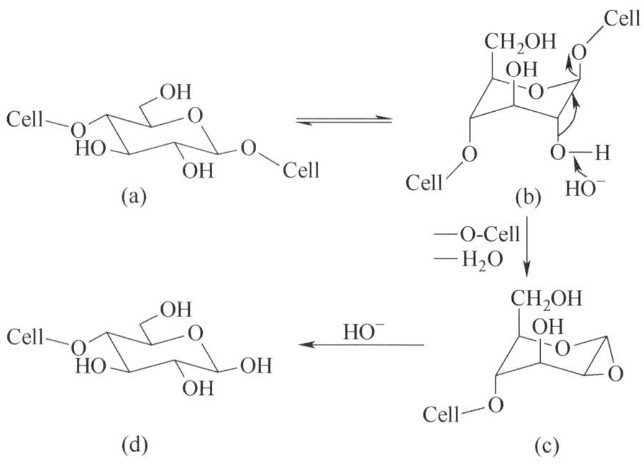

图 7-40 纤维素在高温条件下的碱性水解

二、酸性水解

酸性亚硫酸盐蒸煮过程中虽然纤维素溶出较少，但其聚合度明显降低。这是由于发生了酸性水解反应，如图 7-41 所示。纤维素的酸水解反应机理经历 3 个步骤：①纤维素上糖苷氧原子质子化；②糖苷键的正电荷转移到 C_1 上，形成碳阳离子，糖苷键断裂；③水分子迅速攻击碳阳离子，得到葡萄糖并释放一个质子（或水合氢离子）。

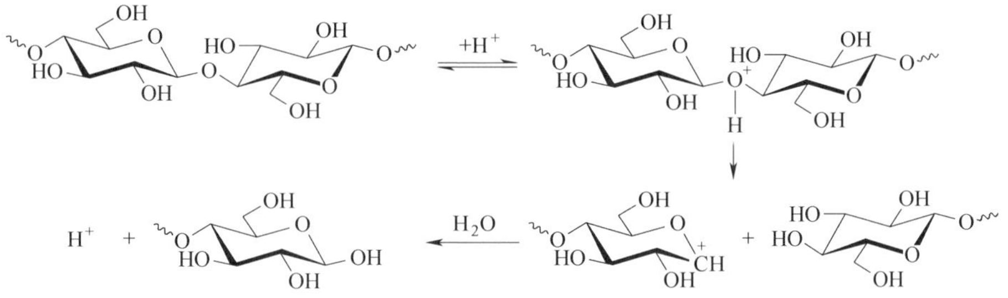

图 7-41　纤维素的酸性水解

三、纤维素的氧化反应

漂白过程中，纤维素的氧化反应是非选择性的，即氧化发生在 C_2、C_3 或 C_6 位，引入羰基和羧基。含羰基的氧化纤维素被称为还原性纤维素，还原性纤维素具有 β-烷氧基结构，在碱性溶液中易发生 β-烷氧基消除反应，使纤维素分子链断裂，聚合度降低，影响纸张的强度。

1. 氯化

氯化过程中氯与碳水化合物的反应如图 7-42 所示。氯攻击纤维素糖苷键，导致纤维素键断裂，纤维素聚合度降低。末端糖基生成醛糖，醛糖进一步氧化为糖醛酸（a）。氧化 C_6 羟基，生成糖醛和糖醛酸（c）。也可以氧化 C_2 或 C_3 羟基，生成酮（b）和（d），醛和酮易酸水解和碱水解。

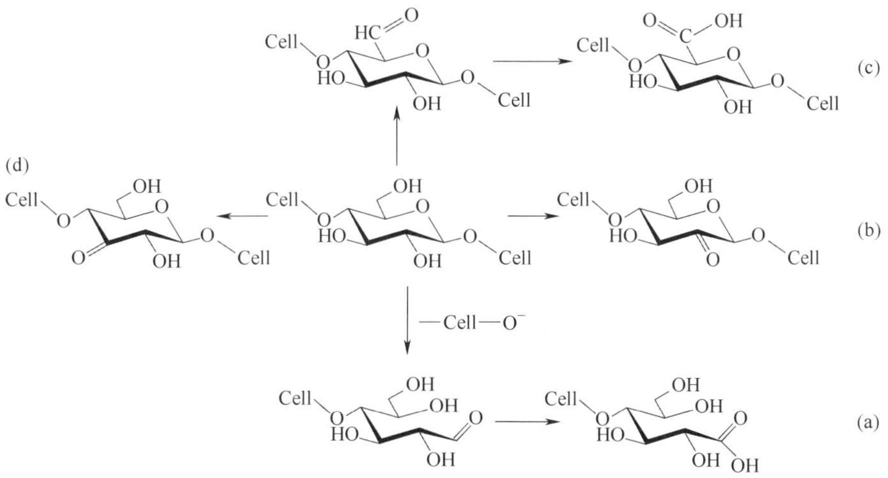

图 7-42　纤维素在氯水溶液中的反应

2. 氧漂

氧脱木质素过程中，碳水化合物发生糖苷键断裂和末端基氧化。糖苷键断裂如图 7-43 所示。羟基自由基攻击 C_2，形成自由基。在氧气作用下，脱去质子，生成自由基负离子。脱去超氧自由基，生成醇酮结构，脱质子后，形成烯醇结构。经 β-消除反应，糖苷键断裂。纤维素分子链从 1 条变为 2 条，聚合度降低。

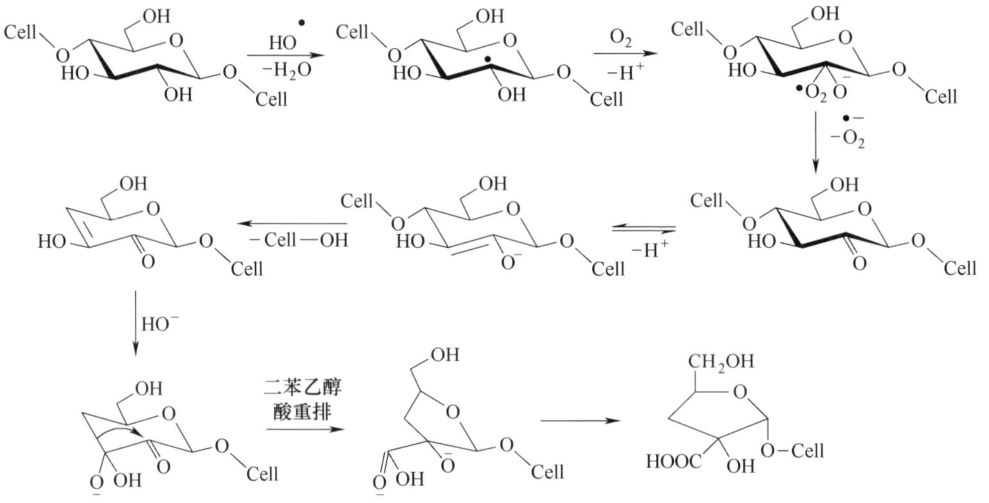

图 7-43 氧漂白过程中纤维素的反应（糖苷键断裂）

氧漂白使纤维素末端基氧化，如图 7-44 所示。开链葡萄糖转换为烯二醇结构，受氧分子攻击，脱去 1 分子过氧化氢，生成二酮结构，HO^-攻击 C_1，经二苯乙醇酸重排，生成羧酸产物，从而阻止剥皮反应的发生。因此剥皮反应在氧漂过程中是次要的。

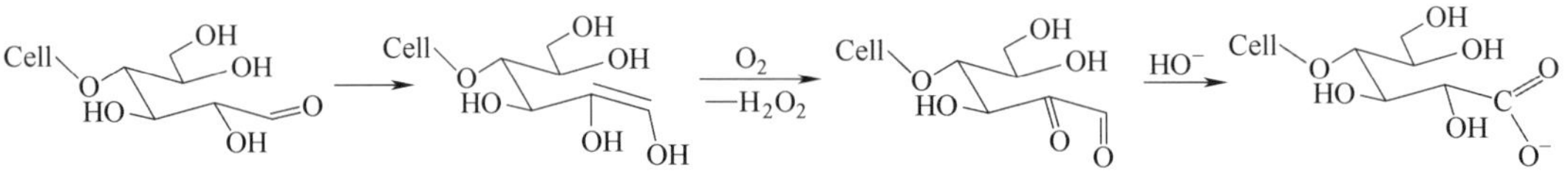

图 7-44 氧漂过程中末端还原基的氧化

3. 臭氧漂白

臭氧不是选择性氧化剂，既能氧化木质素，也能氧化纤维素等多糖，降低纤维素聚合度，如图 7-45 所示。臭氧攻击 C_1，形成氢三氧化物，纤维素糖苷键断裂，氢三氧化物分解形成内酯，经水解形成羧酸产物。此外，纤维素末端还原基还会被臭氧氧化为羧酸产物，如图 7-46 所示。

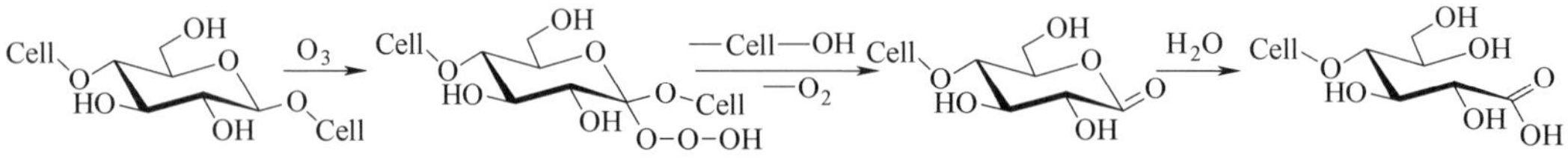

图 7-45 臭氧漂白中糖苷键断裂

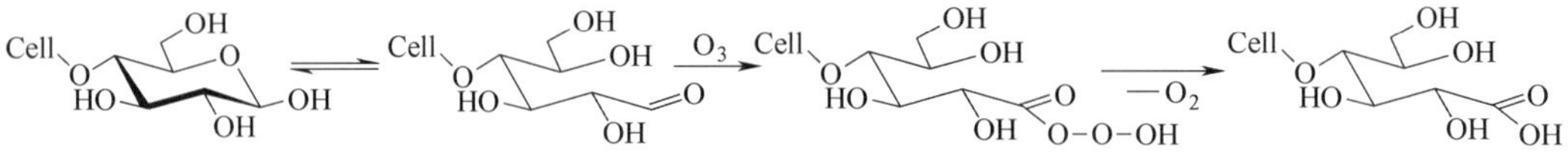

图 7-46 臭氧漂白中末端还原基的氧化

4. 过氧化氢漂白

碱性过氧化氢漂白是非选择性氧化。在过氧化氢漂白过程中，过氧化氢分解生成羟基自由基（HO·）和氢过氧自由基（HOO·），HOO·能将纤维素的还原性末端基氧化成羧基，HO·既能氧化还原性末端基，也能将羟基氧化成羰基，形成酮结构，然后在热碱溶液中发生糖苷键的断裂。

小　结

1. 碱性降解：碱性降解分为碱性水解和剥皮反应。①碱性水解：当硫酸盐或烧碱法蒸煮接近最高温度时，糖苷键会发生碱性水解。②剥皮反应：剥皮反应是指在碱性条件下，纤维素还原性末端基逐个掉下来，使纤维素大分子逐步降解的过程。纤维素在碱性溶液中也会发生终止反应，形成偏变糖酸末端基，终止剥皮反应。剥皮反应会损失 50~100 个葡萄糖单元，并不会使纤维素显著降解，但蒸煮后期也不能过分延长蒸煮时间。

2. 酸性水解：酸性亚硫酸盐蒸煮过程中会发生酸性水解反应，使纤维素的聚合度明显降低。

3. 氯化使糖苷键断裂，末端基氧化为糖醛酸，以及 C_2 或/和 C_3 羟基氧化为酮。氧漂、臭氧漂白和过氧化氢漂白会使糖苷键断裂，纤维素还原性末端基被氧化生成羧酸产物。

课后练习

一、判断题

1. 氧漂、臭氧漂白使纤维素糖苷键断裂，聚合度降低。(　　)
2. 氧漂、臭氧漂白会将纤维素的还原性末端基氧化为羧基。(　　)
3. 过氧化氢漂白使纤维素末端基氧化为羧基。(　　)

二、问答题

1. 解释纤维素的碱性水解及机理。
2. 解释纤维素的剥皮反应和终止反应。
3. 解释纤维素的酸性水解及机理。

模块六　纤维素纤维的化学改性

7-6

教学目标

1. 熟悉纤维素的可及度、取代度、多相反应和均相反应。
2. 熟悉纤维素反应性的影响因素。
3. 了解纤维素的酯化、烷基化、选择性氧化和脱氢卤代反应。
4. 了解纤维素的接枝共聚和交联反应。

教学内容

一、基本概念

1. 可及度

纤维素的可及度是指反应试剂抵达纤维素羟基的程度。纤维素的无定形区称为可及区，无定形区多，纤维素的可及度高。可及度还受到试剂的影响，体积小、不含支链的试剂，如二硫化碳、丙烯氰、氯代乙酸等，生成纤维素衍生物的取代度高。而体积较大且为立体结构的试剂，如3-氯-羟丙基二乙胺和对硝基苄卤化物，只能抵达其纤维素的无定形区和结晶区表面，生成取代度较低的纤维素衍生物。

2. 反应性

纤维素的反应性是指纤维素伯、仲羟基的反应能力。影响纤维素反应性能的因素如下。

（1）纤维素聚集态的影响。结晶区分子堆砌紧密，试剂不易进入，反应性能差；无定形区，分子准砌疏松，易被试剂渗透，反应性能好。

（2）伯羟基和仲羟基的反应性能不同。伯羟基空间位阻小，其反应能力通常比仲羟基高；可逆反应主要发生在 C_6—OH，不可逆反应有利于 C_2—OH；纤维素的酯化反应中 C_6—OH 反应能力最高；而纤维素的醚化反应，C_2—OH 的反应能力最高；在碱性介质中，有利于仲羟基的化学反应，而酸性介质则有利于伯羟基的反应。

（3）预处理可提高纤维素的可及度和反应性。预处理分为物理、化学和微生物三种方法。物理预处理方法有机械粉碎、蒸汽爆破、微波处理、超声波处理、冷冻粉碎、高能辐射处理等；化学预处理方法有碱润胀、有机溶剂润胀、无机酸润胀等；微生物预处理方法有纤维素酶、半纤维素酶及纤维素酶/半纤维素混合酶处理等。其中润胀处理较常采用，如浓碱液（NaOH）润胀、冰醋酸润胀、乙胺消晶润胀等。

3. 取代度

取代度（Degree of Substitution，DS）是指纤维素分子链上平均每个葡萄糖单元被取代的羟基数目。纤维素分子链中每个葡萄糖单元上有 3 个羟基，所以纤维素取代度的最大值为 3。

4. 多相反应

多相反应是指反应过程中纤维素在溶液中为固态。纤维素由结晶区和无定形区组成，结晶区的纤维素存在分子内和分子间氢键，结构紧密，试剂分子不可及，如图 7-47 所示。所以，多相反应在纤维素的无定形区和结晶区表面进行。当纤维素结晶区表面生成可溶性产物后，试剂进一步和结晶区表面反应，所以多相反应是一个由表及里的逐层反应过程，绝大多数纤维素衍生物都是在多相介质中制备的。

5. 均相反应

均相反应是指纤维素大分子溶于溶剂中，纤维素分子链上的伯、仲羟基对反应试剂都是可及的，如图 7-48 所示。均相反应的反应速率高。如纤维素均相醚化的反应速率常数比多相醚化高一个数量级。在均相反应中，多数情况下伯羟基的反应速率比仲羟基高，各羟基的反应性能顺序为：C_6—OH>C_2—OH>C_3—OH。

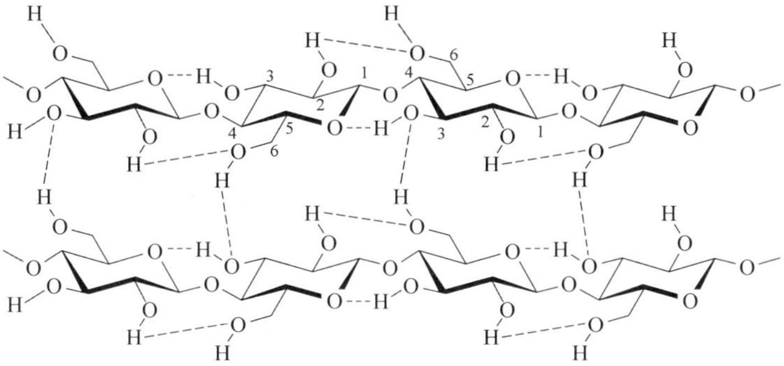

图 7-47 天然纤维素中的氢键网络

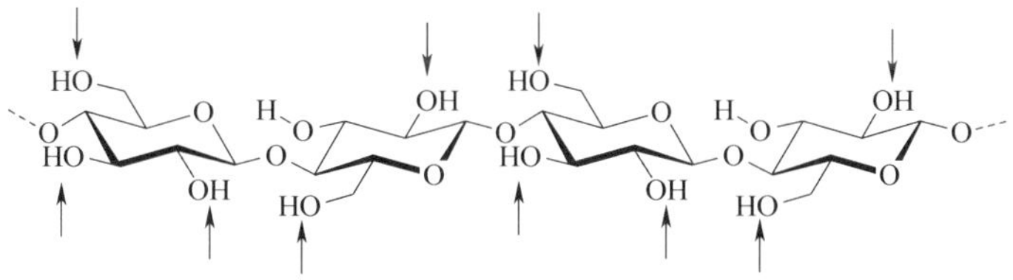

图 7-48 均相反应中纤维素的所有羟基可及

二、纤维素的酯化反应

纤维素大分子每个葡萄糖基中 3 个羟基会发生酯化反应，生成纤维素酯，包括无机酸酯和有机酸酯。重要的纤维素酯有纤维素硝酸酯、纤维素黄酸酯和纤维素醋酸酯。其他酯类如纤维素硫酸酯、磷酸酯以及醋酸硝酸酯、醋酸丙酸酯、醋酸丁酸酯等。

1. 酯化反应原理

纤维素与无机酸的反应为亲核取代反应，羟基被亲核基团取代，生成相应的纤维素酯，其反应机理如图 7-49 所示。

$$\text{Cell—OH} \xrightarrow{H^+} \text{Cell—}\overset{+}{O}H_2 \xrightarrow{X^-} \overset{-}{X}\text{—Cell—}\overset{+}{O}H_2 \xrightarrow[-H_2O]{} \text{Cell—X}$$

图 7-49 纤维素酯化反应机理

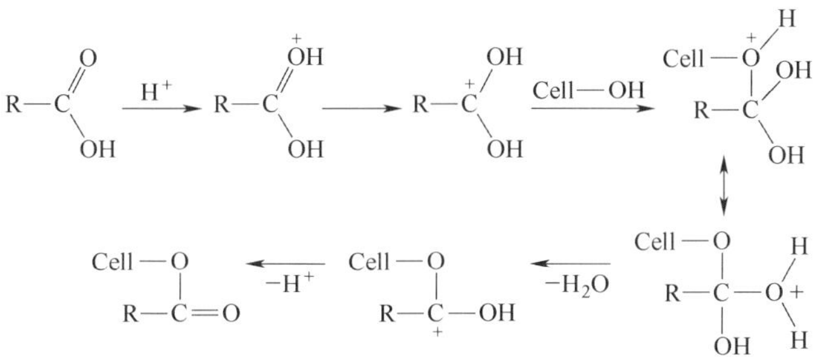

图 7-50 纤维素与有机酸的反应机理

纤维素与有机酸的反应为亲核加成反应，其反应机理如图 7-50 所示：用酸催化，质子加到羧基的氧原子上，使该基团碳原子的正电性增加，促进酯化反应。无论是无机酸还是有机酸的酯化反应都是平衡反应，通过除去反应生成的水，可抑制其逆反应。纤维素与无机酸和有机酸反应生成酯，每 100 个葡萄糖基所反应的羟基数量称为酯化度。酯化度为取代度的 100 倍。

2. 纤维素硝酸酯

纤维素硝酸酯俗称硝化纤维素，其易干燥且与大多数树脂相容性好，可以用来制备无烟火药、赛璐珞和火棉胶。制备硝化纤维素所用原料为漂白棉短绒浆粕或化学木浆粕。纤维素的硝化反应是亲核取代反应，是平衡的酯化反应，其反应如图 7-51 所示。

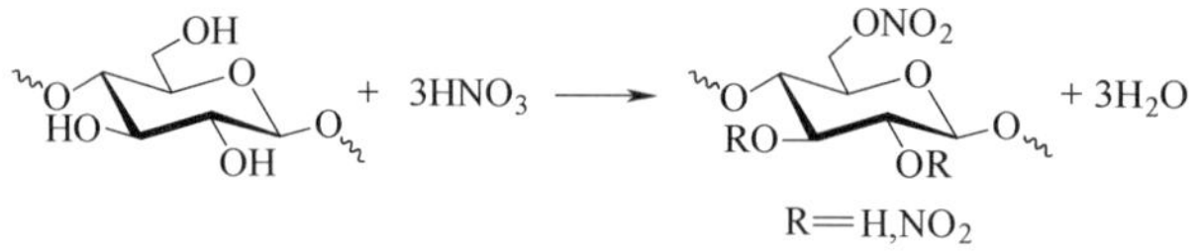

图 7-51　纤维素与硝酸的反应

纤维素硝酸酯的含氮量（w，质量分数）与取代度（DS）的关系如式（7-19）所示，而酯化度为取代度的 100 倍。

$$w=\frac{14DS}{162+45DS}\times 100\% \tag{7-19}$$

工业上主要采用 HNO_3/H_2SO_4 混合酸，混合酸体系可能生成硝鎓离子（NO^{2+}），如图 7-52 所示。硫酸作为脱水剂和润胀剂，去除反应生成的水，促进反应。硝化反应是多相反应，但反应速率高。由于反应过程中也会生成少量的硫酸酯，所以硝酸酯的最大取代度为 2.9。

3. 纤维素黄酸酯

$$HONO_2+2H_2SO_4 \longrightarrow NO_2^+ + 2HSO_4^- + H_3O^+$$

图 7-52　硝酸和硫酸生成硝鎓离子

纤维素黄酸酯溶于稀碱液变成黏胶液，通过纺丝形成黏胶纤维，也称为人造丝。人造丝吸湿性好，穿着舒适，用于各类服装及装饰用纺织品。纤维素黄酸酯喷成薄膜就是玻璃纸。

纤维素黄酸酯制备原理是 CS_2 与 NaOH 反应，生成水溶性的二硫代碳酸酯，再与纤维素反应，生成纤维素黄酸酯，如图 7-53 所示。CS_2 溶于碱也可直接与纤维素应生成黄酸酯。由于 CS_2 有毒，近年来采用部分羧甲基化纤维素醚进行黄化，制取低黄化的纤维素黄酸酯。

$$\text{Cell—OH} + NaOH = \text{Cell—ONa} + H_2O$$

$$\text{Cell—ONa} + CS_2 = \text{Cell—OCS}_2\text{Na}$$

图 7-53　纤维素生成黄酸酯的反应

4. 纤维素醋酸酯

纤维素醋酸酯也称为醋酸纤维素或乙酰化纤维素，酸酐纤维素广泛应用于纺织、塑料、涂料等工业。制备醋酸纤维素常以酸酐为乙酰化试剂，当用乙烯酮作为乙酰化试剂时，需用乙酸与其反应生成乙酸酐，如图 7-54（a）所示。以乙酸酐作为乙酰化剂、硫酸作为催化剂时，乙酸酐与硫酸生成乙酰硫酸，如图 7-54（b）所示，再与纤维素反应生成醋酸纤维素，如图 7-54（c）所示。

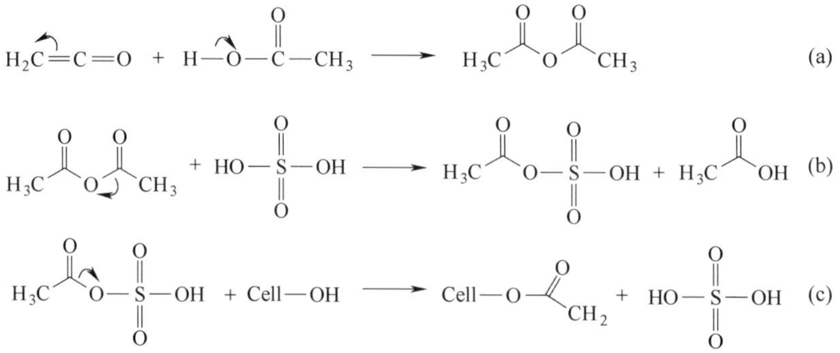

图 7-54　纤维素的乙酰化反应

5. 施胶

在以碳酸钙为填料的碱性抄纸系统中，通常以烷基烯酮二聚体（AKD）和烯基琥珀酸酐（ASA）为施胶剂，使纸张获得抗水性。AKD 和 ASA 为乳液，加入纸浆后吸附于纤维和填料表面，干燥过程中 AKD、ASA 与纤维素的羟基反应生成酯，如图 7-55（a）和图 7-56（a）所示。AKD 和 ASA 的疏水烷基向纸面外定向，使纸张获得抗水性能。但 AKD 和 ASA 易水解，如图 7-55（b）和图 7-56（b）所示。

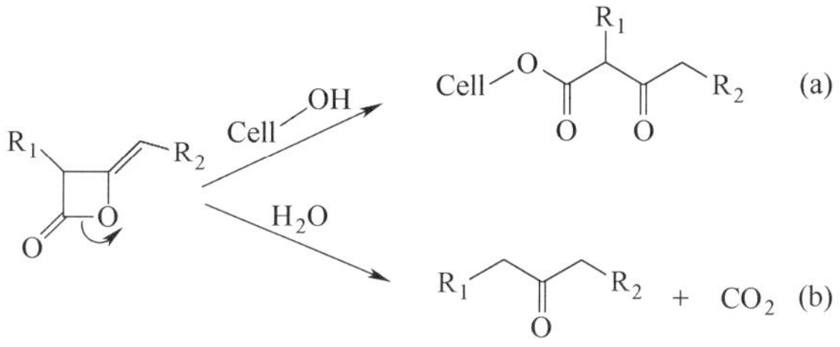

图 7-55　AKD 与纤维素的反应，其中 R_1、R_2 为烷基（含 16~18 个碳）

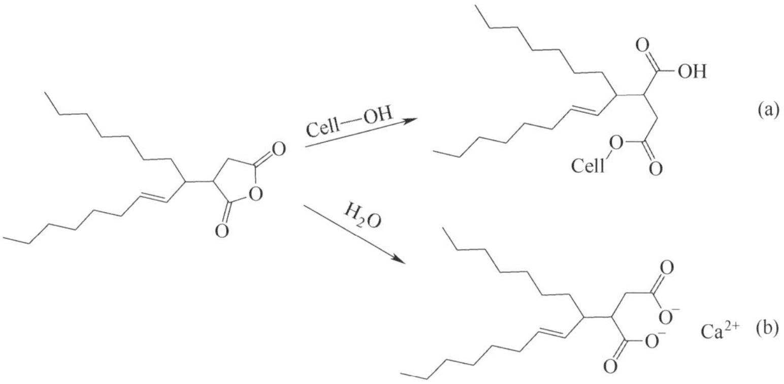

图 7-56　ASA 与纤维素羟基的反应

三、纤维素醚化反应

纤维素的羟基与烷基卤化物在碱性条件下生成纤维素醚。

1. 烷基纤维素

碱纤维素与卤代烃发生 Williamson 醚化反应（亲核取代反应），如图 7-57 所示。该反应不可逆，可用来制备甲基纤维素（MC）、乙基纤维素（EC）、羧甲基纤维（CMC）等。甲基纤维素是水溶性的，而乙基纤维素只溶于有机溶剂。

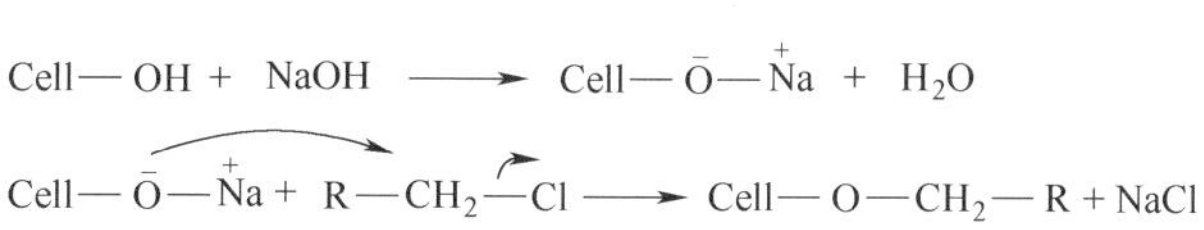

图 7-57　碱纤维素与卤代烃的醚化反应

纤维素醚化反应中每 100 葡萄糖基中被醚化的羟基数目称为醚化度。

羧甲基纤维素是非常重要的纤维素衍生物。其规格有数百种，广泛用于石油、纺织、印染、造纸、食品、医药、日用化学等工业领域。羧甲基纤维素由碱纤维素与氯乙酸发生亲核取代反应制备，如图 7-58 所示。

2. 羟基烷基纤维素

羟乙基纤维素（HEC）和羟丙基纤维素（HPC）是用碱纤维素与环氧乙烷或环氧丙烷反应而成，如图 7-59 所示。该反应是碱催化的烷氧基化反应。

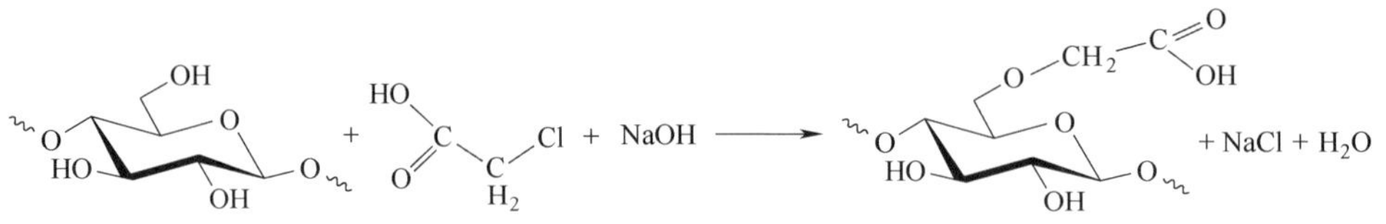

图 7-58 碱纤维素与氯乙酸的反应

3. 氰乙基纤维素

纤维素羟基在碱性条件下可与乙烯基化合物与发生 Michael 加成反应，如丙烯腈与碱纤维素反应生成氰乙基纤维素，如图 7-60 所示。

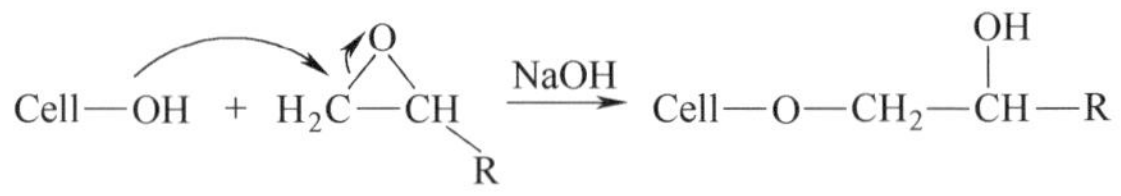

图 7-59 碱纤维素与环氧化物的反应

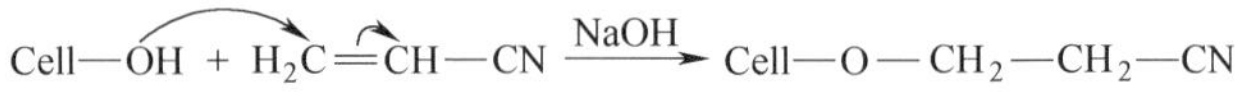

图 7-60 碱纤维素与丙烯腈的反应

4. 新型纤维素醚

疏水纤维醚：羟乙基纤维素与 C_{12}—C_{14} 长链烷基的环氧化物反应，可生成取代度为 0.01~0.03 的非离子纤维素醚，使纤维素大分子具有亲水和疏水性结构，可用作表面活性剂。

液晶性纤维素醚：含长链烷基（C_{12}—C_{14}）的纤维素醚具有液晶性质。

抗菌纤维素醚：含环氧基的纤维素衍生物与环己二胺或聚乙烯亚胺反应，生成含胺基的纤维素衍生物，胺基纤维素具有抗菌性。

四、纤维素的氧化反应

纤维素葡萄糖基 C_2、C_3 和 C_6 的游离羟基以及 C_1 位的还原性末端基易被氧化，引入醛基、酮基或羧基。氧化产物称为氧化纤维素，氧化会降低纤维素的聚合度。发生在纤维素特定位置的氧化称为选择性氧化，纤维素的选择性氧化有以下几种。

1. 高碘酸盐的氧化

高碘酸盐氧化纤维素得到 2,3-二醛纤维素，如图 7-61 所示。氧化时须避光。2,3-二醛纤维素对碱特别敏感，碱会使其降解。用亚氯酸可将 2,3-二醛纤维素氧化为 2,3-二羧基纤维素，用硼氢化钠可将其还原成 2,3-二醇纤维素。

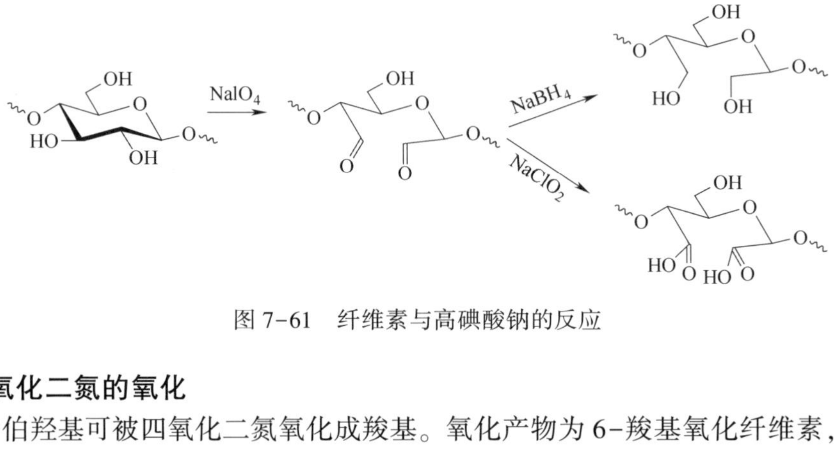

图 7-61 纤维素与高碘酸钠的反应

2. 四氧化二氮的氧化

纤维素伯羟基可被四氧化二氮氧化成羧基。氧化产物为 6-羧基氧化纤维素，如图 7-62

所示。氧化纤维素有助于血液凝固，可用于止血绷带。

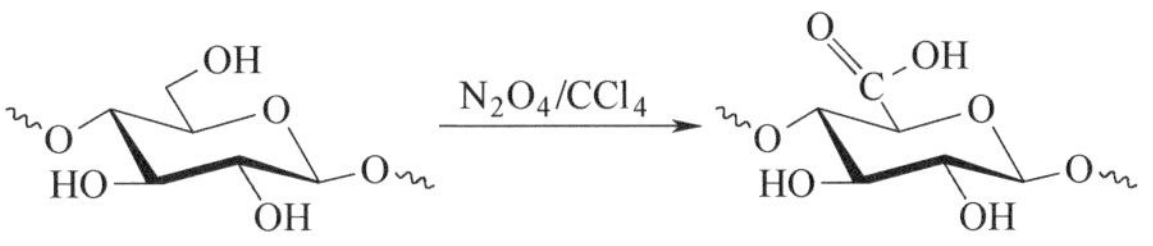

图 7-62 纤维素与四氧化二氮的反应

3. TEMPO/$NaClO_2$/NaBr 氧化体系

TEMPO 是 2,2,6,6-四甲基哌啶-1-氧化物自由基的简称，该自由基稳定，能够氧化糖类的伯羟基，且产率高、选择性好。TEMPO 的三种氧化态及转化如图 7-63 所示。

TEMPO/$NaClO_2$/NaBr 体系的氧化反应机理如图 7-64 所示。NaClO 将 TEMPO 自由基氧化成亚硝鎓离子，纤维素的伯羟基与亚硝鎓离子反应，生成羟胺，纤维素的伯醇基被氧化成羧基，羟胺再被共氧化剂氧化成亚硝鎓离子，如此循环。因此该体系是一个循环再生氧化体系，只需要加入占绝干浆量 0.25%的 TEMPO 氧化体系，就可在水相和温和的条件下引入羧基和醛基。因此，TEMPO 氧化体系被认为是最有潜力的天然纤维素氧化体系，常用来制备高结晶度的纳米纤维素。

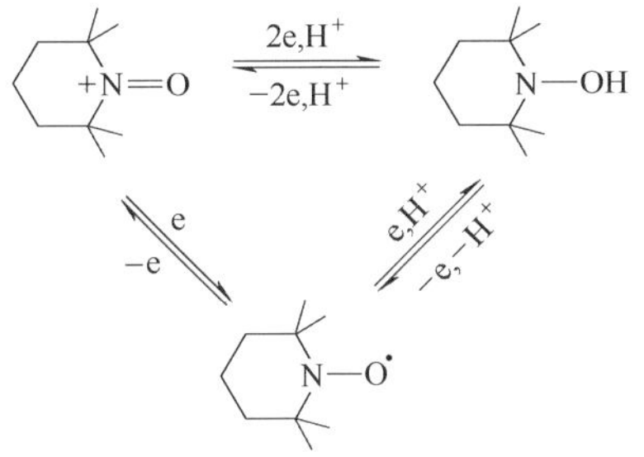

图 7-63 TEMPO 的三种氧化态及转化

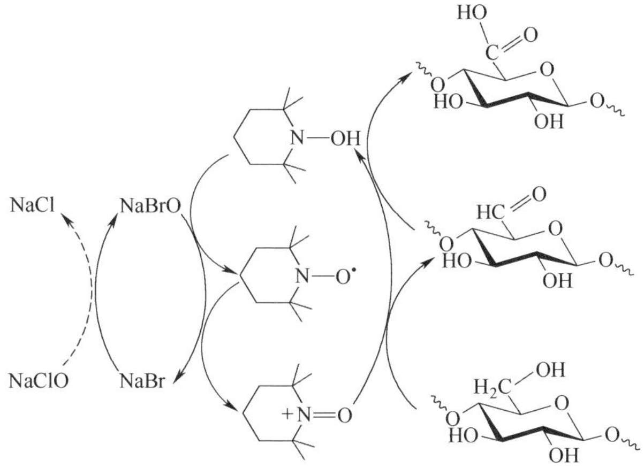

图 7-64 TEMPO/$NaClO_2$/NaBr 体系的氧化反应机理

上述体系是在碱性条件下进行的，碱性条件下纤维素发生降解，聚合度较低。为此，出现了 TEMPO/NaClO/$NaClO_2$ 氧化体系，该体系氧化纤维素机理如图 7-65 所示。在中性条件下 NaClO 将 TEMPO 自由基氧化成羟胺，生成的羟胺将纤维素的伯羟基氧化为醛基，$NaClO_2$ 选择性地将醛基氧化为羧基，自身还原为 NaClO，实现 NaClO 的循环利用。整个反应中羟胺氧化纤维素伯羟基是反应速率的决定步骤。

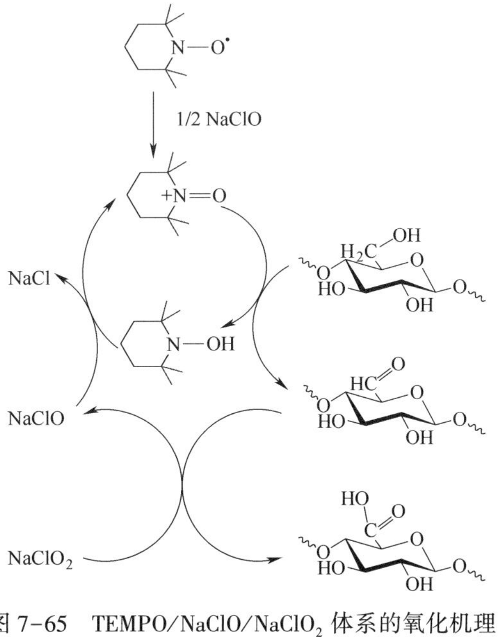

图 7-65 TEMPO/NaClO/$NaClO_2$ 体系的氧化机理

五、纤维素脱氧卤代反应

烷基磺酸酯能够与纤维素发生亲核取代反应（S_N2），将纤维素转化为相应的纤维素甲苯磺酸酯或纤维素甲基磺酸酯。然后用卤素或卤化物取代离去基团，得到脱氧纤维素卤代物，反应如图 7-66 所示。将纤维素甲苯磺酸酯与氨、一级胺、二级胺或三级胺的醇溶液反应，可得到脱氧氨基纤维素，如图 7-66 所示。

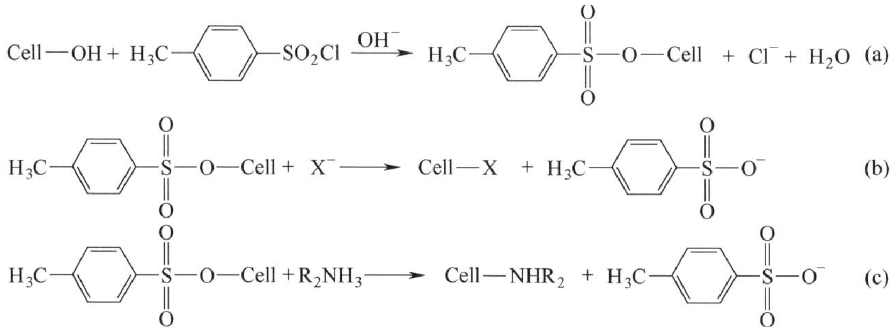

图 7-66 纤维素脱氧卤代反应

六、纤维素的接枝共聚与交联反应

接枝共聚是指在聚合物的主链上接上另一种单体。纤维素的接枝共聚有自由基引发接枝法和离子引发接技法。纤维素可进行多相或均相接枝共聚，多相接枝共聚反应发生在无定形区和结晶区表面。接枝共聚赋予纤维素形稳性、高吸水性、抗水性、抗油性、阻燃性等性能。但纤维素的接枝共聚尚未在生产上得到实际应用。

1. 接枝共聚反应

（1）自由基引发（直接氧化法）。硝酸铈的铈离子（Ce^{4+}）能氧化纤维素，使其糖基环断裂，产生醛和一个自由基，如图 7-67 所示。自由基可引发单体的聚合。单体可以是氯乙烯、丙烯腈、丙烯酰胺、甲基丙烯酸甲酯等。其他氧化剂有五价钒、三价锰、高锰酸钾、过硫酸盐等。

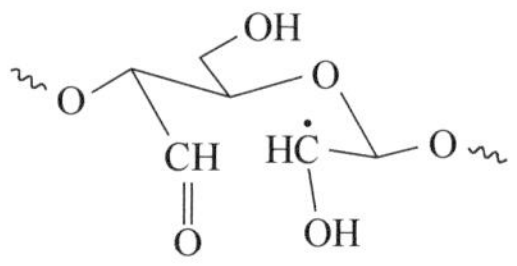

图 7-67 铈离子氧化纤维素产生的自由基

（2）自由基引发（Fentons 法）。Fentons 试剂是一种含有过氧化氢和亚铁离子的氧化还原体系。亚铁离子与过氧化氢发生反应释放一个羟基自由基，羟基自由基从纤维素链上夺取一个氢原子形成水和一个纤维素自由基，此自由基与单体进行接枝共聚，如图 7-68 所示。

（3）自由基引发（辐射法）。使用紫外线、γ 射线等辐射等使纤维素产生自由基，然后与单体接枝共聚，如图 7-69 所示。纤维素在空气或 H_2O 存在下接受辐射时，先形成纤维素的过氧化物，再分解成自由基进行接枝共聚。

$$Fe^{2+} + H_2O_2 \longrightarrow Fe^{3+} + H\dot{O} + OH^-$$
$$Cell—OH + H\dot{O} \longrightarrow Cell—\dot{O} + H_2O$$
$$Cell—\dot{O} + M \longrightarrow \text{接枝聚合物}$$

图 7-68 纤维素接枝共聚（Fentons 法）

$$Cell—OH \xrightarrow{hv} Cell—\dot{O} + H^+$$
$$Cell—\dot{O} + M \longrightarrow \text{接枝聚合物}$$

图 7-69 纤维素接枝共聚（辐射法）

（4）离子引发。先用碱处理纤维素产生纤维素负离子，然后进行接枝共聚。所用单体有丙烯腈、甲基丙烯酸甲酯、甲基丙烯腈等。接枝在液态氮、四氢呋喃或二甲基亚矾溶剂中进行。

2. 纤维素的交联反应

纤维素的交联反应是缩合反应，产物为二醚或二酯。交联反应可提高纸页湿强度和尺寸稳定性。

（1）生成缩醛的反应。甲醛是最早使用的交联剂之一，在酸性条件下发生亲核加成反应和缩合反应，使纤维素分子交联，反应如图 7-70 和图 7-71 所示。葡萄糖基两个羟基也可与甲醛反应，即分子内的交联反应。其他醛，如乙二醛和脂肪二醛也可与纤维素发生交联反应。醛交联反应在酸性和较高温度下进行，纤维强度损失大，且醛类有毒性。

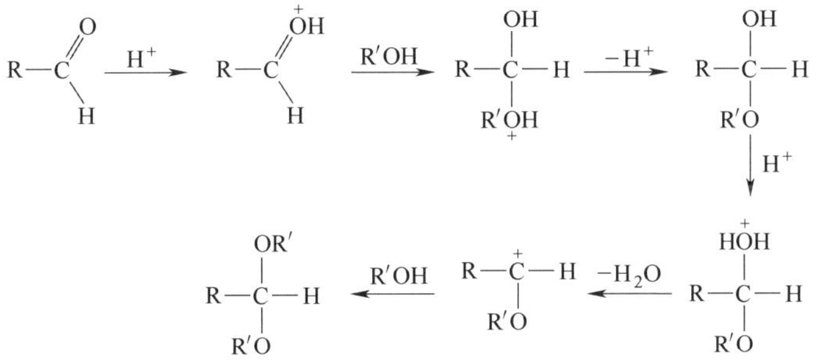

图 7-70　生成缩醛的反应机理

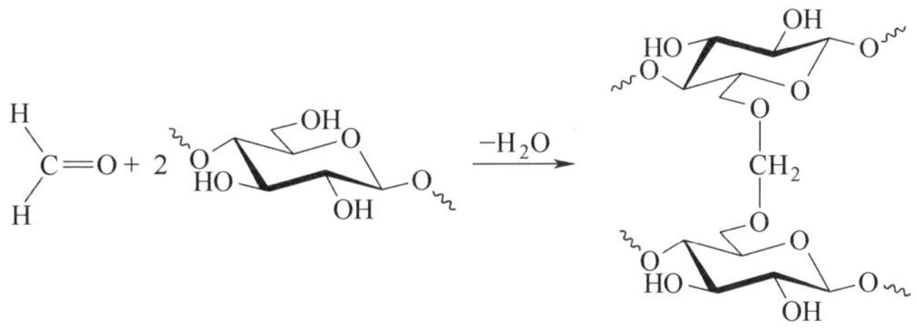

图 7-71　甲醛交联纤维素反应

（2）与 *N*-羟甲基化合物的反应。常用的 *N*-羟甲基化合物有三聚氰胺甲醛树脂（MF）、脲醛树脂（UF）等。三聚氰胺甲醛树脂是一种湿强剂，其湿强作用是基于与纤维素的交联反应，如图 7-72 所示。

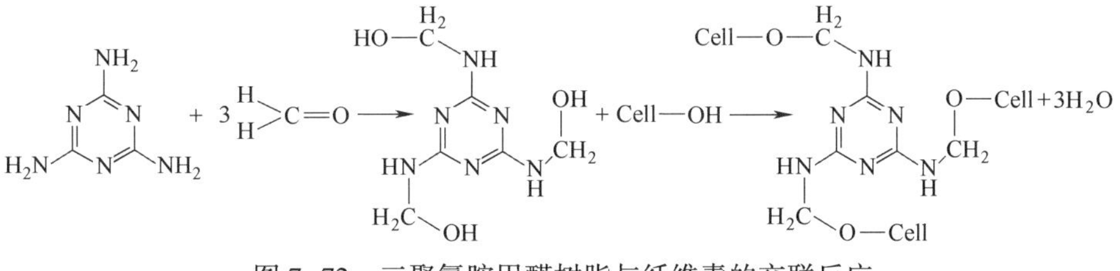

图 7-72　三聚氰胺甲醛树脂与纤维素的交联反应

（3）与环氧化合物的交联反应。纤维素中的羟基与环氧化合物的交联反应可能是 SN_1 或 SN_2 亲核取代反应，在碱催化作用下环氧氯丙烷（表氯醇）与纤维素的交联反应机理如图 7-73 和图 7-74 所示。用环氧氯丙烷交联纤维素衍生物可制备高吸水材料，如环氧氯丙烷交联羧甲基纤维素。

（4）交联生成酯的反应。纤维素与酸酐（如苯二甲酸酐、顺丁烯二酸酐）、酰氯（琥珀酰氯、癸二酰氯）、二羧酸（除草酸、丁二酸、戊二酸以外的 $C_3 \sim C_{22}$ 二酸）和二异氰酸酯等发生酯交联反应。该反应为亲核取代反应。纤维素溶液在室温下与酰氯的交联反应如图 7-75 所示。由于酯交联产物易于碱性水解，因此酯交联反应未获工业应用。

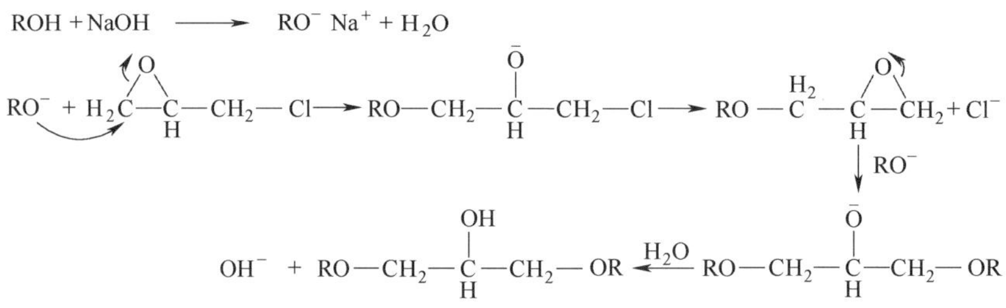

图 7-73 环氧氯丙烷的交联机理

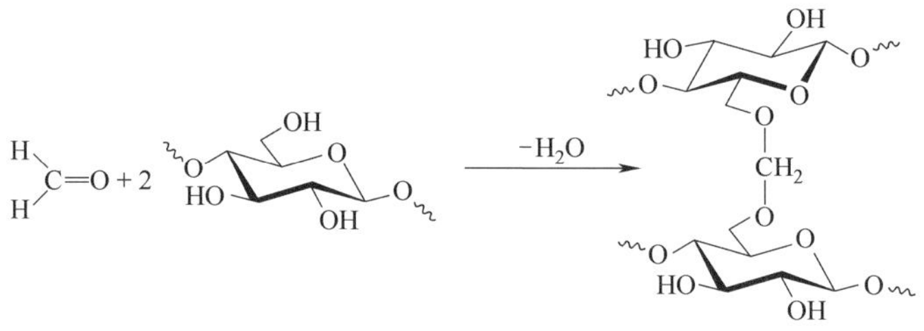

图 7-74 环氧氯丙烷交联纤维素的机理

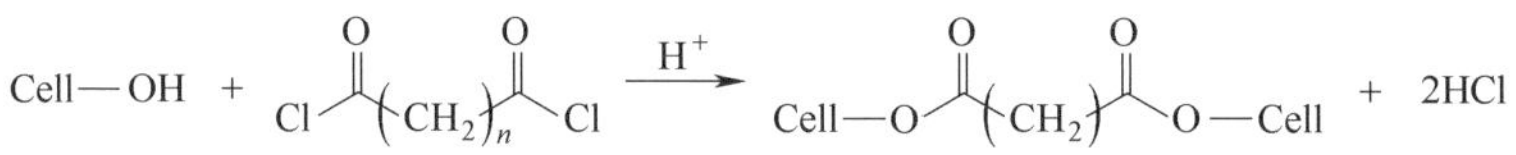

图 7-75 纤维素与二酰氯的交联反应

小 结

1. 基本概念：①纤维素的可及度是指反应试剂抵达纤维素羟基的程度。无定形区多，纤维素的可及度高。②纤维素的反应性：结晶区分子堆砌紧密，反应性能差。伯羟基空间位阻小，其反应能力通常比仲羟基高。③预处理可提高纤维素的可及度和反应性。④取代度是指纤维素分子链上平均每个葡萄糖单元被取代的羟基数目，其最大值为 3。⑤多相反应是指先在无定形区和结晶区表面反应，是由表及里的逐层反应过程。均相反应是指纤维素大分子溶于溶剂，以分子形态发生的反应，其反应速率高。

2. 化学反应：①酯化反应生成纤维素硝酸酯、纤维素黄酸酯、纤维素醋酸酯等。AKD 和 ASA 施胶的反应也是酯化反应。②醚反应可制备甲基纤维素、乙基纤维素、羧甲基纤维素、羟乙基纤维素、羟丙基纤维素和氰乙基纤维素。③选择性氧化有高碘酸盐氧化 C_2 和 C_3 的羟基为羰基，四氧化二氮氧化 C_6 的羟基为羧基，TEMPO 体系氧化 C_6 的羟基为羧基。④脱氧卤代反应可生成脱氧氨基纤维素。⑤接枝交联反应可提高纤维素的性能，拓宽其应用领域。有自由基引发接枝法和离子引发接枝法。⑥交联反应有纤维素与甲醛或二醛的反应，*N*-羟甲基化合物、环氧化合物与纤维素的交联反应以及酸酐、酰氯、二羧酸和二异氰酸酯与纤维素的酯化反应。交联反应可提高纸页的湿强度和尺寸稳定性。

课 后 练 习

一、填空题

1. 纸页 AKD 的施胶是 AKD 与纤维素发生了（ ）反应。

2. 羧甲基纤维素是纤维素在碱性条件下与（　　）的反应。

二、判断题

1. 纤维素的结晶度越高，可及度越低，反应性越差。(　　)
2. 预处理可提交纤维素的可及度。(　　)
3. 纤维素的均相反应速率比多相反应速率低。(　　)
4. 纤维素的交联反应能够提高纸张的尺寸稳定性。(　　)

三、多选题

1. 能够仅氧化纤维素 C_6 羟基的是（　　）。

（A）高碘酸盐　　（B）四氧化二氮

（C）TEMPO 体系氧化　　（D）氧气

2. 以下可以交联纤维素的化合物是（　　）。

（A）三聚氰胺甲醛树脂　　（B）脲醛树脂

（C）聚酰胺多胺环氧氯丙烷　　（D）酸酐

模块七　纤维素功能材料

7-7

教学目标

1. 熟悉微晶纤维素和纳米微晶、纳米微纤和细菌纤维素。
2. 了解电纺纳米纤维素和液晶纤维素。
3. 了解纤维素和纳米纤维素的应用。

教学内容

一、微晶、液晶和纳米纤维素

1. 微晶纤维素

微晶纤维素（MCC）是用过量的无机酸（盐酸或硫酸）处理 α-纤维素来制备的（图 7-76），α-纤维素由无定形区和结晶区组成。酸水解时，无定形区完全水解，生成较短的、结晶度更高的纤维素碎片，即 MCC，如图 7-77 所示。纤维素链的聚合度降低而几乎没有质量损失。工业 MCC 是通过稀酸水解棉花和木材纤维素来制造的。MCC 的特点是颗粒的直径为 30nm~20μm，长度为数百微米，结晶度高，为 55%~80%，形态为棒状或薄片状。MCC 在医药、化妆品、食品、高分子复合材料等领域具有很大的应用潜力。

2. 液晶纤维素

液晶是部分有序的相态，是一种介于完全有序的固态和完全无序的液态之间的相态。根据液晶分子在空间的排列分为近晶型液晶、向列型液晶和胆甾型液晶。根据形成条件分为在溶液中形成的溶致液晶相和加热形成的熔致液晶相。液晶高分子受分子链刚性的影响，纤维素分子链的刚性可由 α 值表示，α 值为 Mark-Houwink 方程与分子链有关的常数。纤维素液

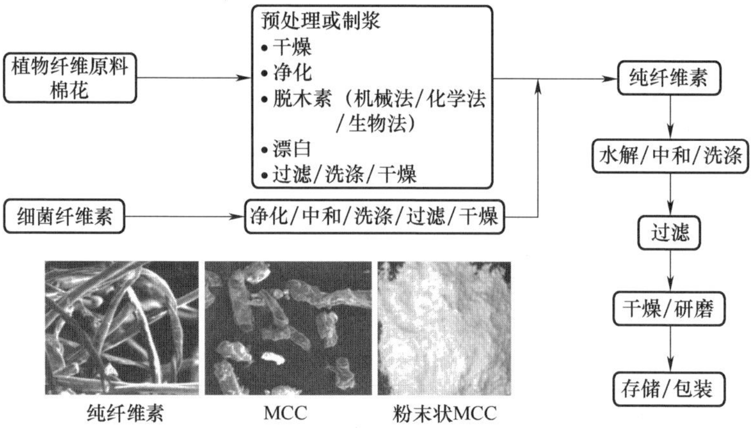

图 7-76　MCC 的制备过程

晶的 α 值介于 0.5～0.8。如果对纤维素分子进行改性，使其具有适当的刚性，可形成液晶相。

30%羟丙基纤维素的水溶液为溶致胆甾相液晶，具有彩虹色特征。胆甾型液晶相为螺旋结构，如图 7-78 所示。这种结构可以散射白光，使透射光偏转。螺距与纤维素溶液反射的电磁波波长关系如式（7-20）所示，其中 λ 为反射的电磁波波长，L 为螺距，n 为折射率，θ 为入射角。螺距受纤维素相对分子质量、取代度、溶液浓度、温度等因素的影响，不同螺距的液晶反射光的波长（λ）不同，使纤维素液晶呈现彩虹颜色。

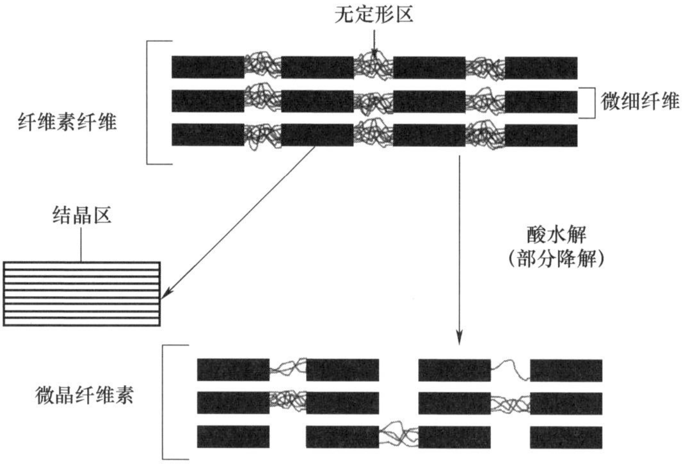

图 7-77　纤维素部分无定形区水解产生 MCC

$$\lambda = nL\sin\theta \tag{7-20}$$

纤维素分子的侧链取代基会使纤维素形成热致液晶相，乙酰氧基丙基纤维素是第一熔致液晶相的纤维素衍生物。棒状颗粒如纤维素纳米微晶，在一定浓度下也会形成液晶。通过硫酸水解可获得稳定的纤维素微晶悬浮颗粒，若在临界浓度以上，胶体分散体自发分离成手性向列型液晶相。通过蒸发纤维素微晶悬浮液可制备纤维素彩虹膜。

生物系统中的纳米级结构也会产生类似的光学效应，如许多亚洲植物是蓝色的，这是细胞壁中纤维素的胆甾液晶相的结构所导致的。

现已发现几十种纤维素衍生物具有溶致或熔致液晶性能。液晶纤维素可用于电子、材料、分析仪器等领域，如用作光记录材料、仿制高强度液晶纤维等。

3. 纳米纤维素

纳米纤维素至少具有一维纳米尺度（1～100nm）。纳米纤维素可分为 4 类：纤维素纳米晶体（CNC）或纤维素纳米晶须（CNW）；纳米原纤化纤维素（NFC），微纤化纤维素

（MFC）或纤维纳米原纤维（CNF）；细菌纤维素（BC）；静电纺丝纳米纤维（ECNF）。

（1）纤维素纳米晶体。制备纤维素纳米晶体（CNC）的原料有漂白针叶木浆、漂白阔叶木浆、棉花、苎麻、大麻、亚麻、剑麻、麦草、棕榈、微晶纤维素、细菌纤维素和被囊动物纤维素等。通常使用酸水解生产 CNC，所用的酸有硫酸、盐酸、磷酸和氢溴酸，其中浓硫酸较为常用。通过酸水解，纤维素的聚合度（*DP*）迅速下降，直到聚合度达到平衡聚合度（LODP），LODP 与纤维素晶体大小和纤维素来源有关。酸水解使纤维素无定形区降解，得到棒状刚性 CNC，其直径为 3～35nm，长度为 200～500nm，如图 7-79 所示。CNC 也可用酶水解法来制备。

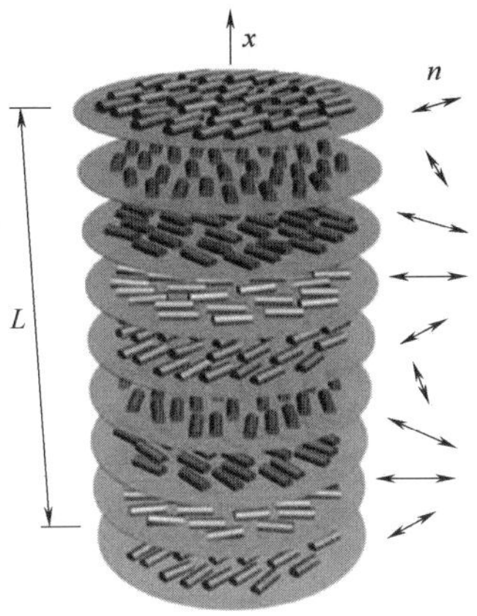

图 7-78　纤维素分子分层分布，每层中的纤维素分子相互平行，纤维素分子的方向称为指向矢（*n*）。层与层相互平行，相邻层的指向矢扭转一定角度，当指向矢偏转 360°时，两层的分子排列相同。这两层的间距称为螺距 *L*，*x* 是螺旋轴方向。

（2）纤维素纳米原纤维。采用酶或化学试剂预处理纤维素纤维，再进行机械处理，可制备纤维素纳米原纤维。化学预处理的方法有 TEMPO 氧化、酯化、醚化等。机械处理方法主要有均质化、微流化、微研磨等。如对针叶木浆进行 TEMPO 氧化后，再将氧化后的浆料通过均质器数次，可得到 CNF，如图 7-79 所示。处理过程中，在高剪切力的作用下，得到具有结晶区和无定形区域的纳米原纤维网络。它们的长宽比大，在水中形成凝胶，具有剪切稀化的触变行为。纤维素纤维可分离为直径为 5nm（原细纤维）～数十纳米（微细纤维或纤维束）的柔韧 CNF。通常 CNF 的直径为 5～50nm，长度为数微米，如图 7-79 所示。

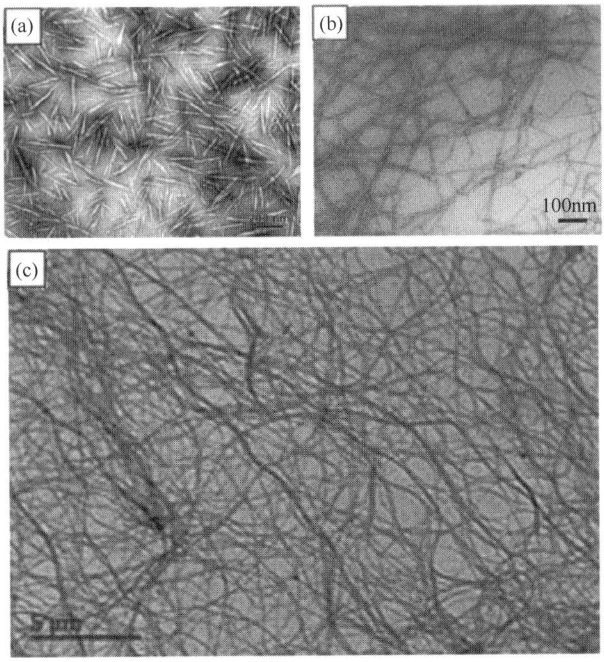

图 7-79　纳米纤维素透射显微镜图

（a）纤维素纳米晶体　（b）纤维素纳米原纤维　（c）细菌纤维素

（3）细菌纤维素。细菌纤维素（Bacteria Cellulose，BC）也被称为微生物纤维素、细菌纳米纤维素或生物纤维素。1886 年，英国科学家 Brown 研究木醋杆菌时发现培养液表面形成凝胶膜，这种凝胶膜是高纯度纤维素，即细菌纤维素。细菌在含糖源的水性培养基中产生 BC，这个过程需要几天到两周的时间。

BC 具有与植物纤维素相同的化学成分，但它不含羟基以外的官能团，如羧基或羰基。也不含其他聚合物，如木质素、半纤维素或果胶。BC 截面尺寸为（3～4）nm×（70～140）nm，长度大于 2μm（图 7-80），聚合度为 3000～9000，结晶度为 80%～90%。

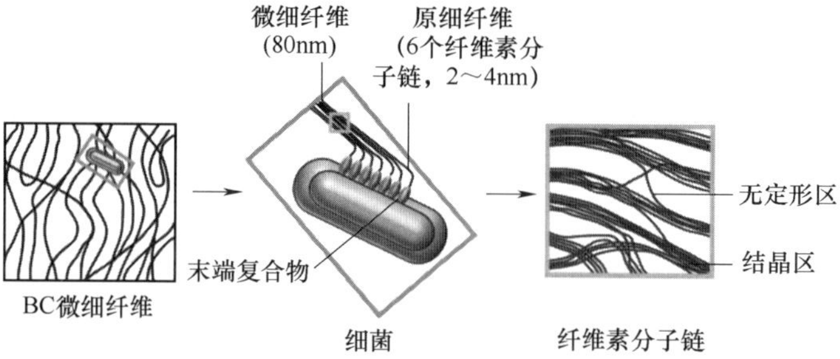

图 7-80 细菌纤维素

BC 主要由革兰氏阴性菌等在细胞外产生，常用的是木质醋酸菌，它利用培养液中的碳源（农业废物，如菠萝皮等腐烂水果）和氮源，形成由结晶区和无序区组成的纤维素链随机纳米纤维网络薄膜。BC 合成的产率高达 40%，可以被加工成绒毛、薄膜、球粒、空心颗粒等形态。

BC 具有高纯度、纳米尺寸、高结晶度（80%～90%）、高聚合度（7000～16000）、高强度、可生物降解、生物相容、高保水能力、化学稳定性等优点，自发现起就引起人们的关注。特别是 BC 无细胞毒性、无基因毒性，在组织工程、药物传递系统，皮肤或伤口敷料，以及酶和生物分子固定化用途广泛。

（4）静电纺丝纳米纤维。将纤维素溶于适当的溶剂中，然后对纤维素溶液施加高电压，纤维素溶液会克服液体的表面张力并形成溶液射流。当其通过空气时，溶剂蒸发，形成纤丝，最后从靶上收集 ECNF。该方法可用于制备纤维，其直径为数百纳米到数微米，也被称为纳米纤维素。

二、纤维素的应用

1. 高吸水性纤维材料

纤维素亲水，通过醚化反应或接枝共聚能够进一步提高其吸水能力，使其吸水能力提高几十倍到上千倍。如与氯乙酸醚化生成羧甲基纤维素，再用环氧化物交联，或者先交联后醚化，提高纤维素的吸水性。纤维素与丙烯酸、丙烯酰胺的接枝共聚反应可得到高吸水性材料。纤维素纳米材料质量轻、耐腐蚀、比表面积高，纳米纤维素泡沫或气凝胶能够吸收大量的水，可用于敷料、尿布、卫生巾等的生产。

2. 纤维素膜材料

纤维素膜最早是作为人工肾膜材料用于血液的透析，醋酸纤维素膜是主要的膜材料。除醋酸纤维素膜外，氰乙基纤维素膜能够抗霉菌；二醋酸纤维素和三醋酸纤维素混合渗透膜渗透速率高，压实密度小。中空纤维素膜，如三醋酸中空纤维素膜，能够提高装填密度；用 N-甲基吗啉-N-氧化物（NMMO）溶解纤维素，经静电纺丝得到莱赛尔纤维，可用来制备莱赛尔纤维膜。

反渗透醋酸纤维素膜可用于海水淡化，水与醋酸纤维素的羰基形成氢键，在反渗透压力作用下，水分子从氢链位置转移至下一位置形成氢键，经多次位移，流出淡水。

纳米纤维素具有高纵横比、高比表面积、高容量保留和环境惰性等性能，其纳米结构可以制造液体净化过滤器，用于海水淡化，也可在输血时过滤血细胞，或用在香烟中捕获有害化学物质。

3. 吸附分离材料

纤维素酯化、醚化、磺化、氧化（羧基化）成为阳离子交换纤维，纤维素胺化后成为阴离子交换纤维，离子交换纤维的活性交换基距离约为500nm。其具有吸附容量大、流通阻力小、易洗脱、分离系数高的特点，可用于层析分离，提纯高分子物质，回收分离和鉴定无机离子。

纤维素经改性后其吸附能力与活性炭相当，易再生，成本低。其中球形纤维素吸附剂具有水力性能好、通透能力强的特点。制备球形纤维素吸附剂要先将黏胶分散在烃类或卤代烃中，形成球形液滴，再经固化后再生为球形纤维素，最后进行交联和功能化。通过交联，如用环氧氯丙烷交联，提高其稳定性。通过功能化引入磺酸基、羧基、羧甲基等基团。球形纤维素广泛应用于血液分析、蛋白质和酶的分离纯化、吸附和分离金属离子等。

4. 医用纤维素

羟丙基甲基纤维素 HPMC 不仅安全无毒，且不会被吸收，不会增加食物能量。它被用作成膜剂、增稠剂和悬浮剂，制造缓释或控释微胶囊和微丸。羧甲基纤维素钠在注射剂、黏附剂、成膜材料中用作稳定剂，能有效控制创面感染，减少术后水肿，是一种安全可靠的抗肿瘤药物载体。

伤口敷料能够促进伤口愈合，减少细菌感染。伤口敷料应具有高吸水性和孔隙度，防止细菌附着。纳米纤维素具有高比表面积、高保水能力和高孔隙率，是一种理想的伤口敷料。纳米纤维素，如羧甲基纤维素（CMC）和醋酸纤维素（CA），已被用于治疗烧伤和溃疡。氧化纳米纤维素（TEMPO 纤维素）具有高吸水能力和高分散性，也用于伤口敷料。

药物传递系统是指在适当的时间将药物以规定的量释放到特定的目标器官中。作为一种药物传递系统，纤维素及其衍生物在口服剂型药物传递模式中实现即时、控制或延迟药物释放的作用。例如 CNF 可在数周内持续释放药物，醋酸纳米纤维素在局部给药系统中受到关注。

在组织工程领域，生物支架可植入患者体内，要求其具有生物相容性，能够支持活细胞的附着、增殖和分化，促进体外和体内条件下的组织再生。纤维素材料机械性能与人体组织相匹配，多孔结构有利于成骨细胞和成纤维细胞锚定，可用作生物支架材料。组织工程中最常用的纤维素衍生物包括醋酸纤维素、羟乙基纤维素和羟丙基纤维素。纳米纤维素具有良好的机械亲和性和生物相容性，是一种很有前途的细胞附着和增殖材料。细菌纤维素有高孔隙率、可生物降解性和低毒性，带正电的细菌纤维素能够增强细胞附着。

5. 包装材料

纳米纤维素能够阻隔氧气和油脂，具有柔韧性、可生物降解性和透明性，可作为抗氧化剂和抗菌剂载体，因此，纳米纤维素有望取代聚苯乙烯用于食品和饮料包装，防止食品变质，隔绝氧气，延长食品保质期，提高食品质量。但在潮湿条件下，亲水性纳米纤维素薄膜的阻隔性较差。此外，纳米纤维素有可能迁移到食品中，潜在的毒性效应还需要进行评估。

6. 储能、生物传感器和电子产品

在储能方面，柔性的纳米纤维素薄膜可用作锂离子电池隔膜和电极，以及纤维素基摩擦纳米发电机。在太阳能发电方面，纳米纤维素可用来制备柔性太阳能电池板和光电化学电极。在生物传感器方面，纳米纤维素可用于生物传感的制备，在医疗保健、临床/医疗诊断、环境监测、食品质量控制、标签和生物成像等领域具有潜在的应用价值。在电子产品方面，纳米纤维素薄膜高度透明、质量轻、耐腐蚀、柔韧、可生物降解、热膨胀系数低，因此可以代替塑料或玻璃用于柔性显示面板和电子设备，如移动电话、电脑、电视、触摸传感器、太阳能电池、纸基发电机等。目前，利用导电银纳米线和 TEMPO 氧化 CNF 已制备出了透明且高度可弯曲的微电极，用于开发轻量级、小型且高度便携的电子设备。

7. 食品工业

羟乙基纤维素在冰淇淋、冷冻奶类饮料中可作为稳定剂，延长储存寿命，改善溢流性能。它也被用作啤酒泡沫的稳定剂。

8. 化妆品

纤维素纳米材料在水中具有较高的分散稳定性，可以分散化妆品中的有效成分，其保水能力能够使有效成分保持更长的时间。纤维素纳米材料可以应用在头发、睫毛、眉毛或指甲的化妆品中。

小　结

1. 微晶纤维素是用过量的无机酸（盐酸或硫酸）处理 α-纤维素来制备的，其颗粒直径介于 30nm～20μm，长度为数百微米，结晶度为 55%～80%，形态为棒状或薄片状。

2. 液晶是部分有序的相态，是一种介于完全有序的固态和完全无序的液态之间的相态。纤维素衍生物可形成溶致液晶和熔致胆甾相液晶，纳米微晶可形成向列型液晶，干燥成膜具有彩虹特征。

3. 纳米纤维素：①纤维素纳米晶体，刚性，其直径为 3～35nm，长度为 200～500nm，其制备方法主要是酸水解法。②纳米原纤化纤维素，用化学试剂或酶预处理结合机械处理可制备纳米微纤，其直径为 5～50nm，长数微米。③细菌纤维素，木醋杆菌可产生细菌纤维素，细菌纤维素的截面尺寸为（3～4）nm×（70～140）nm，长大于 2μm，结晶度为 80%～90%。④静电纺丝纳米纤维，纤维素溶液通过静电纺丝可制备静电纺丝纳米纤维，其直径为数百纳米到数微米。

4. 纤维素可广泛应用于吸水、吸附、分离、生物医学、储能、生物传感器、包装、食品、化妆品等领域。

课后练习

一、名词解释

1. 微晶纤维素
2. 液晶纤维素
3. 纳米纤维素
4. 细菌纤维素

二、问答题

简述纤维素的应用领域。

参考文献

[1] EK M, GELLERSTEDT G, HENRIKSSON G. Pulp and paper chemistry and technology volume 1, “wood

chemistry and wood biotechnology" [M]. Berlin: De Gruyter, 2009.
[2] 裴继诚. 植物纤维化学 [M]. 北京：中国轻工业出版社，2020.
[3] BOWYER J L, SHMULSKY R, HAYGREEN J G. Forest products and wood science: an introduction [M]. New Jersey: Wiley-Blackwell, 2003.
[4] NIEMZ P, TEISCHINGER A, SANDBERG D. Springer handbook of wood science and technology [M]. Heidelberg Germany: Springer, 2023.
[5] WERTZ J L, BÉDUÉ O, MERCIER J P. Cellulose science and technology [M]. Lausanne, Suisse: EPFL Press, 2010.
[6] 何曼君. 高分子物理 [M]. 上海：复旦大学出版社，2000.
[7] 房孝涛. 纸浆纤维表面电荷检测方法的研究 [D/OL]. 济南：山东轻工业学院，2007. https://kns.cnki.net/KCMS/detail/detail.aspx?dbname=CMFD2008&filename=2008159846.nh.
[8] BELLMANN C, CASPARI A, ALBRECHT V. Electrokinetic properties of natural fibres [J]. Colloids and surfaces A: Physicochemical and engineering aspects, 2005, 267 (1-3): 19-23.
[9] 刘忠. 制浆造纸分析与检测 [M]. 北京：中国轻工业出版社，2000.
[10] MEDRONHO B, LINDMAN B. Brief overview on cellulose dissolution/regeneration interactions and mechanisms [J]. Advances in colloid and interface science, 2015, 222: 502-508.
[11] DAI Y, VAN SPRONSEN J, WITKAMP G J. Natural deep eutectic solvents as new potential media for green technology [J]. Analytica chimica acta, 2013, 766: 61-68.
[12] Trache D, Hussin M H, Chuin C T H. Microcrystalline cellulose: Isolation, characterization and bio-composites application - A review [J]. International journal of biological macromolecules, 2016, 93: 789-804.

项目八　半 纤 维 素

模块一　半纤维素的生物合成、生物功能与分布

8-1

教学目标

1. 熟悉半纤维素的命名。
2. 了解半纤维素的合成和功能。
3. 熟悉半纤维素在植物和细胞壁中的分布。

教学内容

1891 年，Schulze E. 用稀碱溶液从植物中提取出多糖，由于这些多糖比纤维素易水解，且在化学结构上与纤维素有关，Schulze E. 就将其命名为半纤维素。事实上，植物细胞壁碳水化合物包括果胶、半纤维素和纤维素，这种分类方法是基于三者不同的提取方法，果胶可以用二价金属螯合剂提取，半纤维素用浓的氢氧化钠或氢氧化钾溶液提取，提取果胶和半纤维素后所剩的残渣富含纤维素。因此，半纤维素是指除纤维素和果胶外的植物细胞壁多糖，也称为非纤维素碳水化合物。

半纤维素几乎存在于所有的植物细胞壁中，是植物细胞壁的三大组分之一，是地球上最丰富、最廉价的可再生资源之一。半纤维素是木材的主要成分之一，通常占木材的 20%～35%（质量分数）。

与纤维素不同，半纤维素结构复杂，其复杂性表现在半纤维素是不均一聚糖，糖基种类多，主要结构单元是已糖（D-葡萄糖、D-甘露糖和 D-半乳糖）、戊糖（D-木糖和 L-阿拉伯糖）、少量脱氧已糖（L-鼠李糖和 L-岩藻糖糖）和糖醛酸（4-*O*-甲基-D-葡萄糖醛酸，D-半乳糖醛酸和 D-葡萄糖醛酸）。这些结构单元有 α-型和 β-型，有呋喃糖（五元环）和吡喃糖（六元环）；糖基的连接方式多样，有 1-2、1-3、1-4、1-6 等连接方式；半纤维素带有支链。

一、半纤维素的命名

命名半纤维素时，列出所有糖，先写支链的糖基，当有多个支链时，含量少的支链糖基写在前面，含量多的支链糖基写在后面，将主链糖基列于后，若主链含有多于一种糖基时，

则将含量最多的主链糖基放在最后，词首加“聚”字。图 8-1 中的结构命名为聚 C 糖 B 糖 A 糖。也可仅写出主链的主要糖基，前面加“聚”字，即图 8-1 中结构也可称为聚 A 糖。

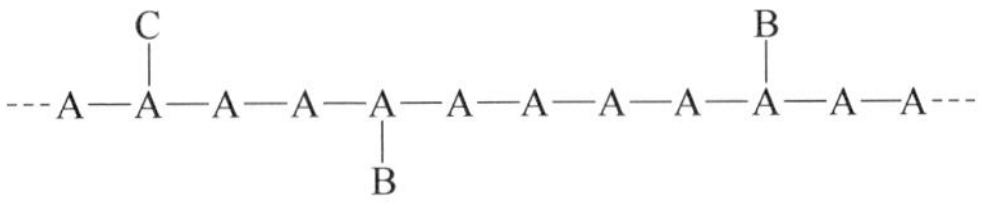

图 8-1 半纤维素的命名

二、生物合成与生物功能

纤维素和β-(1-3)-聚葡萄糖是由质膜酶在细胞膜上合成的，合成后的多糖直接沉积在细胞壁上。而大部分半纤维素和果胶生物合成时，先是由内质网的核蛋白体合成蛋白质，蛋白质向高尔基体转移并糖苷化，再通过高尔基囊泡运输到细胞壁，囊泡融合为质膜并黏附于细胞壁上，如图 8-2 所示。

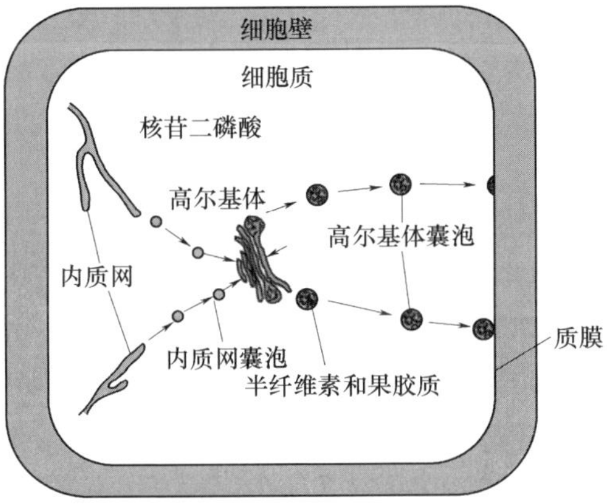

图 8-2 半纤维素和果胶质的合成

核苷酸是由位于细胞质中的酶形成的，在与高尔基膜紧密结合的酶的作用下，核苷酸形成核苷二磷酸糖（如鸟苷二磷酸-葡萄糖），其中糖基从多糖的非还原端与多糖分子结合，增加一个糖基，释放游离的核苷二磷酸（图 8-3）。由于核苷酸中的高能键断裂，这类反应的平衡趋向生成物方向。

半纤维素对细胞壁的力学特性具有重要作用。半纤维素作为纤维素和木质素间的界面，包裹原细纤维，使纤维素原细纤维保持有序间距，能够调节纤维壁的孔隙率和强度。细胞壁中的大分子具有不同的保水能力，保水能力大小依次是果胶>半纤维素>纤维素>木质素。

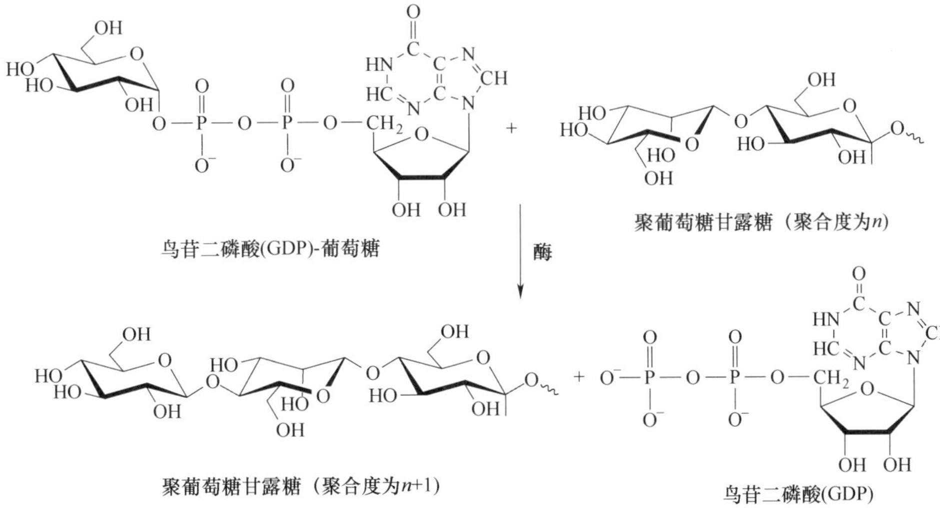

图 8-3 葡萄糖从 GDP-葡萄糖转移到生长中的聚葡萄糖甘露糖链

三、半纤维素的分布

不同植物中半纤维素的种类和数量不同，针叶木半纤维素以聚-*O*-乙酰基半乳糖葡萄糖甘露糖为主。阔叶木的半纤维素主要是聚-*O*-乙酰基-4-*O*-甲基葡萄糖醛酸木糖，见表 8-1。禾本科植物的半纤维素主要是聚阿拉伯糖-4-*O*-甲基葡萄糖醛酸木糖。

表 8-1　针叶木和阔叶木中半纤维素的组成　单位:%

树种	纤维素	木质素	半纤维素				果胶、淀粉、灰分
			聚-*O*-乙酰基-4-*O*-甲基葡萄糖醛酸木糖	聚阿拉伯糖-4-*O*-甲基葡萄糖醛酸木糖	聚葡萄糖甘露糖	聚-*O*-乙酰基半乳糖葡萄糖甘露糖	
香脂云杉	42	29	—	9	—	18	2
白云杉	41	27	—	13	—	18	1
五叶松	41	29	—	9	—	18	3
铁杉	41	33	—	7	—	16	3
侧柏	41	31	—	14	—	12	2
红槭	45	25	25	—	4	—	2
白桦	42	19	35	—	3	—	1
山毛榉	45	22	26	—	3	—	4
颤杨	48	21	24	—	3	—	4
榆树	51	24	19	—	4	—	2

半纤维素在纤维细胞壁不同层的分布也不相同，苏格兰松管胞细胞壁中聚糖的分布情况见表 8-2，纤维素在 M+P 层和 S_3 层的含量仅为 1%和 2%，绝大部分纤维素分布在 S_2 层。聚半乳糖葡萄糖甘露糖在 M+P 层仅占 1%，其余均在 S 层，其中 S_2 层达 77%。聚阿拉伯糖-4-*O*-甲基葡萄糖醛酸木糖在 M+P 层中仅占 1%，主要存在于 S_2 和 S_3 层中。聚阿拉伯糖与聚半乳糖在 M+P 层中分布较多，分别为 30%和 20%。

表 8-2　苏格兰松管胞细胞壁中聚糖的分布情况　单位:%

细胞壁	纤维素	聚半乳糖	聚半乳糖葡萄糖甘露糖	聚阿拉伯糖	聚阿拉伯糖-4-*O*-甲基葡萄糖醛酸木糖
M+P	1	20	1	30	1
S_1	11	21	7	5	12
S_2 外	47	—	39	—	21
S_2 内	39	59	38	21	34
S_3	2	—	15	44	32

小　结

1. 半纤维素是指除纤维素和果胶外的植物细胞壁多糖，也称为非纤维素碳水化合物。占木材的 20%~35%（质量分数）。半纤维素结构复杂，表现在半纤维素是不均一聚糖，糖基种类多（*D*-型和 *L*-型，α-型和 β-型，呋喃糖和吡喃糖；糖基的连接方式多样；半纤维素带有支链。

2. 命名半纤维素时先支后主，先少后多，前加"聚"字。

3. 半纤维素生物合成时，先在内质网中合成蛋白质，蛋白质在高尔基体中糖苷化后黏附于细胞壁；核苷酸形成核苷二磷酸糖，糖基从多糖的非还原端与多糖分子结合，释放核苷二磷酸。半纤维素包裹原细纤维，调节细胞壁的孔隙和强度。

4. 针叶木的半纤维素以聚-*O*-乙酰基半乳糖葡萄糖甘露糖为主，阔叶木的半纤维素以聚-*O*-乙酰基-4-*O*-甲基葡萄糖醛酸木糖为主，禾本科植物的半纤维素以聚阿拉伯糖-4-*O*-甲基葡萄糖醛酸木糖为主。另外，半纤维素在纤维细胞壁不同层的分布也不相同，绝大部分纤维素分布在 S_2 层。

课后练习

一、名词解释

半纤维素

二、填空题

1. 针叶木的半纤维素主要是（　　）、阔叶木的半纤维素主要是（　　）。

2. 禾本科的半纤维素主要是（　　）。

三、单选题

以下有关半纤维素分布的叙述，错误的是（　　）。

（A）不同植物的半纤维素的种类和含量不同。

（B）细胞壁不同层中半纤维素的种类和含量不同。

（C）大部分半纤维素分布在复合胞间层。

（D）聚阿拉伯糖和聚半乳糖在复合胞间层含量多。

四、问答题

1. 给半纤维素命名。

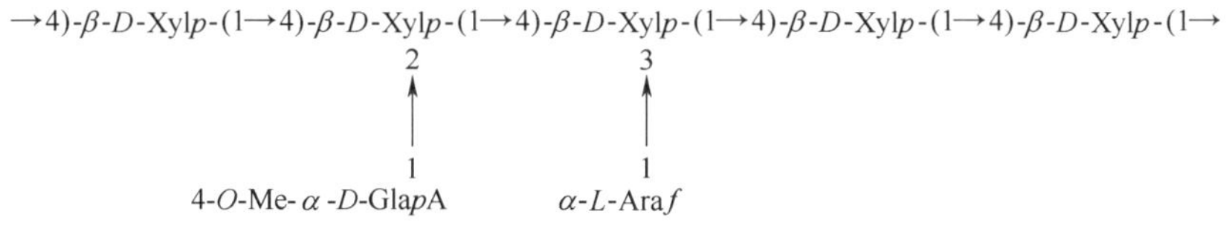

2. 为什么说半纤维素的结构复杂？

模块二　半纤维素的分离与物理性质

8-2

教学目标

1. 了解半纤维素的提取分离方法。
2. 熟悉半纤维素的分支度和聚集态。
3. 熟悉半纤维素聚合度和溶解度。

教学内容

一、半纤维素的分离与提取

为了研究半纤维素的结构，需要把半纤维素从原料中分离出来。由于半纤维素与木质素共价键结合形成木质素-碳水化合物（LCC）以及与纤维素存在氢键结合，因此，完全分离出纯度高的半纤维素较为困难。分离过程中应尽量减少半纤维素结构的变化并提高其纯度。

植物纤维原料含有抽提物，在分离半纤维素之前须除去抽提物。通常先用水抽提，再用水-乙醇混合液抽提，必要时再用草酸盐溶液抽提。对于阔叶木和草类原料，可以直接从无抽提物试料中抽提分离半纤维素，这种方法称直接抽提法。针叶木管胞次生壁高度木质化，须将抽提物试料用亚氯酸钠或氯乙醇胺法制成综纤维素，再抽提分离半纤维素。落叶松含有水溶性好的聚阿拉伯糖半乳糖，可用冷水抽提。分离半纤维素的常用方法有以下几种。

1. 碱液抽提

KOH 溶液对聚木糖的溶解能力强，对聚甘露糖的溶解能力较弱。KOH 溶液抽提常用于阔叶木与草类原料中聚木糖的抽提。阔叶木可用 10% KOH 抽提，而草类原料用 5% KOH 抽提。

2. 浓碱硼酸络合分级抽提

浓碱硼酸络合分级抽提法主要用于从针叶木综纤维素中分离半纤维素。先用 24% KOH 抽提，然后再用含硼酸盐的 NaOH（或 KOH）溶液抽提。硼酸盐在碱性条件下以阴离子 $B(OH)_4^-$ 形式存在，它能够与聚葡萄糖甘露糖形成不溶于碱液的络合物，从而将聚葡萄糖甘露糖和其他聚糖分离开来，如图 8-4 所示。

3. 碱液逐步分级抽提

这种方法主要用于针叶木综纤维素的半纤维素分离。抽提时先用低浓度的碱液抽提，把易溶的聚糖先抽提出来，然后逐步增加碱液浓度，把难溶的聚糖抽提出来。其改进方法之一是氢氧化钡分级抽提法。$Ba(OH)_2$ 能够络合聚半乳糖葡萄糖甘露糖，使其不溶于碱液，从而将其与聚木糖类分离开来。如图 8-4 所示。

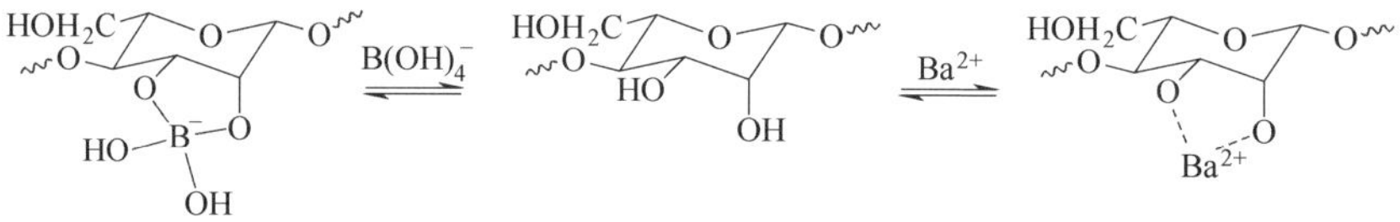

图 8-4 聚葡萄糖甘露糖与硼酸盐/氢氧化钡形成络合物

以上 3 种碱液抽提法中，半纤维素不可避免地会发生以下反应：乙酰化聚糖的脱乙酰基作用；碱性剥皮反应；碱性水解使糖苷键断裂；半纤维素与木质素间化学键的断裂，如酯键。

4. 碱性过氧化物抽提

过氧化氢在碱性介质中具有脱木质素和漂白作用。碱性过氧化氢抽提比碱抽提获得的半纤维素中的木质素含量低（3%～5%），且半纤维素相对分子质量更高。例如，用碱性过氧化氢溶液抽提大麦秆得到的半纤维素的质均摩尔质量为 56890～63810g/mol，而 NaOH 溶液抽提的质均摩尔质量为 28000～29080g/mol。

5. 有机溶剂抽提

有机溶剂或有机溶剂与水、碱、酸组成的复合有机溶剂体系提取半纤维素，常用的有机溶剂有二甲基亚砜（DMSO）和 1,4-二氧六环。阔叶木中乙酰基的含量为 3%～5%，针叶木为 1%～2%。DMSO 或 DMSO/水混合物提取木糖的分支度低，且不破坏乙酰基和糖苷键，如用 DMSO 抽提杉木亚硫酸盐浆，可抽出 12% 的半纤维素，此半纤维素约含有 8.5% 的乙酰基。

6. 离子液体抽提

离子液体与多糖的羟基形成氢键，从而促进聚木糖的分离，如图 8-5 所示。用酸性 1-乙基-3-甲基咪唑硫酸氢盐离子液体，可选择性地将半纤维素部分水解成戊糖（木糖和阿拉伯糖），戊糖得率达 80.5（质量分数）。离子液体预处理具有分离效率好、溶剂回收无污染等优点。但离子液体制备过程复杂且成本高，提取的半纤维素的侧链部分断裂，因此其工业应用受到限制。

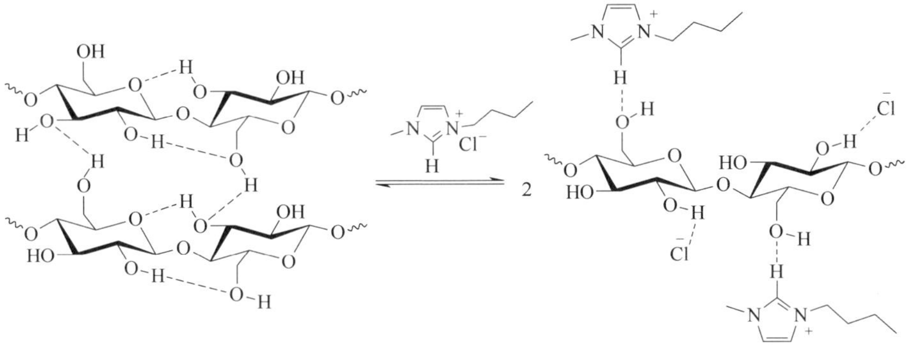

图 8-5　离子液体溶解机理

7. 深共熔溶剂抽提

DES 能与多糖形成氢键，破坏多糖间的氢键，从而溶解聚木糖。用乳酸/氯化胆碱水溶液处理水稻秸秆，超过 70%的聚木糖以木糖或糠醛形式溶出，同时，乳酸/氯化胆碱的回收率高，在 90℃下循环 5 次，回收率仍高达 69%。由于深度共熔溶剂成本高，目前在工业中的应用仍然受到限制。

8. 水热提取法

水热提取法也称为自水解法，是以水溶液为介质在高温条件下使半纤维素溶出的提取方法。提取过程中几乎不溶解纤维素和木质素。采用水热提取法从玉米秸秆中提取半纤维素，半纤维素的提取率为 63.2%，提取的半纤维素含有低聚木糖（XOS）、木糖和阿拉伯糖。用水热提取法在 170℃提取云杉半纤维素，半纤维素几乎可以完全提取出来。但水热提取法在高温下进行，能耗高。此外，水热提取法提取的半纤维素的聚合度较低。

9. 其他方法

利用超声波的辅助作用可以提高分离半纤维素的得率。例如，用 0.5mol/L 的 NaOH 甲醇水溶液（甲醇：水 = 60：40）在 60℃下抽提脱蜡后的麦草粉（固液比为 1：30g/mL，2.5h），抽提前经超声波处理可将半纤维素得率提高 2.9%~9.2%。

在微波炉中用水在 180℃下抽提白杨木粉 10min，再将半纤维溶解在 pH3.5 的溶液中，分离聚木糖中绝大部分的 4-*O*-甲基葡萄糖醛酸基和乙酰基得以保留。

溶解浆是一种特殊的纸浆，其纤维素纯度高（90%~99%），半纤维素含量低于 4%，仅含微量的木质素和树脂。溶解浆的生产是在硫酸盐法蒸煮前，先分离和提取半纤维素，以提高溶解浆中纤维素的纯度。溶解浆可用来制备纤维素衍生物，如纤维素酯（磺酸盐、硝酸盐和醋酸盐）、纤维素醚和莱赛尔纤维。未来，全球对溶解纸浆的需求将以每年 6%~7%的速度增长，以满足人们对纺织品的需求。

二、半纤维素的聚集态结构和物理性质

1. 分支度和聚集态

半纤维素的分子大多带有支链。分支度表示半纤维素带有支链的多少，支链多则分支度高。分支度对半纤维素的物理性质有很大影响，半纤维素分支度高，结晶部分就少，甚至没有结晶部分，结构硫松，溶剂分子易于进入并产生润胀和溶解，所以分支度大的半纤维素溶解度大。

半纤维素在植物纤维细胞壁中的聚集态结构是无定形结构，但脱乙酰基后，聚木糖可部分地结晶。例如，白桦碱法浆和云杉硫酸盐法浆都有 X 射线衍射图特征。天然的聚甘露糖只有很少一部分是结晶的，酸处理可以提高聚葡萄糖甘露糖的结晶度。总之，用碱处理脱除聚木糖类的乙酰基和糖醛酸基支链，能够提高聚木糖的结晶度；用酸处理可以提高聚葡萄糖甘露糖的结晶度。

2. 聚合度和溶解度

（1）聚合度。植物细胞壁中半纤维素的聚合度比纤维素的聚合度小很多，天然半纤维素的聚合度一般为 150~200（M_n）。针叶木半纤维素的聚合度大约是阔叶木半纤维素聚合度的一半，针叶木半纤维素的聚合度大约为 100，阔叶木半纤维素的聚合度大约为 200。针叶木和阔叶木中主要半纤维素的聚合度见表 8-3。

表 8-3　　针叶木和阔叶木中主要半纤维素的聚合度

半纤维素	树木类别	$M_n \times 10^{-4}$	$M_w \times 10^{-4}$	M_w/M_n
聚葡萄糖醛酸木糖	桦木	1.40	1.65	1.13
	杨木	1.56	1.71	1.09
聚阿拉伯糖葡萄糖醛酸木糖	云杉	1.61	1.92	1.16
	松木	1.72	2.08	1.18
	花旗松	1.44	1.73	1.18
聚半乳糖葡萄糖甘露糖	云杉	1.47	2.02	1.33
	松木	1.66	2.14	1.26
	花旗松	1.55	1.91	1.22

（2）溶解度。半纤维素的聚合度低，一般有支链，所以半纤维素在水中和碱液中有一定的溶解度，其中聚阿拉伯糖半乳糖易溶于水。针叶木的聚阿拉伯糖葡萄糖醛酸木糖易溶于水，而阔叶木的聚葡萄糖醛酸木糖在水中的溶解度较针叶木的聚木糖小。对针叶木的聚半乳糖葡萄糖甘露糖来说，半乳糖支链越多其溶解度越高，支链少的只能溶于 NaOH 溶液中。阔叶木和针叶木中的聚葡萄糖甘露糖即使在强碱溶液中也难溶解，但可溶于碱性硼酸盐溶液中。针叶木和阔叶木主要半纤维素的溶解性见表 8-4。

表 8-4　　针叶木和阔叶木主要半纤维素的溶解性和聚合度

木材	半纤维素种类	溶剂	聚合度
针叶木	聚半乳糖葡萄糖甘露糖	碱，水*	100
针叶木	聚（半乳糖）葡萄糖甘露糖	碱性硼酸盐	100
针叶木	聚阿拉伯糖葡萄糖醛酸木糖	碱，二甲亚砜*，水*	100

续表

木材	半纤维素种类	溶剂	聚合度
阔叶木	聚阿拉伯糖半乳糖	水*	200
阔叶木	聚葡萄糖醛酸木糖	碱,二甲亚砜*	200
阔叶木	聚葡萄糖甘露糖	碱性硼酸盐	200

注：* 为部分溶解。

小　　结

1. 半纤维素性质活泼，与木质素存在共价键结合形成 LCC 以及与纤维素存在氢键结合，分离半纤维素较为困难。

2. 分离半纤维素要先对原料抽提以去除抽提物。阔叶木和草类原料可直接从无抽提物试样中分离半纤维素。针叶木要将无抽提物试样制成综纤维素，再分离半纤维素。对于落叶松，可用冷水抽提聚阿拉伯糖半乳糖。

3. 半纤维素的分离方法：①碱液抽提，阔叶木可用 10% KOH 抽提，草类原料用 5% KOH 抽提；②浓碱硼酸络合抽提，硼酸盐在碱性条件下与聚葡萄糖甘露糖形成络合物，可将聚葡萄糖甘露糖和其他聚糖分离开来，常用于针叶木综纤维素中半纤维素的分离；③碱液逐步分级抽提，逐步增加碱液浓度，根据溶解度依次分离半纤维素，用于针叶木综纤维素中的半纤维素分离；④碱性过氧化氢抽提，分离所得的半纤维素相对分子质量高，木质素含量低；⑤有机溶剂（二甲基亚砜和 1,4-二氧六环）抽提，不破坏乙酰基和糖苷键；⑥水热提取，以水溶液为介质在高温条件下使半纤维素溶出，水热提取的半纤维素的聚合度（*DP*）较低。

4. 半纤维素的物理性质：①分支度，分支度表示半纤维素带有支链的多少，支链多则分支度大，分支度大的半纤维素溶解度大；②聚集态，半纤维素的聚集态结构是无定形的；③聚合度，针叶木半纤维素的聚合度约为 100（M_n），阔叶木半纤维素的聚合度大约为 200（M_n）；④溶解度，分支度大的半纤维素溶解度大，聚阿拉伯糖半乳糖易溶于水，针叶木的聚阿拉伯糖葡萄糖醛酸木糖易溶于水，而阔叶木的聚葡萄糖醛酸木糖在水中的溶解度小，聚葡萄糖甘露糖即使在强碱溶液中也难以溶解。

课后练习

一、填空题

1. 针叶木半纤维素的聚合度约为（　　）。

2. 阔叶木半纤维素的聚合度约为（　　）。

二、判断题

1. 半纤维素分支度大，其溶解性好。(　　)

2. 半纤维素的聚集态通常为无定形结构。(　　)

3. 抽提分离半纤维素前，要先对试样进行抽提。(　　)

4. 针叶木的半纤维素比阔叶木和禾本科的半纤维素易抽提。(　　)

三、单选题

1. 以下哪种半纤维素在水中的溶解度最好？(　　)

(A) 聚阿拉伯糖半乳糖　　(B) 聚葡萄糖甘露糖

(C) 聚半乳糖葡萄糖甘露糖　　(D) 聚葡萄糖醛酸木糖

2. 以下哪种方法可以将聚葡萄糖甘露糖与聚木糖分离开来？(　　)

(A) 碱液逐步分级抽提法　　(B) 浓碱硼酸络合抽提法

(C) 有机溶剂抽提法　　(D) 碱液抽提法

四、问答题

1. 为什么完全分离纯的半纤维素比较困难？
2. 半纤维素的分离方法有哪些？

模块三　半纤维素的化学结构

8-3

教学目标

1. 熟悉聚木糖和聚葡萄糖甘露糖。
2. 了解聚半乳糖和聚葡萄糖。
3. 了解淀粉和果胶质。
4. 熟悉半纤维素与木质素以及半纤维素与纤维素的结合方式。

教学内容

半纤维素的化学结构主要包括主链糖基和支链糖基及糖基间的连接方式，针叶木和阔叶木半纤维素的种类、含量、糖基及连接方式见表8-5。

表 8-5　针叶木和阔叶木中主要的半纤维素

	半纤维素	含量/%	糖基	摩尔比	连接方式
针叶木	聚半乳糖葡萄糖甘露糖	5~8	β-*D*-Man*p*	3~4	1→4
			β-*D*-Glc*p*	1	1→4
			α-*D*-Gal*p*	1	1→6
			O-Acetyl	1	—
	葡萄糖甘露糖	10~15	β-*D*-Man*p*	3~4	1→4
			β-*D*-Glc*p*	1	1→4
			α-*D*-Gal*p*	0.1	1→6
			O-Acetyl	1	—
	聚阿拉伯糖葡萄糖醛酸木糖	7~15	β-*D*-Xyl*p*	10	1→4
			4-*O*Me-Glc*p*A	2	1→2
			α-*L*-Ara*f*	1.3	1→3
红松	聚阿拉伯糖半乳糖	3~35	β-*D*-Gal*p*	6	1→3,1→6
			L-Ara*f*	2/3	1→6
			β-*D*-Ara*p*	1/3	1→3

续表

	半纤维素	含量/%	糖基	摩尔比	连接方式
阔叶木	聚葡萄糖醛酸木糖	15~35	β-*D*-Xyl*p*	10	1→4
			4-*O*Me-Glc*p*A	1	1→2
			O-Acetyl	7	—
	聚葡萄糖甘露糖	2~5	β-*D*-Man*p*	1~2	1→4
			β-*D*-Glc*p*	1	1→4
			O-Acetyl	1	—

注：Glc—葡萄糖，Man—甘露糖，Gal—半乳糖，Arb—阿拉伯糖，*p*—吡喃糖，*f*—呋喃糖，*O*-Acetyl—氧乙酰基，*O*Me—氧甲基，A—酸

一、聚木糖

聚木糖是自然界中最丰富的半纤维素。其主链是由 β-*D*-木糖基以（1→4）连接而成。侧基 4-*O*-甲基-α-*D*-葡萄糖醛酸（MeGlcA）以 1-2 与木糖基连接。针叶木的葡萄糖醛酸含量高，其聚木糖的酸性较阔叶木强。针叶木的葡萄糖醛酸分布规则，而阔叶木的分布不规则。

聚木糖的化学结构与其进化的种属有关。非木质双子叶植物（如亚麻）聚木糖与阔叶木聚木糖化学结构相似。禾本科（包括竹）聚木糖除了阿拉伯糖和甲基葡萄糖醛酸侧基外，还有多种短侧链，包括阿拉伯糖、半乳糖、木糖以及酯化的阿魏酸或对香豆酸。阿魏酸与其他细胞壁聚合物交联。

1. 针叶木的聚木糖

针叶木含约 5%~10%（质量分数）聚阿拉伯糖 4-*O*-甲基葡萄糖醛酸木糖，每 5~6 个木糖基约带一个 4-*O*-甲基葡萄糖醛酸侧基，此外在木糖基的 C_3 连有侧基 α-L-阿拉伯呋喃糖。每 8~9 个木糖基约带 1 个阿拉伯糖基，如图 8-6 所示。与阔叶木聚木糖不同，针叶木的聚木糖不含乙酰基，其数均聚合度 DP_n 为 90~120。

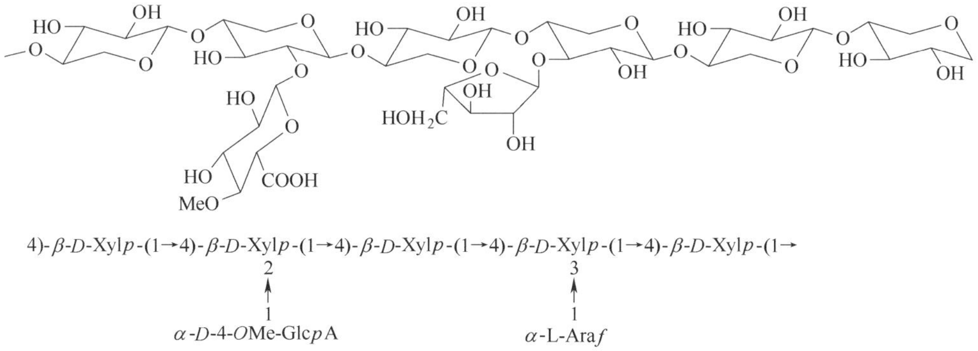

图 8-6 针叶木聚阿拉伯糖 4-*O*-甲基葡萄糖醛酸木糖

如有其他糖基插入主链，如 *L*-鼠李糖和 *D*-葡萄糖醛酸，聚木糖中的还原端基团则具有不规则形状，如图 8-7 所示。

2. 阔叶木聚木糖

阔叶木中含量最多的半纤维素是聚-*O*-乙酰基-4-*O*-甲基葡萄糖醛酸木糖，其含量为

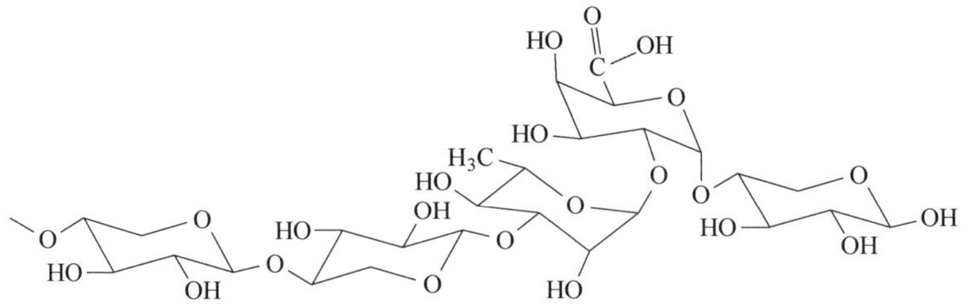

4)-β-D-Xylp-(1→4)-β-D-Xylp-(1→3)-α-L-Rhap-(1→2)-α-D-GalpA(1→4)-β-D-Xyl

图 8-7 聚木糖主链插入其他糖基

15%~30%，化学结构如图 8-8 所示。每 8~20 个木糖基含 1 个 MeGlcA 侧基，天然的聚葡萄糖醛酸木糖部分乙酰化。阔叶木聚木糖的平均相对分子质量为 5600~40000，平均聚合度为 100~220。聚合度的大小取决于木材种类、分离方法和分析方法。桦木和杨木聚木糖的数均聚合度 DP_n 为 84~108，多分散指数 M_w/M_n 约为 1.1，相对分子质量分布较窄。

O-乙酰基连接木糖的 C_2 和/或 C_3 位，含量为 9%~17%（质量分数），相当于约每 10 个木糖基有 4~7 个乙酰基。多数含有 MeGlcA 侧基的木糖基的 C_3 还连接 *O*-乙酰基，这种结构常存在于从阔叶木（白杨、山毛榉和桦木）分离的聚木糖中。当植物中的多糖形成后，多糖中的乙酰基会发生缓慢的迁移和水解。乙酰基在细胞壁中的作用尚不清楚。不同植物的乙酰化程度不同，聚木糖的溶解度受乙酰基的影响。

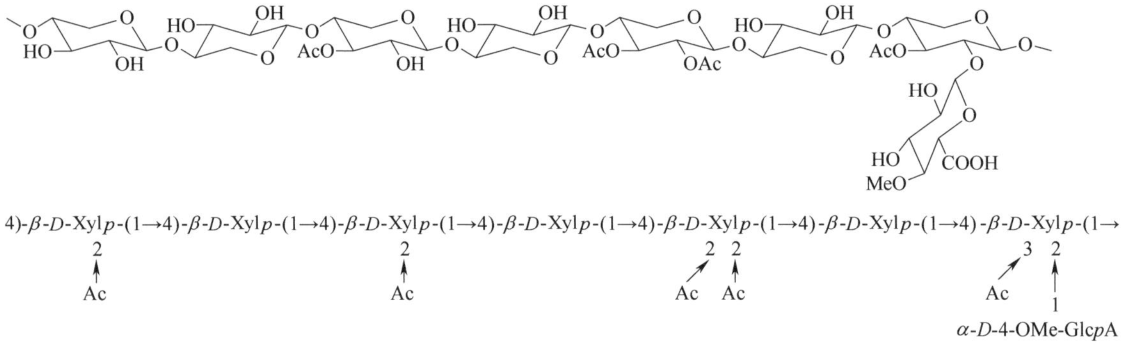

图 8-8 聚-*O*-乙酰基-4-*O*-甲基葡萄糖醛酸木糖

从蓝桉中分离的聚葡萄糖醛酸木糖含有侧基 α-*D*-半乳糖，MeGlcA 侧基的 C_2 与 α-*D*-半乳糖连接，如图 8-9 所示。

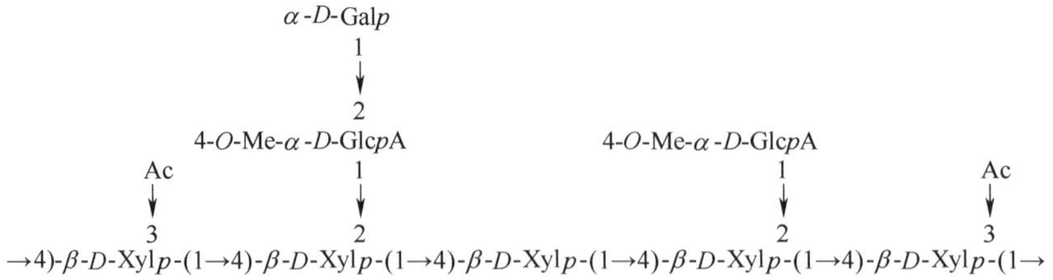

图 8-9 蓝桉聚木糖的结构式

3. 禾本科植物的聚木糖

大多数禾本科植物中的半纤维素主要是聚阿拉伯糖-4-*O*-甲基葡萄糖醛酸木糖。典型化

学结构是 *D*–木糖基以 *β*–1,4 糖苷键连成主链，主链木糖基的 C_3 和 C_2 分别连接有侧链 *L*–吡喃式阿拉伯糖基和 *D*–吡喃式葡萄糖醛酸基。竹子的聚木糖结构如图 8–10 所示。

→4)-*β*-*D*-Xyl*p*-(1→4)-*β*-*D*-Xyl*p*-(1→4)-*β*-*D*-Xyl*p*-(1→4)-*β*-*D*-Xyl*p*-(1→4)-*β*-*D*-Xyl*p*-(1→

2 ↑ 1 4-*O*-Me-*α*-*D*-Glc*p*A（连于第二个木糖基）

3 ↑ 1 *α*-L-Ara*f*（连于第三个木糖基）

图 8–10　竹子聚木糖的结构式

4. 超分子结构

由于乙酰基、阿拉伯糖和糖醛酸等侧基排列不规则，导致聚木糖为非晶结构。然而，某些条件下聚木糖可以结晶。聚木糖主链具有三重左旋构象，每个木糖基旋转 120°，就像一条缓慢扭曲的丝带。

二、聚甘露糖

甘露聚糖在植物界很普遍，目前已从阔叶木和针叶木中分离出三种聚（半乳糖）葡萄糖甘露糖，见表 8–5。聚（半乳糖）葡萄糖甘露糖是由 *β*–*D*–吡喃甘露糖基和 *β*–*D*–吡喃葡萄糖基通过 1→4 连接而成。葡萄糖基与甘露糖基的比例在 1∶1 和 1∶4 之间变化，两个糖基的分布是随机的。在阔叶木聚（半乳糖）葡萄糖甘露糖中，一些甘露糖以 *α*–(1→6) 连接 *D*–吡喃半乳糖侧基。天然的聚（半乳糖）葡萄糖甘露糖的甘露糖部分乙酰化，*O*–乙酰基分布不规则。

1. 针叶木聚甘露糖

在针叶木中，聚半乳糖葡萄糖甘露糖大致分为两类，两者的半乳糖基与甘露糖的比例不同（表 8–5）。一类半乳糖基单元含量低，半乳糖与葡萄糖与甘露糖基的比例为 0.1∶1∶3~4；另一类富含半乳糖，相应的比例为 1∶1∶3~4。

针叶木中的天然聚半乳糖葡萄糖甘露糖在甘露糖的 C_2 或 C_3 带有 *O*—乙酰基，如图 8–11 所示。乙酰基的取代度（DS）为 0.17~0.36，大约每 3~6 个己糖基有一个乙酰基。聚半乳糖葡萄糖甘露聚糖的 DP_n 为 90~102，DP_w 为 118~132，多分散性比聚木糖略高。

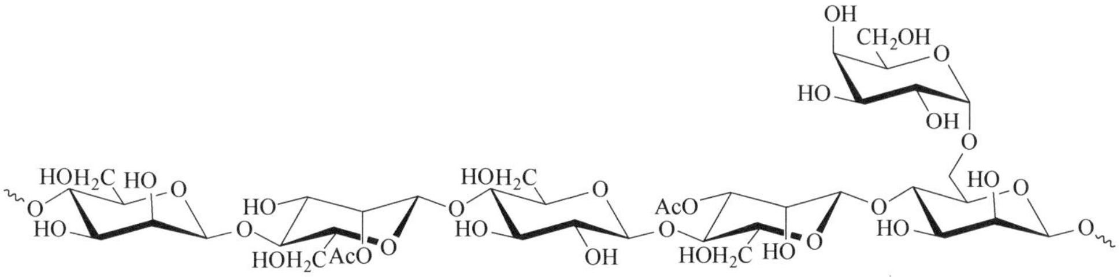

→4)-*β*-*D*-Man*p*-(1→4)-*β*-*D*-Man*p*-(1→4)-*β*-*D*-Glc*p*-(1→4)-*β*-*D*-Man*p*-(1→4)-*β*-*D*-Man*p*-(1→

2 ↑ Ac（连于第二个甘露糖基）；3 ↑ Ac（连于第四个糖基）；6 ↑ 1 *α*-*D*-Gal*p*（连于第五个糖基）

图 8–11　针叶木聚半乳糖葡萄糖甘露糖

2. 阔叶木聚甘露糖

阔叶木含有 3%~5%（w/w）的聚葡萄糖甘露糖，如图 8–12 所示。葡萄糖与甘露糖的比例介于 1：2 和 1：1 之间，该比例取决于木材种类。半乳糖取代基较少或没有，天然聚葡萄糖甘露糖中甘露糖的 C_2 或 C_3 部分 *O*-乙酰化。聚葡萄糖甘露糖的平均聚合度为 60~70。

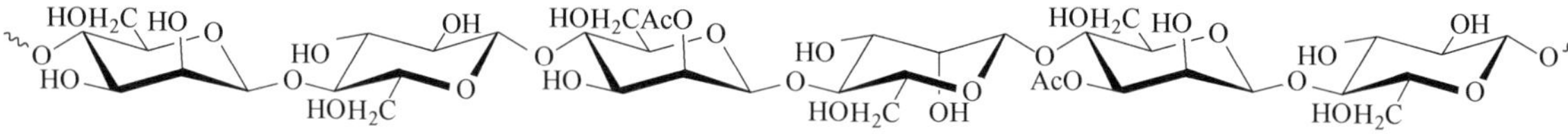

→4)-*β*-*D*-Man*p*-(1→4)-*β*-*D*-Glc*p*-(1→4)-*β*-*D*-Man*p*-(1→4)-*β*-*D*-Man*p*-(1→4)-*β*-*D*-Man*p*-(1→4)-*β*-*D*-Glc*p*-(1→

(第一个 *β*-*D*-Man*p* 的 2 位 ← Ac；第三个 *β*-*D*-Man*p* 的 3 位 ← Ac)

图 8-12 聚-*O*-乙酰-葡萄糖甘露糖

3. 超结构

天然聚葡萄糖甘露糖的侧链（*O*-乙酰基和半乳糖基）分布不规则，阻碍其有序排列。当去除部分侧链和/或减少分子链长度后，聚葡萄糖甘露糖能够结晶。在不同的实验条件下，针叶木中脱乙酰的聚葡萄糖甘露糖有聚甘露糖Ⅰ型或聚甘露糖Ⅱ型两种晶体。这两种晶体是聚 *β*-(1→4)-甘露糖的多晶物。

三、聚半乳糖

聚半乳糖和聚阿拉伯糖半乳糖的结构单元为 *β*-*D*-吡喃半乳糖，它们位于细胞壁的胞间层和初生壁中，聚半乳糖分布在整个植物界。

1. 落叶松聚阿拉伯糖半乳糖

聚阿拉伯糖半乳糖为中性水溶半纤维素，存在于落叶松的心材中，其含量高达 10%~25%（w/w）。其他针叶木的聚半乳糖含量低于 1%。聚阿拉伯糖半乳糖可能是在落叶松的边材向心材转变过程中由活的木射线细胞合成的，用水可以从未经处理的心材中提取聚阿拉伯糖半乳糖。

聚阿拉伯糖半乳糖的主链是 *β*-*D*-吡喃半乳糖通过（1→3）糖苷键连接而成的，如图 8-13 所示。其分支度较高，侧链有通过（1→6）连接的 *β*-*D*-吡喃半乳糖支链和阿拉伯糖（*α*-*L*-Araf 和 *β*-*L*-Arap）。约三分之一的阿拉伯糖是吡喃糖，三分之二是呋喃糖，也可能存在少量 *D*-葡萄糖醛酸侧基。半乳糖和阿拉伯糖比例为 3：1~10：1。根据其相对分子质量，聚阿拉伯糖半乳糖分为阿拉伯半乳聚糖 A 和 B 两种。聚阿拉伯半乳糖 A 摩尔质量约为 7×10^4，而聚阿拉伯糖半乳糖 B 的摩尔质量约为 1.1×10^4，聚阿拉伯糖半乳糖 B 可能是聚阿拉伯糖半乳糖 A 的降解产物。其他针叶木的聚阿拉伯糖半乳糖具有类似的结构。

落叶松聚阿拉伯糖半乳糖可应用于细胞、病毒和细胞器的密度梯度分离，由于其水溶液

→3)-*β*-*D*-Gal*p*-(1→3)-*β*-*D*-Gal*p*-(1→3)-*β*-*D*-Gal*p*-(1→3)-*β*-*D*-Gal*p*-(1→

6	6	6	6
↑	↑	↑	↑
1	1	1	1
β-*D*-Gal*p*	*β*-*D*-Gal*p*	R	*L*-Ara*f*
6	6		6
↑	↑		↑
1	1		1
β-*D*-Gal*p*	*β*-*D*-Gal*p*		*L*-Ara*f*

图 8-13 聚阿拉伯糖半乳糖，R=*β*-*D*-吡喃半乳糖，或 *L*-阿拉伯糖（较少）或 *D*-葡萄糖醛酸（较少）

的黏度非常低，在食品工业可用来代替阿拉伯胶。

2. 应拉木聚半乳糖

阔叶木生长过程中形成应拉木，应拉木次生壁的 S_1 和 S_2 层含有 3%～11%的聚半乳糖，聚半乳糖支化程度较高，特性黏度低。应拉木聚半乳糖一种可能的结构如图 8-14 所示，主链是由 *β-D*-吡喃半乳糖通过（1→4）相连接，其中约一半的半乳糖基的 C_6 带有侧链，多数侧链为（1→6）连接 *β-D*-吡喃半乳糖，半乳糖的 C_6 与 4-*O*-甲基-*β-D*-葡萄糖醛酸或 *β-D*-葡萄糖醛酸相连接。与半乳糖侧链相连的还有 *L*-吡喃鼠李糖基，鼠李糖的 C_2 与 *α-D*-半乳糖醛酸相连。多数 *L*-阿拉伯呋喃糖侧链为末端基，而另一些的 C_5 连接有 *L*-阿拉伯呋喃糖。

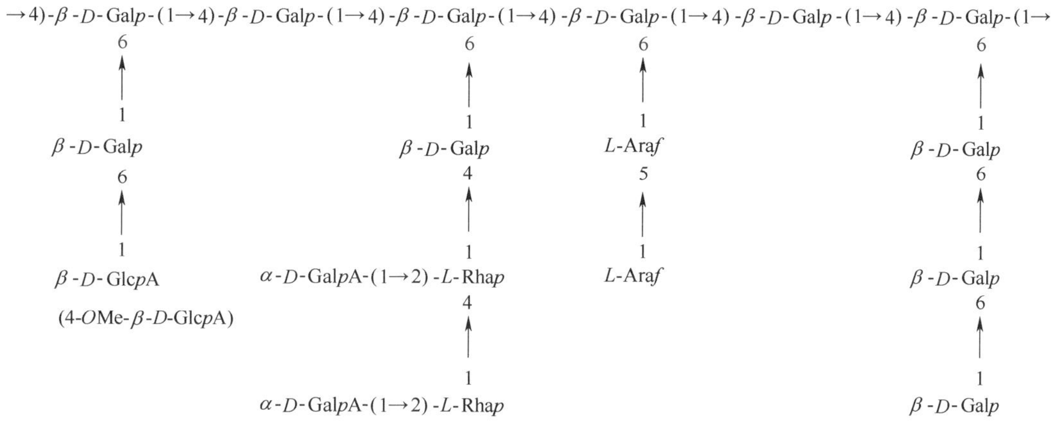

图 8-14　应拉木聚半乳糖

3. 应压木聚半乳糖

应压木是裸子植物生长过程中形成的，应压木含有 7%～12%（质量分数）的酸性聚半乳糖，聚半乳糖是应压木的主要半纤维素。聚半乳糖主链是由 100～300 个 *β-D*-吡喃半乳糖通过（1→4）连接而成，如图 8-15 所示。每 20 个半乳糖基有一个 *β-D*-半乳糖醛酸侧基以（1→6）方式与主链相连，聚半乳糖也有可能含有葡萄糖醛酸糖基，聚半乳糖易溶于水。

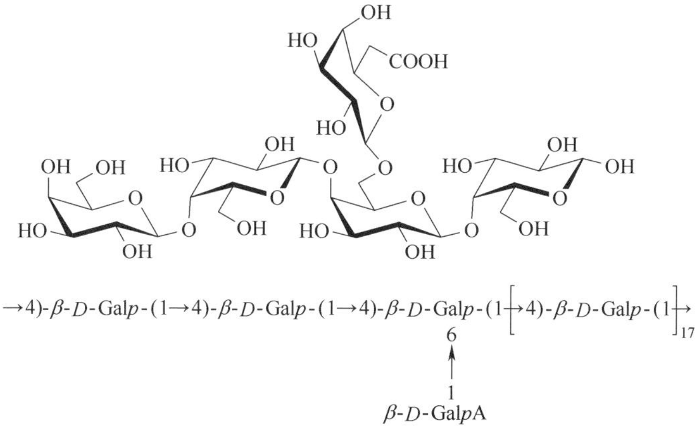

图 8-15　应压木酸性聚半乳糖

四、聚葡萄糖

植物中含量最多的聚葡萄糖是纤维素，淀粉是一种聚 α-葡萄糖。纤维素和淀粉是同多糖，是两种最广泛的天然多糖。另一类聚葡萄糖是聚木糖葡萄糖，它是一种杂多糖。

聚木糖葡萄糖是高等植物初生壁的主要半纤维素，占初生壁总质量的 20%。聚木糖葡萄糖是葡萄糖基通过 β-1,4 糖苷键连接而成，木糖侧基连接在葡萄糖基 C_6 上，如图 8-16 所示。此外，聚木糖葡萄糖高度分支，其分支度达 75%。木糖基上还连接有阿拉伯糖基和岩藻糖基，形成二糖或三糖基侧链。聚木糖葡萄糖与纤维素形成氢键结合，使细胞壁结构紧密。

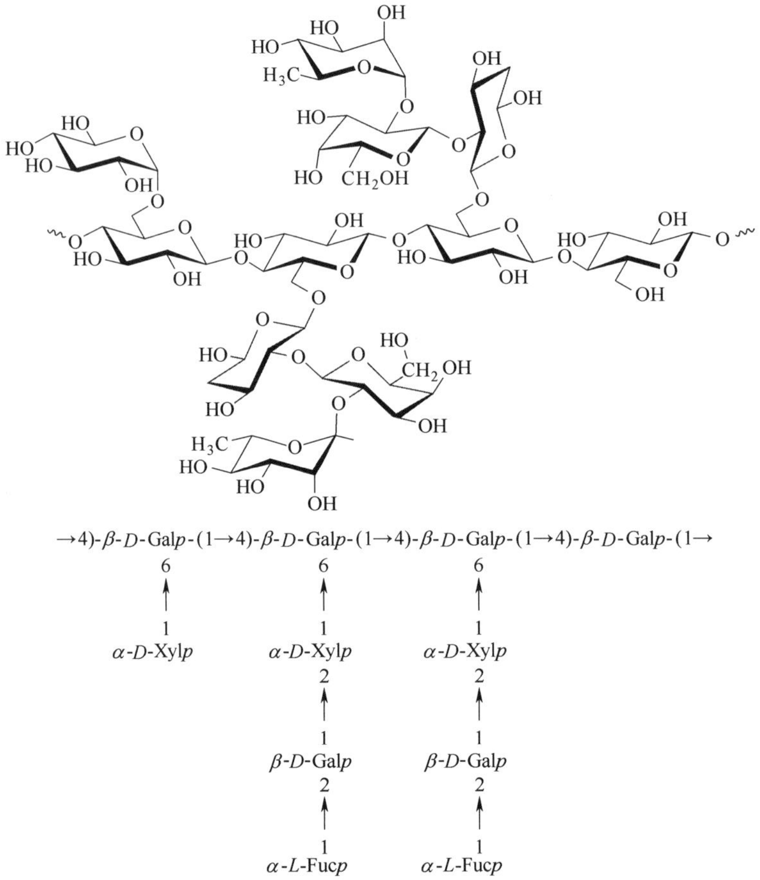

图 8-16 聚木糖葡萄糖

在初生壁中，聚木糖葡萄糖通过氢键与纤维素的亚微细纤维（fibrils）结合，初生壁中纤维素的亚微细纤维间距为 20~40nm，聚木糖葡萄糖分子长 700nm，因此，1 个聚木糖葡萄糖分子链可能交联数个亚微细纤维。可从罗望子种子（俗称酸豆或酸角）中提取聚木糖葡萄糖，它易形成凝胶，广泛用于食品工业。

五、果胶

果胶是一种天然多糖，但不属于半纤维素。果胶能够形成凝胶，常用在食品工业的果酱中。果胶存在于胞间层和初生壁中，木材中的果胶含量很低，只有百分之几。果胶赋予细胞壁机械强度，黏结相邻细胞。果胶呈酸性，结构不规则，极易溶于碱，也易被碱降解。果胶难以分离，其天然结构尚不完全清楚。

果胶是嵌段共聚物，其主链是由聚半乳糖醛酸和聚鼠李糖半乳糖醛酸构成的，如图 8-17 所示。α-(1→4) 连接的 *D*-吡喃半乳糖醛酸构成了聚半乳糖醛酸部分（a），其构型为螺旋型，每一圈有三个单糖基，糖醛酸基团部分甲基化。木质化后主要含有甲基酯化的聚半乳糖醛酸糖，而未木质化前含有大量未酯化的聚半乳糖醛酸糖。*L*-鼠李糖分布于主链中（b），鼠李糖使伸直的主链中出现扭结。在鼠李糖半乳糖醛酸-Ⅰ中，主链中的每两个糖基中有一个鼠李糖基，其重复序列是→2）-α-*L*-Rha*p*-（1→4）α-*D*-Gal*p*A-）(1→。鼠李糖带有侧链。鼠李糖半乳糖醛酸-Ⅰ的侧链较短，主要由中性糖组成，如半乳糖和阿拉伯糖。鼠李糖半乳糖醛酸-Ⅱ是一种小而复杂的多糖，它存在于单独的网络结构中。

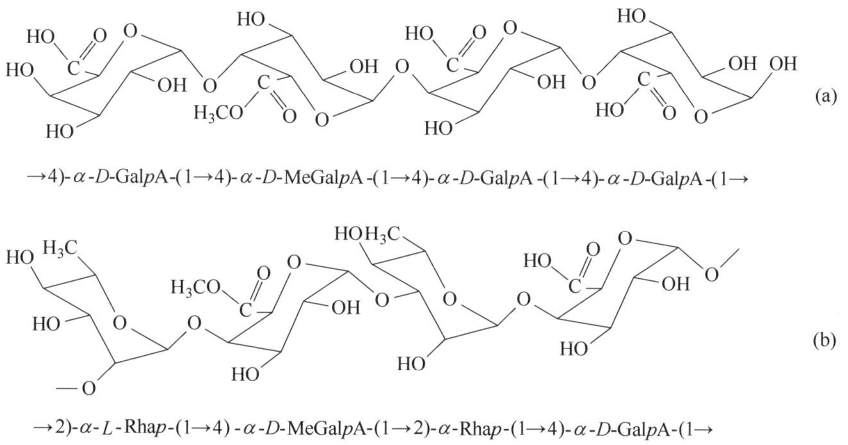

图 8-17　果胶的结构式

果胶中含有不同比例的中性多糖。中性成分以侧链形式连接到酸性果胶主链上，如图 8-18 所示。已知的侧链有三种结构类型，α-(1→5) 连接的阿拉伯呋喃糖（a）、聚阿拉伯糖半乳糖的分支多糖（b）以及 β-(1→4) 连接的聚半乳糖（c）。半乳糖醛酸具有与 Ca^{2+} 形成复合物的能力。钙离子可以与两个羧基结合，形成所谓的“蛋盒”结构。在果胶/钙的凝胶中，金属离子在两个果胶链之间形成交联。这种结构是形成初生壁和胞间层网络的基础，对于双子叶植物的非木质化胞间层具有重要作用。果胶具有离子交换的作用，能够有效地结合金属离子。与酸性果胶结合的钙离子对木质化很重要。

(a)
→5)-α-*L*-Ara*f*-(1→5)-α-*L*-Ara*f*-(1→5)-α-*L*-Ara*f*-(1→
3
↑
1
α-*L*-Ara*f*

(b)
→4)-β-*D*-Gal*p*-(1→4)-β-*D*-Gal*p*-(1→4)-β-*D*-Gal*p*-(1→
3
↑
1
α-*L*-Ara*f*
5
↑
1
α-*L*-Ara*f*

(c)
→4)-β-*D*-Gal*p*-(1→4)-β-*D*-Gal*p*-(1→4)-β-*D*-Gal*p*-(1→

图 8-18　果胶的支链

六、淀粉

植物的种子、块茎、块根等器官中的淀粉含量丰富，淀粉也存在于木材的薄壁细胞中。淀粉是植物主要的储存多糖，但淀粉不是半纤维素，其结构式如图 8-19 所示。淀粉通常以淀粉粒的形式存在，淀粉粒分两种，一种是溶于水的支链淀粉，另一种是不溶于冷水的直链淀粉。直链淀粉约占淀粉的 20%（质量分数），它是一种线性多糖，由多达数千个由 α-（1→4）连接的*D*-葡萄糖基组成。支链淀粉占淀粉的 80%（质量分数），由 α-（1→4）连接的 *D*-吡喃葡萄糖构成主链，大约每 25 个吡喃葡萄糖有一个侧链，侧链以 α-（1→6）与主链相连，支链淀粉的聚合度高达 10^6。

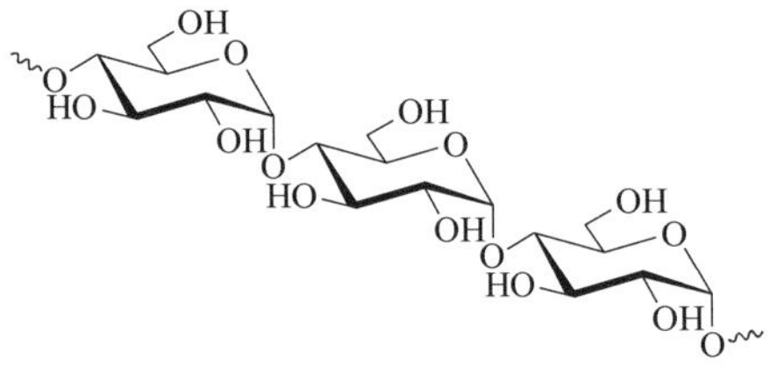

(a)

→4)-α-*D*-Glc*p*-(1→4)-α-*D*-Glc*p*-(1→4)-α-*D*-Glc*p*-(1→

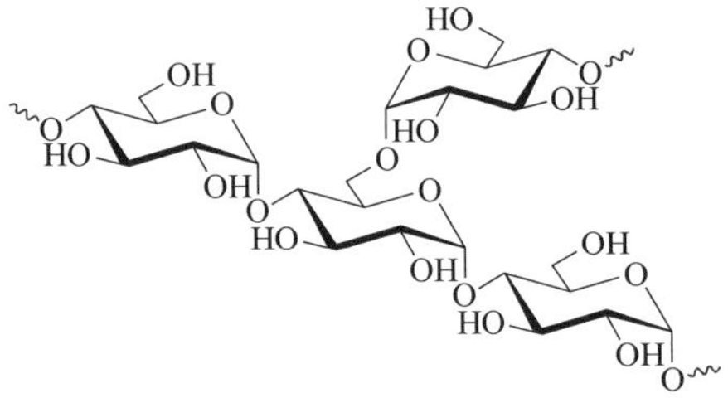

(b)

→4)-α-*D*-Glc*p*-(1→4)-α-*D*-Glc*p*-(1→4)-α-*D*-Glc*p*-(1→
6
↑
1
α-*D*-Glc*p*
4
↑

图 8-19 淀粉结构式
（a）直链淀粉 （b）支链淀粉

改性淀粉在造纸工业中常用于纸张的涂布和表面施胶。阳离子淀粉用作施胶稳定剂，氧化淀粉用作表面施胶及涂料的黏合剂，氧化使淀粉的黏度降低，减少了在溶液中老化和凝胶化的倾向。

七、半纤维素与其他组分间的连接

研究表明，半纤维素与木质素、纤维素和蛋白质之间有化学键连接或紧密结合。半纤维素和木质素之间存在共价键连接。植物细胞壁中纤维素和半纤维素之间没有共价键连接，但半纤维素与纤维素微细纤维之间存在氢键和范德华作用力，两者紧密结合，如双子叶植物细胞初生壁中的聚木糖葡萄糖，由于聚木糖葡萄糖的长度（50~500nm）大于相邻两个微细纤维的间距（20~40nm），聚木糖葡萄糖包覆在微细纤维表面并连接多个微细纤维。

小 结

1. 聚木糖：针叶木含有 5%~10%的聚阿拉伯糖-4-*O*-甲基葡萄糖醛酸木糖，阔叶木含 15%~35%的聚 *O*-乙酰基-4-*O*-甲基葡萄糖醛酸木糖，禾本科的聚木糖为聚阿拉伯糖-4-*O*-甲基葡萄糖醛酸木糖。由于存在乙酰基、阿拉伯糖、糖醛酸等侧基，聚木糖为非晶结构。

2. 聚葡萄糖甘露糖：针叶木含有 10%~15%聚半乳糖葡萄糖甘露聚糖和 5%~8%聚葡萄糖甘露聚糖，阔叶木含有 2%~5%的聚葡萄糖甘露糖。当去除部分侧链如阿拉伯糖基后，聚葡萄糖甘露糖能够结晶。

3. 聚半乳糖位于细胞壁的胞间层和初生壁中。落叶松含有 10%~25%的聚阿拉伯糖半乳糖，应拉木聚半乳糖含半乳糖侧链，半乳糖侧链连接鼠李糖、葡萄糖醛酸和 4-*O*-甲基葡萄糖醛酸。应压木的聚半乳糖含半乳糖醛酸侧链。

4. 聚木糖葡萄糖占初生壁的 20%（质量分数），其木糖基侧链上连有阿拉伯糖和半乳糖。

5. 果胶是一种多糖，不属于半纤维素。它存在于胞间层和初生壁中，它黏结相邻细胞，赋予细胞壁机械强度。果胶主链由聚半乳糖醛酸和聚鼠李糖半乳糖醛酸构成，金属离子如 Ca^{2+}，交联果胶分子链。淀粉是多糖，但不是半纤维素，是由 α-(1→4) 连接的 *D*-葡萄糖基组成，分为直链淀粉（占 20%）和支链淀粉（占 80%），淀粉存在于植物的种子、块茎和块根中。

6. 半纤维素和木质素之间存在共价键连接，纤维素和半纤维素之间存在氢键和范德华力。

课后练习

一、判断题

1. 聚半乳糖主要位于胞间层和初生壁。(　　)
2. 聚木糖葡萄糖主要存在于初生壁。(　　)
3. 果胶和淀粉属于半纤维素。(　　)

二、简答题

1. 针叶木、阔叶木和禾本科的聚木糖分别是什么？
2. 针叶木和阔叶木的聚葡萄糖甘露糖分别是什么？

模块四　半纤维素的化学性质

8-4

教学目标

1. 了解半纤维素的酸性水解。
2. 熟悉半纤维素的碱性水解、剥皮反应和终止反应。
3. 熟悉半纤维素对纸浆硬度和漂白的影响。
4. 熟悉半纤维素对打浆和纸张性能的影响。

教学内容

一、半纤维素的酸性水解

半纤维素在酸性介质中会发生酸性降解，半纤维素比纤维素易酸性水解，能被热的无机酸水解成单糖，聚木糖的酸性水解如图 8-20 所示。由于半纤维素化学结构复杂，其酸性水解比纤维素复杂。通常酸性水解速率大小为 *D*-型糖基>*L*-型糖基，呋喃式糖基>吡喃式糖基，β-糖苷键>α-糖苷键，葡萄糖基>葡萄糖醛酸基。

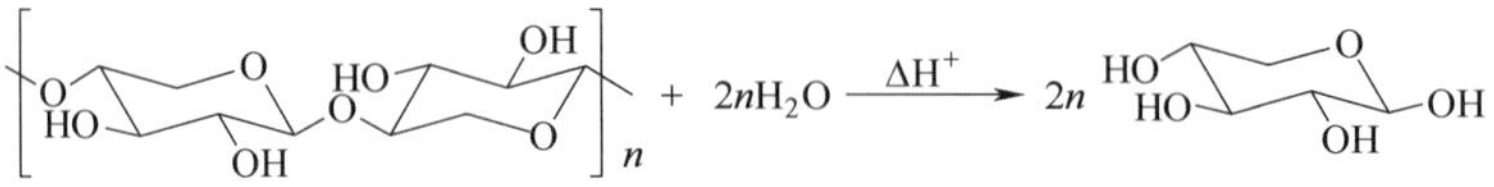

图 8-20 聚木糖在酸催化下生成木糖

聚木糖发生酸水解反应时，糖苷氧或环氧质子化，形成碳正离子。随后，加成水分子形成两个单糖并释放质子，如图 8-21 所示。

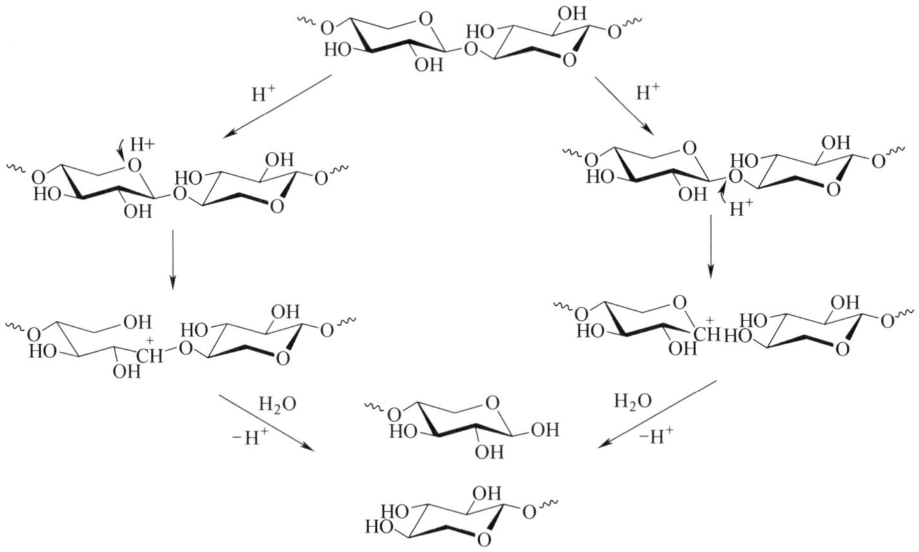

图 8-21 聚木糖的酸性水解

酸水解聚木糖时，不同的糖苷键在酸性条件下的水解速率是不同的，水解速率大小为 HexA>Ara>Xyl>MeGlcA。阿拉伯糖基的呋喃糖苷是相对较弱的糖苷键，在高浓无机酸下长时间加热，降解为糠醛。MeGlcA 的糖苷键具有抗酸性。温和的酸性条件下木糖的糖苷键水解不显著。

半乳糖苷键对酸不稳定，可以通过温和的酸性处理选择性水解。聚葡萄糖甘露糖易发生酸性水解，与β-D-葡萄糖苷键相比，β-D-甘露糖苷键更容易被酸水解。

二、半纤维素的碱性降解

半纤维素在碱性条件下可以降解，碱性降解包括碱性水解与剥皮反应。半纤维素上的乙酰基在碱性条件下易脱落。

1. 碱性水解

在 5%NaOH 溶液中，170℃时，半纤维发生碱性水解，其苷键断裂。碱性水解的速率大小为β-糖苷键>α-糖苷键，呋喃式糖基>吡喃式糖基。

当硫酸盐法（或烧碱法）蒸煮接近最高温度时，由于糖苷键的碱性水解，可能会发生半纤维素的进一步损失。聚葡萄糖甘露糖的碱性水解如图 8-22 所示。聚葡萄糖甘露糖中的β-D-葡萄糖基（a）与β-L-葡萄糖基（b）存在平衡。在碱性条件下 C_2 羟基氢原子电离，产生氧负离子，氧负离子攻击 C_1，糖苷键断裂并形成环氧化物（c），碱性条件下环氧化物开环，产生新的葡萄糖末端基。碱性水解使纤维素链断裂，*DP* 显著降低，并产生新的还原性末端基。

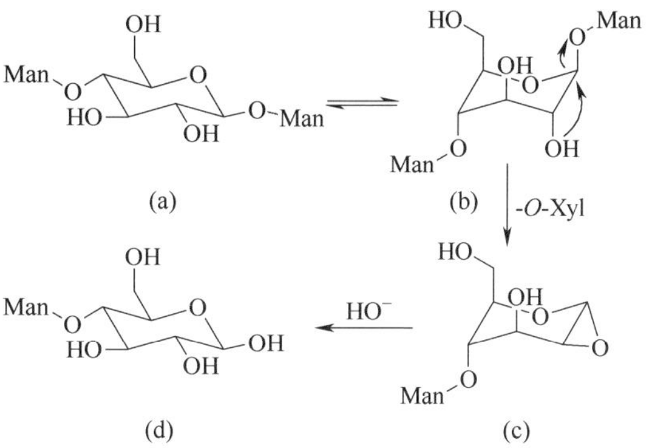

图 8-22　聚葡萄糖甘露糖的碱性水解

2. 剥皮反应

在温和的碱性条件下，半纤维素也会发生剥皮反应。即从还原性末端基开始，糖基逐个从半纤维素分子链脱除。由于半纤维素还原性末端基的糖基种类多，且带支链，所以其剥皮反应比纤维素的剥皮反应复杂。

聚葡萄糖甘露糖的剥皮反应如图 8-23 所示。半纤维还原性末端基（a）开环，形成醛糖（b），醛糖异构化为烯二醇结构（c），烯二醇结构与酮糖（d）存在平衡。烯二醇结构易发生 β-烷氧基消除反应，导致末端基与主链的 β-(1→4）键断裂，产生新的还原性末端基。掉下来的还原性末端基互变异构成二羰基化合物（f），该化合物在碱性介质经重排转变为异变糖酸（h）。其他可能的降解产物有乳酸、2-羟基丁酸和 2,5-二羟基戊酸。

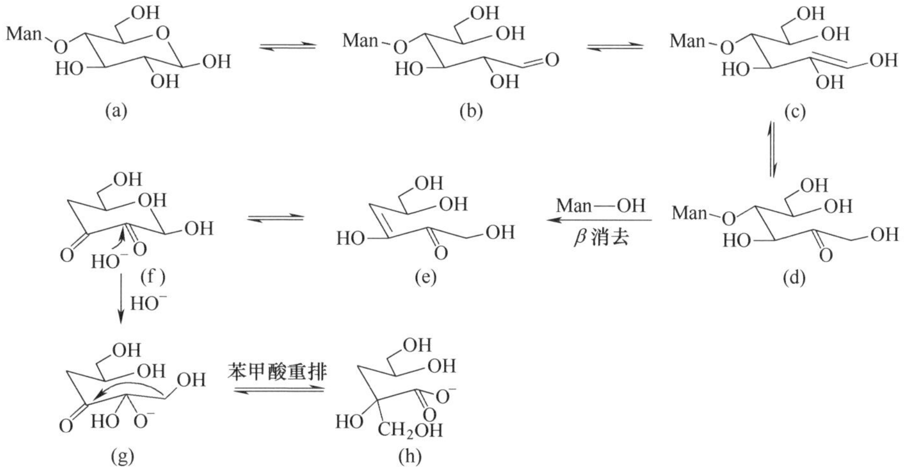

图 8-23　聚葡萄糖甘露糖的剥皮反应

半纤维素在碱性介质中的剥皮反应要比纤维素的剥皮反应严重。但如果半纤维素大分子的还原性末端基上连接有支链，则可以阻碍剥皮反应。如阔叶木聚木糖大分子还原性末端基连接有半乳糖支链，则抵抗碱性剥皮反应，如图 8-24 所示。

3. 终止反应

终止反应是指半纤维素还原性末端基转变成偏变糖酸基的反应，由于末端基不存在醛基，不能再发生剥皮反应，降解反应终止。聚葡萄糖甘露糖的终止反应如图 8-25 所示。醛式结构（b）还原性末端基的 C_3 发生羟基消除反应，形成互变异构中间体（c）和（d），该中间体在碱性条件下经苯甲酸重排反应生成偏变糖酸末端基（f），该末端基对碱稳定，阻止剥皮反应的进一步发生。

总之，任何 C_4 连接有糖基的多糖在碱性条件下都会发生剥皮反应，如聚葡萄糖甘露糖

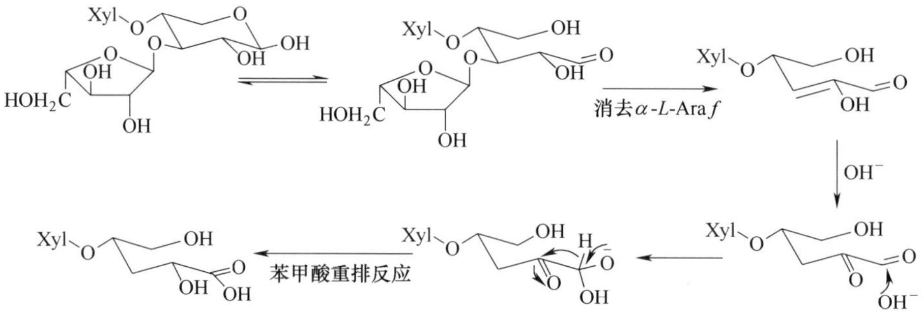

图 8-24 聚木糖消去 *L*-阿拉伯糖生成偏变糖酸结构

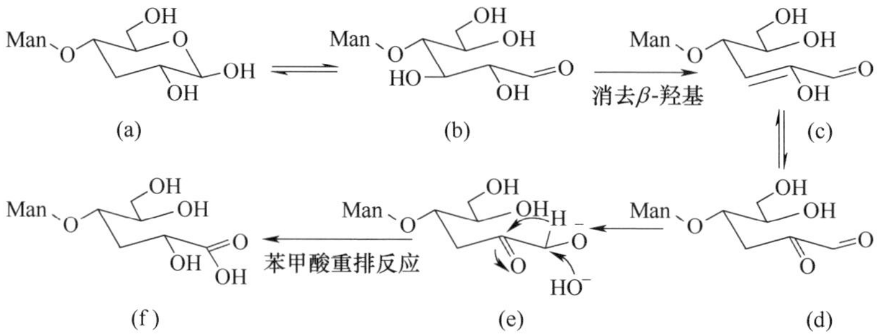

图 8-25 聚葡萄糖甘露糖的终止反应

和纤维素。剥皮反应使多糖解聚，对于较短分子链的多糖（如聚合度约为 100 的聚葡萄糖甘露糖）来说则会完全溶解。由于针叶木的聚木糖含有侧基阿拉伯糖和 4-*O*-甲基葡萄糖醛酸，阔叶木的聚木糖含有侧基 4-*O*-甲基葡萄糖醛酸，两者剥皮反应的速率要低得多。多糖的 C_3 侧链有利于 β 消除反应，从而防止剥皮反应的发生。

硼氢化钠（$NaBH_4$）、聚硫化物（PS）和蒽醌（AQ）可以保护聚葡萄糖甘露糖的还原端，抑制剥皮反应。硼氢化物是强还原剂，可以将羰基还原为羟基，阻止聚葡萄糖甘露糖的末端解聚，如图 8-26 所示。

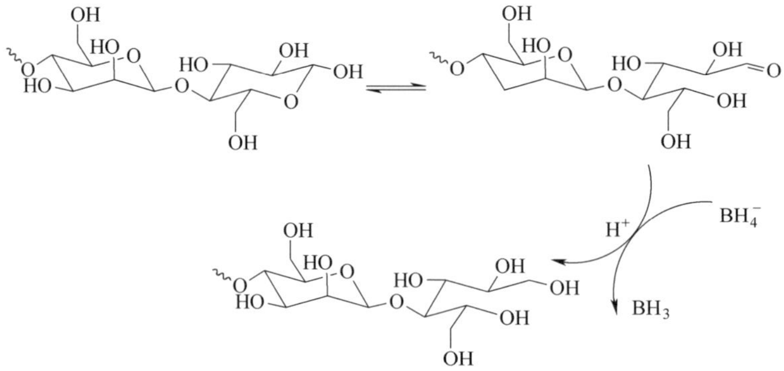

图 8-26 硼氢化物将末端苷羟基还原为羟基

在蒸煮液中加入单质硫生成聚硫化物 S_n，（$n=2\sim8$），S_n 与还原端基反应，将醛式末端基氧化为二酮结构，通过苯甲酸重排生成糖醛酸，从而抑制剥皮反应，如图 8-27 所示。

蒽醌（AQ）是烧碱法蒸煮的催化剂，它能够将还原性末端基氧化为糖醛酸，自身被还原为蒽氢醌（AHQ），如图 8-28 所示。AHQ 与木质素在碱性条件下反应，使 β-*O*-4 键断裂，加快脱木质素速率，同时，抑制剥皮反应，提高纸浆得率。

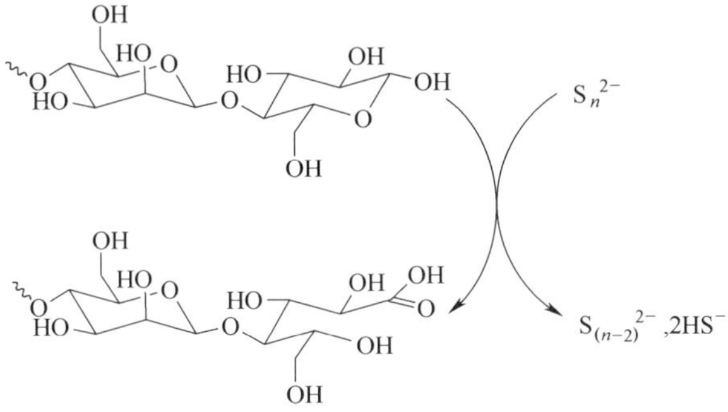

图 8-27 聚硫化物将末端苷羟基氧化为糖醛酸

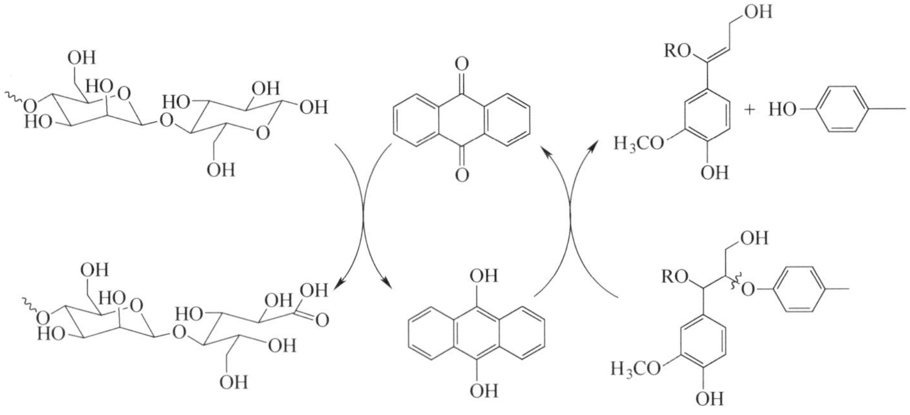

图 8-28 蒽醌与聚葡萄糖甘露糖末端苷羟基的反应

三、半纤维素在化学制浆中的变化

在化学法制浆的蒸煮和漂白过程中，半纤维素经历不同的变化，对纸浆的性质产生影响。

1. 蒸煮后纸浆中的碳水化合物

对铁杉蒸煮后纸浆中的多糖含量研究表明：①无论哪种蒸煮方法，蒸煮后的纸浆不含鼠李糖和半乳糖醛酸；②硫酸盐纸浆中不含 4-*O*-甲基葡萄糖醛酸；③亚硫酸盐纸浆只有痕量的半乳糖，没有阿拉伯糖；④几乎所有的酸性亚硫酸盐纸浆没有半乳糖和阿拉伯糖。这些糖基以支链的形式连接于主链上，它们与主链糖基间的糖苷键易发生酸性水解或碱性水解而断裂，并从木片中扩散出来，所以不存在于纸浆中。

2. 聚木糖在化学制浆中的变化

针叶木（如铁杉）的聚木糖主要是聚阿拉伯糖 4-*O*-甲基葡萄糖醛酸木糖。在酸性亚硫酸盐法蒸煮过程中阿拉伯糖支链易发生酸性水解而脱除。在硫酸盐法蒸煮过程中，4-*O*-甲基葡萄糖醛酸支链易于脱去，如图 8-29 所示。

阔叶木（如赤杨）的聚木糖主要是聚 *O*-乙酰基-4-*O*-甲基葡萄糖醛酸木糖。乙酰基在碱性条件下易断裂，生成乙酸盐。4-*O*-甲基葡萄糖醛酸在硫酸盐法制浆过程中也易脱去，如图 8-29 所示。

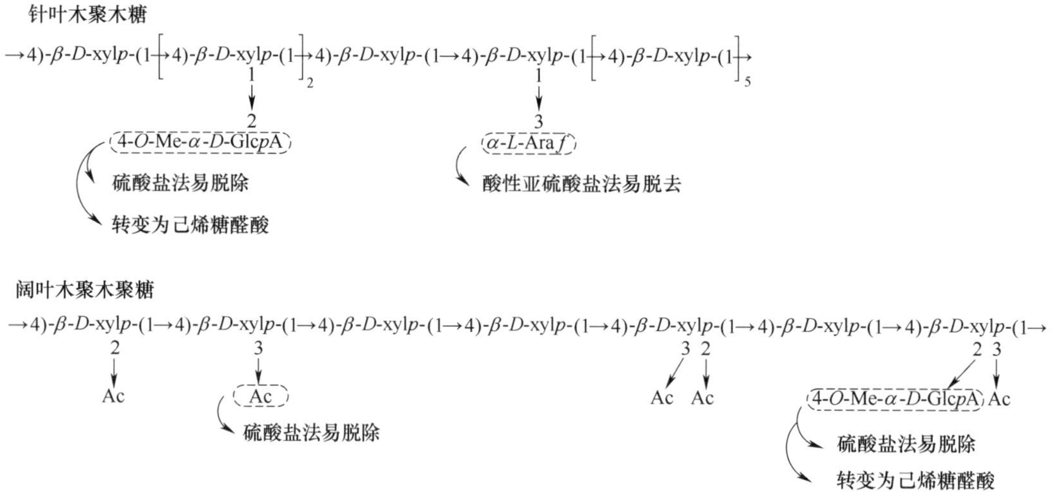

图 8-29 聚木糖在化学制浆中的变化

在碱性和高温条件下，4-*O*-甲基-α-*D*-葡萄糖醛酸的 C_5-H 易脱去，当再接受质子时，C_5 的构型会反转，生成 4-*O*-甲基-β-*L*-艾杜糖醛酸（MeIdoA）。4-*O*-甲基-α-*D*-葡萄糖醛酸和 4-*O*-甲基-β-*L*-艾杜糖醛酸的构象分别为 $^4C1$ 和 $^1C4$ 构象。在硫酸盐法蒸煮过程中，受到高温强碱作用，MeGlcA 和 MeIdoA 通过甲醇消除反应转化为 4-脱氧-己烯糖醛酸（Hexenuronic Acid，HexA），如图 8-30 所示。

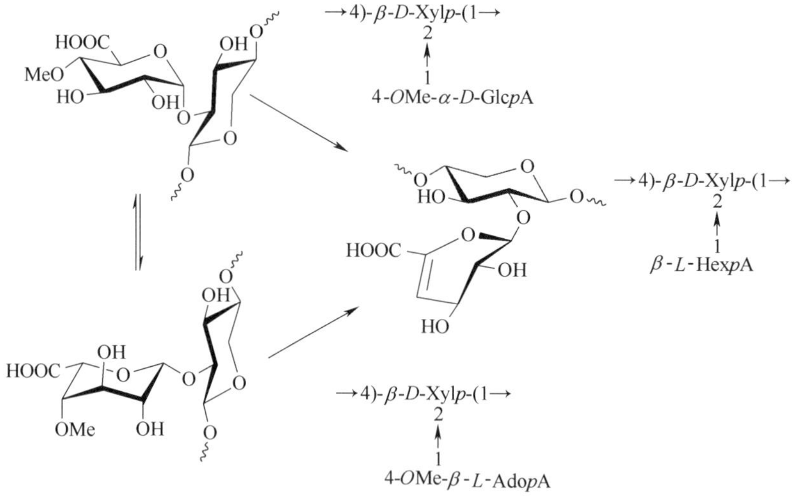

图 8-30 4-*O*-甲基-α-*D*-葡萄糖醛酸转变为 4-脱氧-己烯糖醛酸

HexA 通过（1→2）糖苷键与木糖基连接。HexA 的 pKa 为 3.03，比 4-*O*-甲基 α-*D* 葡萄糖醛酸（pKa = 3.14）略低，HexA 在中性和碱性水溶液中带负电荷，具有还原性，在漂白过程会消耗漂白化学品，且易结合重金属离子，导致纸浆返黄。

松木硫酸盐法蒸煮过程中，会脱除聚木糖中 75% 的葡萄糖醛酸侧基，纸浆中剩余的葡萄糖醛酸，88% 会转变为 HexA。由于针叶木聚 4-*O*-甲基葡萄糖醛酸木糖的含量比阔叶木少得多，因此，针叶木硫酸盐浆中的 HexA 含量（10～30mmol/kg）比阔叶木硫酸盐浆中的 HexA 含量（40～70mmol/kg）少。

硫酸盐法制浆过程中，聚木糖苷键在剧烈条件下会发生碱性水解，但由于阿拉伯糖和糖醛酸侧基的存在，聚木糖的端基稳定，不再发生剥皮反应。酸法制浆对聚木糖的降解程度远大于碱法制浆。无论是针叶木还是阔叶木，制浆过程中由于支链的脱除，聚木糖分支度降低，聚木糖黏度和聚合度降低。此外，在硫酸盐法蒸煮后期蒸煮液中溶解的聚木糖会沉淀并吸附在纤维表面，导致纤维表层的聚木糖含量高于纤维内部聚木糖的含量。

3. 聚甘露糖在化学制浆中的变化

针叶木聚甘露糖是聚葡萄糖甘露糖和聚半乳糖葡萄糖甘露糖的混合物，葡萄糖：甘露糖为1∶3或1∶4。

聚葡萄糖甘露糖在酸性亚硫酸盐法和硫酸盐法蒸煮中会大量降解，硫酸盐法蒸煮中，大约75%的聚葡萄糖甘露糖在蒸煮初期就溶出了，剩余的25%聚葡萄糖甘露糖与木质素形成木质素碳水化合物复合体，即使强烈的氧脱木质素作用，也很难除去。

聚半乳糖葡萄糖甘露糖中的半乳糖支链易于酸水解而被除去，所以聚半乳糖葡萄糖甘露糖对酸不稳定。半乳糖基通过 α-1,6 糖苷键与主链甘露糖基连接，阻碍甘露糖还原性末端基发生剥皮反应，聚半乳糖葡萄糖甘露糖对碱具有较高的稳定性。

四、半纤维素对纸浆和纸张性能的影响

1. 半纤维素对纸浆硬度和漂白的影响

聚木糖的支链 4-*O*-甲基葡萄糖醛酸在硫酸盐法蒸煮过程中转变为 HexA，HexA 含有碳—碳双链，使纸浆卡伯值偏高。HexA 使针叶木纸浆的卡伯值增加 1~3，使阔叶木纸浆的卡伯值增加 3~7。纸浆中 HexA 含量的减少与卡伯值的降低值有近似线性的关系，每 kg 去除 10mmol 的 HexA，卡伯值约降低 1。

HexA 易与亲电漂白剂如 Cl_2、ClO_2、O_3 和过氧酸反应，从而增加漂白化学品的消耗，并影响纸浆的可漂性。在硫酸盐浆的无元素氯和全无氯漂白中，选择性地用酸水解除去己烯糖醛酸可以节省漂白化学药品，提高纸浆的白度稳定性，减少臭氧段漂白中草酸钙沉淀的形成，同时易于控制金属离子的含量，特别是减少锰离子的含量。

2. 半纤维素对纸浆打浆行为的影响

半纤维素比纤维素易水化润胀，而纤维的润胀有利于纤维的细纤维化，所以纸浆中半纤维素的存在有利于打浆，研究表明针叶木硫酸盐法全漂化学浆中半纤维素的含量与其打浆度存在线性关系。同种纸浆在获得相同打浆效果的情况下，随着纸浆中半纤维素含量的增加，打浆转数降低。

打浆抗拒（纸浆从 11°SR 打浆到 65°SR 所需的打浆时间）与纸浆中的碱溶性半纤维素存在相关性，碱溶性半纤维素含量下降，纸浆的打浆抗拒上升，即难以打浆。如硫酸盐浆中的半纤维素含量高于亚硫酸盐浆，但其打浆却比亚硫酸盐浆困难，这是由于硫酸盐浆的半纤维素中碱溶性半纤维素较少，而亚硫酸盐浆的半纤维素中碱溶性半纤维素较多的缘故。

3. 半纤维素含量对纸浆和纸张物理性质的影响

半纤维素有利于纸浆的打浆，提高纸张的裂断长、耐破度和耐折度。研究表明，纸浆中 α-纤维素含量为 94%~95%，当聚戊糖含量大于 3.5%时，纸浆具有良好的打浆性能，纸张强度高；当聚戊糖含量小于 2.5%时，抄成的纸松软而强度低；当 α-纤维素含量为 97%~98%，聚戊糖含量小于 1.2%时，纸浆不适合造纸。

针叶木半纤维素主要是聚己糖（聚葡萄糖甘露糖和聚半乳糖葡萄糖甘露糖），而阔叶木半纤维素主要是聚戊糖（聚葡萄糖醛酸木糖）。与聚戊糖相比，聚己糖多一个羟基，有利于纤维间结合，这也是针叶木纸浆成纸强度比阔叶木纸浆成纸强度高的原因之一。

纸浆强度的影响因素较多，纸浆中半纤维素含量高，纤维素含量就低，会影响纤维本身强度，使纸张的撕裂度降低。另外，半纤维素含量高也不利于纸张的不透明度。麦草浆、稻草浆、芦苇浆等一些非木材纸浆的半纤维素含量高，打浆时水化润胀快，成纸易透明、发脆和强度低。

小　　结

1. 半纤维素比纤维素易酸水解，能被热的无机酸水解成单糖。糖苷键在酸性条件下的水解速率是不同的，聚木糖酸水解时，糖苷键水解速率大小为 HexA>Ara>Xyl>MeGlcA。聚葡萄糖甘露糖酸水解时，糖苷键水解速率大小为 Gal>Man>Glc。

2. 碱性水解：在 5%NaOH 溶液中，170℃时，半纤维发生碱性水解，糖苷键断裂。当硫酸盐法（或烧碱法）蒸煮接近最高温度时，糖苷键碱性水解损失半纤维素。

3. 在温和的碱性条件下，半纤维素也会发生剥皮反应。即从还原性末端基开始，糖基逐个从半纤维素分子链脱除。半纤维素大分子的还原性末端基上连接有支链，则可以阻碍剥皮反应。硼氢化钠（$NaBH_4$）、聚硫化物（PS）和蒽醌（AQ）可以保护葡甘露聚糖的还原端不受剥皮反应的影响。

4. 终止反应是指半纤维素还原性末端基转变成偏变糖酸。

5. 聚木糖在酸性亚硫酸盐法中阿拉伯糖支链易酸水解，在硫酸盐法中乙酰基和 4-*O*-甲基葡萄糖醛酸支链易水解。

6. 聚葡萄糖甘露糖在酸性亚硫酸盐法和硫酸盐法蒸煮中会大量降解，聚半乳糖葡萄糖甘露糖对碱具有较高的稳定性。

7. 碱性和高温条件下，4-*O*-甲基-葡萄糖醛酸易转化为己烯糖醛酸，它具有还原性，在漂白过程会消耗漂白化学品。针叶木硫酸盐浆中的 HexA 含量为 10~30mmol/kg，阔叶木硫酸盐浆中的 HexA 含量为 40~70mmol/kg。己烯糖醛酸使针叶木纸浆的卡伯值增加 1~3。每除去 10mmol/kg 浆的 HexA，卡伯值约降低 1。

8. 半纤维素比纤维素易水化润胀，而纤维的润胀有利于纤维的细纤维化，所以纸浆中半纤维素有利于纸浆的打浆，提高纸张强度。

课 后 练 习

一、判断题

1. 半纤维素比纤维素易酸性水解和碱性水解。(　　)

2. 聚半乳糖葡萄糖甘露糖对碱具有较高的稳定性。(　　)

3. 聚葡萄糖甘露糖在硫酸盐法蒸煮中会大量降解。(　　)

二、多选题

1. 能够阻碍半纤维素剥皮反应的是（　　）。

（A）半纤维素还原性末端基上连接有支链。　　　　（B）加入硼氢化钠（$NaBH_4$）。

（C）加入聚硫化物（PS）。　　　　　　　　（D）加入蒽醌（AQ）。

2. 以下有关聚木糖水解的描述，正确的是（　　）。

（A）在酸性亚硫酸盐法中阿拉伯糖支链易酸水解。

（B）在硫酸盐法中乙酰基易水解。

（C）在硫酸盐法中4-*O*-甲基葡萄糖醛酸支链易水解。

（D）乙酰基水解对溶液pH没有影响。

三、问答题

1. 半纤维素对打浆和纸张的强度有什么影响？

2. 半纤维素对纸浆硬度和漂白有什么影响？

模块五　半纤维素的化学改性与应用

8-5

教学目标

1. 了解半纤维素的酯化、醚化、接枝共聚和交联反应。
2. 了解半纤维素的改性方法。
3. 了解半纤维素制取乙醇的方法。

教学内容

一、半纤维素的化学改性

半纤维素是亲水性的高分子化合物，可发生氧化、还原、醚化、酯化、交联等反应。

1. 酯化反应

半纤维的酯化反应可在多相和均相体系中进行。均相体系可减少半纤维素主链的解聚，提高反应速率。

聚木糖在*N*,*N*-二甲基甲酰胺（DMF）/氯化锂均相体系中以*N*-溴丁二酰亚胺（NBS）为催化剂与乙酸酐的反应如图8-31（a）所示，该反应的取代度为0.41~0.82。产物可用来制备可生物降解的食品包装膜和塑料。半纤维素与乙酸反应也会引入乙酰基，提高其疏水性能。

聚木糖与酰氯（C_3 ~ C_{18}）如月桂酰氯（$C_{12}H_{23}COCl$）在DMF/氯化锂均相体系中，以4-二甲氨基吡啶（DMAP）为催化剂、三乙胺（TEA）为去酸剂发生反应，反应如图8-31（b）所示。该反应引入烷基，提高了半纤维素的疏水性能。

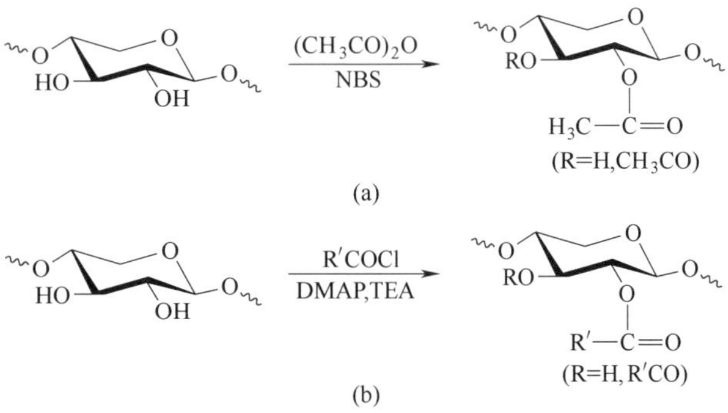

图8-31　聚木糖与乙酸酐和酰氯的反应，R=H

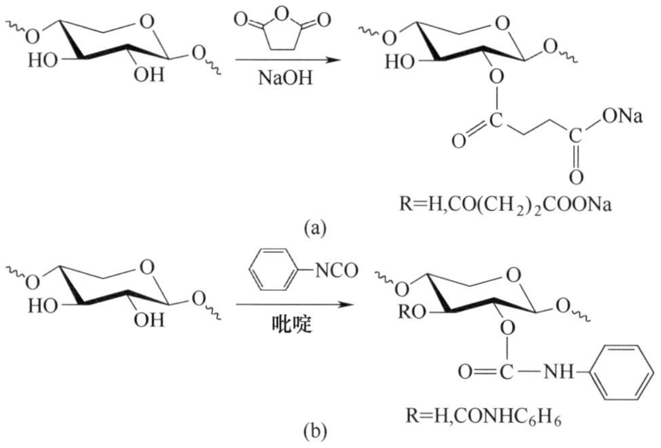

图 8-32 聚木糖与琥珀酸酐和异氰酸苯酯的反应

聚木糖与琥珀酸酐的反应如图 8-32（a）所示，反应引入了羧基，半纤维素亲水性增强，且具有良好的金属螯合能力。除琥珀酸酐外，半纤维素与马来酸酐或柠檬酸反应，也引入羧基，提高其亲水性。

聚木糖与异氰酸苯酯反应，生成氨基甲酸酯，提高了半纤维素的热稳定性和疏水性，反应如图 8-32（b）所示。

聚木糖的硫酸酯化反应如图 8-33 所示。硫酸酯化的方法有氯磺酸-吡啶法，氯磺酸-二甲基甲酰胺法、三氧化硫-吡啶法、浓硫酸法和 Nagasawa 法。聚木糖硫酸酯化后引入硫酸酯基，硫酸酯基间的斥力以及硫酸酯基与羟基间的氢键使聚木糖呈螺旋构象，聚木糖硫酸酯具有抗凝血、抗病毒等活性。

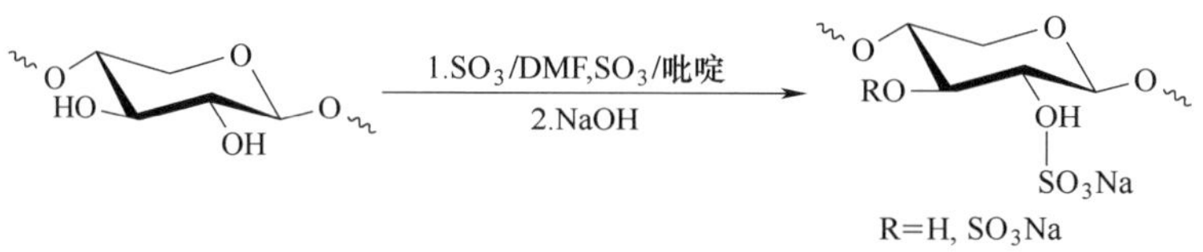

图 8-33 聚木糖的硫酸酯化反应

2. 醚化反应

半纤维素羟基的醚化反应可增加半纤维素的水溶性，赋予半纤维素阳离子，使半纤维素应用于医药、水处理、热塑性材料等领域。半纤维素的醚化反应有羧甲基化、季胺化、苄基化、甲氧基化等。

聚木糖的羧甲基化反应如图 8-34（a）所示，半纤维素与氯乙酸在碱性条件下反应，生成羧甲基半纤维素。羧甲基半纤维素为阴离子型，具有提高机体免疫力的功能，可应用于医药领域。

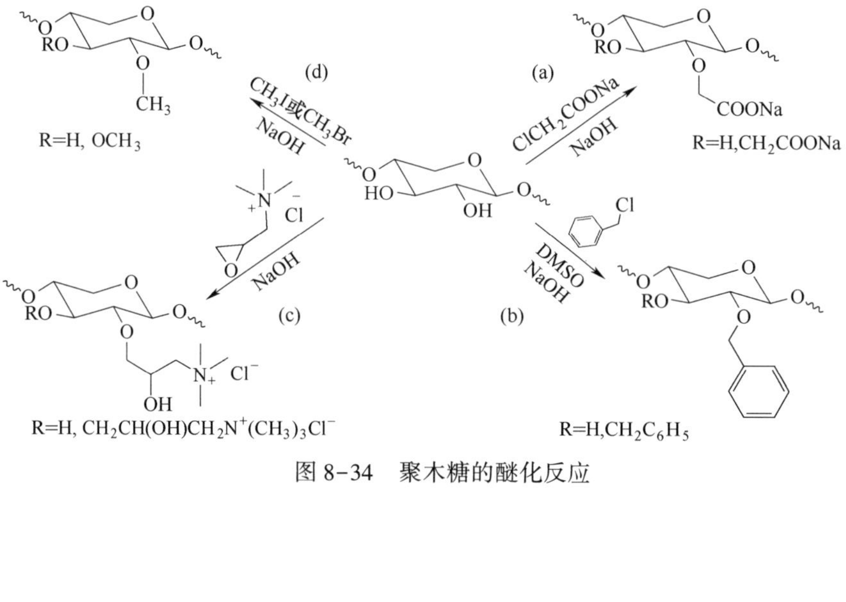

图 8-34 聚木糖的醚化反应

季胺化反应如图 8-34（c）所示，该反应以水和乙醇为溶剂，2,3-环氧丙烷三甲基氯化铵或 3-氯-2-羟丙基-三甲基氯化铵为醚化剂，在碱性条件下与半纤维素反应，可制备阳离子型季胺型聚木糖。

苄基化（苯甲基化）反应如图 8-34（b）所示：聚木糖与氯化苄（氯甲苯）在碱性条件下反应生成苯甲基醚，苄基化聚木糖可用作热塑性材料。

甲氧基化反应是指在碱性条件下，以碘甲烷或氯甲烷作为醚化剂，可制备甲氧基化聚木糖，改善聚木糖的热稳定性。聚木糖的甲氧基化反应如图 8-34（d）所示。

3. 接枝共聚

聚木糖与丙烯腈、甲基丙烯酸酯和丙烯酰胺共聚，形成接枝共聚物。如以硝酸铈铵为引发剂，丙烯腈与落叶松半纤维素接枝共聚，获得半纤维素-g-聚丙烯腈（PAN）共聚物。它具有良好的增稠性能。以硫酸钾/硫代硫酸钠为氧化还原引发剂，通过自由基共聚，合成半纤维素-g-聚丙烯酰胺，共聚物具有良好的水溶性，如图 8-35 所示。

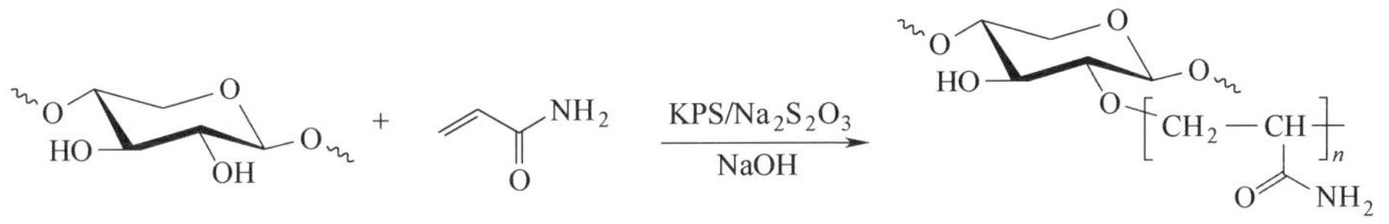

图 8-35　聚木糖-g-丙烯酰胺共聚物

4. 交联反应

多元酸如柠檬酸、草酸、马来酸、琥珀酸和丁烷四羧酸是半纤维素常用的交联剂，通过交联提高半纤维素的抗水性。

二、半纤维素的利用

半纤维素在自然界的储量大。秸秆中含半纤维，制浆废液中也含半纤维素。除了用于造纸和作为燃料外，半纤维素可用于化学、食品、造纸、制药等工业生产中。

木糖很容易从农林废弃物（如农作物秸秆、玉米芯、稻草、稻壳、甘蔗渣、花生壳）、果皮、果实、刨花、锯末等中获得，半纤维素的分离也相对容易。

1. 生产木糖

木糖可用于生产糖果、冰激凌等，玉米芯是生产木糖的好原料。用 0.1%～0.25%的稀硫酸水解或木糖酶水解玉米芯可获得木糖。

2. 生产糠醛

糠醛是化学工业中重要的中间化学品。糠醛（呋喃-2-甲醛）是一种黏性的无色液体，具有令人愉悦的芳香气味，暴露在空气中会变成黑色/深棕色。糠醛是一系列呋喃基化学品和溶剂的前驱物，如甲基四氢呋喃、二羟基吡喃、四氢呋喃、甲基呋喃糠醇、四氢糠醇、呋喃酸等。

糠醛的原料是农业残余物，其中的聚戊糖如聚木糖和聚阿拉伯糖，经酸水解转化为戊糖，戊糖脱水生成糠醛。理想反应条件为 3%的酸溶液与木质纤维素的质量比为 2∶1～3∶1，反应时间为 3h 左右，反应温度为 170～185℃左右，该工艺糠醛的最高收率为 45%～50%。使用固体酸催化剂，可以高效地将半纤维素转化为糠醛，聚木糖酸水解产生 D-木糖，

D–木糖生成糠醛，如图 8–36 所示。

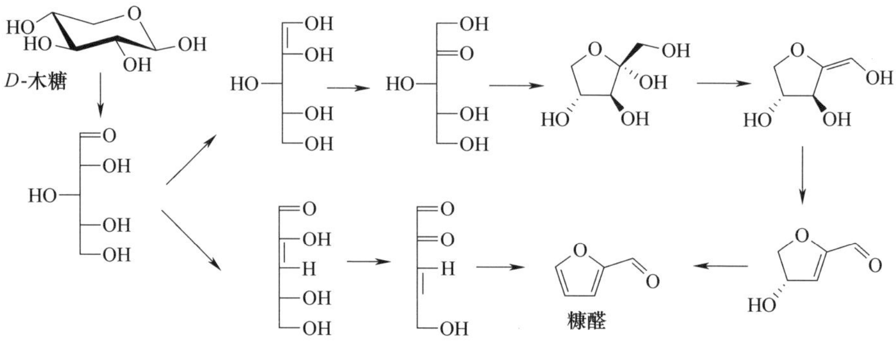

图 8–36 聚木糖酸水解生产糠醛

3. 生产山梨糖醇

山梨糖醇是己六醇，它具有减肥效果，可用作口香糖、牙膏和化妆品的添加剂，也作为柔软剂用于皮革和造纸工业。山梨糖醇可用己糖来制备，如葡萄糖以镍作为催化剂在 120~130℃下用氢还原，得到山梨糖醇，如图 8–37 所示。

4. 生产木糖醇

木糖醇是一种人工甜味剂，具有低能量、抗致癌性、抑制牙菌斑形成、预防耳部和上呼吸道感染等特性。工业上由木糖在高温高压条件下催化加氢生产木糖醇，如图 8–38 所示。

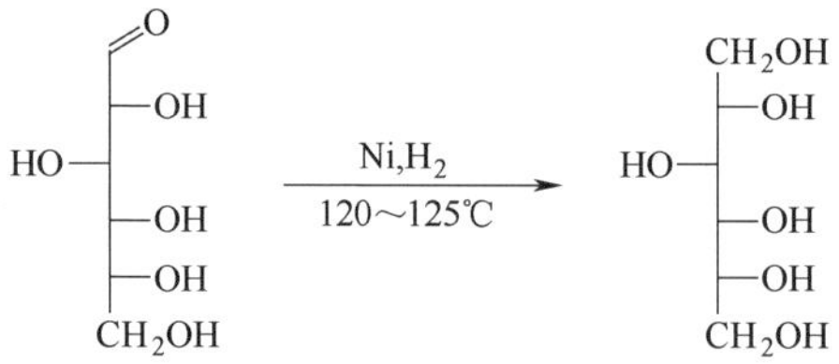

图 8–37 己糖镍催化加氢生产山梨糖醇

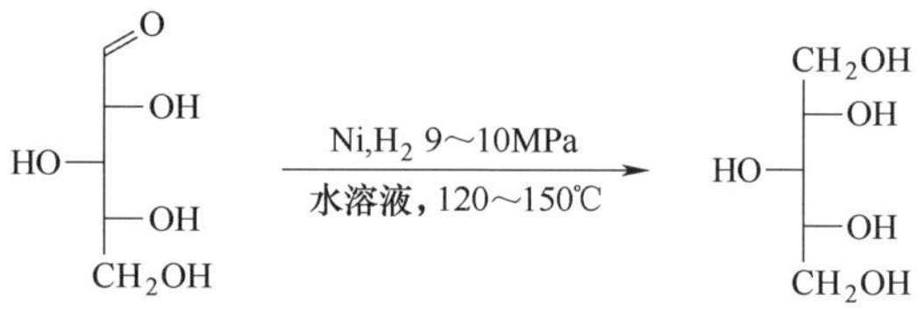

图 8–38 木糖镍催化加氢生产木糖醇

与传统的化学合成相比，发酵法利用木糖还原酶（EC1. 1. 1. 21）催化将木糖还原为木糖醇。发酵过程易控制，可利用玉米秸秆、蔗渣、玉米芯等农业残余物的半纤维素生产木糖醇。其中玉米芯是中国木糖醇生产最丰富的原料之一。

5. 生产三羟基戊二酸

木糖用硝酸氧化 2~3h 可生成三羟基戊二酸，反应如图 8–39 所示。三羟基戊二酸在食品工业上可代替柠檬酸。

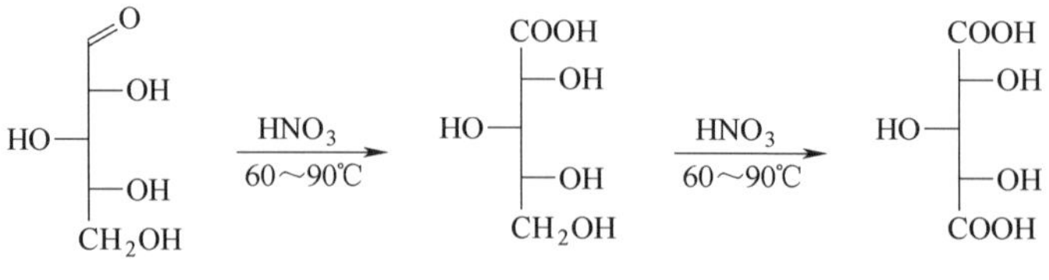

图 8–39 木糖硝酸氧化生成三羟基戊二酸

6. 生产乳酸

乳酸可应用于食品、药品和化妆品工业，还可加工成可生物降解的聚乳酸塑料。基因重组的大肠杆菌具有将葡萄糖和木糖发酵为乳酸的能力，浓度为100g/L的糖液（葡萄糖：木糖=1：1）可发酵成77g/L的乳酸。

7. 生产2,3-丁二醇

2,3-丁二醇可生物降解，可以用作液体燃料及用来生产甲乙酮、丁烯、丁二烯等产品。克雷伯氏菌和多黏芽孢杆菌能够以葡萄糖和*D*-木糖、*L*-木糖、*D*-核糖、*D*-阿拉伯糖等五碳糖为碳源发酵生产2,3-丁二醇。使用乙醚萃取可回收发酵液中75%的2,3-丁二醇，但溶剂用量较大，制约2,3-丁二醇的商业化。

8. 生产燃料乙醇

生产工业乙醇的原料是糖或粮食，其产量受原料的限制。植物纤维原料酶水解再发酵制备乙醇具有工业化发展前景。

半纤维素易酸水解，也可被半纤维素酶水解为单糖。其中针叶木半纤维素的水解产物为甘露糖、葡萄糖和木糖，少量的半乳糖和阿拉伯糖。阔叶木半纤维素的水解产物为木糖和少量的甘露糖和葡萄糖。秸秆和草类原料半纤维素的水解产物为木糖和少量的阿拉伯糖。酿酒酵母或运动发酵单胞菌易将六碳糖发酵为乙醇。对于木糖，可用木糖异构酶将木糖转化为木酮糖，再用传统酵母发酵为乙醇。

用植物纤维原料制取乙醇要经历纤维素和半纤维素的水解、糖液发酵、蒸馏和提取酒精三个过程。植物纤维原料水解液中有己糖和戊糖，其中戊糖（主要是木糖）占30%。戊糖和己糖同步高效转化为乙醇是制取乙醇的关键问题之一。目前植物纤维原料制取乙醇仍面临几个问题：①成本较高；②木质素与半纤维素存在化学键连接，形成木质素碳水化合物复合体，阻碍半纤维素的酶水解；③酵母菌仅在有氧条件下利用木糖，而产生乙醇则需要厌氧条件。可采用葡萄糖培养基厌氧发酵后，再采用有限氧发酵木糖。葡萄糖转化为乙醇的效率为90%~95%，而木糖转化为乙醇的效率不高（72%~80%）；④半纤维素与纤维素结合紧密，影响纤维素的酶水解反应。此外，半纤维素水解过程产生呋喃衍生物，抑制葡萄糖的发酵，降低乙醇的产率。

小　　结

1. 半纤维素的化学改性：①半纤维素与乙酸、乙酸酐、琥珀酸酐、马来酸酐、酰氯、柠檬酸及异氰酸苯酯发生酯化反应，与氯磺酸、三氧化硫、浓硫酸发生硫酸酯化反应；②半纤维素与氯乙酸、2,3-环氧丙烷三甲基氯化铵或3-氯-2-羟丙基-三甲基氯化铵、氯甲苯、碘甲烷或氯甲烷发生醚化反应；③半纤维素与丙烯腈、甲基丙烯酸酯和丙烯酰胺共聚，形成接枝共聚物；半纤维素与多元酸如柠檬酸、草酸、马来酸、琥珀酸和丁烷四羧酸发生交联反应。

2. 半纤维素的应用：①玉米芯是生产木糖的好原料，稀硫酸水解或木糖酶水解玉米芯可获得木糖；②聚戊糖，如聚木糖和聚阿拉伯糖，经酸水解转化为戊糖，戊糖脱水生成糠醛；③镍催化葡萄糖氢化还原可生成山梨糖醇；④木糖在高温高压下催化加氢生成木糖醇，用木糖还原酶（EC1.1.1.21）催化也可将木糖还原为木糖醇；⑤木糖用硝酸氧化可生成三羟基戊二酸；⑥基因重组的大肠杆菌能够将葡萄糖和木糖发酵为乳酸；⑦克雷伯氏菌和多黏芽孢杆菌能够以葡萄糖和五碳糖为碳源发酵生产2,3-丁二醇；⑧酿酒酵母或运动发酵单胞菌易将六碳糖发酵为乙醇。木糖异构酶将木糖转化为木酮糖，传统酵母发酵为乙醇。植物纤维原料制取乙醇面临的问题有成本高、木质素碳水化合物复合体阻碍半纤维素酶水解、木糖转化为乙醇的效率不高以及半纤维素影响纤维素的酶水解及葡萄糖发酵等问题。

课后练习

一、填空题

1. 半纤维素能够与（　　）发生交联反应。
2. 半纤维素能够与（　　）、（　　）和（　　）发生接枝共聚反应。

二、判断题

1. 半纤维素能够与酸酐、酰氯、乙酸和异氰酸苯酸发生酯化反应。（　　）
2. 半纤维素能够与氯乙酸、2,3-环氧丙烷三甲基氯化铵发生醚化反应。（　　）

三、问答题

1. 半纤维素能够生产哪些产品？
2. 植物纤维原料制取乙醇还面临哪些问题？

参考文献

[1] EK M, GELLERSTEDT G, HENRIKSSON G. Pulp and paper chemistry and technology volume 1, "wood chemistry and wood biotechnology" [M]. Berlin: De Gruyter, 2009.

[2] 裴继诚. 植物纤维化学 [M]. 北京：中国轻工业出版社，2020.

[3] NIEMZ P, TEISCHINGER A, SANDBERG D. Springer handbook of wood science and technology [M]. Heidelberg Germany: Springer, 2023.

[4] WERTZ J L, BÉDUÉO, MERCIER J P. Cellulose science and technology [M]. Lausanne, Suisse: EPFL Press, 2010.

[5] YANG S, YANG B, DUAN C, et al. Applications of enzymatic technologies to the production of high-quality dissolving pulp: a review [J]. Bioresource technology, 2019, 281: 440-448.

[6] PENG F, PENG P, XU F, et al. Fractional purification and bioconversion of hemicelluloses [J]. Biotechnology advances, 2012, 30 (4): 879-903.

[7] WANG Y, AZHAR S, LINDSTRÖM M E. Stabilization of polysaccharides during alkaline pre-treatment of wood combined with enzyme-supported extractions in a biorefinery [J]. Journal of wood chemistry and technology, 2015, 35 (2): 91-101.

[8] EK M, GELLERSTEDT G, HENRIKSSON G. Pulp and Paper Chemistry and Technology Volume 2, "Pulping Chemistry and Technology" [M]. Berlin, Germany: Walter de Gruyter, 2009.

[9] PETZOLD-WELCKE K, SCHWIKAL K, DAUS S, et al. Xylan derivatives and their application potential-Mini-review of own results [J]. Carbohydrate Polymers, 2014, 100: 80-88.

[10] Delbecq F, Wang Y T, Muralidhara A, et al. Hydrolysis of hemicellulose and derivatives-A review of recent advances in the production of furfural [J]. Frontiers in chemistry, 2018, 6: 146.

项目九　生物技术

9-1　9-2

教学目标

1. 了解白腐菌分泌三种酶降解木质素的机理。
2. 熟悉纤维素酶及应用。
3. 熟悉木聚糖酶及应用。

教学内容

纸浆和纸张是天然材料，可完全生物降解。生物降解是由微生物产生的酶催化的降解。酶是一种由 20 种不同氨基酸组成的蛋白质，如纤维素酶由 200~800 个氨基酸残基组成。氨基酸在核糖体内生成线状多肽，多肽链折叠三维结构，并通过非共价相互作用和共价键（如二硫桥键）结合在一起。

酶是高效且非常特殊的催化剂。底物是指参与生化反应的物质，一种酶仅能作用于一种底物，或一类分子结构相似的底物。酶催化时首先识别底物并与底物结合，再通过催化裂解底物。植物细胞壁由不同的聚合物组成，因此，细胞壁完全降解需要多种酶共同完成。纤维素酶、半纤维素酶、木质素酶等通常指的是酶群，而不是单个酶。

一、木质素酶

木质素结构复杂稳定，不易被降解。但森林的枯枝落叶并未堆积成山，表明自然界存在降解木质素的微生物。能降解木质素的微生物有很多，真菌是降解木质素的主要菌类，其中白腐菌能够独立降解木质素，是主要的木质素降解真菌。白腐菌有 1000 多种，应用于制浆造纸工业研究的有黄孢原毛平革菌、糙皮侧耳菌、杂色云芝菌等。

白腐菌能够有效降解木质素，最终生成二氧化碳和水。白腐菌分泌的酶主要有木质素过氧化物酶（EC 1.11.1.71，LP）、锰过氧化物酶（EC1.11.1.13，MnP）和漆酶（EC 1.11.3.2，Laccase）。

木质素结构复杂，细胞壁结构紧密，大分子酶无法穿透细胞壁，仅能与细胞表面的木质素接触。为了降解木质素，酶活化低相对分子质量介体，介体足够小，可以进入细胞壁中的孔隙，氧化酚型木质素如图 9-1 所示。酚型自由基寿命长，能够被进一步氧化，木质素酶或介体在氧化过程中接受电子。非酚型木质素不易被氧化，仅木质素过氧化物酶和漆酶介体能与非酚型木质素反应，使木质素降解，如图 9-2 所示。酶法降解木质素是氧化还原反应，酶法降解木质素的化学过程与氧脱木质素相似。

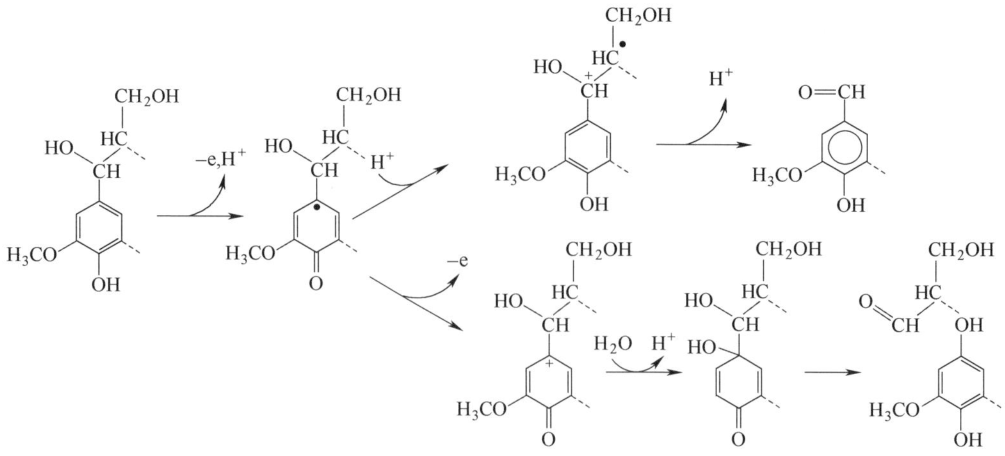

图 9-1 漆酶、MnP、LP 或氧化还原介体（如 Mn^{3+}）氧化酚型木质素

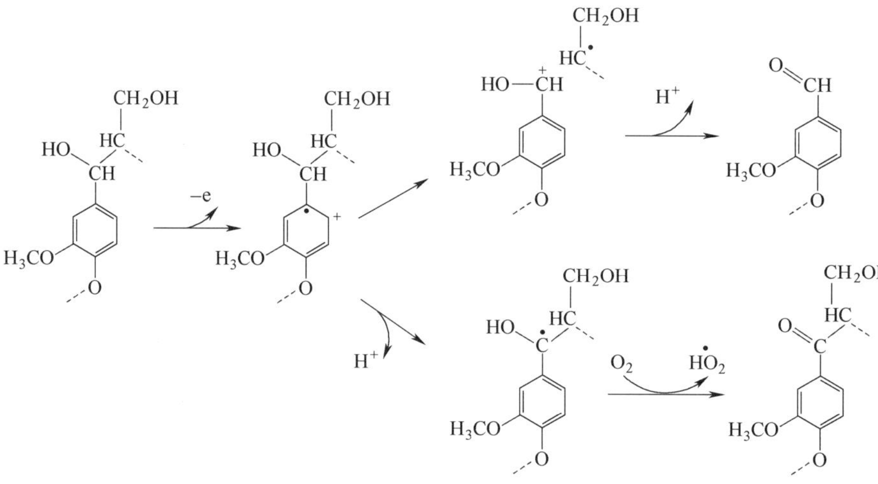

图 9-2 LP 或漆酶介体氧化非酚型木质素

1. 漆酶

漆酶是一种酚氧化酶，白腐真菌中的漆酶参与木质素的降解，并且在树木中参与木质素的合成。漆酶的底物非常广泛，其首选底物是酚类，氧作为电子受体被还原成水。如果产物是酚自由基，则 1 分子氧与 4 个酚分子反应；如果产物是醌，则 1 分子氧与 2 个酚分子反应，如图 9-3 所示。

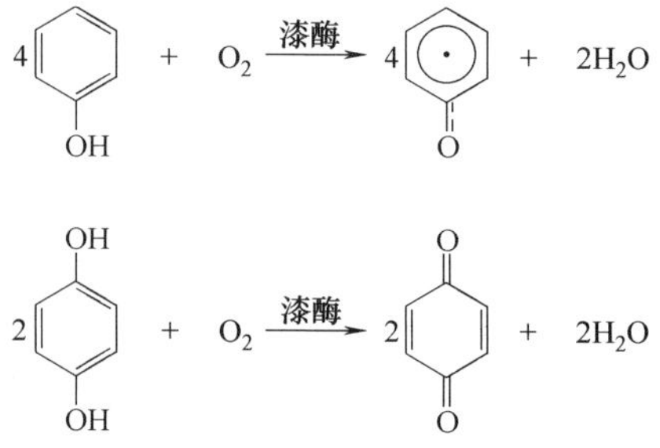

图 9-3 漆酶催化的反应，氧气还原成水

漆酶、介体和氧气能够在温和条件下脱除硫酸盐浆中的木质素，常用的介体有 2,2-联氮-二（3-乙基-苯并噻唑-6-磺酸）二铵盐（ABTS）、1-羟基苯并三唑（HBT）和 N-羟基乙酰苯胺（NHA），三种介体的结构式如图 9-4 所示。漆酶介体脱木质素的反应如图 9-5 所示。漆酶介体体系脱木质素过程中介体稳定性差，介体损失较大，介体不易回收，漂白脱木质素的成本

较高。

漆酶介体（HBT）氧化酚型木质素的机理如图 9-6 所示。C_α 脱除 H^+ 并失去电子，形成 C_α 自由基，受 O_2 亲核攻击，失去过氧化氢自由基，形成侧链氧化产物（a）。当形成酚自由基时，酚自由基具有 C_1、C_3 和 C_5 共振结构。C_1 自由基中的 C_1—C_α 断裂，生成对醌（b）；C_3 自由基会发生两个反应，一是受过氧化氢自由基亲核攻击，形成环氧丁烷结构，芳环开环形成二羧酸产物（c），二是生成邻醌和甲醇（d）；C_5 自由基经自由基耦合反应生成缩合产物（e）。

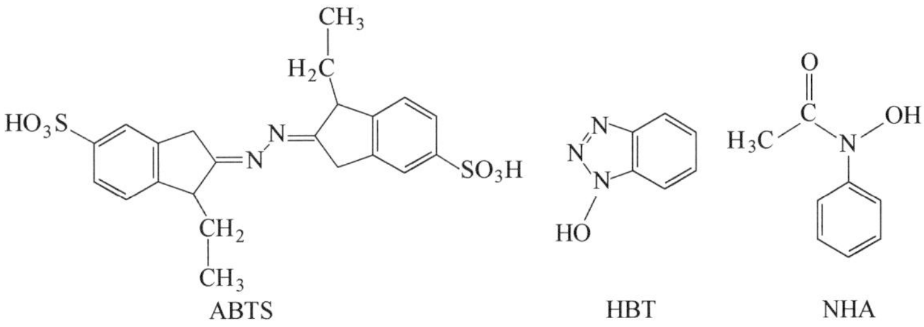

图 9-4　漆酶的介体

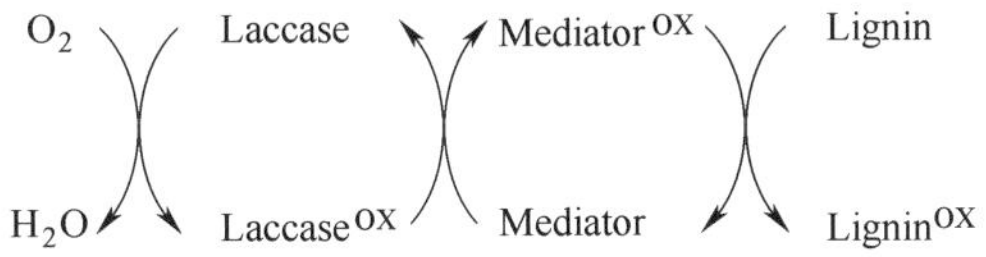

图 9-5　漆酶氧化木质素的反应机理

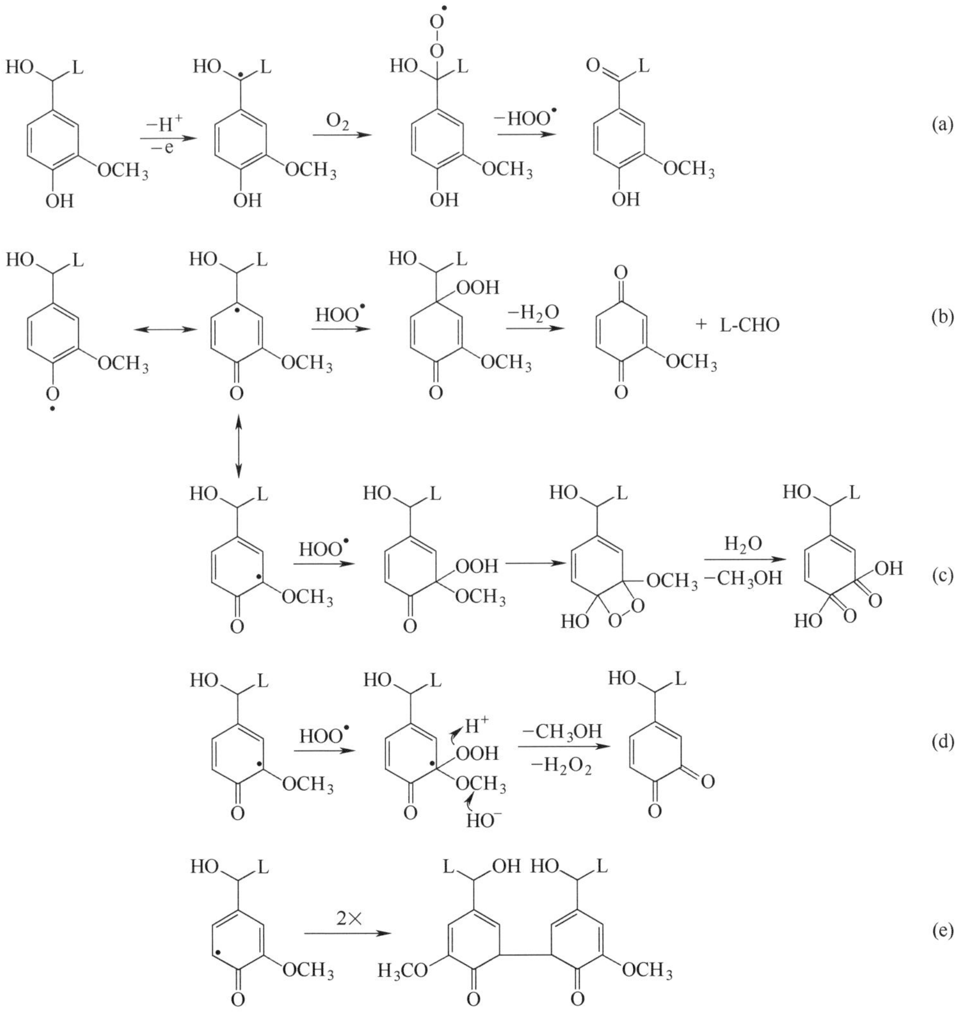

图 9-6　漆酶-介体（HBT）催化氧化酚型木质素的反应

漆酶的氧化还原电位较低，氧化非酚类化合物所需的氧化还原电位应大于 1.2V，介体促进酶和底物之间的电子转移，使漆酶能够与氧化还原电位高的底物发生反应，增强催化过程。

2. 锰过氧化物酶（MnP）

锰过氧化物酶是由白腐真菌产生的一组同工酶，同工酶是指在生物体内催化相同反应而分子结构不同的酶。锰过氧化物酶以过氧化氢为氧化剂，将 Mn^{2+} 催化氧化为 Mn^{3+}，Mn^{3+} 是氧化还原介体，可单电子氧化酚型木质素，反应如图 9-7 所示，Mn^{3+} 氧化木质素，生成 Mn^{2+}。当 Mn^{3+} 与羧酸（如丙二酸或草酸）或羟基酸（如乳酸或酒石酸）等螯合物络合时，更能发挥其功能。MnP 体系不能攻击非酚类结构，但当存在不饱和脂肪酸时，它可以氧化非酚木质素。这可能是由于 Mn^{3+} 与不饱和脂肪酸中的双键反应生成了碳自由基，从而氧化非酚型木质素。

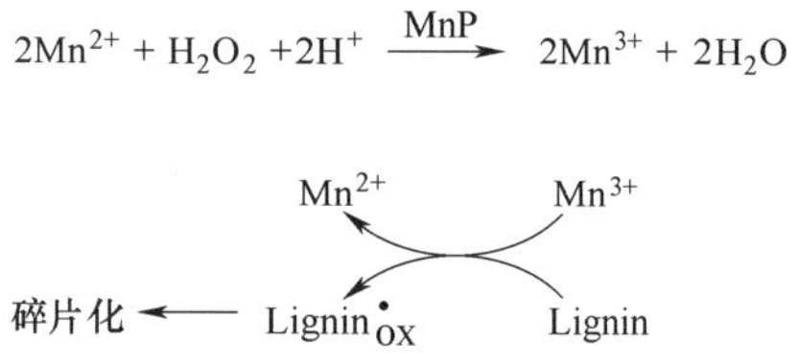

图 9-7　锰过氧化物酶的催化反应

MnP 是一种相对较小的酶，由大约 350 个氨基酸残基组成，其氧化木质素最适宜的 pH 为 4 左右。当过氧化氢浓度高于 1mmol/L 时，酶易失活。MnP 会催化草酸（白腐真菌产生的木质素生物降解产物）和氧气之间的反应，产生过氧化氢（图 9-8）。因此，如果存在草酸，MnP 不依赖过氧化氢酶。

$$HOOCCOOH + O_2 \xrightarrow{MnP} 2CO_2 + H_2O_2$$

图 9-8　MnP 催化草酸和氧气的反应

3. 木质素过氧化物酶（LP）

木质素过氧化物酶（LP）是另一种由白腐真菌产生的酶。LP 与 *β-O-4* 连接的木质素模型化合物的氧化反应如图 9-9 所示，模型化合物失去 1 个电子，被氧化形成自由基阳离子，随后发生侧链裂解、去甲基化、分子内加成和重排反应。在这些反应中，只有自由基阳离子的形成是酶催化的，后续的反应是非酶催化的。木质素过氧化物酶与 MnP 属于同一蛋白质家族。与 MnP 和漆酶不同，过氧化物酶可以直接将非酚木质素结构氧化为阳离子自由基。

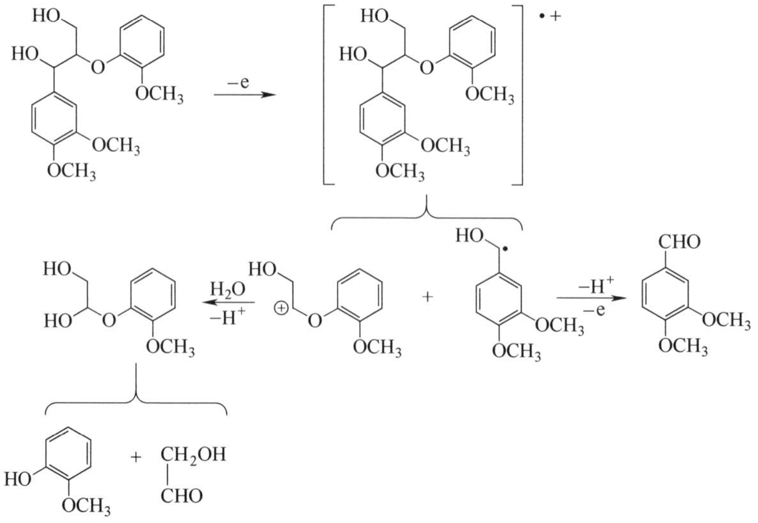

图 9-9　LP 催化氧化非酚型 *β-O-4* 连接的木质素模型化合物

LP 的活性有赖于白腐真菌分泌的代谢产物藜芦醇，LP 将其氧化成自由基，成为氧化还原介体，藜芦醇的 C_α 去质子反应如图 9-10 所示。当存在过量的过氧化氢时，MnP 和 LP 会失活，藜芦醇能够保护酶免于失活。一些白腐真菌能够产生具有 MnP 和 LP 活性的过氧化物酶。

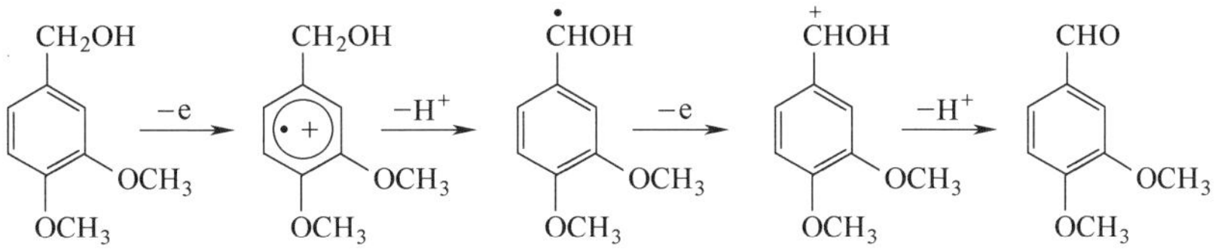

图 9-10　藜芦醇的 C_α 去质子反应

二、纤维素酶

1. 纤维素酶

所有的纤维素酶都能催化断裂 β,1-4,糖苷键。纤维素酶是多组酶，包括外切-β-葡聚糖酶（EC 13. 2. 1. 91）、内切-β-葡聚糖酶（EC 3. 2. 1. 4）和葡萄糖苷酶（EC 4. 2. 1. 21）。外切-β-葡聚糖酶也称纤维素二糖水解酶，它攻击链的非还原端或还原端，产生纤维素二糖，使纤维素的聚合度缓慢下降。内切-β-葡聚糖酶（EC 3. 2. 1. 4）攻击纤维素的无定形区，随机切断纤维素分子链，使纤维素的聚合度快速降低，产生一系列低聚糖和葡萄糖。纤维素外切葡聚糖酶和内切葡聚糖酶具有协同效应，内切葡聚糖酶产生纤维素分子链末端，外切葡聚糖酶从分子链末端降解分子链。葡萄糖苷酶（EC 4. 2. 1. 21）能将低聚糖和纤维素二糖降解为葡萄糖。丝状真菌里氏木霉产生的酶降解纤维素如图 9-11 所示，纤维素外切-β-葡聚糖酶 Cel6A 和 Cel7A 切断纤维素分子链末端，生成纤维素二糖。内切-β-葡聚糖酶 Cel7B 随机切断无定形区的纤维素分子。

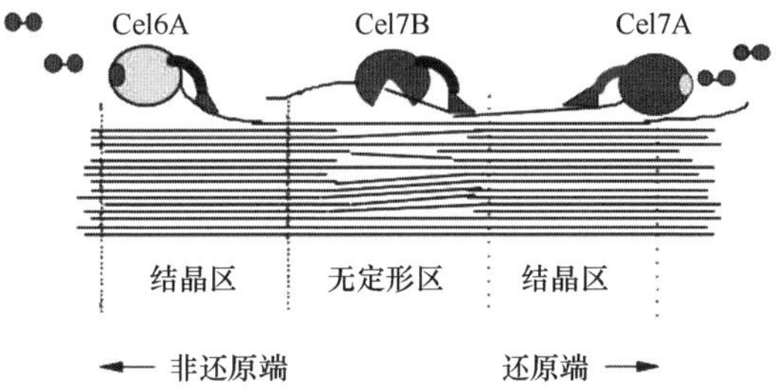

图 9-11　丝状真菌里氏木霉产生的酶降解纤维素

纤维素酶是糖苷水解酶，当裂解 β,1-4,糖苷键时，异构碳的构型保持不变（图 9-12）或改变构型（图 9-13）。

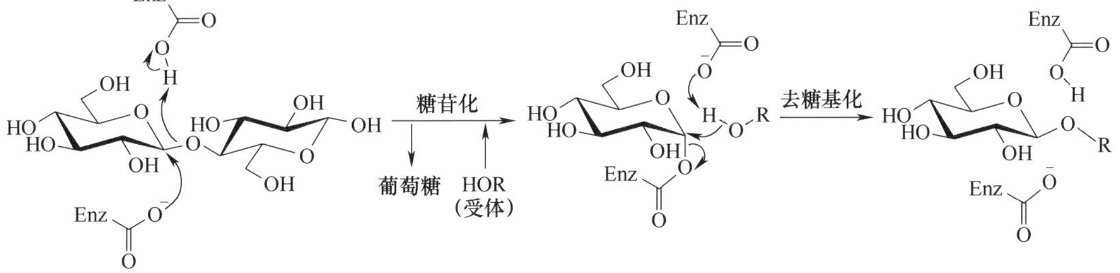

图 9-12　异构碳构型保持不变的机理

水解酶：R=H，糖基转移酶：R=糖基

2. 纤维素酶的应用

（1）酶促打浆。纤维素酶，特别是内切-β-葡聚糖酶，有助于化学浆的打浆，改善纸张

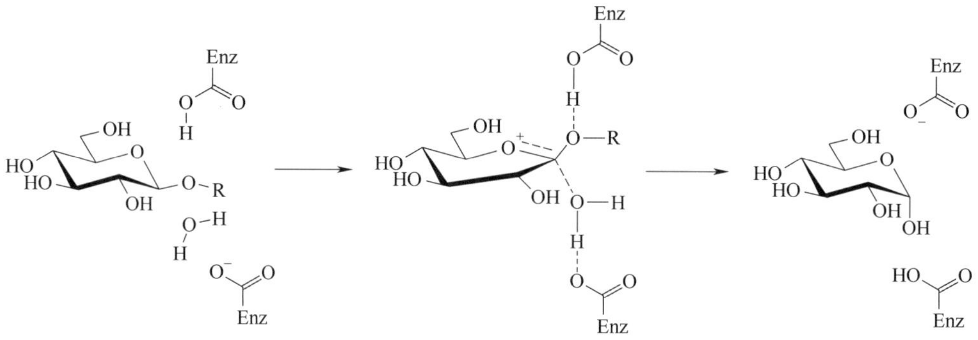

图 9-13 异构碳构型改变的机理
水解酶：R=H，糖基转移酶：R=糖基

成形和纸浆性能，原因可能是酶处理提高了纤维的细纤维化程度，但确切的机理尚不清楚。

（2）改善纸机的运行性能。用纤维素酶处理打浆后的化学浆，可以促进纸浆的脱水，提高纸机的运行速度。这可能是酶处理减少了细小纤维的含量，降低了纤维的细纤维化程度的缘故。

（3）活化溶解浆。溶解浆是酸性亚硫酸盐纸浆或预水解硫酸盐纸浆，其纤维素含量高（α 纤维素>92%），含少量的半纤维素（2%~4%）和微量木质素、抽提物和灰分。溶解浆主要用于生产再生纤维素（如人造丝和莱赛尔纤维）及纤维素衍生物（如醋酸纤维素、羧甲基纤维素和硝酸纤维素）。

反应性是溶解浆的主要性能之一，高反应性溶解浆可以节省化学品，所得衍生物的性质均一。当使用内切-β-葡聚糖酶处理溶解浆时，其攻击纤维素无定形区，使无定形区纤维素降解，微细纤维分离，促进其润胀，从而提高了溶解浆的反应性能。用少量的内切-β-葡聚糖酶短时间处理也会提高溶解浆的反应性，降低溶解浆的黏度。

（4）机械浆节能。机械法制浆能耗高，生物制浆能耗低。如果在一段磨后，木片结构软化，这时加入纤维素酶，再进行二次磨浆，可以节约能耗。其中纯化后纤维素水解酶能够有效地降解纤维素结晶区，节能效果最好。但由磨浆温度较高，纸浆停留时间短，纤维润胀不足，该技术迄今尚未商业化。

三、半纤维素酶

1. 半纤维素酶

半纤维素约占木质纤维素总量的 20%~25%。聚木糖、聚甘露糖等半纤维素不会像纤维素那样形成紧密的结晶结构。半纤维素的降解需要许多酶的协同作用。多数半纤维素酶可分为内切酶和脱支酶（去除侧基的酶），另外还有外切木聚糖酶，这些酶都是水解酶。这些酶对糖和化学键具有特异性（图 9-14），如聚木糖的完全降解需要攻击主链的内切木聚糖酶（EC 3.2.1.8）和将低聚木糖水解成木糖的木糖苷酶（EC 3.2.1.37）。脱支链酶，如 1,2-α-*D*-葡萄糖醛酸酶（EC 3.2.1.139）和 1,3-α-*L*-阿拉伯糖苷酶（EC 3.2.1.55）能够去除侧链，酯酶（EC 3.1.1.72）可以水解聚木糖与乙酸或酚酸之间的酯键（图 9-14）。一方面，这些糖苷键或酯键断裂的顺序是重要的，如木聚糖酶在取代基存在的情况下不能使聚木糖主链断裂，因此必须在主链断裂之前去除侧链。另一方面，一些侧链活性酶仅作用于低聚木糖，而低聚木糖是由内切木聚糖酶降解聚木糖而产生的。其他半纤维素的水解类似于聚木糖，依赖于这些半纤维素的特定酶，如甘露聚糖酶（图 9–14）。

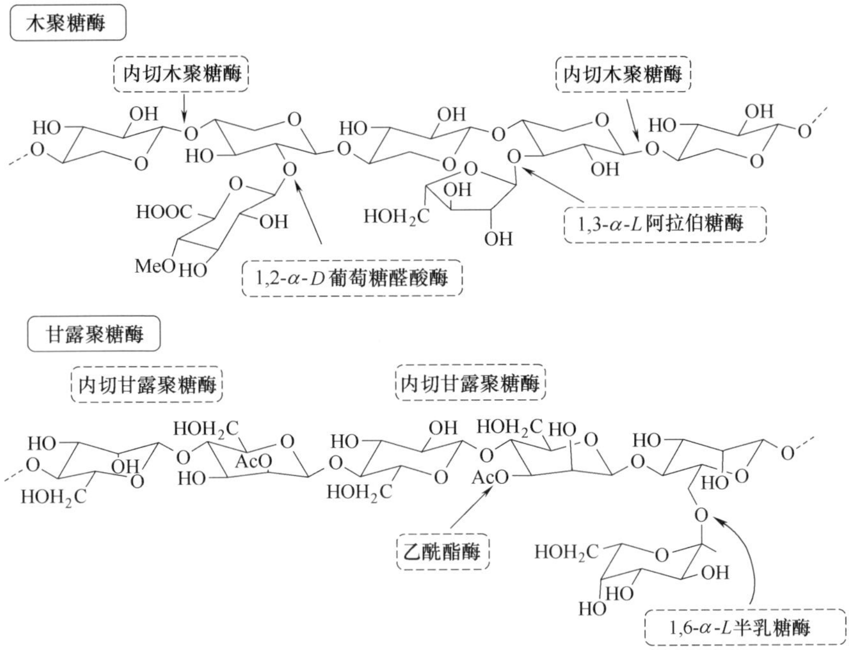

图 9–14　半纤维素酶

与纤维素酶类似，一些半纤维素酶也携带纤维素结合模块，以接近纤维素底物。在某些情况下，半纤维素酶也可能携带不同的半纤维素结合模块，如聚木糖或聚甘露糖结合模块。木聚糖酶或聚甘露糖酶在造纸工业中应用于化学纸浆的漂白。

2. 半纤维素酶漂白

20 世纪 80 年代末，人们发现木聚糖酶可以促进纸浆漂白。目前，木聚糖酶辅助漂白已经是成熟的技术，通常用“X”表示木聚糖酶漂白。

木聚糖酶漂白通常设置在漂白的前段，木聚糖酶漂白可减少 10%～20%漂白化学品消耗量。木聚糖酶不能直接降解木质素，对聚木糖的降解量也不超过 10%，其漂白基于三种机理：①木聚糖酶处理降低了纸浆的卡伯值，表明木聚糖酶有助于纸浆的脱木质素；②己烯糖醛酸消耗漂白化学品，木聚糖酶漂白可能去除己烯糖醛酸；③在桦木硫酸盐制浆过程中溶解的聚木糖会在纤维表面重新沉淀，沉淀的聚木糖会结合残余木质素，木聚糖酶可去除与聚木糖结合的残余木质素。

除了木聚糖酶，其他半纤维素酶如甘露聚糖酶，也能够促进纸浆漂白。用纯酶漂白的实验表明，由于在硫酸盐蒸煮过程中侧基被大量去除，因此脱支酶是不必要的，半纤维素酶漂白主要依赖于内切木聚糖酶。

内切甘露聚糖酶能够辅助针叶木硫酸盐浆漂白，由于蒸煮过程中聚甘露糖的降解比聚木糖广泛，所以，聚甘露糖酶的漂白作用较弱，单独使用内切甘露酶相对低效。

小　　结

1. 酶是蛋白质，由 20 种不同氨基酸组成。酶是高效催化剂，一种酶只催化单一反应。

木材完全降解需要多种酶共同作用。纤维素酶、半纤维素酶和木质素酶指的是酶群，而不是单个酶。

2. 真菌是降解木质素的主要菌类，其中白腐菌能够独立降解木质素，白腐菌分泌的酶主要有木质素过氧化物酶、锰过氧化物酶和漆酶。

3. 木质素结构复杂，细胞壁结构紧密，大分子酶无法穿透细胞壁，降解木质素需要小分子介体，能够氧化酚类结构或非酚类结构。①漆酶、介体和氧气能够在温和条件下脱除硫酸盐浆的木质素，常用的介体有 ABTS、HBT 和 NHA，但介体不易回收，成本较高；②锰过氧化物酶、Mn^{2+}和过氧化氢可单电子氧化木质素的酚类结构，Mn^{3+}是氧化还原介体，如果存在草酸，MnP 可不依赖于过氧化氢酶；③LP 的活性有赖于藜芦醇，LP 将其氧化成自由基，成为氧化还原介体。过氧化物酶与 MnP 和漆酶不同，它可以直接将非酚木质素结构氧化为芳香阳离子自由基。

4. 纤维素酶是多组酶，包括外切-β-葡聚糖酶、内切-β-葡聚糖酶和葡萄糖苷酶。外切-β-葡聚糖酶攻击链的非还原端或还原端，产生纤维素二糖；内切-β-葡聚糖酶攻击纤维素的无定形区，随机切断纤维素分子链；葡萄糖苷酶将低聚糖和纤维素二糖降解为葡萄糖。纤维素酶促进打浆，促进纸浆的脱水，改善纸机的运行性能，提高溶解浆的反应性能及节约机械制浆的能耗。

5. 聚木糖的完全降解需要内切木聚糖酶、木糖苷酶、脱支链酶和酯酶协同作用。糖苷键或酯键断裂的顺序是重要的，主链断裂之前须去除侧链。硫酸盐蒸煮过程中，侧基被大量去除，脱支酶是不必要的。木聚糖酶能促进纸浆漂白，木聚糖酶漂白位于漂白前段，以“X”表示。

课后练习

一、填空题

1. 木质素降解的主要菌类是（　　），它能够分泌的酶有（　　）、（　　）和（　　）。
2. 漆酶常用的介体有（　　）（　　）和（　　）。
3. MnP 酶和 LP 的介体分别是（　　）和（　　）。
4. 木聚糖酶漂白以（　　）表示。

二、判断题

1. 酶是一种蛋白质。（　　）
2. 木质素酶指的是单个酶。（　　）
3. 酶分子较大，无法穿透细胞壁，酶降解木质素需要小分子介体。（　　）
4. 木聚糖酶漂白位于纸浆多段漂白的后段。（　　）

三、问答题

1. 解释纤维素酶及其应用。
2. 为什么桦木硫酸盐的“X”漂白主要依赖内切木聚糖酶？

参考文献

[1] EK M, GELLERSTEDT G, HENRIKSSON G. Pulp and paper chemistry and technology volume 1, “wood chemistry and wood biotechnology”[M]. Berlin: De Gruyter, 2009.

[2] 林鹿，詹怀宇，付时雨等. 制浆漂白生物技术与原理 [M]. 北京：中国轻工业出版社，2012.

[3] HEITNER C, DIMMEL D R, SCHMIDT J A. Lignin and lignans: advances in chemistry [M]. Boca Raton: CRC Press (Taylor & Francis Group), 2016.

[4] CRESTINI C, JURASEK L, ARGYROPOULOS D S. On the mechanism of the laccase-mediator system in the oxidation of lignin [J]. Chemistry-a European journal, 2003, 9 (21): 5371-5378.